电子产品维修技能速成丛书

彩色图解电磁炉维修技能速成

数码维修工程师鉴定指导中心　组织编写
韩雪涛　主　编
吴　瑛　韩广兴　副主编

看视频

化学工业出版社
·北京·

内容简介

本书采用彩色图解的形式，根据家电维修相关职业标准和规范，结合家电维修的实际要求，全面系统地介绍了电磁炉的维修基础和技能，通过内容的学习引导读者完成对电磁炉故障的分析、诊断及维修，最终变成一位合格的电磁炉维修师。

本书内容包括：电磁炉的基础知识、电磁炉的维修基础、电磁炉电源供电电路的故障检修、电磁炉功率输出电路的故障检修、电磁炉主控电路的故障检修、电磁炉操作显示电路的故障检修、电磁炉常见故障的检修案例、电磁炉的综合维修技能等。本书内容实用、资料新颖全面，包含了大量的实用维修数据和维修案例，这些内容的安排，使读者能够身临其境般地感受到现场的实际维修，更加容易理解并掌握维修技能。

为了方便读者的学习，本书还对重要的知识和技能专门配置了视频资源，读者只需要用手机扫描二维码就可以进行视频学习，不仅方便学习，而且还大大提高了本书内容的附加值。

本书可供家电维修人员学习使用，也可供职业学校、培训学校作为教材使用。

图书在版编目（CIP）数据

彩色图解电磁炉维修技能速成/韩雪涛主编；数码维修工程师鉴定指导中心组织编写. --北京：化学工业出版社，2017.5（2022.11重印）
（电子产品维修技能速成丛书）
ISBN 978-7-122-29394-7

Ⅰ. ①彩… Ⅱ. ①韩… ②数… Ⅲ. ①电磁炉灶-维修-图解 Ⅳ. ①TM925.510.7-64

中国版本图书馆CIP数据核字（2017）第065428号

责任编辑：李军亮 万忻欣　　装帧设计：刘丽华
责任校对：王素芹

出版发行：化学工业出版社（北京市东城区青年湖南街13号 邮政编码 100011）
印　　装：北京建宏印刷有限公司
787mm×1092mm　1/16　印张$14\frac{1}{2}$　字数350千字　2022年11月北京第1版第7次印刷

购书咨询：010-64518888　　售后服务：010-64518899
网　　址：http://www.cip.com.cn
凡购买本书，如有缺损质量问题，本社销售中心负责调换。

定　　价：68.00元

前言

目前，对于电子电工及家电维修技术而言，最困难也是学习者最关注的莫过于如何在短时间内掌握实用的技能并真正应用于实际的工作。

为了实现这个目标，我们特别策划了“电子产品维修技能速成丛书”。

本丛书共6种，分别为《彩色图解空调器维修技能速成》、《彩色图解液晶电视机维修技能速成》、《彩色图解电动自行车维修技能速成》、《彩色图解智能手机维修技能速成》、《彩色图解电磁炉维修技能速成》和《彩色图解中央空调安装、维修技能速成》。

本书是专门介绍电磁炉维修技能的图书。电磁炉维修是一项专业性很强的实用技能，其社会需求强烈，有很大的就业空间。本书最大的特色就是通过学习可以将电磁炉维修的专业知识、实操技能在短时间内“技能速成”。

为了能够编写好这本书，我们专门依托数码维修工程师鉴定指导中心进行了大量的市场调研和资料汇总。然后根据读者的学习习惯和行业的培训特点对电磁炉维修所需的知识和技能进行系统的编排，并引入了大量实际案例和维修资料辅助教学。力求达到专业学习与岗位实践的“无缝对接”。

为了确保专业品质，本书由数码维修工程师鉴定指导中心组织编写，由全国电子行业资深专家韩广兴教授亲自指导。编写人员有行业资深工程师、高级技师和一线教师，使读者在学习过程中如同有一群专家在身边指导，将学习和实践中需要注意的重点、难点一一化解，大大提升学习效果。

另外，本书充分结合多媒体教学的特点，首先，图书在内容的制作上大胆进行多媒体教学模式的创新，将传统的“读文”学习变为“读图”学习。其次，图书还开创了数字媒体与传统纸质载体交互的全新教学方式。学习者可以通过书中的二维码进入数字媒体资源学习的全新体验。数字媒体教学资源与图书的图文资源相互衔接，相互补充，充分调动学习者的主观能动性，确保学习者在短时间内获得最佳的学习效果。

本丛书得到了数码维修工程师鉴定指导中心的大力支持。读者可登录数码维修工程师的官方网站（www.chinadse.org）获得超值技术服务。

读者通过学习与实践还可参加相关资质的国家职业资格或工程师资格认证，可获得相应等级的国家职业资格或数码维修工程师资格证书。如果读者在学习和考核认证方面有什么问题，可通过以下方式与我们联系：

数码维修工程师鉴定指导中心　　网址：http://www.chinadse.org

联系电话：022-83718162/83715667/13114807267

E-mail:chinadse@163.com

地址：天津市南开区榕苑路4号天发科技园8-1-401 邮编300384

本书由数码维修工程师鉴定指导中心组织编写，由韩雪涛任主编，吴瑛、韩广兴副任主编，参加本书内容整理工作的还有张丽梅、宋明芳、朱勇、吴玮、吴惠英、张湘萍、高瑞征、韩雪冬、周文静、吴鹏飞、唐秀鸯、王新霞、马梦霞、张义伟。

编　者

彩色图解电磁炉维修技能速成

目录

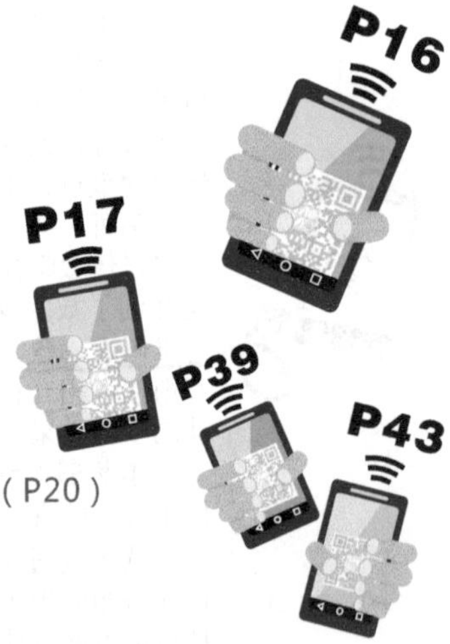

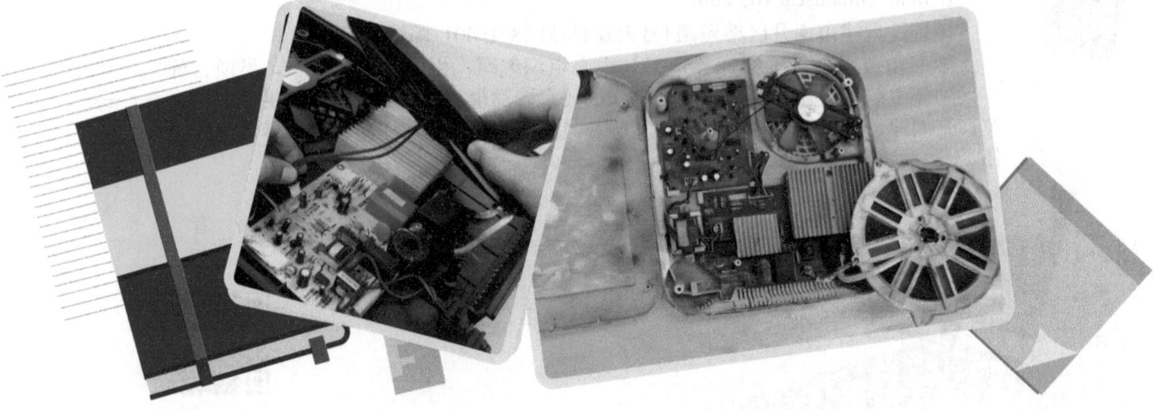

目录

5 第5章

6 第6章

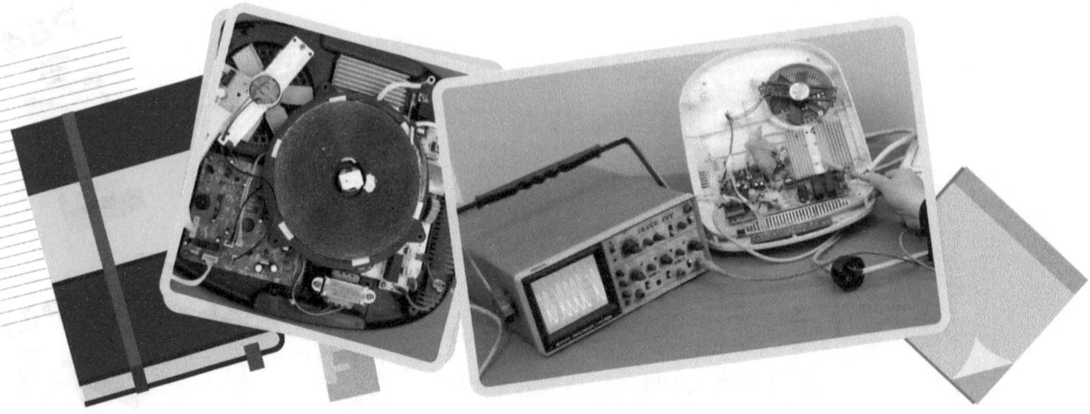

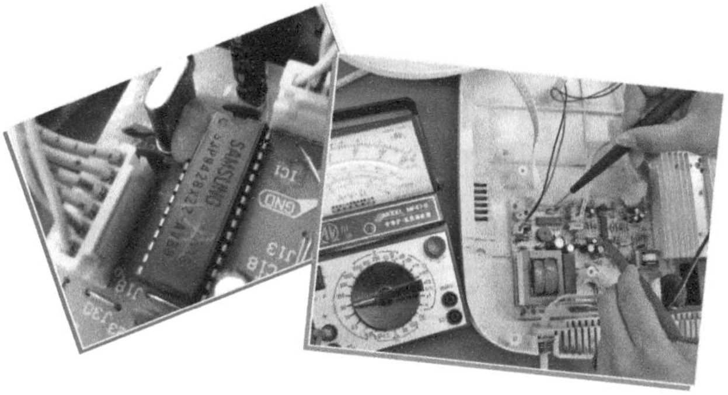

目录

7 第7章

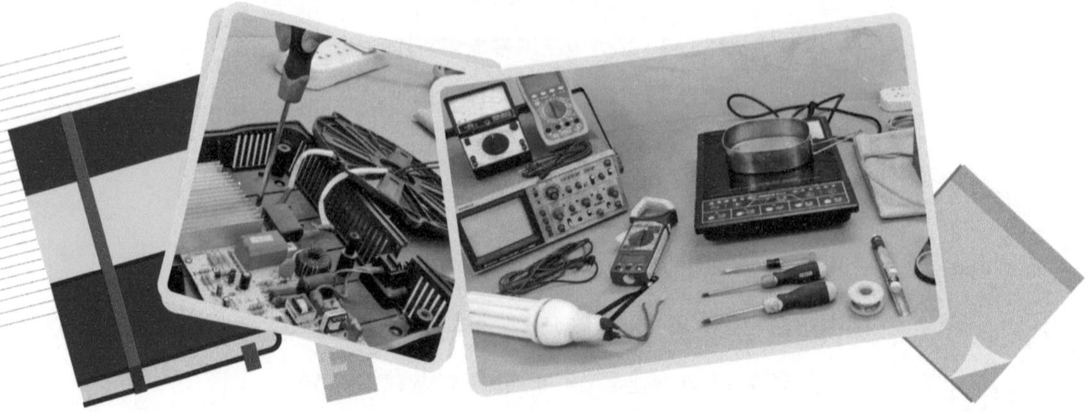

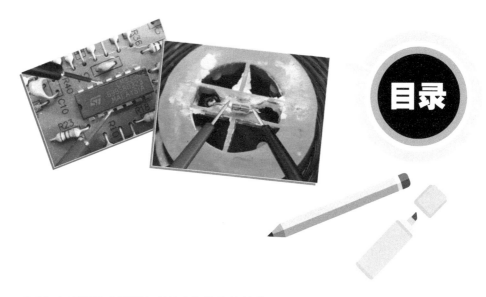

目录

第1章
电磁炉的基础知识

1.1 电磁炉的结构组成

1.1.1 电磁炉的种类结构

电磁炉是一种利用电磁感应（涡流）原理进行加热的电炊具。它具有体积小巧、使用方便、热效率高等特点，是目前家庭及餐厅必备的厨房电器。

图1-1 电磁炉的种类

图1-1为常见电磁炉的实物外形。电磁炉的种类多样，按照灶头数量可分为单灶头电磁炉、双灶头电磁炉、三灶头电磁炉和四灶头电磁炉；按照灶台类型可以分为台式电磁炉和嵌入式电磁炉；按照用途又可以分为家用电磁炉和商用电磁炉。

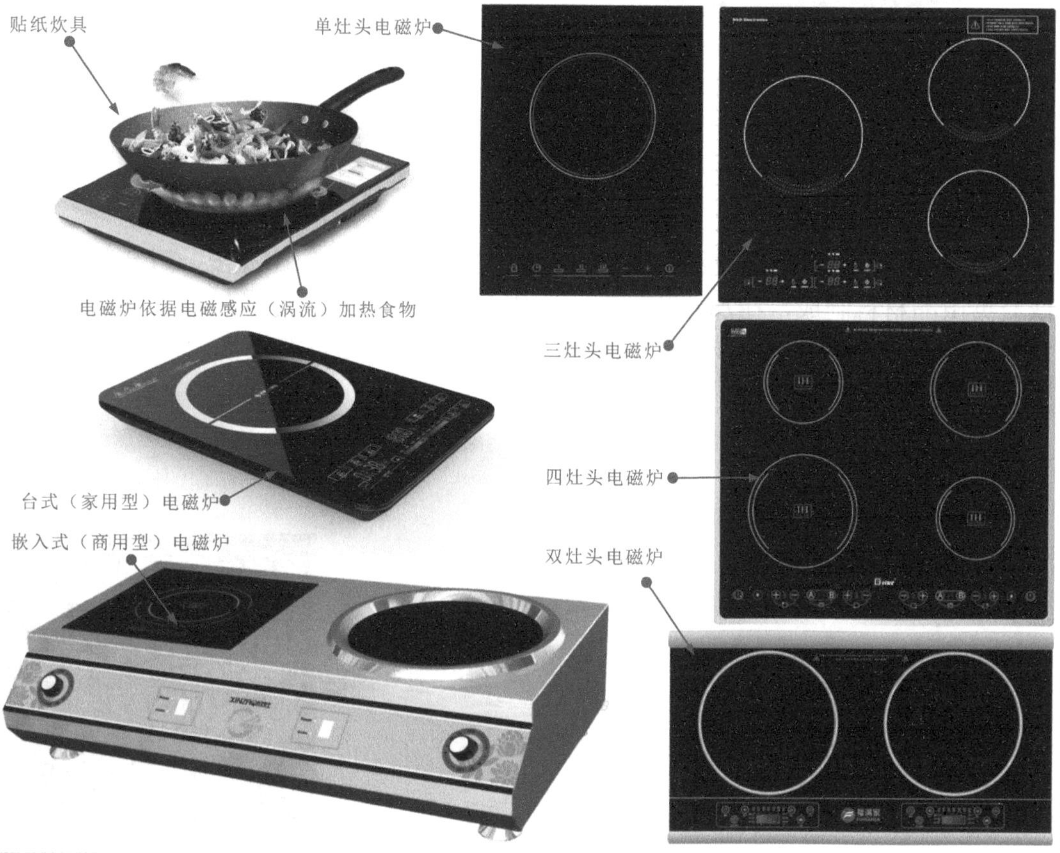

贴纸炊具
单灶头电磁炉
电磁炉依据电磁感应（涡流）加热食物
三灶头电磁炉
台式（家用型）电磁炉
嵌入式（商用型）电磁炉
四灶头电磁炉
双灶头电磁炉

图1-2 典型电磁炉的外形结构

图1-2为典型电磁炉的外形结构。在电磁炉的正面是灶台面板，灶台面板的下方是操作面板。电磁炉的背面可以看到散热口和铭牌标识。

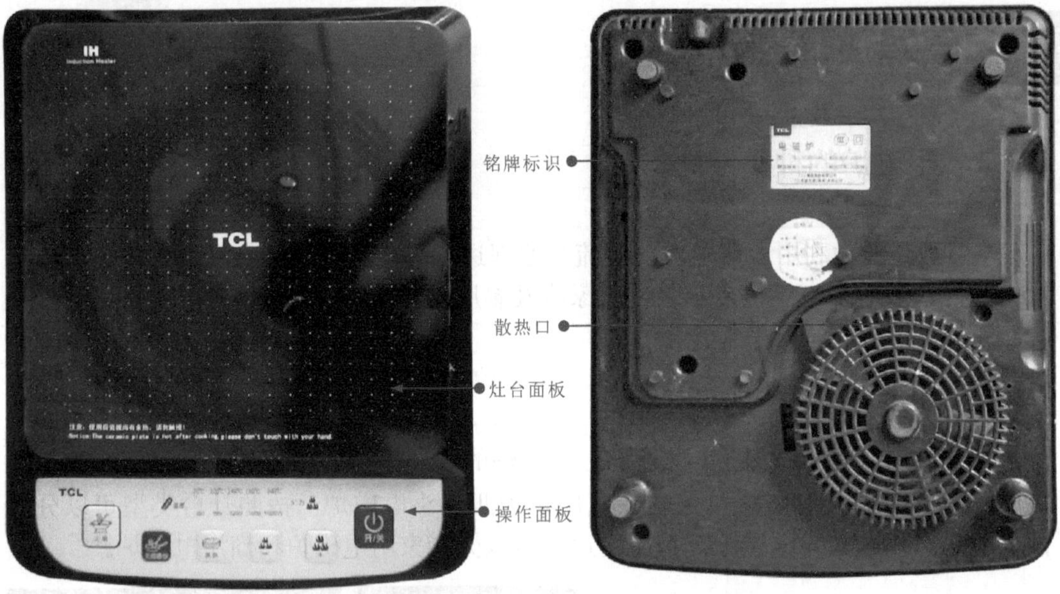

❶ 灶台面板

图1-3 灶台面板的实物外形

图1-3为电磁炉灶台面板的实物外形。它多采用高强度、耐冲击、耐高温的陶瓷或石英微晶材料制成，在加热状态下热膨胀系数小，可径向传播热量。电磁炉的灶台面从外形上多为圆形和方形两种，并且其面板的花色也有所不同。主要有印花版、白版和黑色面板。

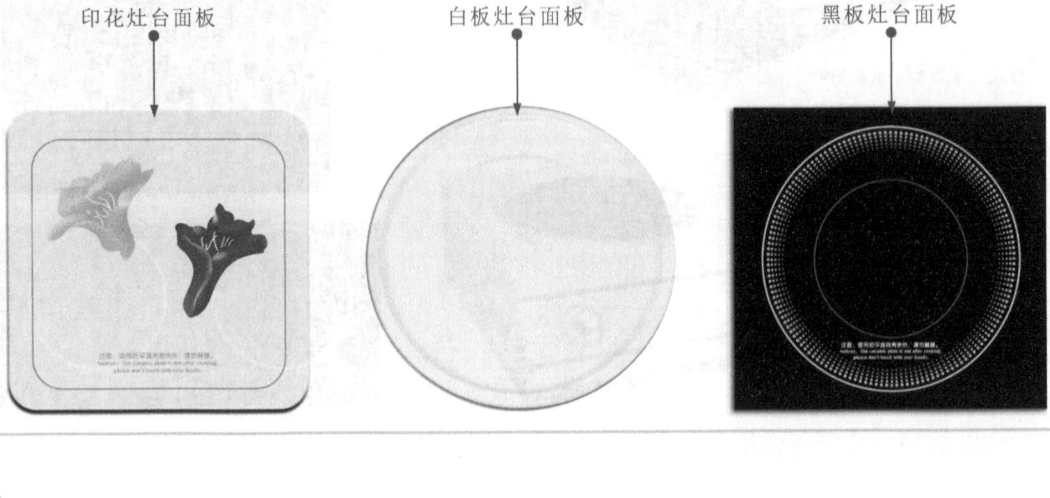

❷ 操作面板

图1-4为电磁炉操作面板的实物外形。操作面板主要用于人工指令的输入及电磁炉工作状态的显示。一般都设有开关按键、温度调节设置按键以及功能控制键等。

图1-4 操作面板的实物外形

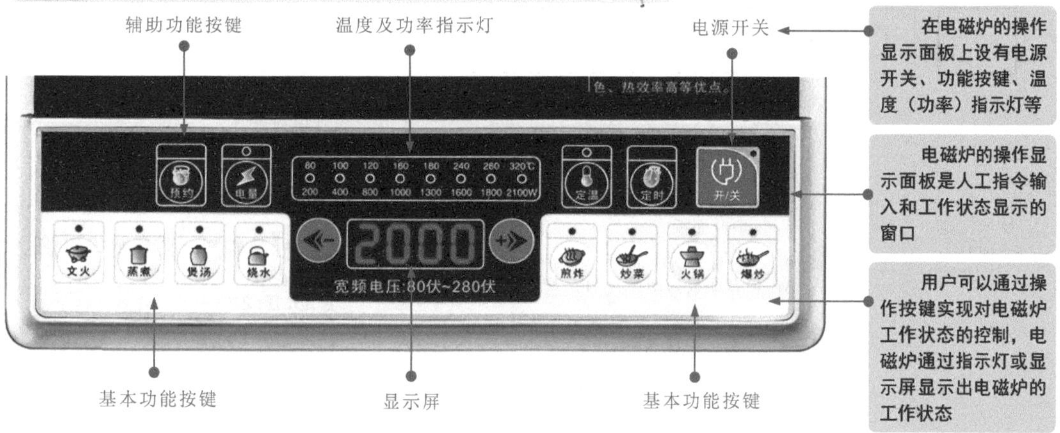
辅助功能按键
温度及功率指示灯
电源开关
在电磁炉的操作显示面板上设有电源开关、功能按键、温度（功率）指示灯等
色、热效率高等优点。
预约
电量
80 100 120 160 180 240 280 320℃
200 400 800 1000 1300 1600 1800 2100W
定温
定时
开/关
电磁炉的操作显示面板是人工指令输入和工作状态显示的窗口
文火
蒸煮
煲汤
烧水
2000
宽频电压:80伏~280伏
煎炸
炒菜
火锅
爆炒
用户可以通过操作按键实现对电磁炉工作状态的控制，电磁炉通过指示灯或显示屏显示出电磁炉的工作状态
基本功能按键
显示屏
基本功能按键

❸ 散热口

图1-5为电磁炉散热口的实物外形。从散热口可以看到内部的散热风扇，电磁炉内部产生的热量可以通过散热风扇的作用，由散热口及时排出，降低炉内的温度，利于电磁炉的正常工作。

图1-5 散热口的实物外形

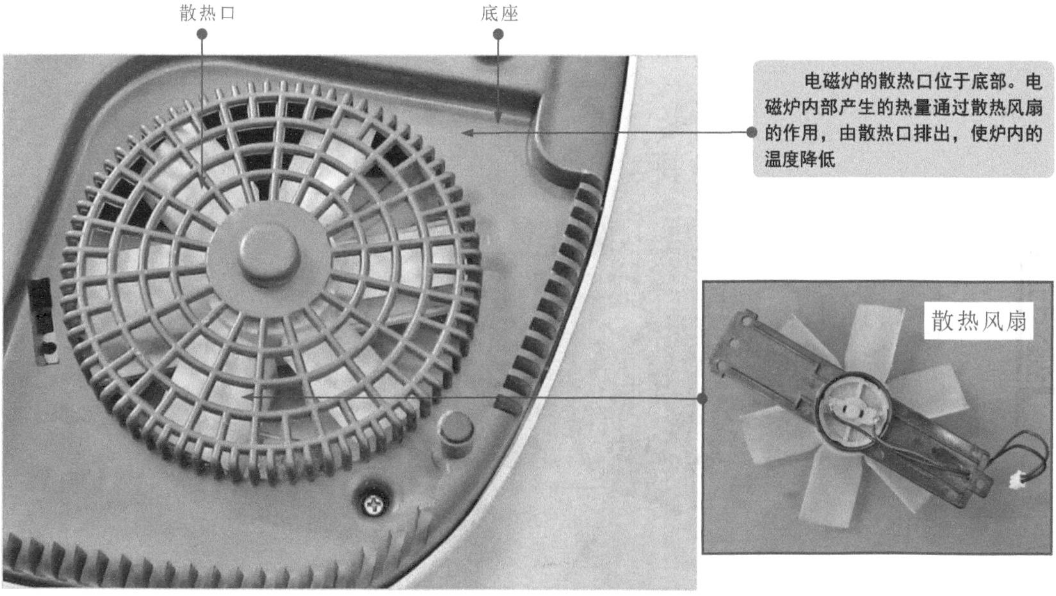
散热口
底座
电磁炉的散热口位于底部。电磁炉内部产生的热量通过散热风扇的作用，由散热口排出，使炉内的温度降低
散热风扇

4 铭牌标识

图1-6 电磁炉的铭牌标识

图1-6为电磁炉的铭牌标识。电磁炉的品牌、型号、功率等产品信息都明确地标注在铭牌上。

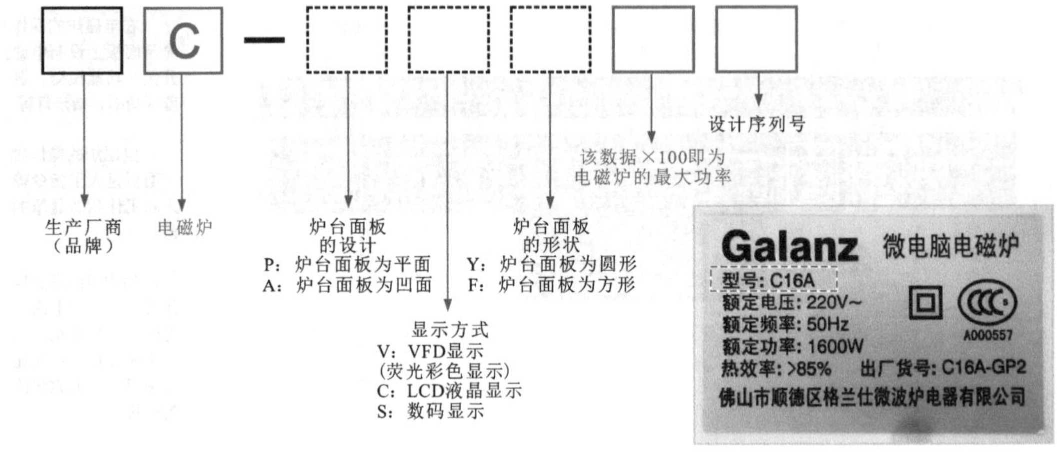

1.1.2 电磁炉的内部电路

打开电磁炉的外壳，可以看到电磁炉的内部结构。一般来说，电磁炉内部主要是由内部电路、炉盘线圈和散热组件构成。

图1-7 电磁炉的内部电路

图1-7为典型电磁炉的内部电路结构。

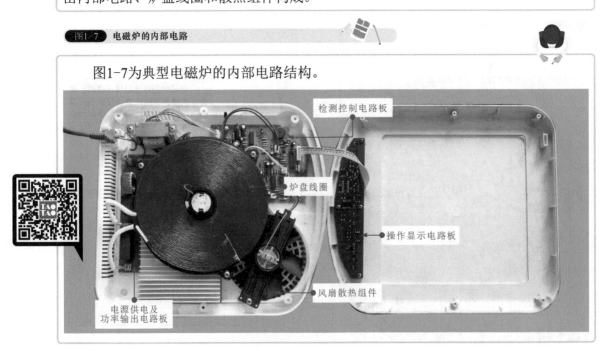

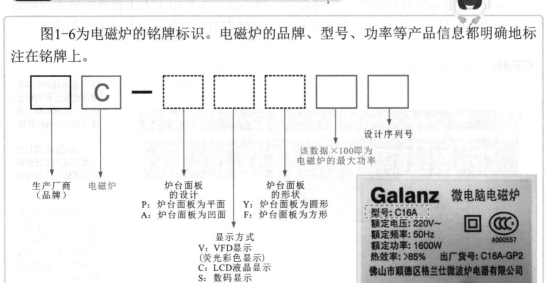

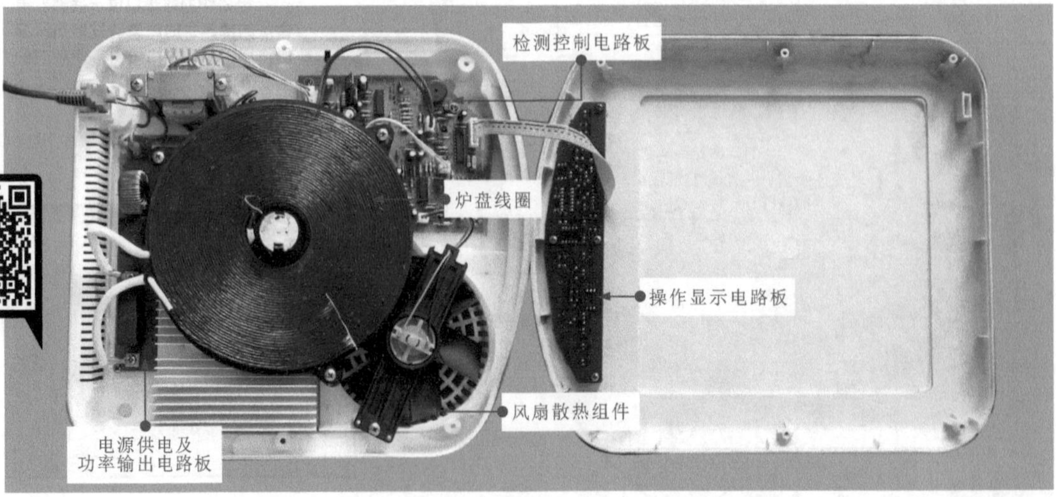

如图1-8所示，电磁炉中的电路根据功能特点可以划分为电源供电电路、功率输出电路、主控电路和操作显示电路。

图1-8 电磁炉中的主要电路

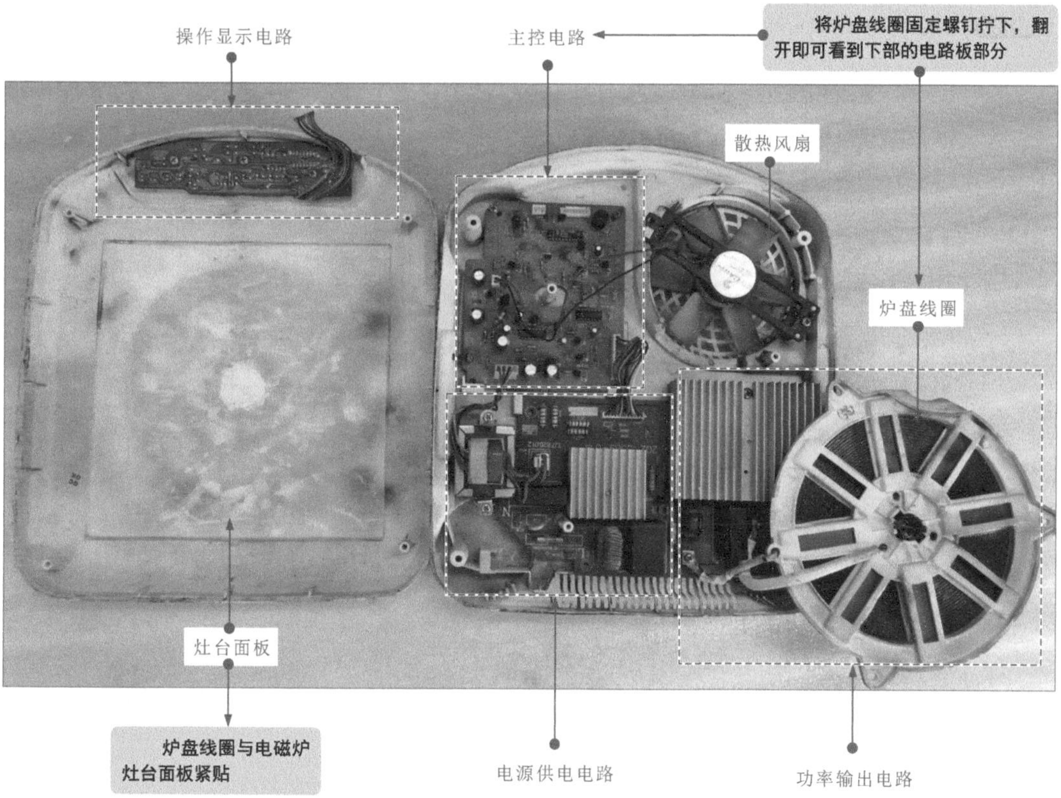
操作显示电路
主控电路
将炉盘线圈固定螺钉拧下，翻开即可看到下部的电路板部分
散热风扇
炉盘线圈
灶台面板
炉盘线圈与电磁炉灶台面板紧贴
电源供电电路
功率输出电路

如图1-9所示，有些电磁炉将主控电路、电源供电电路和功率输出电路设计在一块电路板上。

图1-9 单元电路设计在一块电路板上的电磁炉电路

不同结构的电磁炉
电源及功率输出电路
主控电路

❶ 电源供电电路

图1-10为典型电源供电电路的实物外形。电源供电电路是电磁炉整机的供电电路。它主要是将220V市电转换成直流300V电压为功率输出电路供电。

图1-10 电磁炉中的电源供电电路

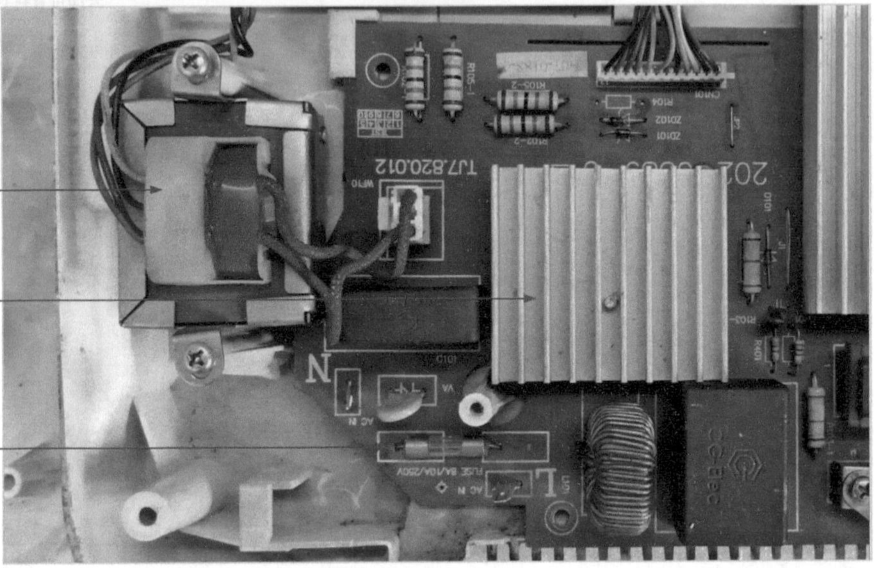

❷ 功率输出电路

图1-11为典型功率输出电路的实物外形。电路中的绝缘栅双极半导体管（IGBT）在驱动脉冲的作用下形成高频振荡信号，为炉盘线圈提供谐振信号，使炉盘线圈工作，实现电能向热能的转换。

图1-11 电磁炉中的功率输出电路

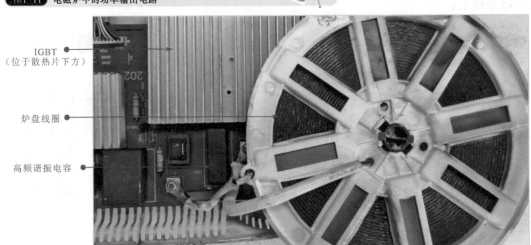

3 主控电路

图1-12为典型主控电路的实物外形。主控电路是电磁炉的核心部分。电磁炉整机人工指令的接受、状态信号输出、自动检测和控制功能都是由该电路完成的。

图1-12 电磁炉中的主控电路

蜂鸣器
微处理器
晶体
电压比较器（LM339）
电压比较器（LM339）

4 操作显示电路

图1-13为典型操作显示电路的实物外形。操作显示电路一般位于电磁炉上的操作显示面板下方。该电路板通过导线与主控电路相连。

图1-13 电磁炉中的操作显示电路

操作按键
LED指示灯
移位寄存器
操作显示电路
操作显示面板上的操作按键及指示灯与电路中的电子元器件一一对应
203-0188-0

5 炉盘线圈

图1-14为典型炉盘线圈的实物外形。炉盘线圈也叫加热线圈，一般由多股漆包线拧合后盘绕而成。在炉盘线圈的背部（底部）粘有4～6个铁氧体扁磁棒，其作用是减小磁场对下面的辐射，以免在工作时，加热线圈产生的磁场影响下方电路。

图1-14 电磁炉中的炉盘线圈

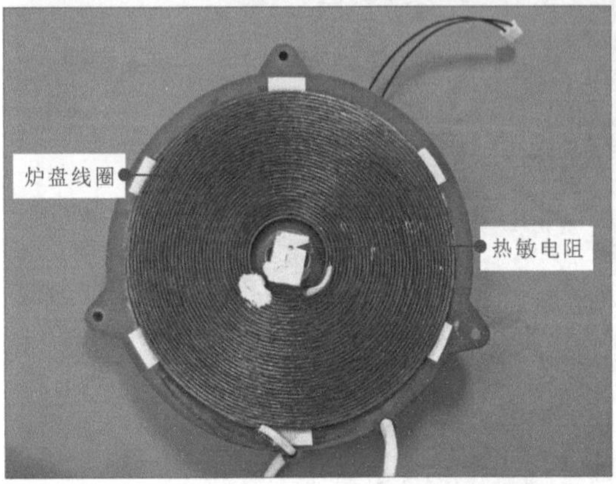

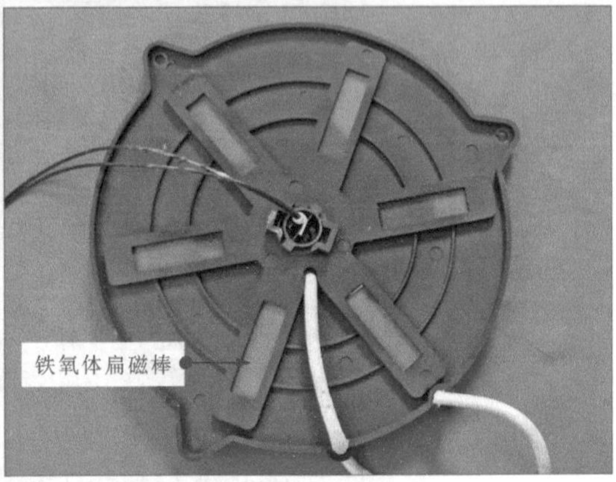

图1-15 炉盘线圈中的热敏电阻

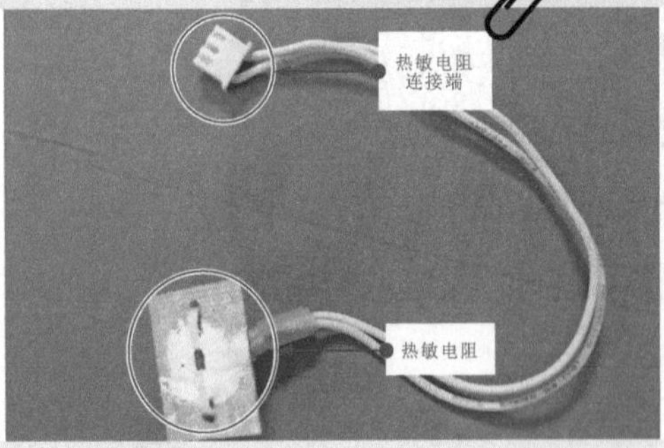

图1-15为电磁炉炉盘线圈中的热敏电阻。该热敏电阻位于炉盘线圈的中心，主要用于检测炉面温度。

热敏电阻紧靠灶台面板，且在它的表面涂有导热硅胶，以提高热传导性。

若灶台面板温度过高，热敏电阻的阻值会发生变化。通过连接线将变化信号传送到主控电路，以便对电磁炉整机电路进行保护。

6 散热风扇

图1-16 电磁炉中的散热风扇

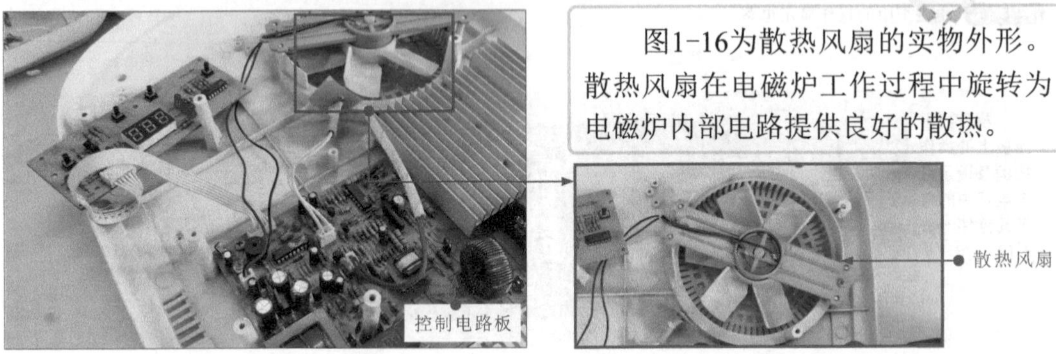

图1-16为散热风扇的实物外形。散热风扇在电磁炉工作过程中旋转为电磁炉内部电路提供良好的散热。

1.2 电磁炉的工作原理

1.2.1 电磁炉的加热原理

电磁炉是通过炉盘线圈与铁质炊具之间产生的涡流来实现对炊具内食物的加热。因此，电磁炉所使用的炊具应为软磁性材料。

图1-17 电磁炉的加热原理

图1-17为电磁炉的加热原理。电磁炉通电后，炉盘线圈的电流通过IGBT形成回路，这样在炉盘线圈中就产生了电流。根据电磁感应原理，炉盘线圈中的电流变化会产生相应变化的磁场，在铁质的软磁性灶具的底部形成由磁场感应出的涡流，涡流通过灶具本身的阻抗将电能转化为热能，从而实现对食物的加热。

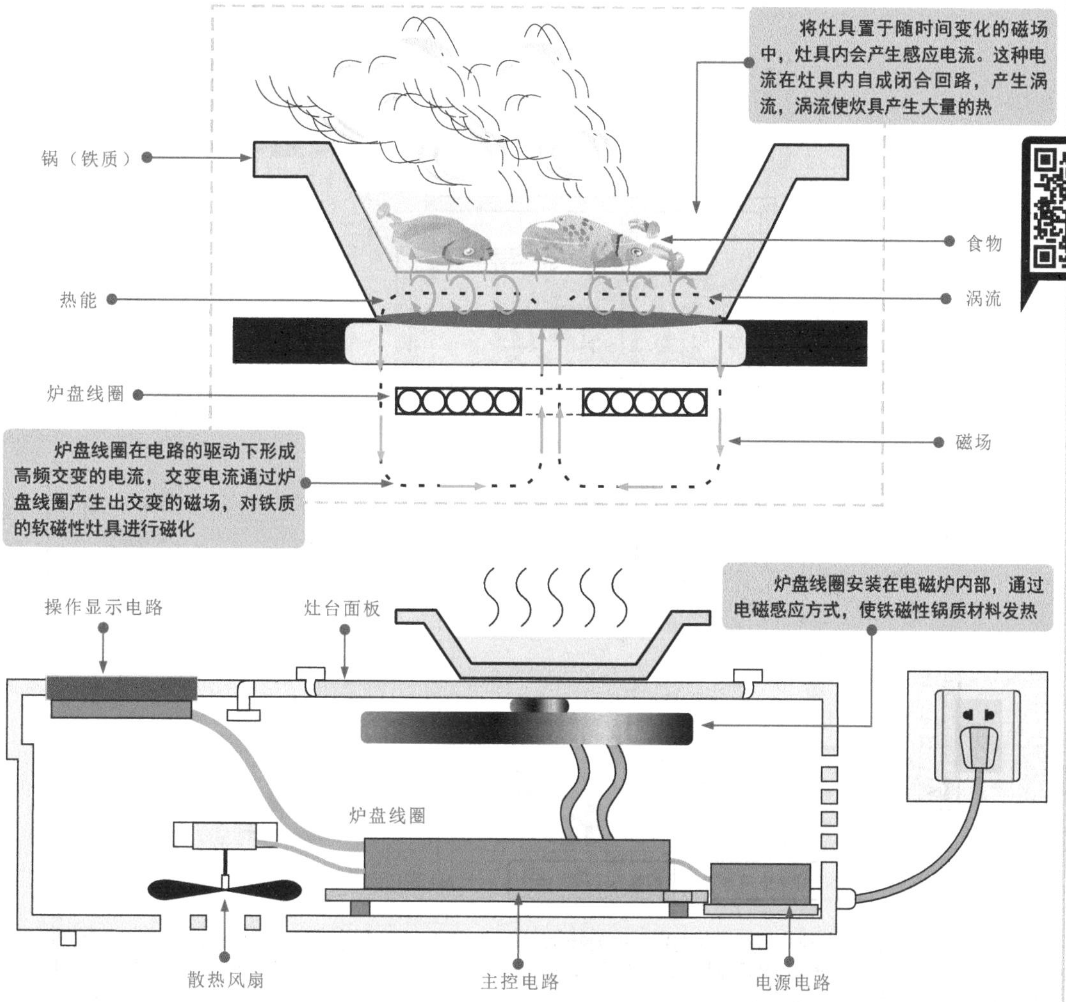

1.2.2 电磁炉的电路控制关系

图1-18为电磁炉的电路关系。操作显示电路接收的各种人工指令信号通过⑧号数据线传递给主控电路，由其内部的微处理器进行控制，并输出相应的控制信号，再通过⑨号数据线将显示信号输入到操作显示电路板中。

图1-18 电磁炉的电路关系

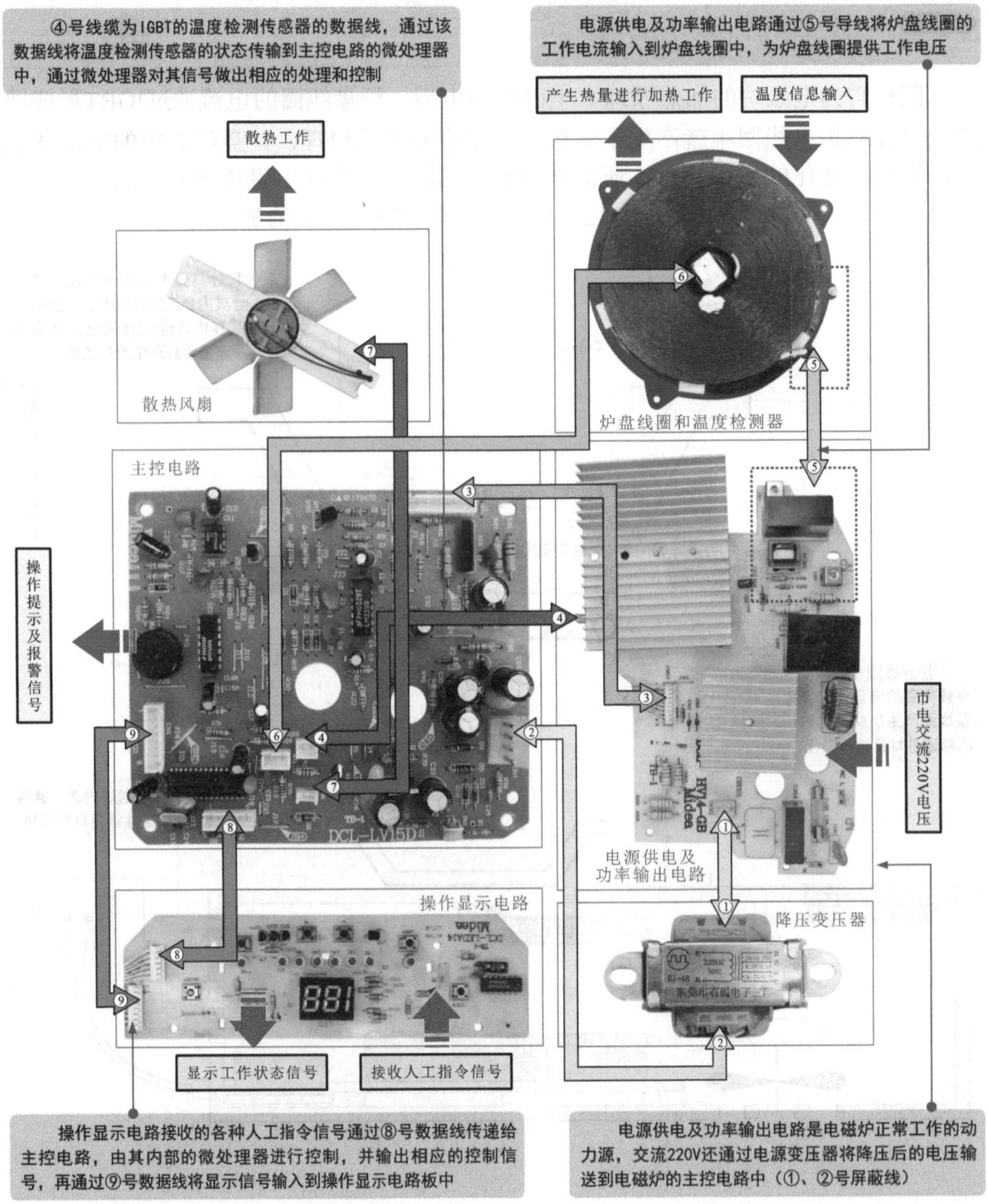

④号线缆为IGBT的温度检测传感器的数据线，通过该数据线将温度检测传感器的状态传输到主控电路的微处理器中，通过微处理器对其信号做出相应的处理和控制
电源供电及功率输出电路通过⑤号导线将炉盘线圈的工作电流输入到炉盘线圈中，为炉盘线圈提供工作电压
散热工作
产生热量进行加热工作
温度信息输入
散热风扇
炉盘线圈和温度检测器
主控电路
操作提示及报警信号
市电交流220V电压
电源供电及功率输出电路
操作显示电路
降压变压器
显示工作状态信号
接收人工指令信号
操作显示电路接收的各种人工指令信号通过⑧号数据线传递给主控电路，由其内部的微处理器进行控制，并输出相应的控制信号，再通过⑨号数据线将显示信号输入到操作显示电路板中
电源供电及功率输出电路是电磁炉正常工作的动力源，交流220V还通过电源变压器将降压后的电压输送到电磁炉的主控电路中（①、②号屏蔽线）

❶ 电源供电电路的控制过程

图1-19为电磁炉电源供电电路的控制过程。交流220V市电处理后，分为两路输出：一路输出+300V高压，为功率输出电路提供工作电压；另一路经处理后输出各级直流电压，为其他各单元电路或元器件提供工作电压。

图1-19 电源供电电路的控制过程

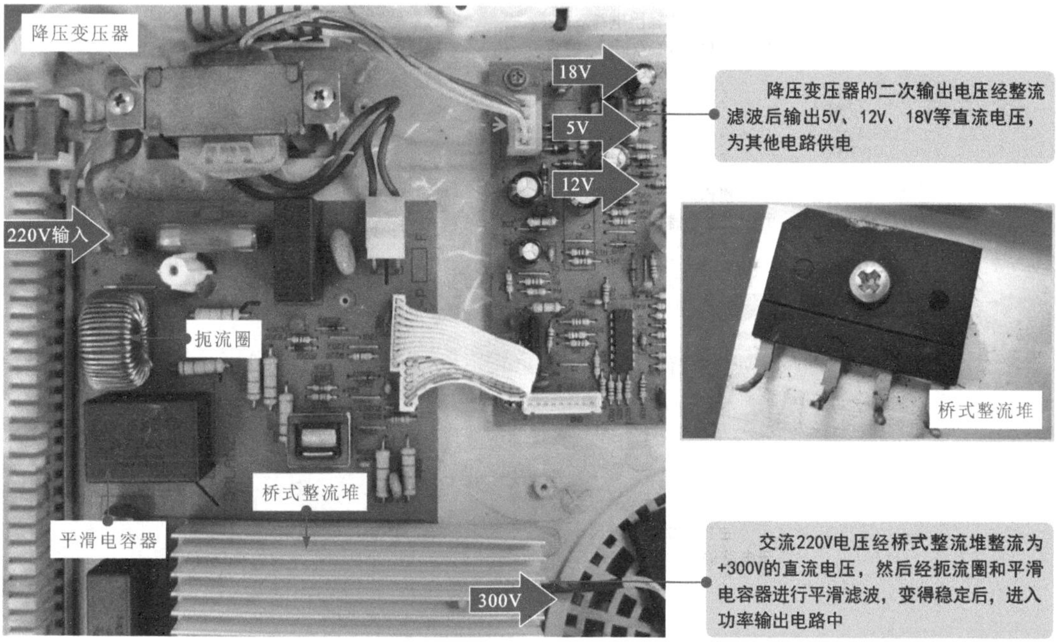

降压变压器
18V
5V
12V
220V输入
扼流圈
桥式整流堆
平滑电容器
300V
降压变压器的二次输出电压经整流滤波后输出5V、12V、18V等直流电压，为其他电路供电
桥式整流堆
交流220V电压经桥式整流堆整流为+300V的直流电压，然后经扼流圈和平滑电容器进行平滑滤波，变得稳定后，进入功率输出电路中

❷ 功率输出电路的控制过程

图1-20为电磁炉功率输出电路的控制过程。功率输出电路主要利用IGBT输出的脉冲信号驱动炉盘线圈与高频谐振电容器构成的LC谐振电路进行高频谐振，从而辐射电磁能，加热炊具。其中，该电路中的IGBT主要受主控电路控制。

图1-20 功率输出电路的控制过程

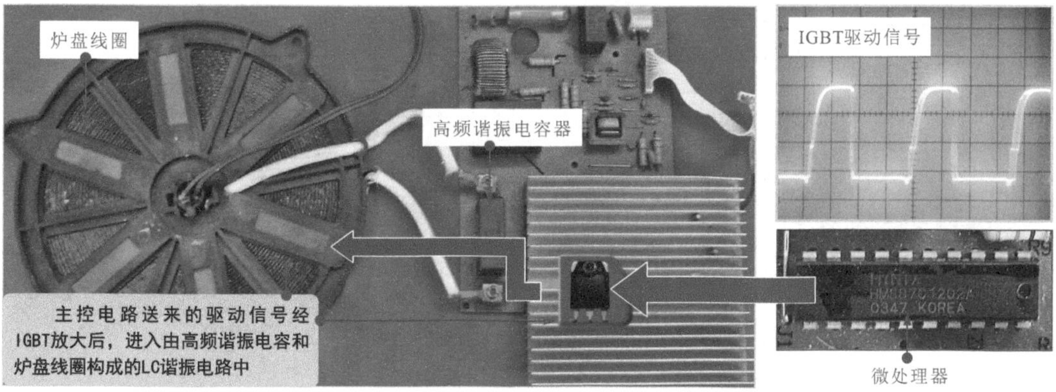

炉盘线圈
高频谐振电容器
主控电路送来的驱动信号经IGBT放大后，进入由高频谐振电容和炉盘线圈构成的LC谐振电路中
IGBT驱动信号
微处理器

3 主控电路的控制过程

图1-21为电磁炉主控电路的控制过程。主控电路是电磁炉的控制核心，它对电磁炉中操作显示电路送来的人工信号、电流信号、电压信号、过热信号等进行处理。

图1-21 主控电路的控制过程

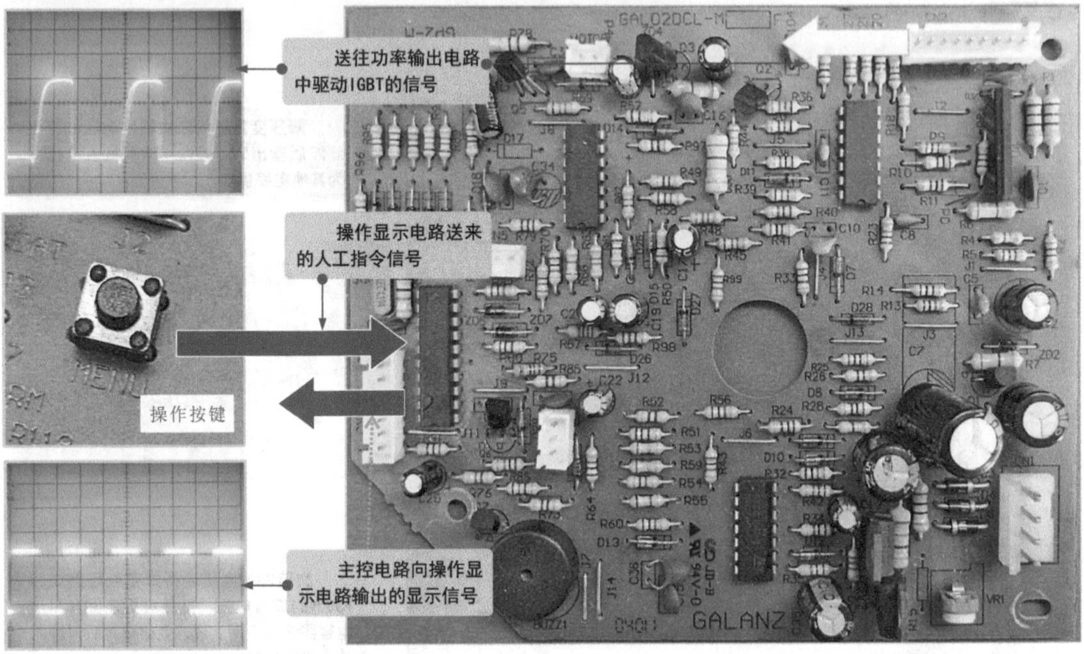
送往功率输出电路中驱动IGBT的信号
操作显示电路送来的人工指令信号
操作按键
主控电路向操作显示电路输出的显示信号
GALANZ

4 操作显示电路的控制过程

图1-22为电磁炉操作显示电路的控制过程。人工操作指令通过操作显示电路送给主控电路，同时数码管或液晶屏显示电磁炉的工作状态。

图1-22 操作显示电路的控制过程

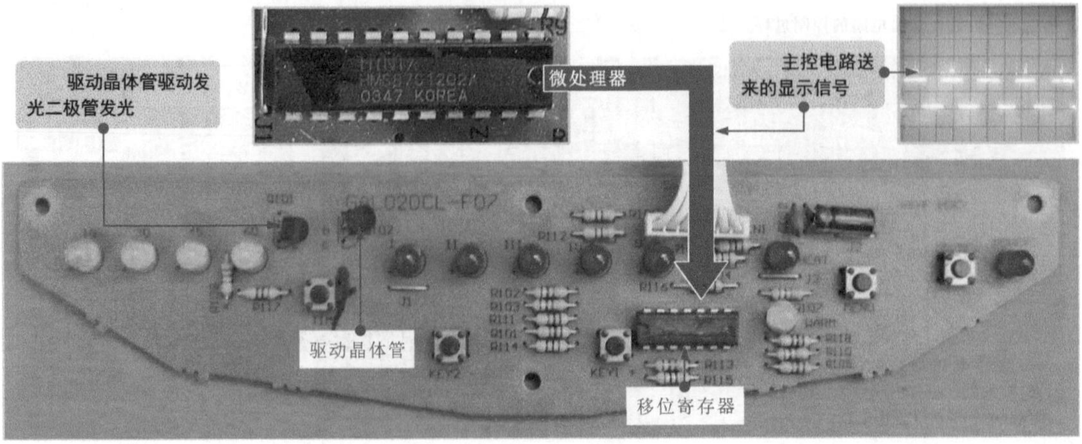
驱动晶体管驱动发光二极管发光
微处理器
主控电路送来的显示信号
驱动晶体管
移位寄存器

1.2.3 电磁炉的工作过程

图1-23 电磁炉的工作过程

图1-23为电磁炉的工作过程。电磁炉在工作时，由电源电路为各单元电路及功能部件提供工作时所需要的各种电压。功率输出电路、主控电路以及操作显示电路主要完成加热信号的控制、处理和输出，确保合理地控制加热时的温度，最终由炉盘线圈实现对食物的加热。

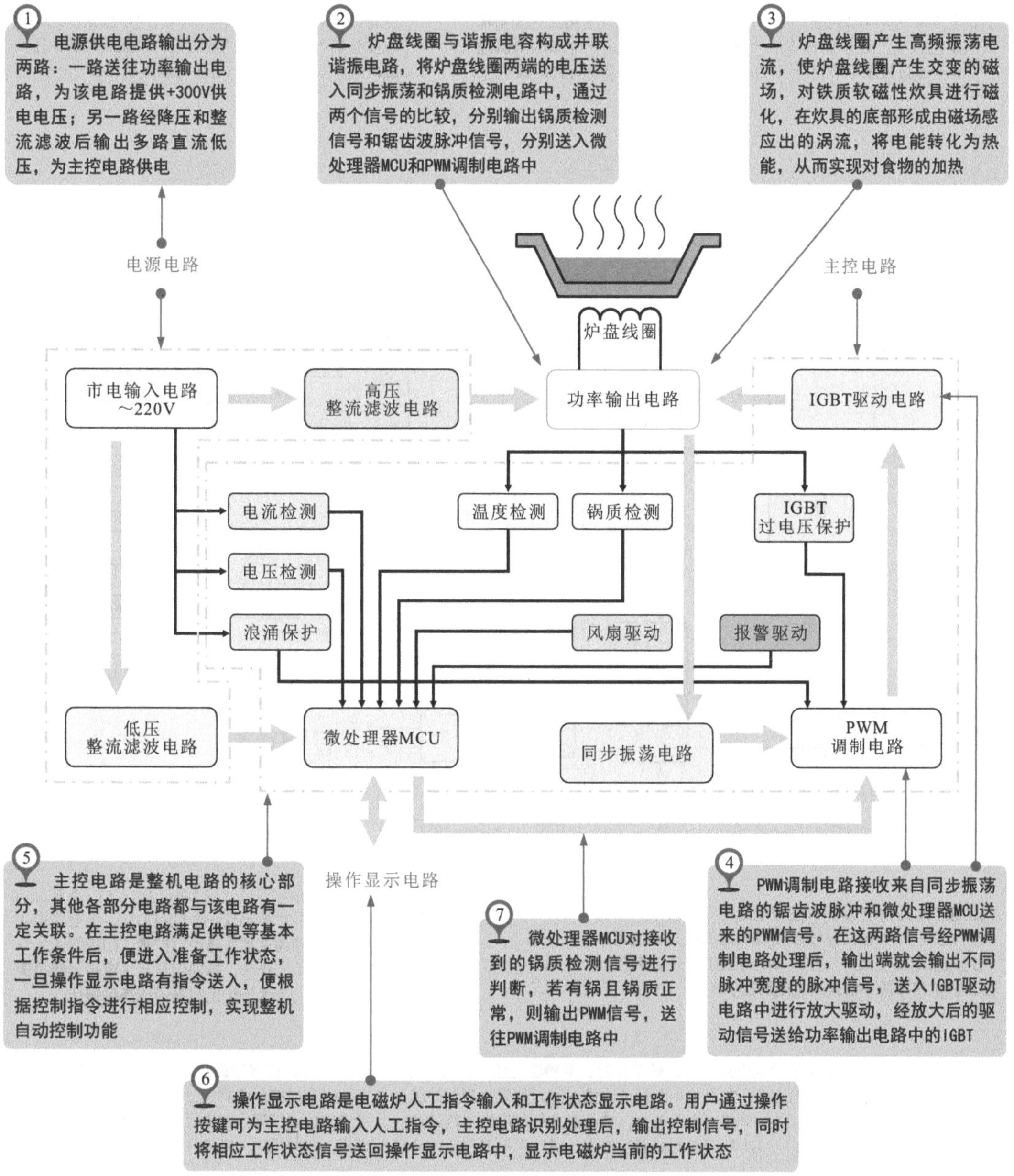

① 电源供电电路输出分为两路：一路送往功率输出电路，为该电路提供+300V供电电压；另一路经降压和整流滤波后输出多路直流低压，为主控电路供电
② 炉盘线圈与谐振电容构成并联谐振电路，将炉盘线圈两端的电压送入同步振荡和锅质检测电路中，通过两个信号的比较，分别输出锅质检测信号和锯齿波脉冲信号，分别送入微处理器MCU和PWM调制电路中
③ 炉盘线圈产生高频振荡电流，使炉盘线圈产生交变的磁场，对铁质软磁性炊具进行磁化，在炊具的底部形成由磁场感应出的涡流，将电能转化为热能，从而实现对食物的加热
电源电路
主控电路
炉盘线圈
市电输入电路
~220V
高压
整流滤波电路
功率输出电路
IGBT驱动电路
电流检测
温度检测
锅质检测
IGBT
过电压保护
电压检测
浪涌保护
风扇驱动
报警驱动
低压
整流滤波电路
微处理器MCU
同步振荡电路
PWM
调制电路
操作显示电路
⑤ 主控电路是整机电路的核心部分，其他各部分电路都与该电路有一定关联。在主控电路满足供电等基本工作条件后，便进入准备工作状态，一旦操作显示电路有指令送入，便根据控制指令进行相应控制，实现整机自动控制功能
⑦ 微处理器MCU对接收到的锅质检测信号进行判断，若有锅且锅质正常，则输出PWM信号，送往PWM调制电路中
④ PWM调制电路接收来自同步振荡电路的锯齿波脉冲和微处理器MCU送来的PWM信号。在这两路信号经PWM调制电路处理后，输出端就会输出不同脉冲宽度的脉冲信号，送入IGBT驱动电路中进行放大驱动，经放大后的驱动信号送给功率输出电路中的IGBT
⑥ 操作显示电路是电磁炉人工指令输入和工作状态显示电路。用户通过操作按键可为主控电路输入人工指令，主控电路识别处理后，输出控制信号，同时将相应工作状态信号送回操作显示电路中，显示电磁炉当前的工作状态

1 单门控管电磁炉的工作过程

图1-24 单门控管电磁炉的工作过程

图1-24为单门控管电磁炉的工作过程。电磁炉工作时，交流220V电压经桥式整流堆整流滤波后输出300V直流电压，送到炉盘线圈，炉盘线圈与谐振电容形成高频谐振，通过门控管的控制使其形成高频开关振荡电压.当开关脉冲的频率与谐振频率相同时，加热线圈内形成高频振荡电流，进而依据涡流原理实现加热。

④ 电磁炉的供电由交流220V市电插头、熔丝、电源开关、过压保护、电流检测等环节组成。若供电电流过大，则会烧毁熔丝；如果输入的电压过高，过压保护器件会进行过压保护，如果电源的电流过大，也会通过检测环节将电流检测的值通知主控电路进行自动保护

① 电磁炉工作时，交流220V电压经桥式整流堆整流滤波后输出300V直流电压，送到炉盘线圈，炉盘线圈与谐振电容形成高频谐振，将直流300V电压变成高频的振荡电压，该电压可以达到1000V以上

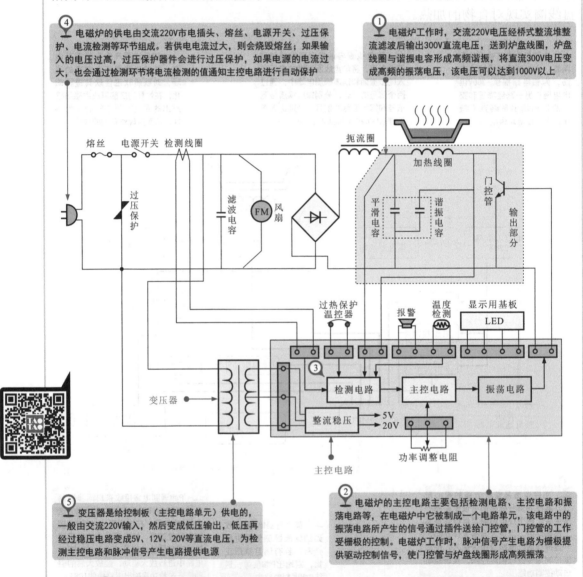

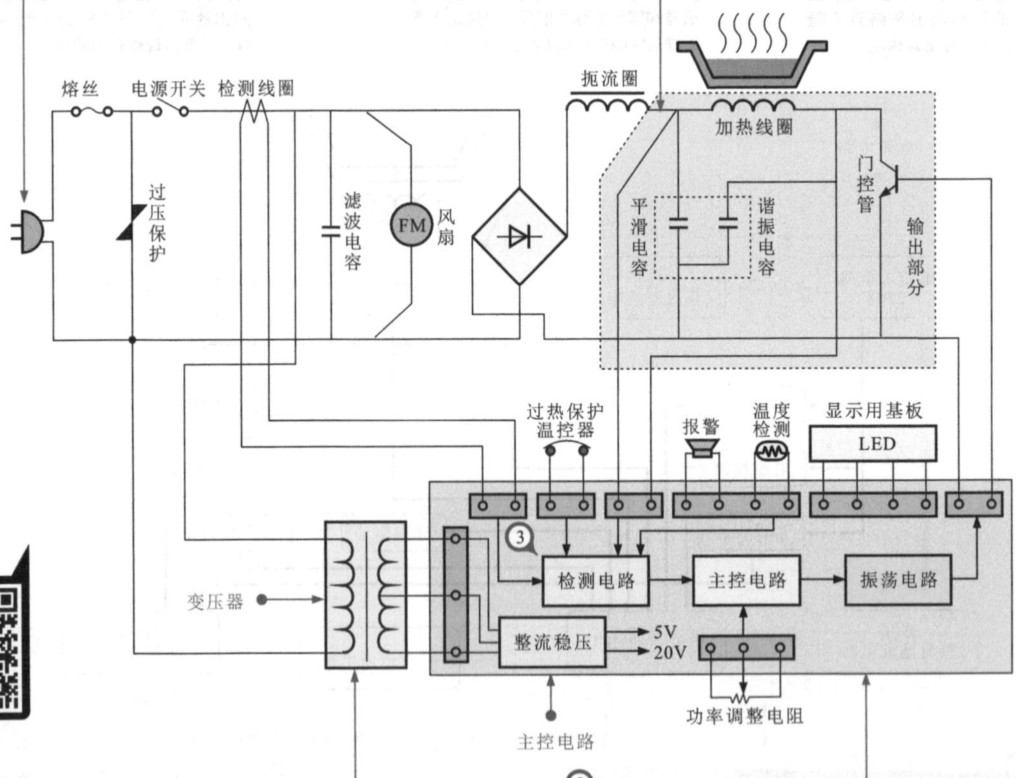

② 电磁炉的主控电路主要包括检测电路、主控电路和振荡电路等，在电磁炉中它被制成一个电路单元，该电路中的振荡电路所产生的信号通过插件送给门控管，门控管的工作受栅极的控制。电磁炉工作时，脉冲信号产生电路为栅极提供驱动控制信号，使门控管与炉盘线圈形成高频振荡

⑤ 变压器是给控制板（主控电路单元）供电的，一般由交流220V输入，然后变成低压输出，低压再经过稳压电路变成5V、12V、20V等直流电压，为检测主控电路和脉冲信号产生电路提供电源

③ 电路单元中的检测电路在电磁炉工作时自动检测过压、过流、过热的情况，并进行自动保护。例如，炉盘线圈中安装有温度传感器，它用来检测炉盘线圈温度，如果检测到的温度过高，检测电路就会将该信号送给主控电路，然后通过主控电路再控制振荡电路，切断脉冲信号产生电路的输出。过热保护温控器通常安装在门控管集电极的散热片上，如果检测到门控管的温度过高，过热保护温控器便会自动断开，使整机进入断电保护状态

2 双门控管电磁炉的工作过程

图1-25为双门控管电磁炉的工作过程。这种电磁炉是由两个门控管组成的主控电路控制的。在加热线圈的两端并联有电容C1，这个电容就是高频谐振电容，在外电压的作用下，高频谐振电容的两端会形成高频信号。

图1-25 双门控管电磁炉的工作过程

① 在工作的时候，电磁炉通过调整功率来实现火力的调整。具体地讲，火力的调整是通过改变脉冲信号脉宽的方式实现的。在该电路中，炉盘线圈脉冲频率的控制是由两个门控管实现的，这两个门控管交替工作，即第一个脉冲由第一个门控管控制，第二个脉冲由第二个门控管控制，第三个脉冲又回到第一个门控管，如此反复，这种采用两个门控管对脉冲频率进行交替控制的方式可以提高工作效率，同时可以减少两个门控管的功率消耗

② 门控管控制的脉冲频率就是炉盘线圈的工作频率，这个频率一般来讲应该和电路的谐振频率是一致的，这样才能形成一个良好的振荡条件，所以对电容的大小、线圈的电感量都有一定的要求

③ 门控管控制的脉冲频率是由PWM脉冲产生电路产生的。脉冲信号对门控管开和关的时间进行控制。一个脉冲周期内，门控管导通时间越长，炉盘线圈输出功率就越大，反之，门控管导通的时间越短，炉盘线圈输出的功率就越小，通过这种方式控制门控管的工作，即可实现火力的调整

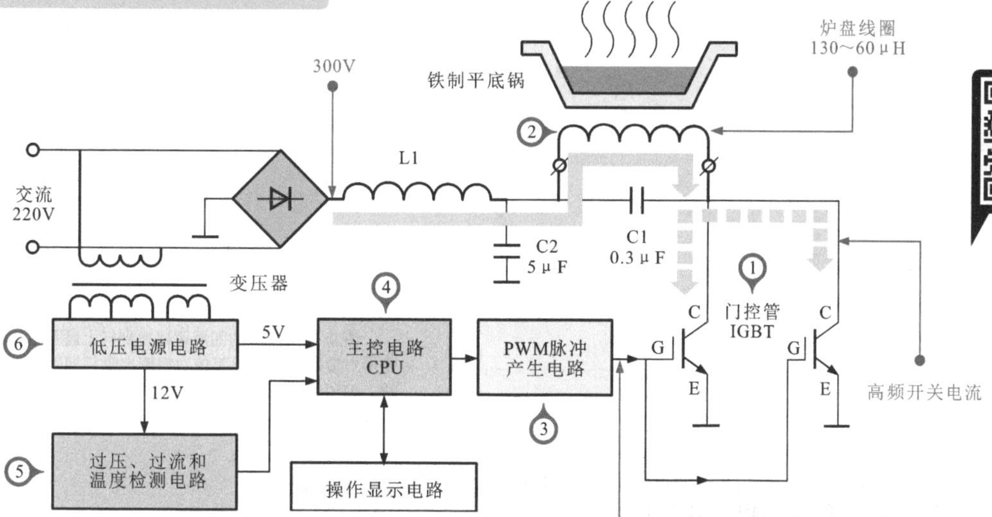

④ 目前，对PWM脉冲产生电路的控制都采用微处理器的控制方式，微处理器（简称CPU）作为电磁炉的控制核心，在工作的时候接收操作显示电路人工按键指令。操作开关就是将启动、关闭、功率大小、定时等工作指令送给微处理器，微处理器就会根据用户的要求对PWM脉冲产生电路进行控制，从而实现对炉盘线圈功率的控制，最终满足加热所需的功率要求

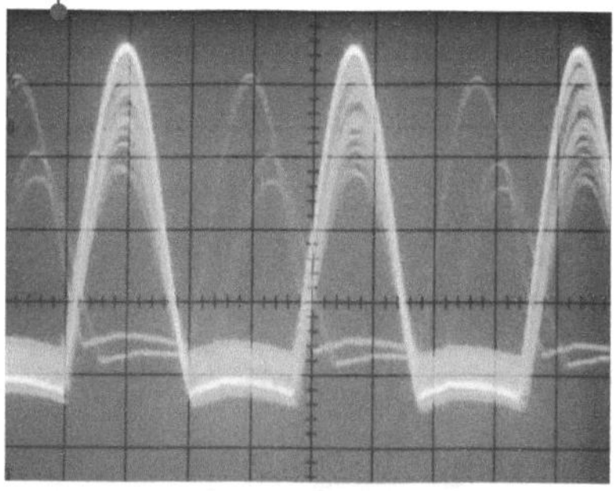

⑤ 在电磁炉内部设有过压、过流和温度检测电路，在工作时，如果出现了过压、过流或温度过高的情况，过压、过流和温度检测电路就会将检测信号传递给微处理器，微处理器便会将PWM脉冲产生电路关断，从而实现对整机的保护

⑥ 此外，在电路中还设有低压电源电路，它主要为主控电路和检测电路及PWM脉冲产生电路提供低压

第2章
电磁炉的维修基础

2.1 电磁炉的拆卸

2.1.1 电磁炉外壳的拆卸

电磁炉的外壳主要是由上盖和底座两部分构成，之间通过固定螺钉固定。因此，对电磁炉外壳的拆卸就是要将固定上盖和底座的固定螺钉卸下。

图2-1 拆卸电磁炉的固定螺钉

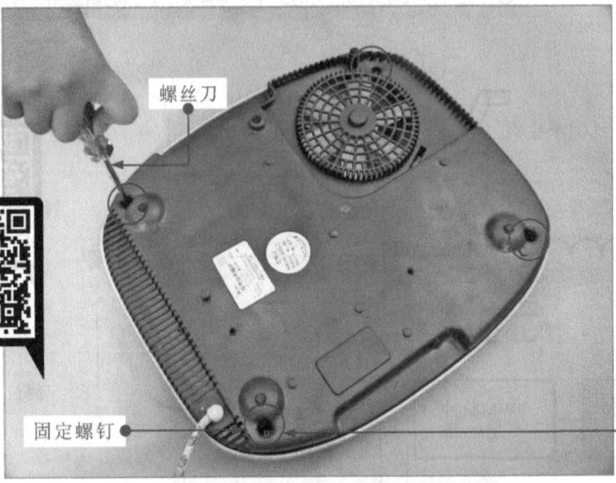

图2-1为电磁炉外壳固定螺钉的拆卸方法。通常，固定螺钉位于底座的四周。使用对应规格的螺丝刀将固定螺钉依次卸下并妥善保管，以免丢失。

当固定螺钉卸下后，即可将电磁炉上盖和底座分离。

在电磁炉底座的四周可以找到与上盖固定的螺钉，使用对应规格的螺丝刀依次将固定螺钉卸下即可使电磁炉上盖和底座分离。

打开电磁炉上盖时要小心，因为固定在上盖上的操作显示电路板与固定在底座上的主控电路板之间通过排线连接。盲目拉拽会造成排线及接口损伤。

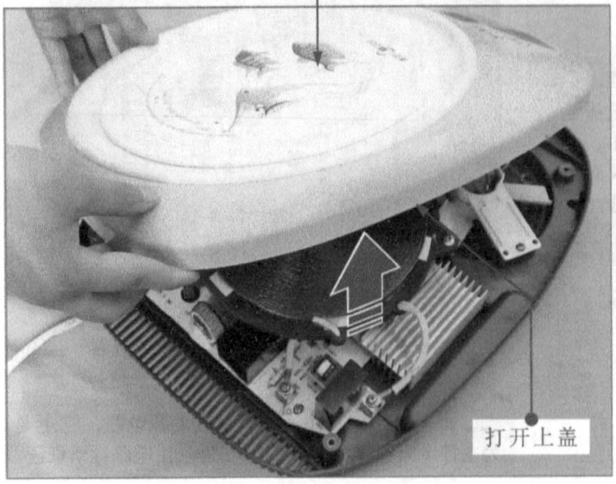

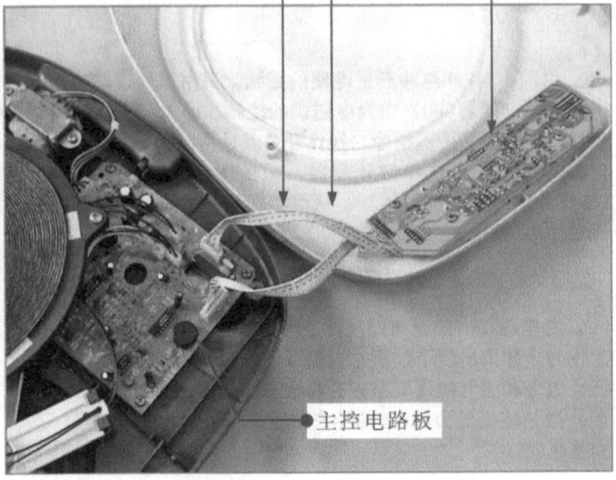

2.1.2 电磁炉操作显示电路板的拆卸

图2-2为电磁炉操作显示电路板的拆卸方法。通常，电磁炉的操作显示电路板通过固定螺钉固定在上盖内侧。拆卸时首先卸下固定螺钉，然后拔下操作显示电路板与主控电路板之间的连接引线插头即可。

图2-2 拆卸电磁炉的操作显示电路板

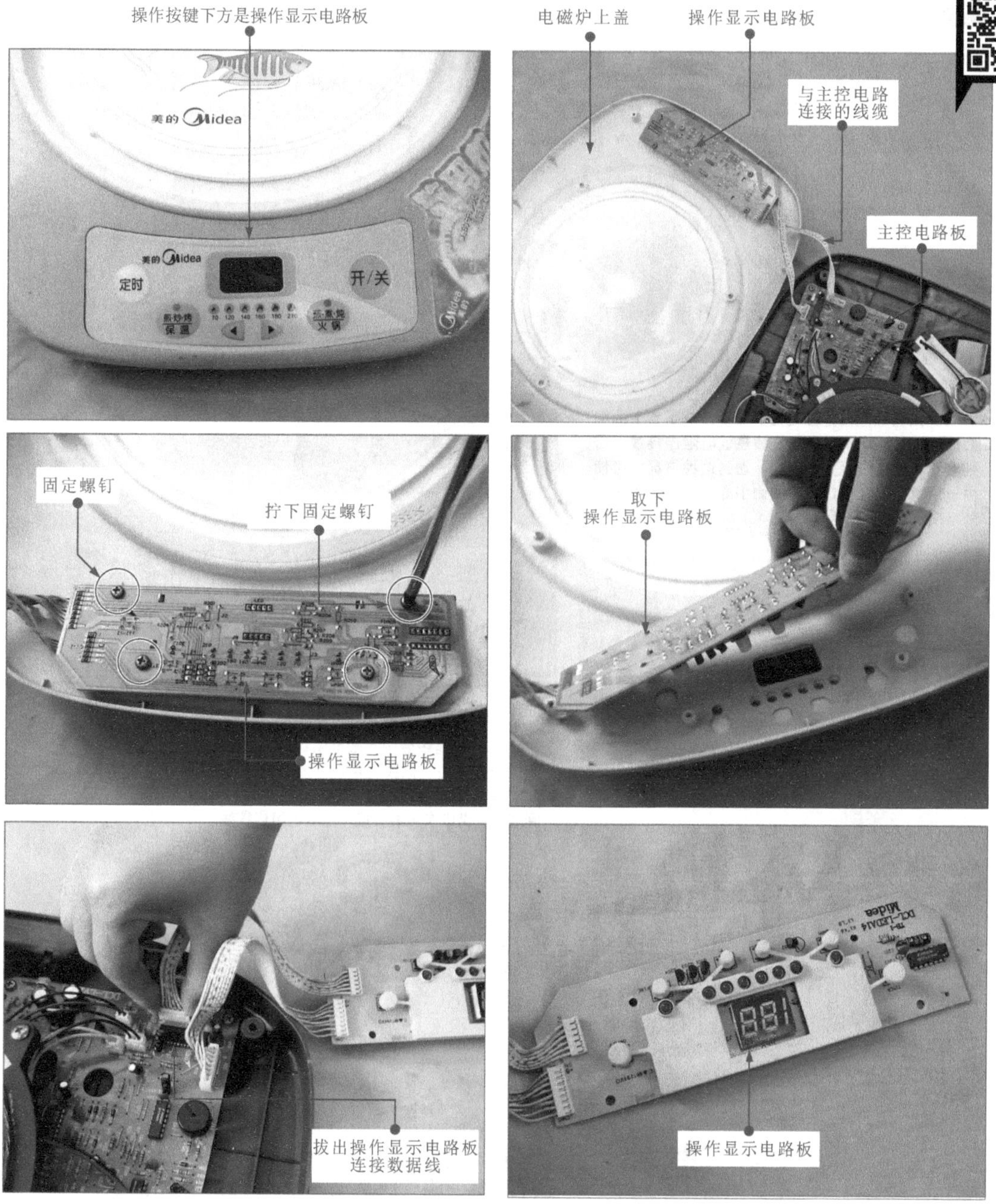
操作按键下方是操作显示电路板
电磁炉上盖
操作显示电路板
与主控电路连接的线缆
主控电路板
固定螺钉
拧下固定螺钉
操作显示电路板
取下操作显示电路板
拔出操作显示电路板连接数据线
操作显示电路板

2.1.3 电磁炉炉盘线圈的拆卸

图2-3为电磁炉炉盘线圈的拆卸方法。拆卸时首先将炉盘线圈的固定螺钉卸下，然后拆卸炉盘线圈连接引线的固定螺钉。最后，由于炉盘线圈中央位置安装有热敏电阻，其连接插头插接在主控电路板的相应插口处，所以需要将该引线插头拔下方可将炉盘线圈取下。

图2-3 拆卸电磁炉的炉盘线圈

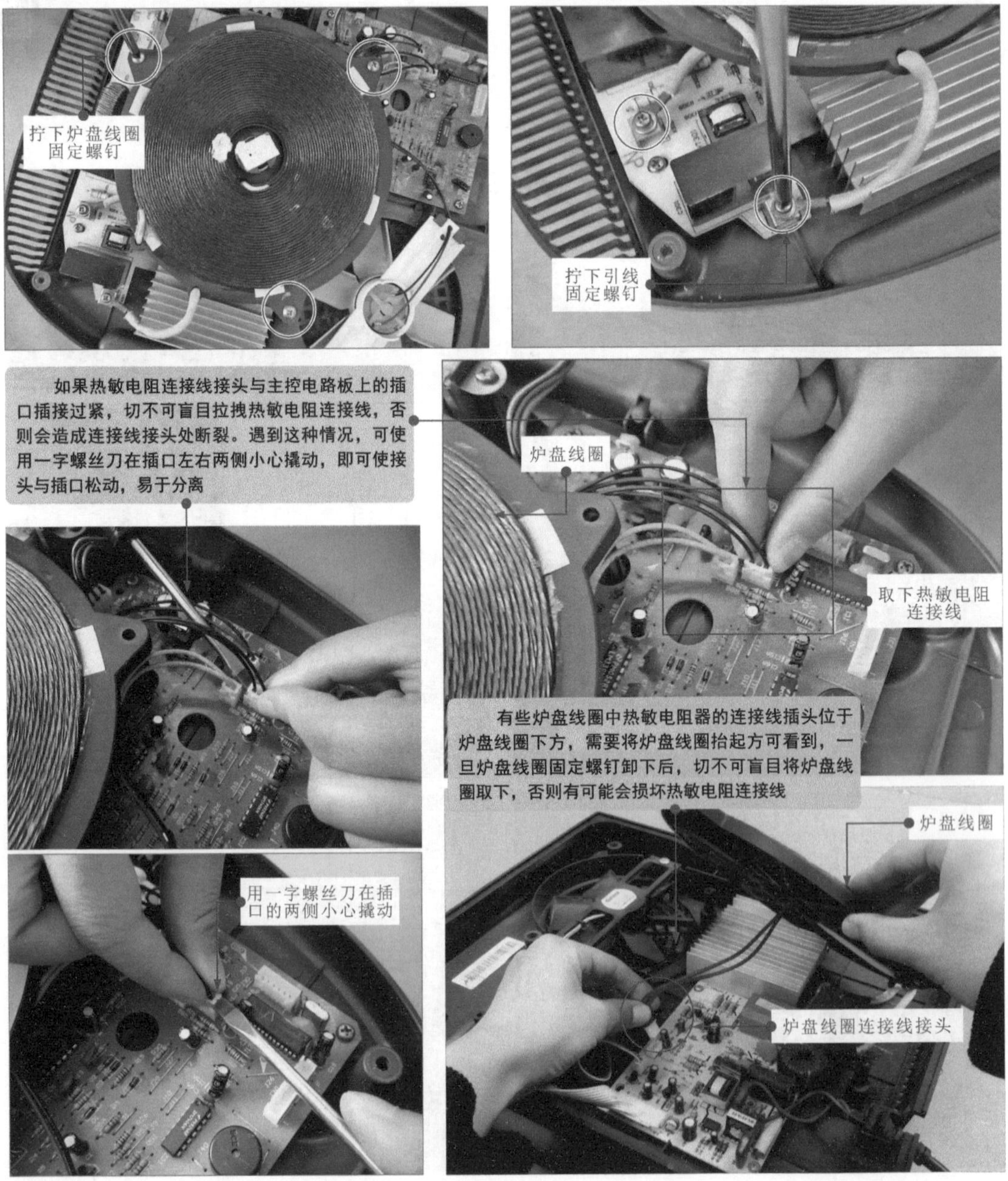
拧下炉盘线圈固定螺钉
拧下引线固定螺钉
如果热敏电阻连接线接头与主控电路板上的插口插接过紧，切不可盲目拉拽热敏电阻连接线，否则会造成连接线接头处断裂。遇到这种情况，可使用一字螺丝刀在插口左右两侧小心撬动，即可使接头与插口松动，易于分离
炉盘线圈
取下热敏电阻连接线
用一字螺丝刀在插口的两侧小心撬动
有些炉盘线圈中热敏电阻器的连接线插头位于炉盘线圈下方，需要将炉盘线圈抬起方可看到，一旦炉盘线圈固定螺钉卸下后，切不可盲目将炉盘线圈取下，否则有可能会损坏热敏电阻连接线
炉盘线圈
炉盘线圈连接线接头

2.1.4 电磁炉散热风扇的拆卸

图2-4为电磁炉散热风扇的拆卸方法。散热风扇的拆卸较为简单，卸下散热风扇的固定螺钉后将与主控电路板之间连接的导线插头拔下即可。

图2-4 拆卸电磁炉的散热风扇

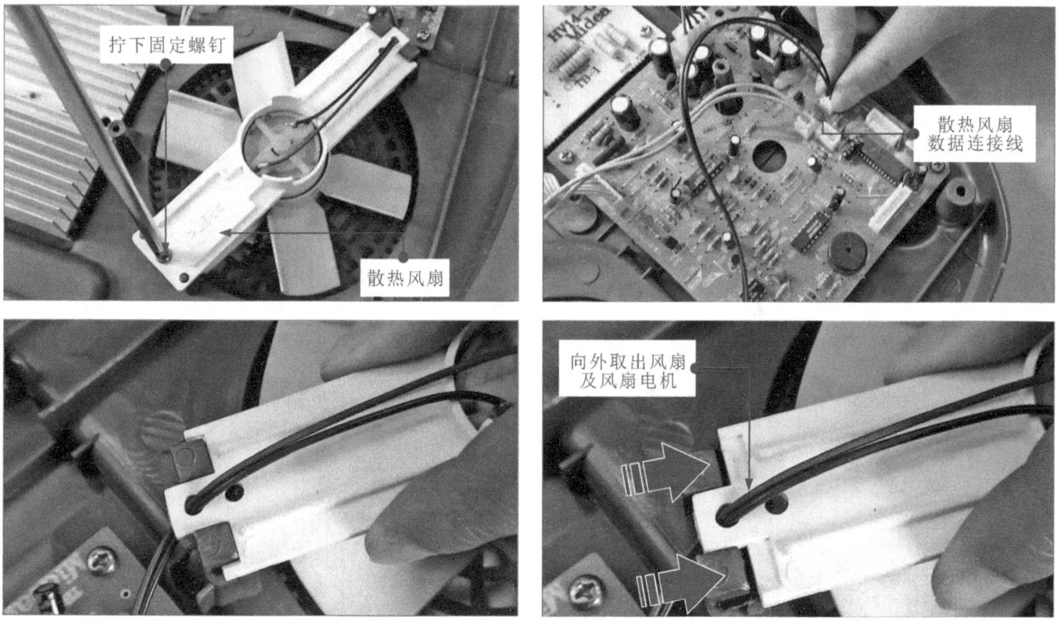

2.1.5 电磁炉变压器的拆卸

图2-5为电磁炉变压器的拆卸方法。变压器通过固定螺钉固定，并通过连接引线与电路板连接，拆卸方法较为简单。

图2-5 拆卸电磁炉的变压器

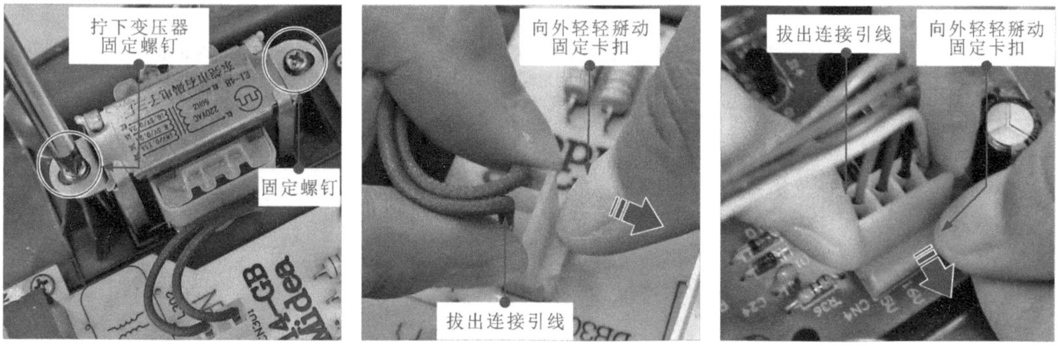

2.1.6 电磁炉主控电路板的拆卸

图2-6为电磁炉主控电路板的拆卸方法。拆卸主控电路板只需将主控电路板的固定螺钉卸下，并拔下与电源供电及功率输出电路板之间的连接线插头即可。

图2-6 拆卸电磁炉的主控电路板

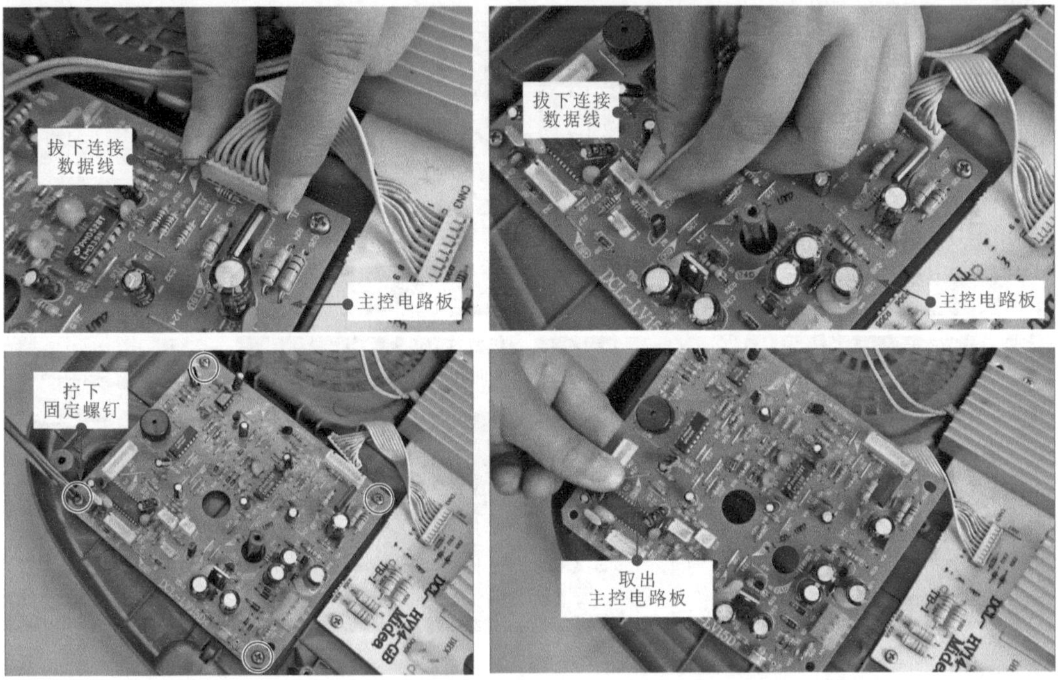

2.1.7 电磁炉电源供电及功率输出电路板的拆卸

图2-7为电磁炉电源供电及功率输出电路板的拆卸方法。拆卸时拔下电源线插头，并拆卸电路板的固定螺钉即可。

图2-7 拆卸电磁炉的电源供电及功率输出电路板

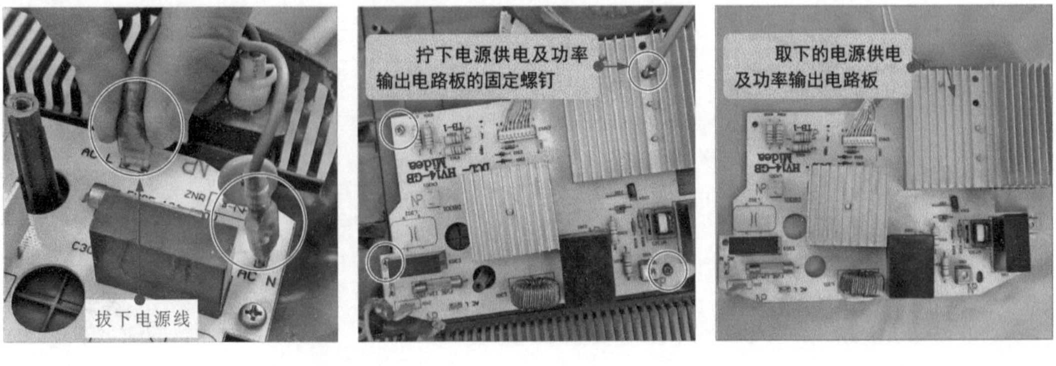

2.2 电磁炉的故障诊断

2.2.1 电磁炉的故障分析

电磁炉的故障现象往往与故障部位之间存在着对应关系。在对电磁炉常见故障进行检修时，首先要对故障现象进行辨别，然后结合电路特点做好故障检修分析。

在电磁炉的电路中设计有大量的保护电路，它们是用来防止电网、温度等各种外部自然因素变化及机器内部出现突发异常现象导致电磁炉出现故障而设置的。这些保护电路一旦被触发，将导致电磁炉出现不开机、不加热、加热异常、开机烧坏熔断器、通电掉闸、间歇加热等故障现象。

因此，在对电磁炉进行检修时，要根据电磁炉各种保护电路的保护性质、保护触发条件及保护解除条件进行分析，便可快速地找出故障原因，排除故障。

❶ 电磁炉通电不工作的故障分析

电磁炉通电后，无开机声，显示屏不亮，操作按键也无反应，说明供电没有送入到电磁炉中，发生这种故障的原因多为电源供电电路、主控电路发生故障引起的。根据维修经验，应对电源供电电路和主控电路中的相关部件进行检查，重点对熔断器、低压电源电路、复位电路、晶振电路等进行检查。

图2-8 电磁炉通电不工作的故障分析

图2-8为电磁炉通电不工作的故障分析。

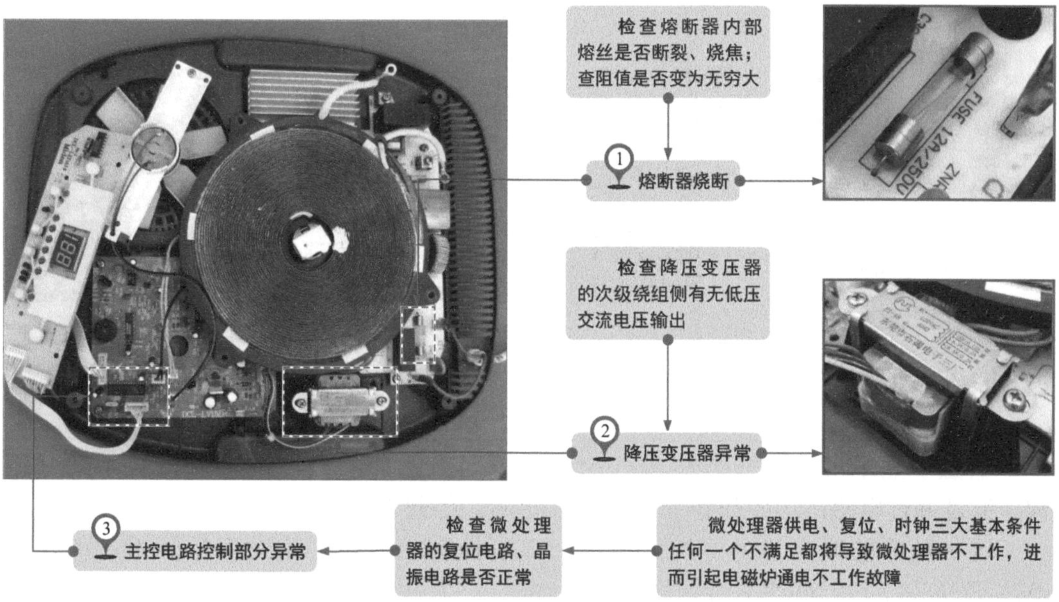
检查熔断器内部熔丝是否断裂、烧焦；查阻值是否变为无穷大
① 熔断器烧断
检查降压变压器的次级绕组侧有无低压交流电压输出
② 降压变压器异常
③ 主控电路控制部分异常
检查微处理器的复位电路、晶振电路是否正常
微处理器供电、复位、时钟三大基本条件任何一个不满足都将导致微处理器不工作，进而引起电磁炉通电不工作故障
FUSE 12A/250V

❷ 电磁炉不加热的故障分析

电磁炉显示屏正常，功能按键也正常，说明电磁炉的供电部分以及操作显示部分正常，而电磁炉不能进行加热的故障原因多为功率输出电路、主控电路发生故障引起的。

检测时应重点检测功率输出电路中的IGBT、炉盘线圈、谐振电容，主控电路中的检锅电路、同步振荡电路、PWM调制电路、PWM驱动电路、浪涌保护电路、IGBT高压保护电路以及电流、电压检测及保护电路等。

图2-9 电磁炉不加热的故障分析

图2-9为电磁炉不加热的故障分析。

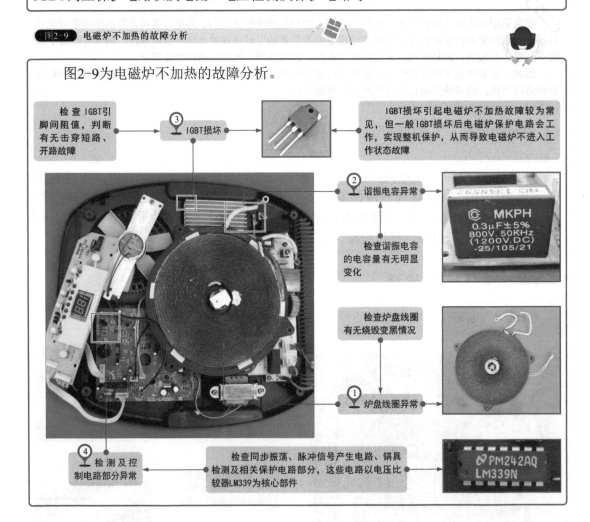

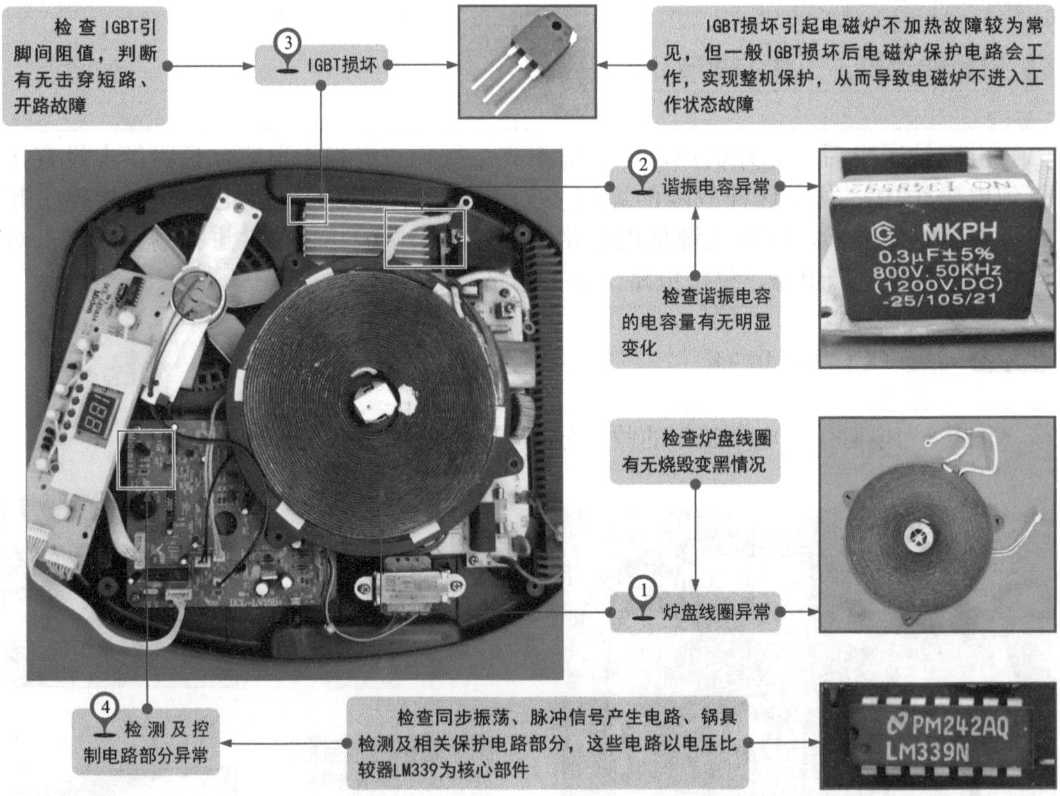
检查IGBT引脚间阻值，判断有无击穿短路、开路故障
③ IGBT损坏
IGBT损坏引起电磁炉不加热故障较为常见，但一般IGBT损坏后电磁炉保护电路会工作，实现整机保护，从而导致电磁炉不进入工作状态故障
② 谐振电容异常
检查谐振电容的电容量有无明显变化
MKPH
0.3μF±5%
800V. 50KHz
(1200V.DC)
-25/105/21
检查炉盘线圈有无烧毁变黑情况
① 炉盘线圈异常
④ 检测及控制电路部分异常
检查同步振荡、脉冲信号产生电路、锅具检测及相关保护电路部分，这些电路以电压比较器LM339为核心部件
PM242AQ
LM339N

❸ 电磁炉加热失控的故障分析

电磁炉显示屏正常，能够进行加热，说明电磁炉的供电部分以及显示部分正常。但是通过电磁炉的操作按键不能调节电磁炉加热温度。

这种故障的原因多为主控电路中与温度控制相关的电路发生故障引起的，如PWM调制电路、温度检测/保护电路等。

图2-10 电磁炉加热失控的故障分析

图2-10为电磁炉加热失控的故障分析。

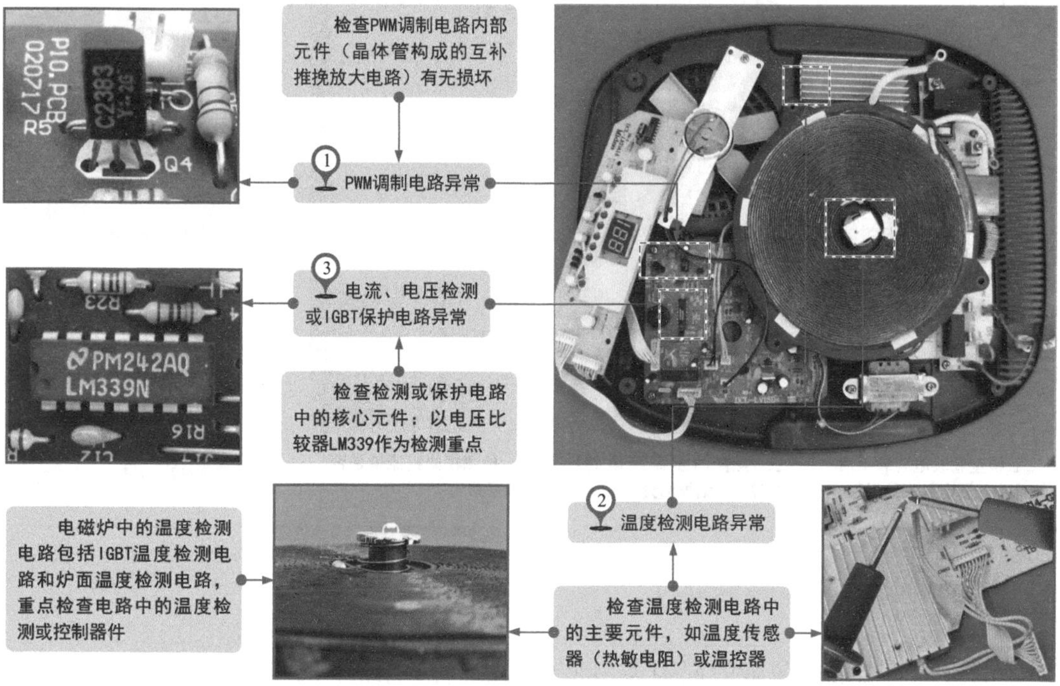
检查PWM调制电路内部元件（晶体管构成的互补推挽放大电路）有无损坏
① PWM调制电路异常
③ 电流、电压检测或IGBT保护电路异常
检查检测或保护电路中的核心元件：以电压比较器LM339作为检测重点
② 温度检测电路异常
电磁炉中的温度检测电路包括IGBT温度检测电路和炉面温度检测电路，重点检查电路中的温度检测或控制器件
检查温度检测电路中的主要元件，如温度传感器（热敏电阻）或温控器
PM242AQ
LM339N

❹ 电磁炉开机烧熔断器的故障分析

电磁炉开机烧坏熔断器是指将电磁炉通电后，其待机状态无明显异常，只要按下开机键就自动关机，打开外壳发现内部熔断器烧坏。此类故障主要有整流二极管损坏、电解电容漏电、IGBT击穿短路等。在检修时，主要检查直流供电电路、IGBT驱动电路、高压保护电路和同步振荡电路。

图2-11 电磁炉熔断器烧坏情况的分析

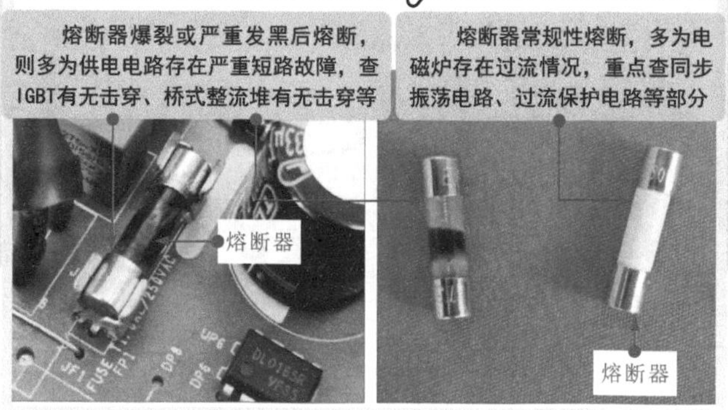
熔断器爆裂或严重发黑后熔断，则多为供电电路存在严重短路故障，查IGBT有无击穿、桥式整流堆有无击穿等
熔断器常规性熔断，多为电磁炉存在过流情况，重点查同步振荡电路、过流保护电路等部分
熔断器
熔断器

如图2-11所示，电磁炉出现熔断器烧坏现象，可首先观察熔断器的损坏情况。

若熔断器爆裂或严重发黑后熔断，则多为供电电路中存在严重的短路故障；若熔断器仅为常规保护性熔断，则电路多为过流故障。

图2-12 电磁炉开机烧熔断器的故障分析

图2-12为电磁炉开机烧熔断器的故障分析。

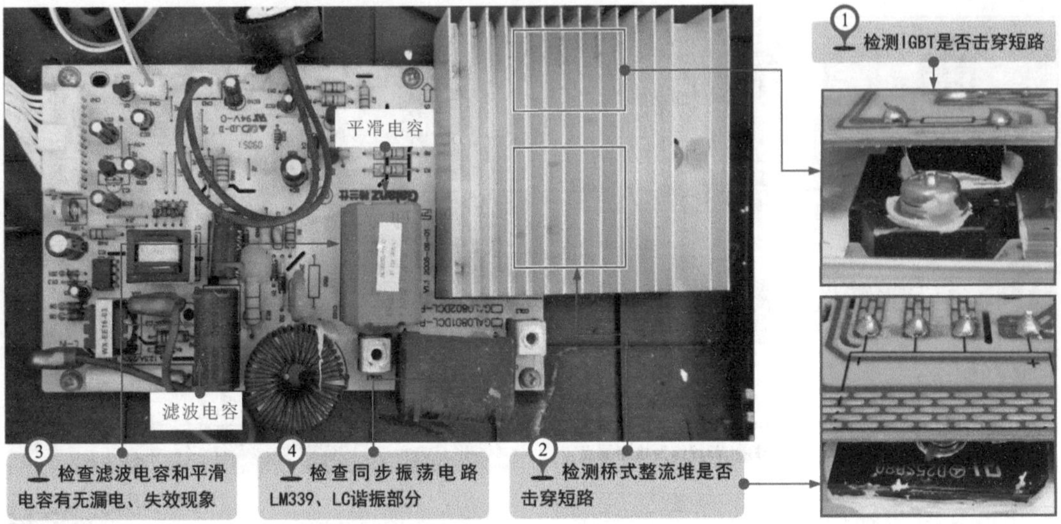
平滑电容
滤波电容
① 检测IGBT是否击穿短路
② 检测桥式整流堆是否击穿短路
③ 检查滤波电容和平滑电容有无漏电、失效现象
④ 检查同步振荡电路LM339、LC谐振部分

❺ 电磁炉间歇加热的故障分析

电磁炉间歇加热故障的原因大多是电磁炉内部电路不稳定、微处理器（CPU）接收不到电路检测的反馈信号、微处理器（CPU）本身不良、电路中的18V电源不稳定、电流检测异常等。其中电流检测电路为检测的重点。

图2-13 电磁炉间歇加热的故障分析

图2-13为电磁炉间歇加热的故障分析。

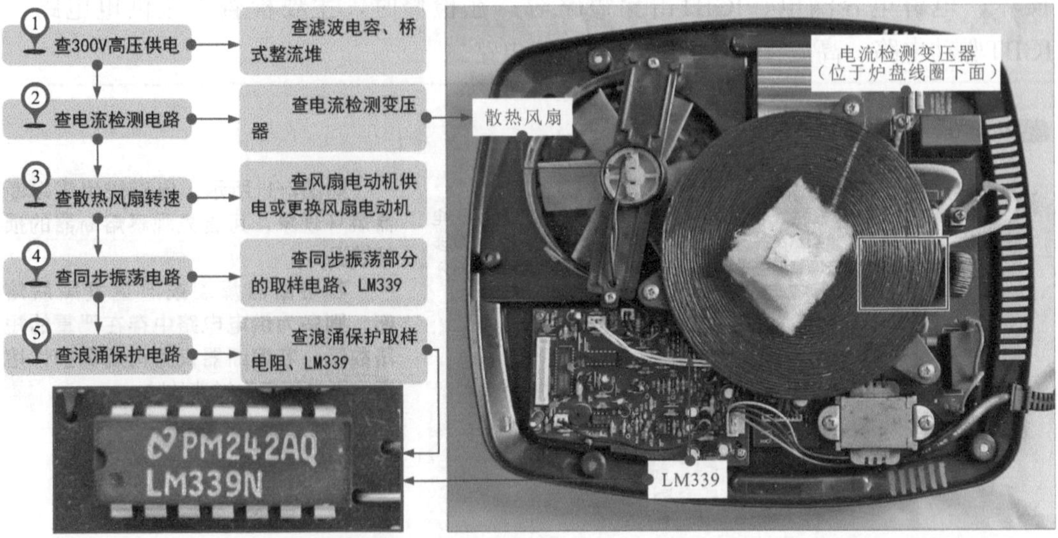
① 查300V高压供电
查滤波电容、桥式整流堆
② 查电流检测电路
查电流检测变压器
③ 查散热风扇转速
查风扇电动机供电或更换风扇电动机
④ 查同步振荡电路
查同步振荡部分的取样电路、LM339
⑤ 查浪涌保护电路
查浪涌保护取样电阻、LM339
散热风扇
电流检测变压器（位于炉盘线圈下面）
LM339
PM242AQ
LM339N

❻ 电磁炉检不到锅无法加热的故障分析

电磁炉通电开机后，提示无锅，且无法进行加热。“提示无锅”说明电磁炉已进入准备工作状态。正常情况下，当炉面上放好合适的锅具后，功率输出电路根据设定输出PWM驱动脉冲，LC振荡电路工作，同时高压保护电路（IGBT供电端的检测电路）也进入工作状态，防止IGBT（集电极）因高压损坏。上述过程的任意环节异常都将导致无驱动脉冲送入功率输出电路，如IGBT控制极（G）的信号过小或没有，使IGBT无法正常工作；IGBT控制极（G）的工作脉冲不正常；炉盘线圈两端的触发信号不正常引起IGBT不工作、整机不加热。

图2-14 电磁炉间歇加热的故障分析

图2-14为电磁炉间歇加热的故障分析。

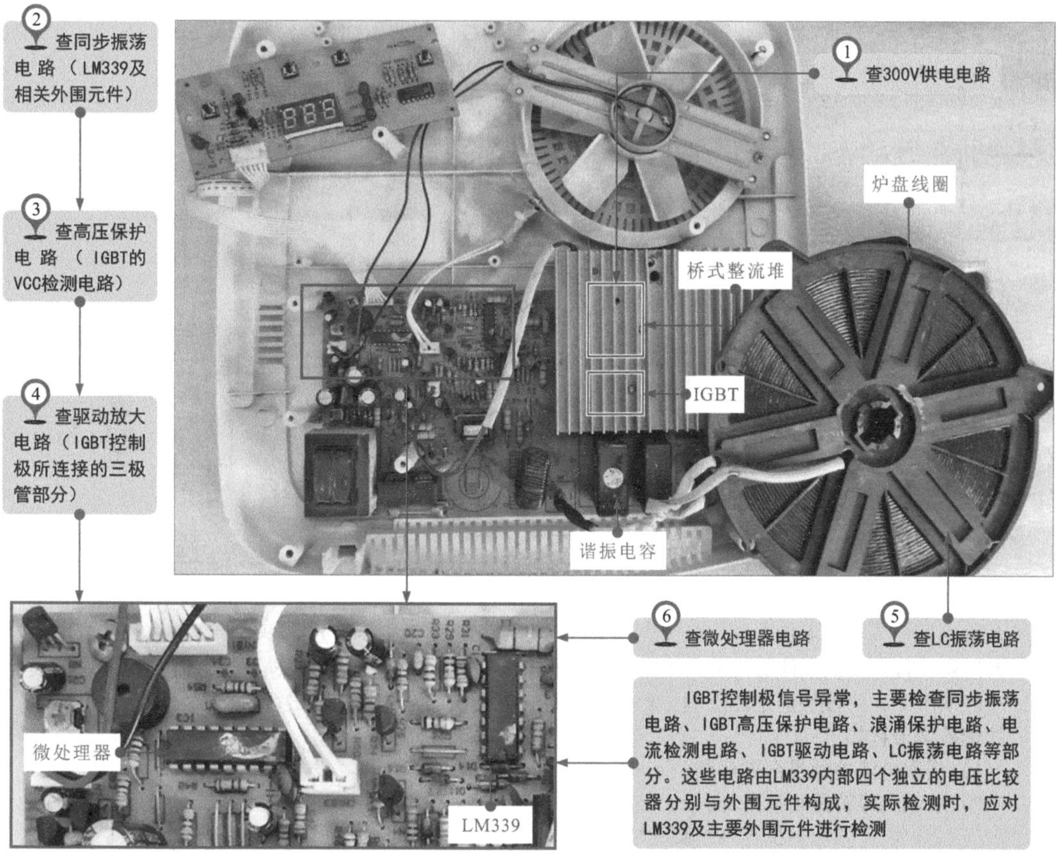

1 查300V供电电路
2 查同步振荡电路（LM339及相关外围元件）
3 查高压保护电路（IGBT的VCC检测电路）
4 查驱动放大电路（IGBT控制极所连接的三极管部分）
5 查LC振荡电路
6 查微处理器电路
炉盘线圈
桥式整流堆
IGBT
谐振电容
微处理器
LM339
IGBT控制极信号异常，主要检查同步振荡电路、IGBT高压保护电路、浪涌保护电路、电流检测电路、IGBT驱动电路、LC振荡电路等部分。这些电路由LM339内部四个独立的电压比较器分别与外围元件构成，实际检测时，应对LM339及主要外围元件进行检测

❼ 电磁炉不开机或开机后自动关机的故障分析

一般情况下，电磁炉不能开机说明电磁炉控制电路部分未工作，即微处理器未启动，可能为+5V供电异常，或主控电路自身故障。

开机后自动断电多为待机正常，开机后电磁炉的工作电流过大，电源负载中导致供电电压被拉低，而不足以启动微处理器工作或因外部电网电压不稳定造成电磁炉电压检测保护。

另外，电磁炉内风扇不转或电磁炉出风口不能良好散热而引起IGBT过热保护，还有可能是单片机本身出现了故障。

检修该类故障应重点检查+5V供电电路、微处理器、风扇驱动电路、电压检测电路、IGBT及其温度检测电路和电流检测电路。

图2-15 电磁炉不开机或开机自动关机的故障分析

图2-15为电磁炉不开机或开机自动关机的故障分析。

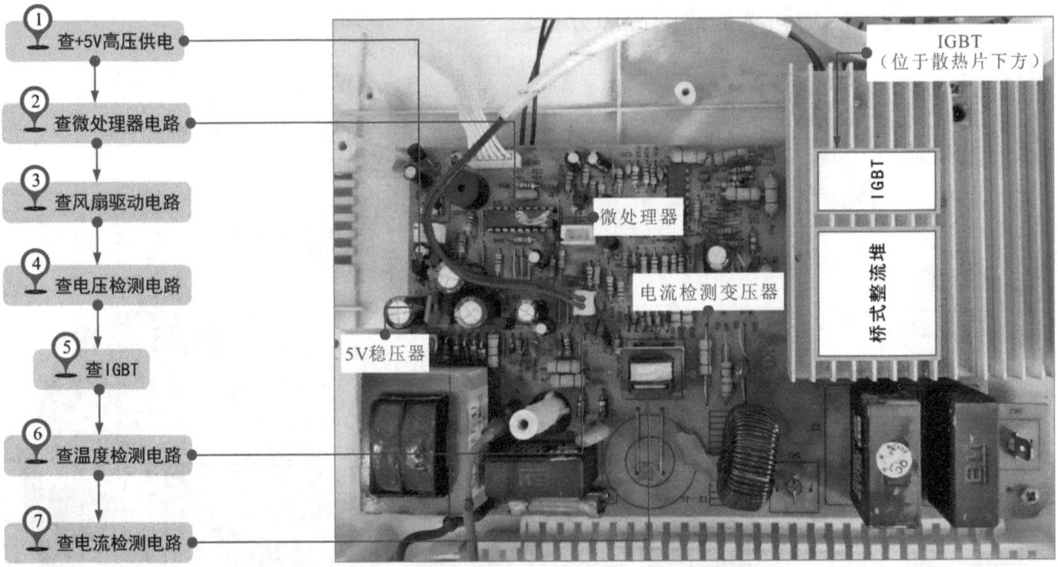

如果在检修过程中发现有元器件损坏，最好不要马上更换开机，而是需要根据待测电磁炉的电路结构，顺信号流程对其他元件进行分析检测。否则通电试机时可能仍然会造成原更换元器件的再次烧损。

一般情况下，可按快速检测流程，着重对电磁炉电路中的常见故障点进行检测。

快速检测流程如下：

（1）观察电流熔丝是否被烧断；

（2）检测门控管是否被击穿；

（3）测量电源变压器是否有断脚的情况；

（4）检测桥式整流堆是否正常；

（5）检查高压电路板上的电容是否受热损坏；

（6）检测集成芯片是否被击穿；

（7）检查门控管的温度和电压传感器是否有损坏；

（8）检测炉盘线圈是否短路；

（9）检查各元器件是否松动。

2.2.2 电磁炉常用检修方法

在电磁炉维修过程中，采取恰当、合理的检修方法往往可达事半功倍的效果。目前，最常使用的检修方法主要有观察法、分区开路法、代换法、电阻检测法、电压检测法、电流检测法、波形检测法和代码检测法等几种。

❶ 观察法

如图2-16所示，在检测维修之前，首先要对电磁炉的外观及内部电路进行仔细观察。如电源线有无破损、电路板是否脏污严重、电路板上的元器件是否有烧损、虚焊、锈蚀等情况。一旦发现可依据故障分析快速实施检修，可有效提高检修效率。

图2-16 观察法检测电磁炉特点及应用

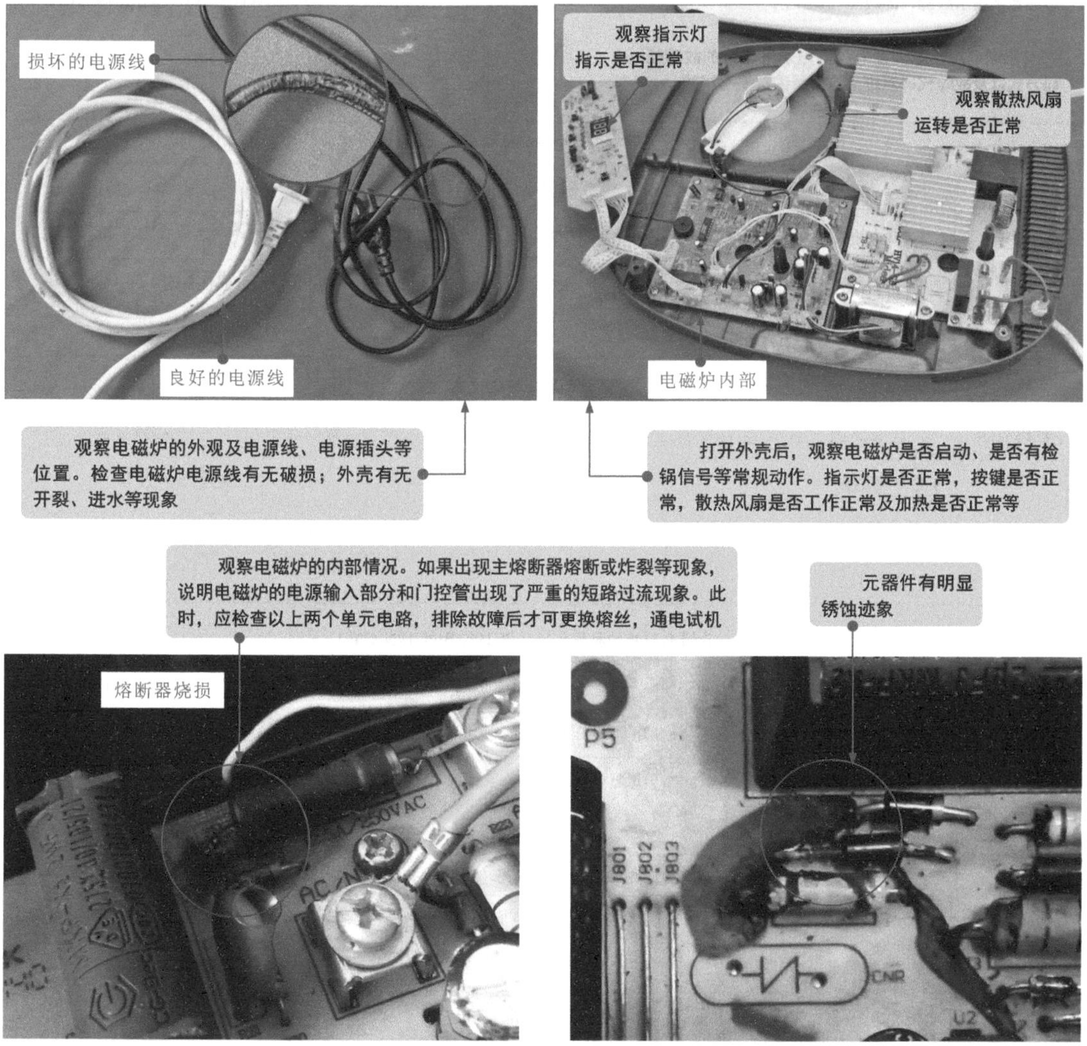
损坏的电源线
良好的电源线
观察指示灯
指示是否正常
观察散热风扇
运转是否正常
电磁炉内部
观察电磁炉的外观及电源线、电源插头等位置。检查电磁炉电源线有无破损；外壳有无开裂、进水等现象
打开外壳后，观察电磁炉是否启动、是否有检锅信号等常规动作。指示灯是否正常，按键是否正常，散热风扇是否工作正常及加热是否正常等
观察电磁炉的内部情况。如果出现主熔断器熔断或炸裂等现象，说明电磁炉的电源输入部分和门控管出现了严重的短路过流现象。此时，应检查以上两个单元电路，排除故障后才可更换熔丝，通电试机
元器件有明显
锈蚀迹象
熔断器烧损

2 故障代码诊断法

图2-17 故障代码诊断法检测电磁炉的特点及应用

如图2-17所示，电磁炉发生故障时，常常会通过操作显示面板上的显示屏或指示灯显示故障代码，不同的故障代码对应不同故障原因，可根据故障代码进行检修。

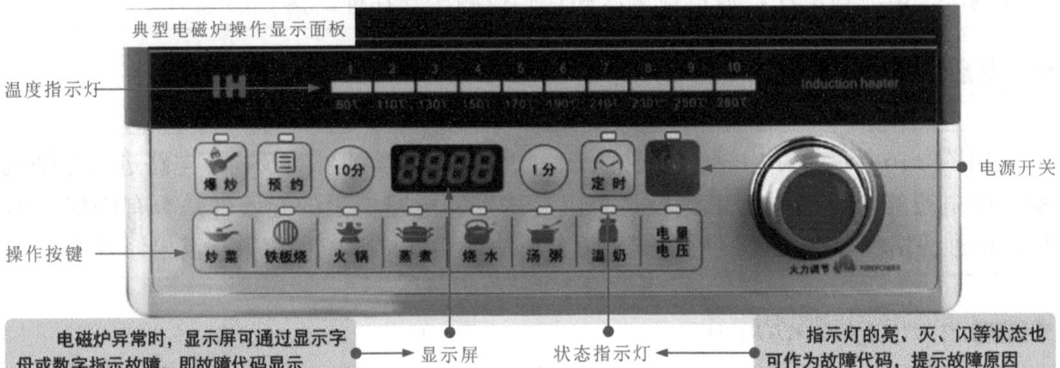

电磁炉异常时，显示屏可通过显示字母或数字指示故障，即故障代码显示

指示灯的亮、灭、闪等状态也可作为故障代码，提示故障原因

不同品牌、不同型号的电磁炉所显示的故障代码方式以及故障代码对应的故障原因都是不同的

TCL电磁炉故障代码

数码显示	故障原因	数码显示	故障原因	数码显示	故障原因
E0	IGBT（门控管）传感器断路	E3	电压偏高	E5	炉盘传感器断路、短路
E1	无锅、锅质不符	E4	电压偏低	E6	锅面超温
E2	IGBT（门控管）传感器短路、超温	—			

苏泊尔电磁炉故障代码

数码显示	故障原因	数码显示	故障原因	数码显示	故障原因
E0	内部电路故障	E3	电源电压偏高	E6	炉面温度过高
E1	无锅、锅质不符	E5	炉盘传感器断路	E8	电源电压偏低
E2	IGBT温度过热	—			

奔腾电磁炉的故障代码（PC19N-B/PC19N-C型）

数码显示	故障原因	数码显示	故障原因	数码显示	故障原因
E0	IGBT传感器断路	E3	电源电压偏高	E5	炉盘传感器断路
E1	无锅、锅质不符	E4	电源电压偏低	E6	干烧保护
E2	IGBT传感器短路	—			

奔腾电磁炉的故障代码（PC10N-A型）

数码显示	故障原因	数码显示	故障原因	数码显示	故障原因
E0	电源电压偏低	E3	炉盘传感器断路	E6	干烧保护
E1	电源电压偏高	E4	IGBT传感器断路、短路	—	

格兰仕电磁炉CXXA-X（X）P1II型的指示灯和数码显示

15分钟灯	30分钟灯	45分钟灯	60分钟灯	数码显示	故障原因
●	●	●	●	E0	硬件故障
●	○	○	○	E1	IGBT（门控管）超温
○	●	○	○	E2	电源电压偏高
●	●	○	○	E3	电源电压偏低
○	○	●	○	E4	炉盘线圈温度传感器断路
●	○	●	○	E5	炉盘线圈温度传感器短路
○	●	●	○	E6	炉面超温
●	●	●	○	E7	IGBT（门控管）传感器断路

注：“○”表示灯灭，“●”表示灯亮

美的电磁炉（火力指示灯型1）的故障代码

火力灯1	火力灯2	火力灯3	火力灯4	故障原因
●	○	○	○	主传感器断路
○	●	○	○	主传感器短路
●	●	○	○	主传感器高温
○	○	●	○	散热片传感器断路
●	○	●	○	散热片传感器短路
○	●	●	○	散热片传感器高温
●	●	●	○	电源电压偏低
○	○	○	●	电源电压偏高
○	●	○	●	锅具干烧保护
●	●	○	●	传感器失效保护

注：“○”表示灯灭，“●”表示灯亮

美的电磁炉（火力指示灯型2）的故障代码

火力灯	数码显示	故障原因	火力灯	数码显示	故障原因
100W	E0	断路（主传感器坏）	1200W	E4	电源电压偏低
400W	E5	短路（主传感器坏）	1500W	E2	IGBT（门控管）超温
800W	E3	电源电压偏高	1900W	E6	炉面超温

JYC-18B型电磁炉的故障代码

数码显示	故障原因	数码显示	故障原因	数码显示	故障原因
E0	内部电路故障	E3	电源电压偏高	E6	锅具干烧、温度过高
E1	无锅、锅质不符	E4	电源电压偏低	E8	机内潮湿或按键闭合
E2	机内温度过高	E5	炉盘传感器故障	—	

❸ 替换法

如图2-18所示，使用替换法检测电磁炉就是通过选择相同规格参数且性能良好的器件，替换可能损坏的部件。若通电后故障现象消失，即可快速锁定故障部位。

图2-18 替换法检测电磁炉的特点及应用

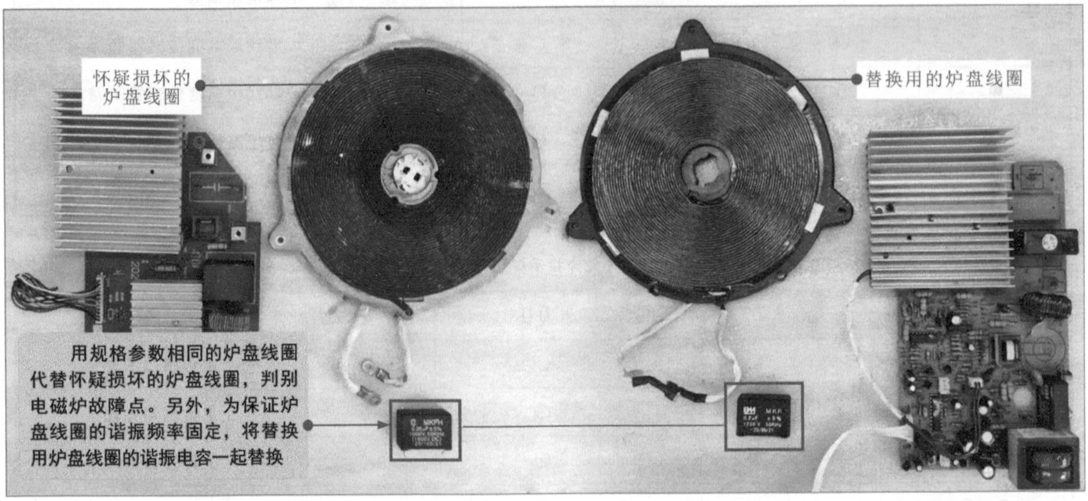
怀疑损坏的炉盘线圈
替换用的炉盘线圈
用规格参数相同的炉盘线圈代替怀疑损坏的炉盘线圈，判别电磁炉故障点。另外，为保证炉盘线圈的谐振频率固定，将替换用炉盘线圈的谐振电容一起替换

在电磁炉维修过程中，有些元器件或单元电路不便于检测或者检测时因无法排除外围电路影响而无法确定好坏时，可以使用替换法来判断是否属于故障器件。可采用"替换法"检修的元件主要集成电路、瓷片电容、晶振及晶体管、炉盘线圈、谐振电容、操作按键、数码显示管甚至整个电路板等。

❹ 电压检测法

如图2-19所示，使用电压检测法检测电磁炉就是对电磁炉关键部位的工作电压进行检测，通过实测的电压值来判断当前工作状态，这样可以准确地圈定故障范围。

图2-19 电压检测法检测电磁炉的特点及应用

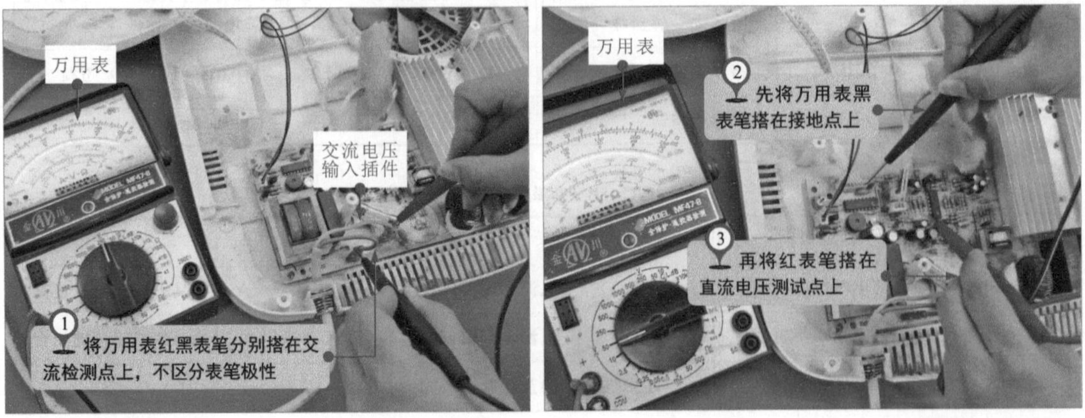
万用表
交流电压输入插件
① 将万用表红黑表笔分别搭在交流检测点上，不区分表笔极性
万用表
② 先将万用表黑表笔搭在接地点上
③ 再将红表笔搭在直流电压测试点上

5 阻值检测法

如图2-20所示，使用阻值检测法检测电磁炉就是对电磁炉中电路连接点或各元器件的阻值进行测量，从而判别电路连接是否异常，元器件是否损坏。

图2-20 阻值检测法检测电磁炉的特点及应用

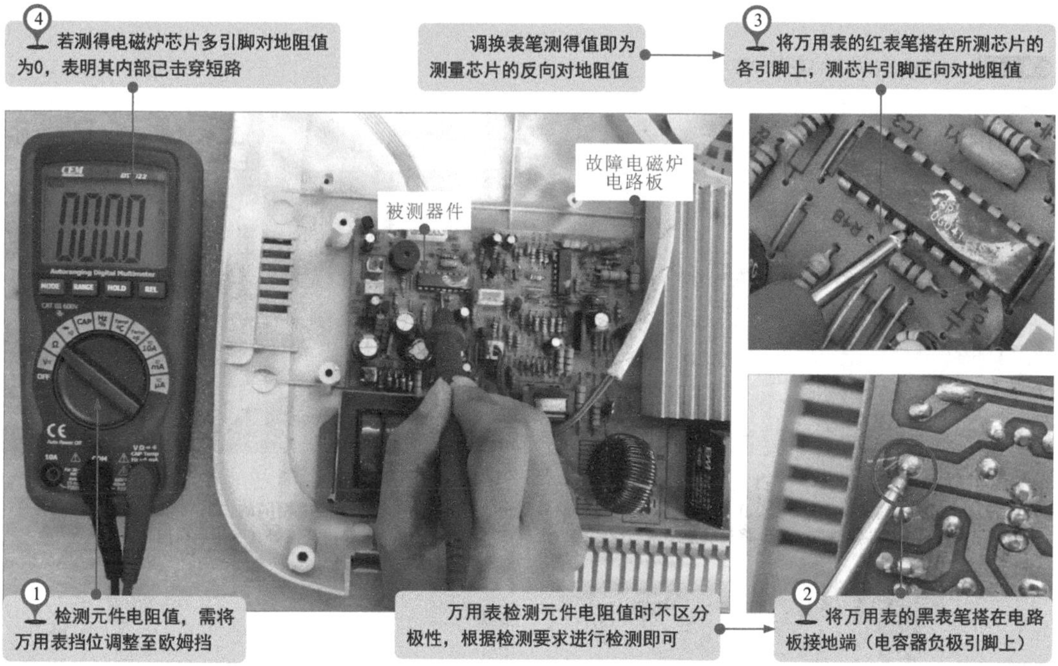
4 若测得电磁炉芯片多引脚对地阻值为0，表明其内部已击穿短路
调换表笔测得值即为测量芯片的反向对地阻值
3 将万用表的红表笔搭在所测芯片的各引脚上，测芯片引脚正向对地阻值
故障电磁炉电路板
被测器件
1 检测元件电阻值，需将万用表挡位调整至欧姆挡
万用表检测元件电阻值时不区分极性，根据检测要求进行检测即可
2 将万用表的黑表笔搭在电路板接地端（电容器负极引脚上）

6 电流检测法

如图2-21所示，使用电流检测法检测电磁炉就是通过钳形表对电磁炉工作电流进行测量，根据实测结果可判断电磁炉的基本工作状态。

图2-21 电流检测法检测电磁炉的特点及应用

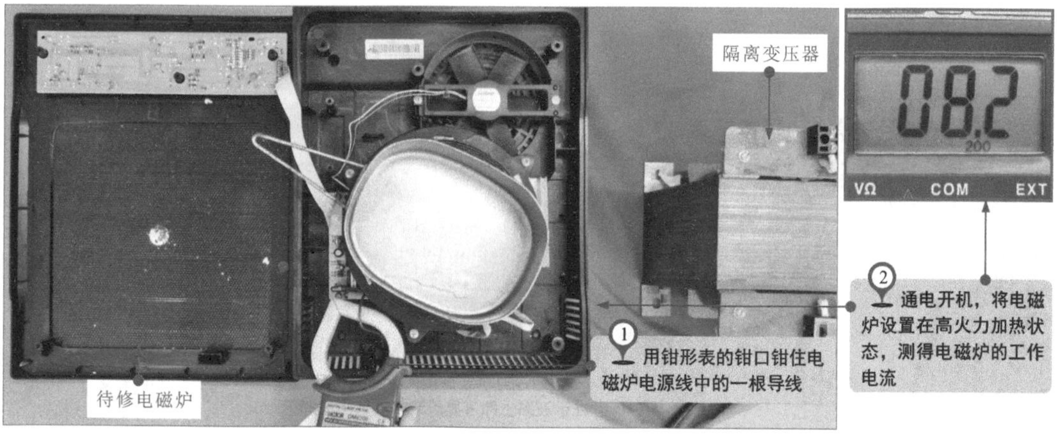
隔离变压器
08.2
VΩ COM EXT
2 通电开机，将电磁炉设置在高火力加热状态，测得电磁炉的工作电流
1 用钳形表的钳口钳住电磁炉电源线中的一根导线
待修电磁炉

❼ 波形检测法

如图2-22所示，波形检测法就是借助示波器直接检测有关电路的信号波形，并与正常信号波形相比较，即可分析和判断出故障部位。使用示波器对电磁炉进行检测的操作方法相对复杂一些，但测量结果十分准确。具体测量时重点要做好检测前的准备工作、测试线的接地和实际检测操作。

图2-22 波形检测法检测电磁炉的特点及应用

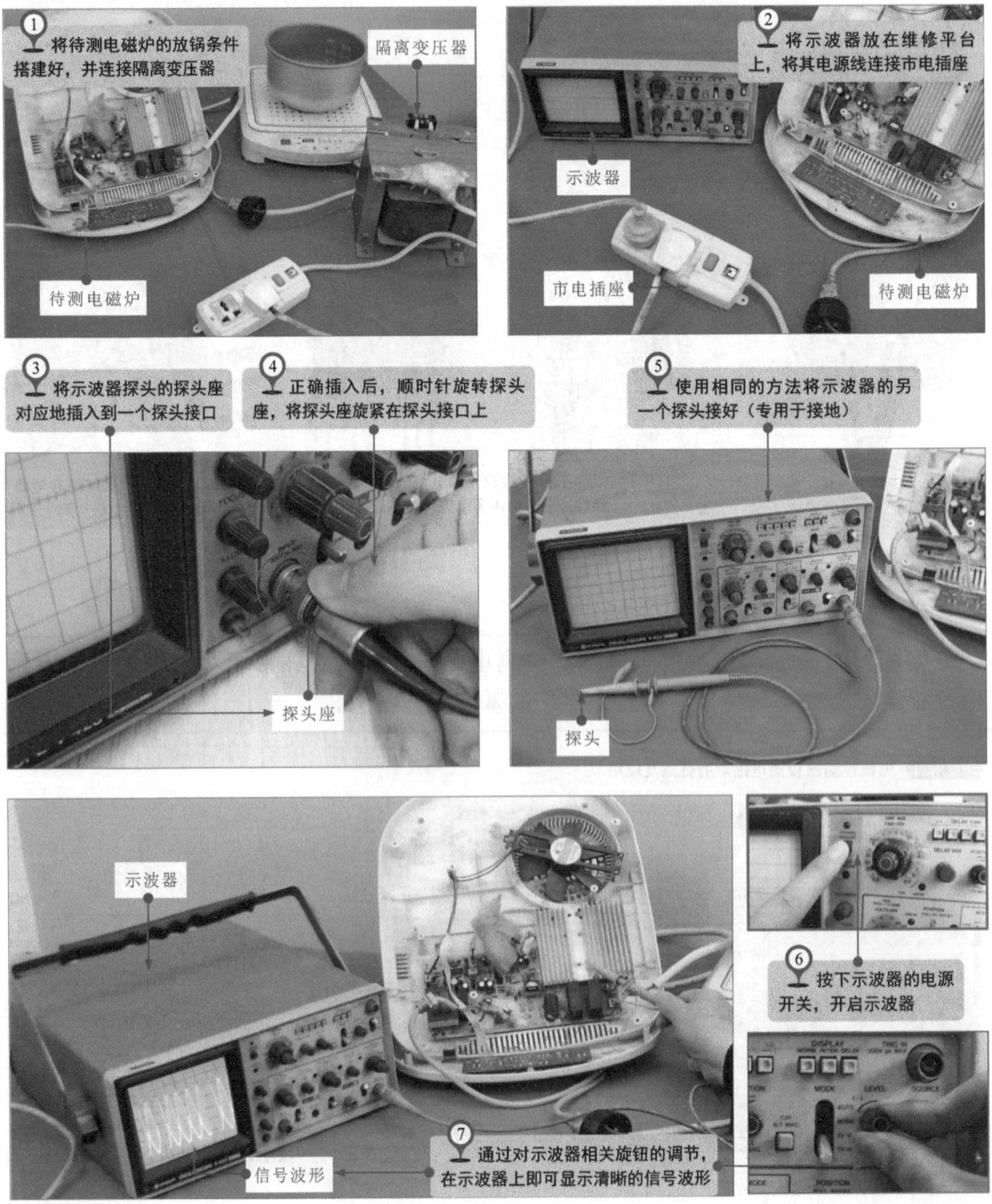

① 将待测电磁炉的放锅条件搭建好，并连接隔离变压器
隔离变压器
待测电磁炉
② 将示波器放在维修平台上，将其电源线连接市电插座
示波器
市电插座
待测电磁炉
③ 将示波器探头的探头座对应地插入到一个探头接口
④ 正确插入后，顺时针旋转探头座，将探头座旋紧在探头接口上
探头座
⑤ 使用相同的方法将示波器的另一个探头接好（专用于接地）
探头
示波器
⑥ 按下示波器的电源开关，开启示波器
⑦ 通过对示波器相关旋钮的调节，在示波器上即可显示清晰的信号波形
信号波形

2.3 做好电磁炉的维修准备

2.3.1 电磁炉的常用检修工具和仪表

在对电磁炉进行检修时会用到一些常用的维修工具，如拆装工具、焊接工具、检修仪器和维修配件等。

图2-23 电磁炉常用的检修工具和检测仪表

如图2-23所示，电磁炉常用的检修工具和检测仪表主要有螺丝刀、焊接工具、万用表、钳形表、示波器、隔离变压器以及灯泡（假负载）和维修配件等。

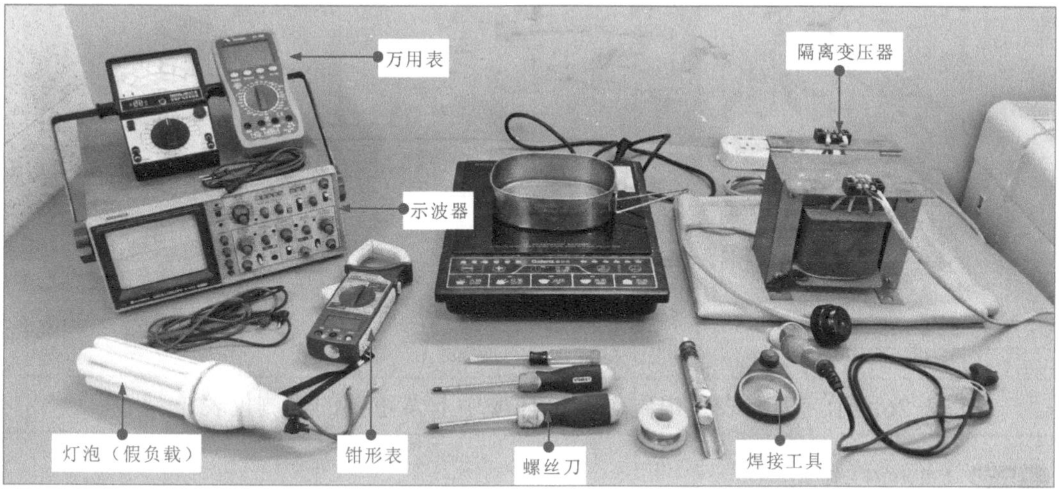

❶ 螺丝刀

图2-24 螺丝刀的种类和应用

如图2-24所示，螺丝刀也称螺钉旋具，主要用于电磁炉外壳及电路板的拆装。

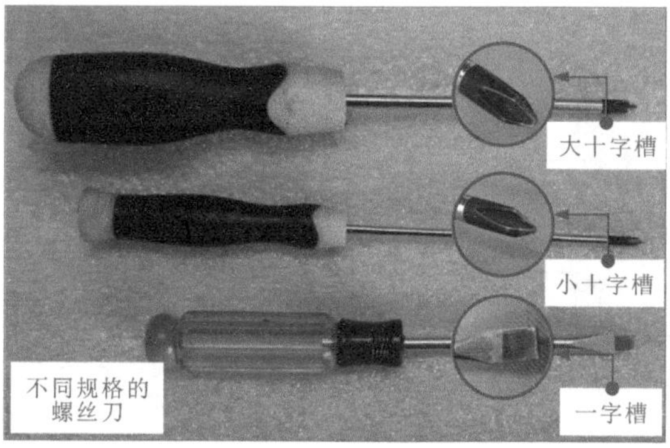

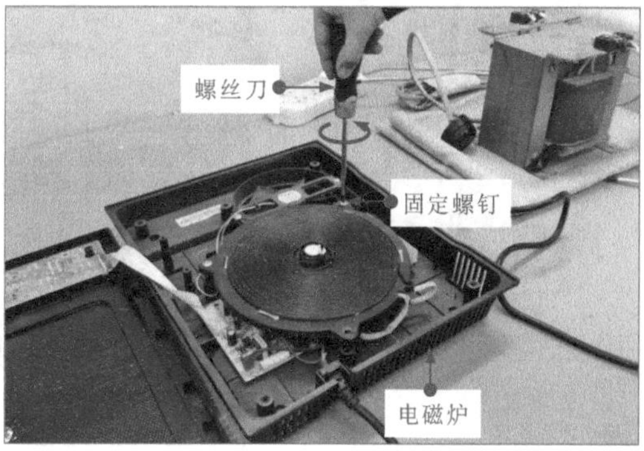

❷ 焊接工具

如图2-25所示，焊接工具是电磁炉维修中进行拆卸和焊接元器件或零部件时必不可少的工具，常用的焊接工具有电烙铁、吸锡器及松香膏等助焊材料。

图2-25 焊接工具的种类特点

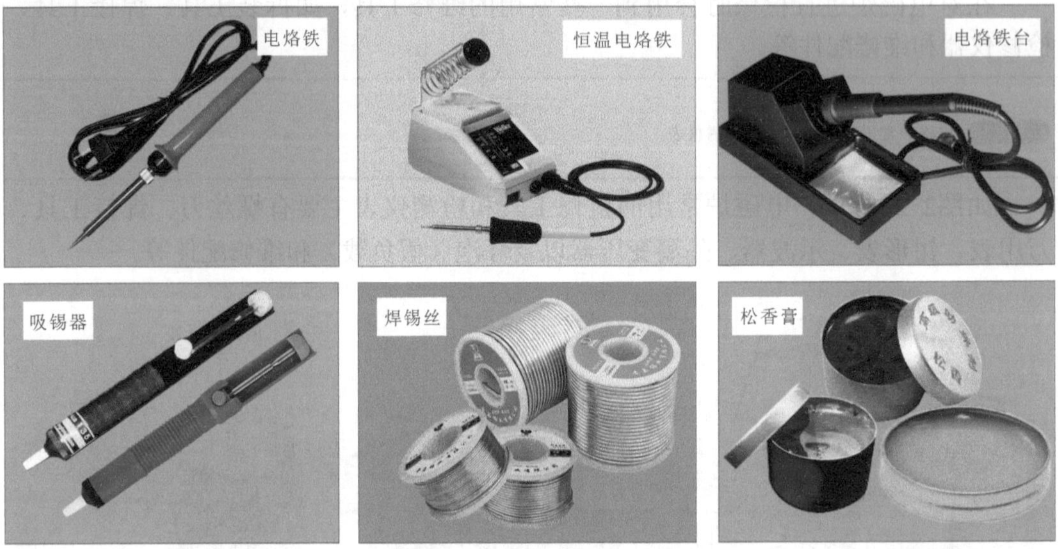
电烙铁
恒温电烙铁
电烙铁台
吸锡器
焊锡丝
松香膏

❸ 万用表

如图2-26所示，万用表是电磁炉测试环境中非常重要的检测仪表。

图2-26 万用表的种类特点

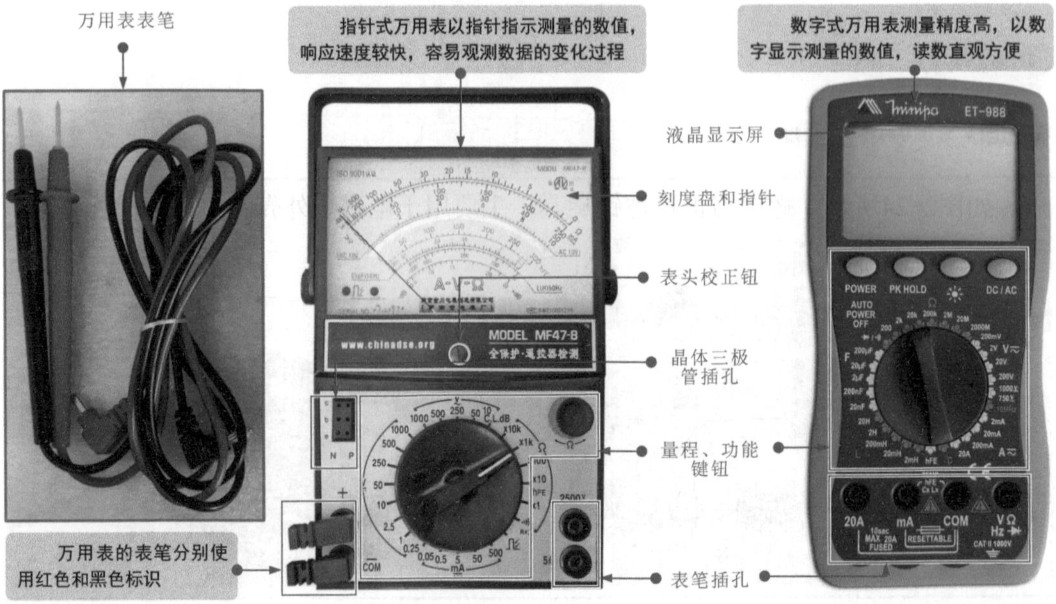
万用表表笔
指针式万用表以指针指示测量的数值，响应速度较快，容易观测数据的变化过程
数字式万用表测量精度高，以数字显示测量的数值，读数直观方便
液晶显示屏
刻度盘和指针
表头校正钮
晶体三极管插孔
量程、功能键钮
表笔插孔
万用表的表笔分别使用红色和黑色标识
MODEL MF47-8
ET-988
POWER
PK HOLD
DC/AC

如图2-27所示，万用表可以检测电路短路或断路故障、供电条件及元器件性能。

图2-27 万用表的检测应用

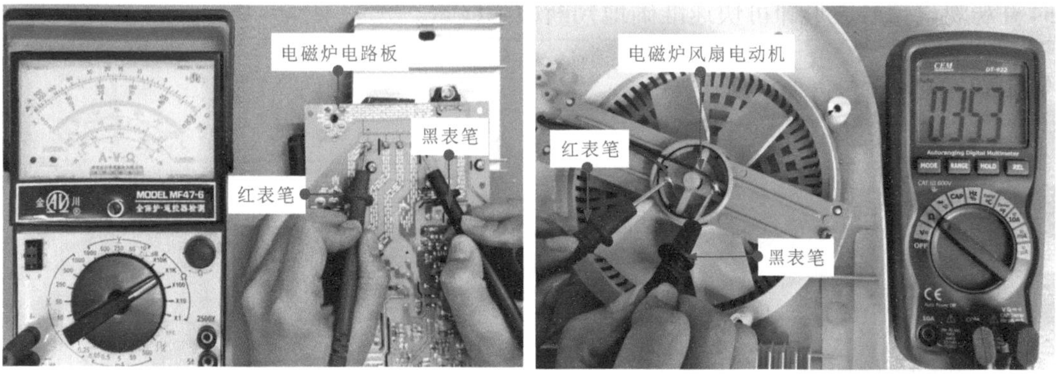

❹ 钳形表

如图2-28所示，使用钳形表测量电磁炉的工作电流非常方便。

图2-28 钳形表的特点及应用

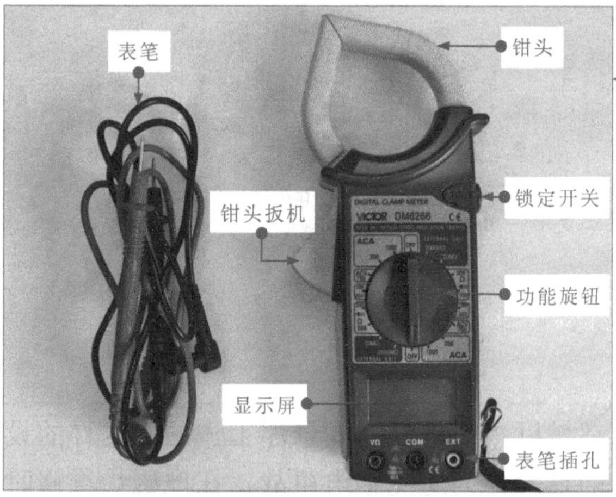

钳形表通过电磁感应原理测量交流电流，无须断开电路，测量操作简单、安全。

测量时，导线相当于电流互感器的一次侧绕组，线圈相当于电流互感器的二次侧绕组，钳口相当于线圈的铁芯，通过感应原理测出电流值

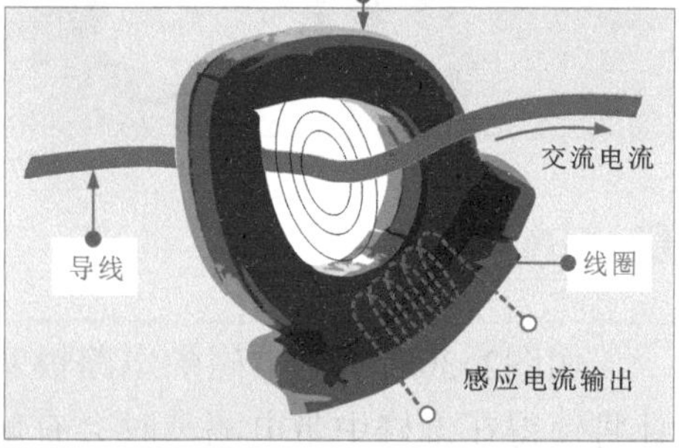

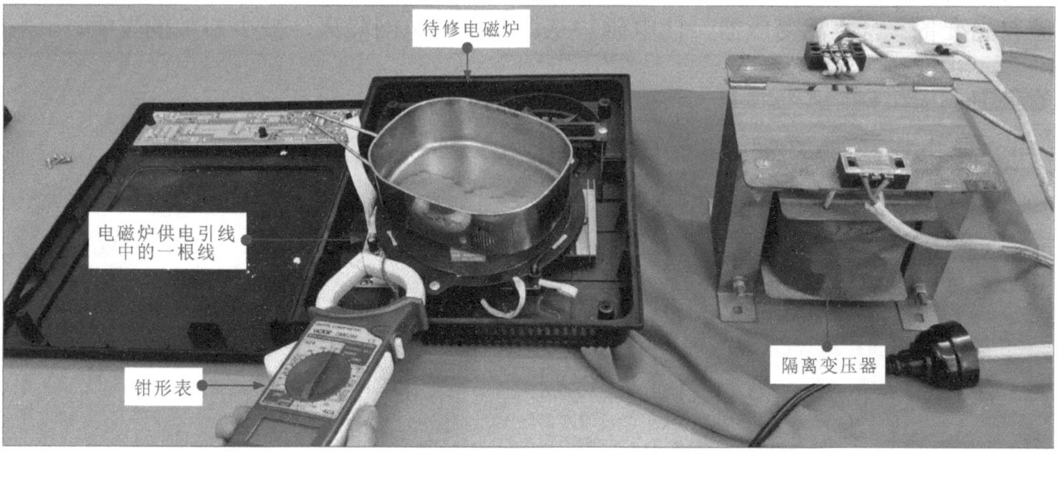

5 示波器

如图2-29所示，示波器可将电路中的电压波形、电流波形直接显示出来，维修时直观观察信号波形即可快速准确地判断故障线索。

图2-29 示波器的特点及应用

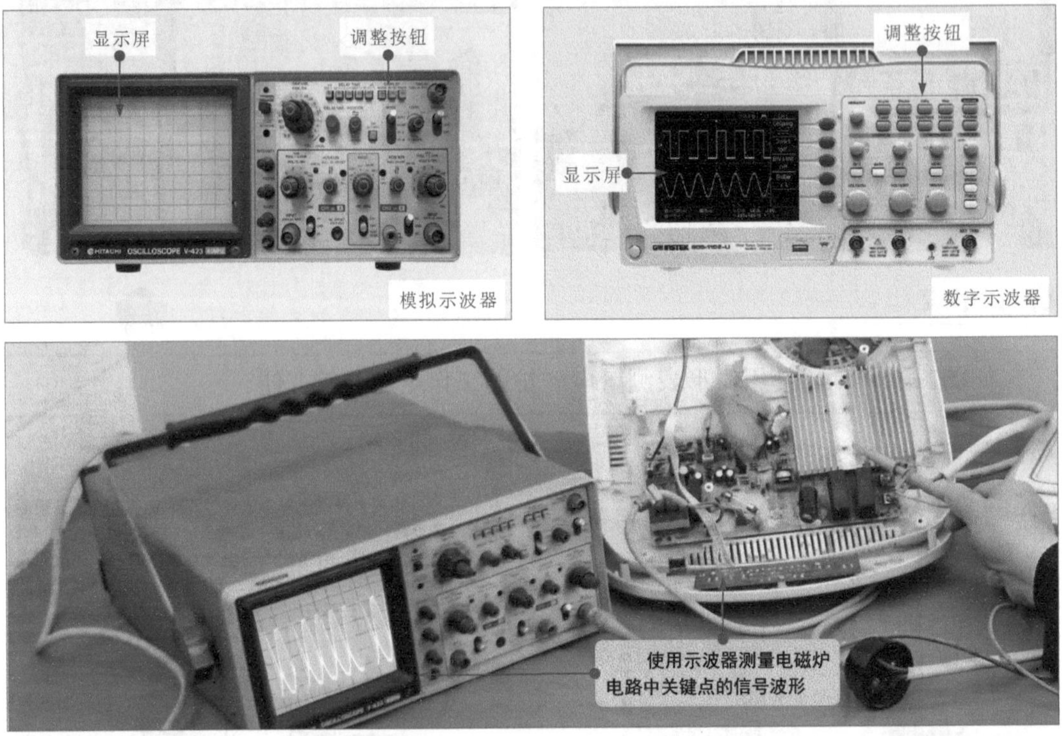
显示屏
调整按钮
模拟示波器
调整按钮
显示屏
数字示波器
使用示波器测量电磁炉电路中关键点的信号波形

6 隔离变压器

如图2-30所示，电磁炉电路板基本都是以“热地”形式悬浮工作的，这样的设计将使得在维修中带电测量时会有触电的危险。为避免触电事故，在电磁炉维修时应首先准备一台隔离变压器，使电磁炉从源头上与电网隔离，减少事故的发生。

图2-30 隔离变压器的特点及应用

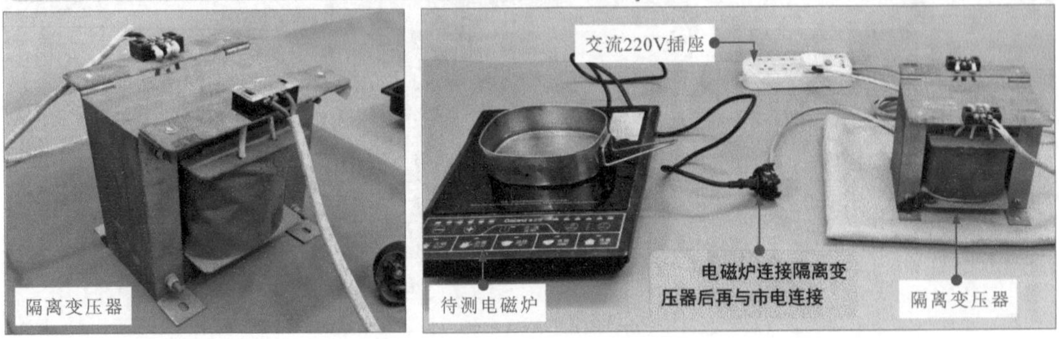
隔离变压器
交流220V插座
待测电磁炉
电磁炉连接隔离变压器后再与市电连接
隔离变压器

❼ 灯泡（假负载）

如图2-31所示，灯泡是电磁炉维修中常用的一种辅助器件，可连接到电磁炉维修环境中，起到限流、指示等作用，辅助维修人员对待测电磁炉当前状态进行初判，有利于提高维修效率和设备安全性。

图2-31 灯泡（假负载）的特点及应用

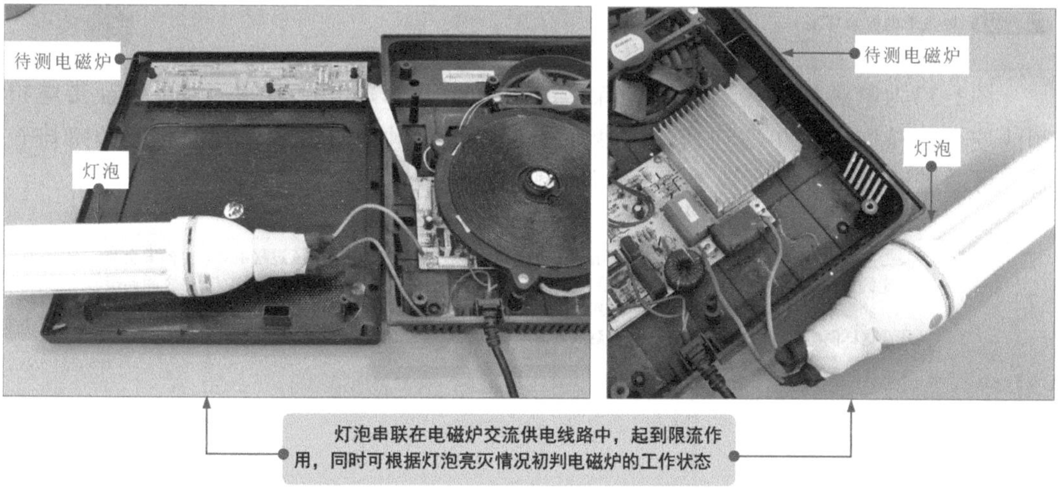

❽ 维修配件

如图2-32所示，在电磁炉维修中，大多数故障都是由内部某些器件损坏引起的，因此需要准备一些常见的易损部件作为替换件备用，以满足维修需要，如IGBT、桥式整流堆、电阻、晶体管、滤波电容等。

图2-32 维修配件的特点及应用

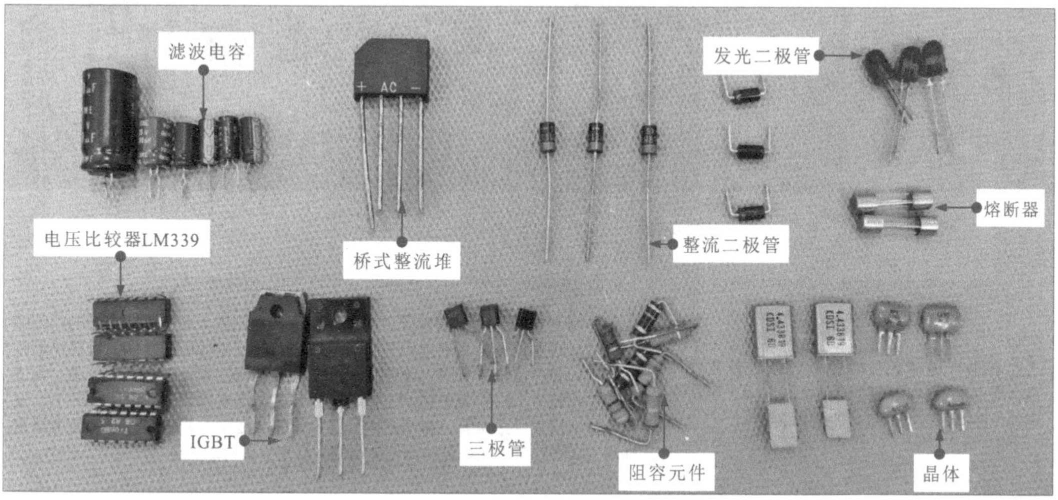

2.3.2 电磁炉维修环境的搭建

为了便于检测电磁炉电路，常需要对待测电磁炉进行必要的改装处理。即将待测电磁炉的炉盘线圈拆卸下来，安装于其他闲置（或废弃）电磁炉机壳内，以方便对待测电磁炉电路的检测。

图2-33 电磁炉的检修环境

图2-33为电磁炉的检修环境。除借助闲置（废弃）电磁炉外，为了保证带电检测的安全，待测电磁炉要连接隔离变压器，以防止触电事故发生。而且在故障排查时，可通过连接假负载有效地避免二次故障的发生。

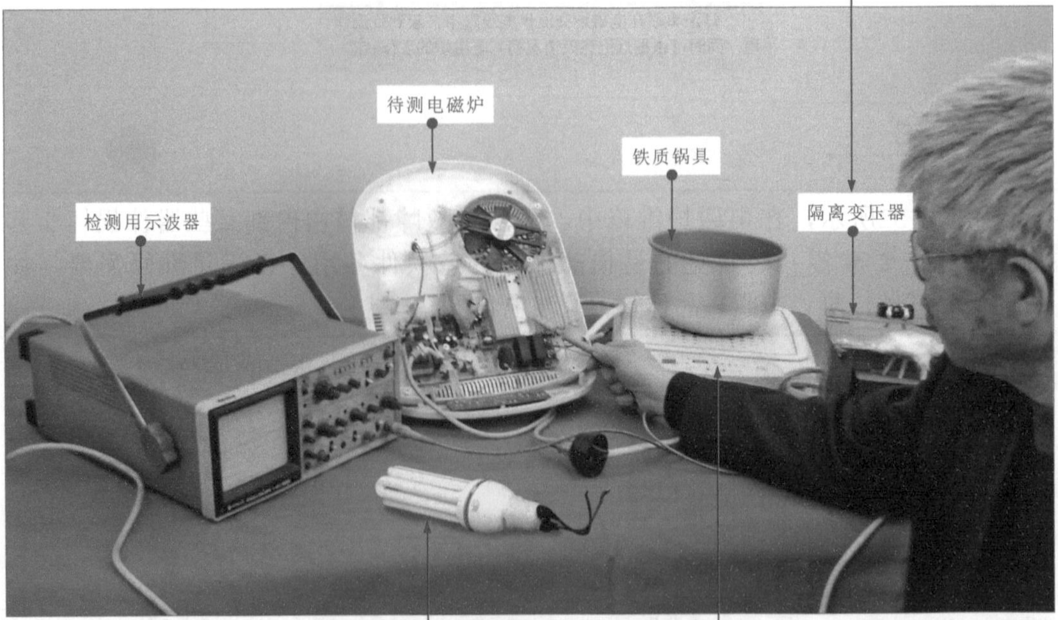
② 电磁炉的输入电源直接与220V/50Hz的交流电相连，在检修交流供电电压过程中对人身的安全有一定的威胁。特别是电路中的地线也会带市电高压。为防止触电，可在电磁炉与220V市电之间连接1：1的隔离变压器，该变压器的一次侧与二次侧电路不相连，只通过交流磁场使二次侧输出220V电压，这样便与交流相线隔离开了，单手触及电源地一端不会与大地形成回路，从而保证了人身安全
待测电磁炉
铁质锅具
检测用示波器
隔离变压器
假负载
闲置（废弃）
电磁炉机壳
① 在维修电磁炉时，常常需要对电路进行带电测试，而由于电磁炉的内部结构（炉盘线圈位于电路板上方）特点，很难对电路进行检测操作；若将炉盘线圈取下，在不放置锅具时，电磁炉又无法进入工作状态，无法进行检测。为便于在工作状态下对待测电磁炉进行检测，可将待测电磁炉的炉盘线圈卸下，安装在其他闲置（或废弃）电磁炉内，借助闲置（或废弃）电磁炉灶台面板放置锅具，这样既可确保炉盘线圈安装稳固，又可保证检测安全
③ 在进行电磁炉故障排查时或维修完成后，为避免通电试机时扩大故障范围，可在电路中连接灯泡（假负载）进行测试

❶ 安装待测电磁炉的炉盘线圈

如图2-34所示，安装待测电磁炉炉盘线圈是指将待测机中的炉盘线圈安装到另外一台电磁炉外壳中（或其他平整支架也可），通过电磁炉外壳支撑起炉盘线圈，并借助电磁炉的灶台面板放置铁质锅具，但炉盘线圈的引线仍与原待测机连接，模拟待测机工作环境，为检修电路做好准备。

图2-34 待测电磁炉炉盘线圈的安装连接

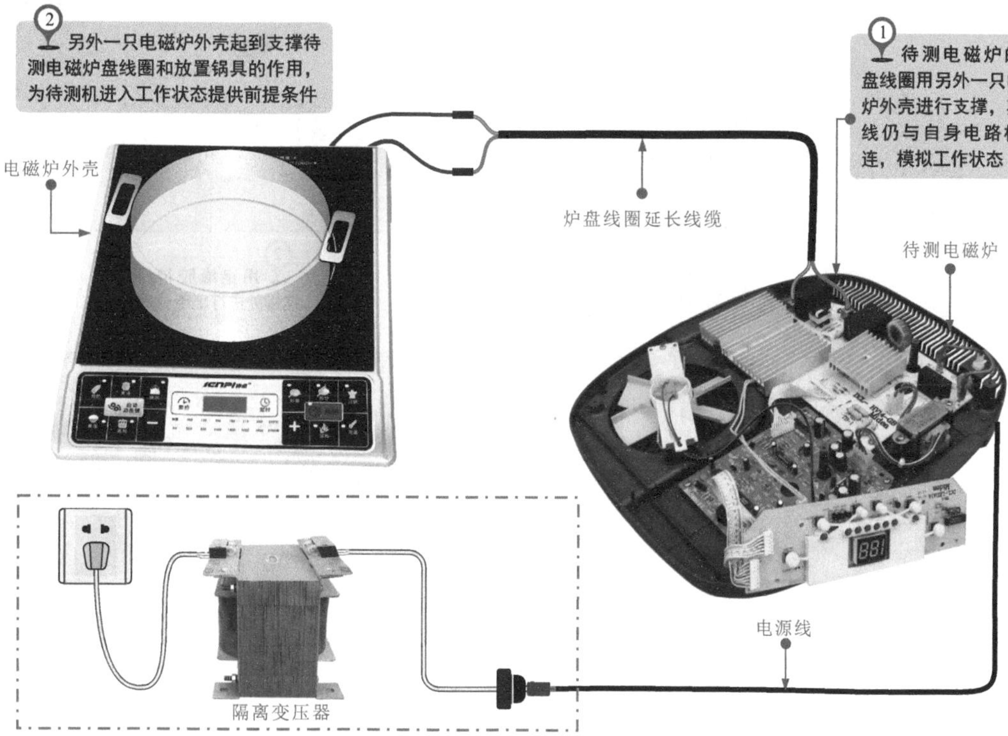
② 另外一只电磁炉外壳起到支撑待测电磁炉盘线圈和放置锅具的作用，为待测机进入工作状态提供前提条件
① 待测电磁炉的炉盘线圈用另外一只电磁炉外壳进行支撑，其引线仍与自身电路板相连，模拟工作状态
电磁炉外壳
炉盘线圈延长线缆
待测电磁炉
电源线
隔离变压器

如图2-35所示，将待测电磁炉中的炉盘线圈拆卸下来。

图2-35 拆卸待测电磁炉中的炉盘线圈

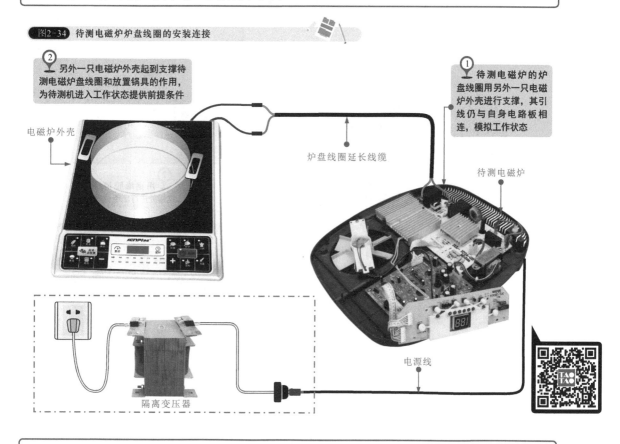

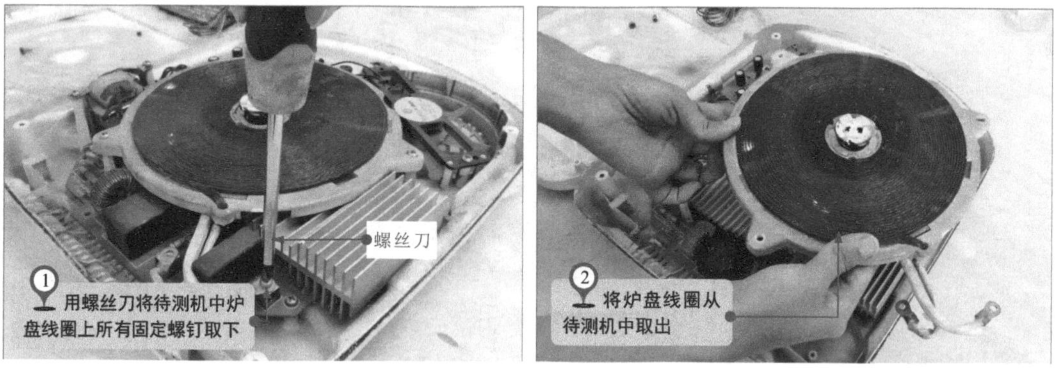
螺丝刀
① 用螺丝刀将待测机中炉盘线圈上所有固定螺钉取下
② 将炉盘线圈从待测机中取出

如图2-36所示，待测电磁炉炉盘线圈拆下后，由于炉盘线圈连接引线较短，需要将连接引线进行延长处理。

图2-36 延长待测电磁炉炉盘线圈的连接引线

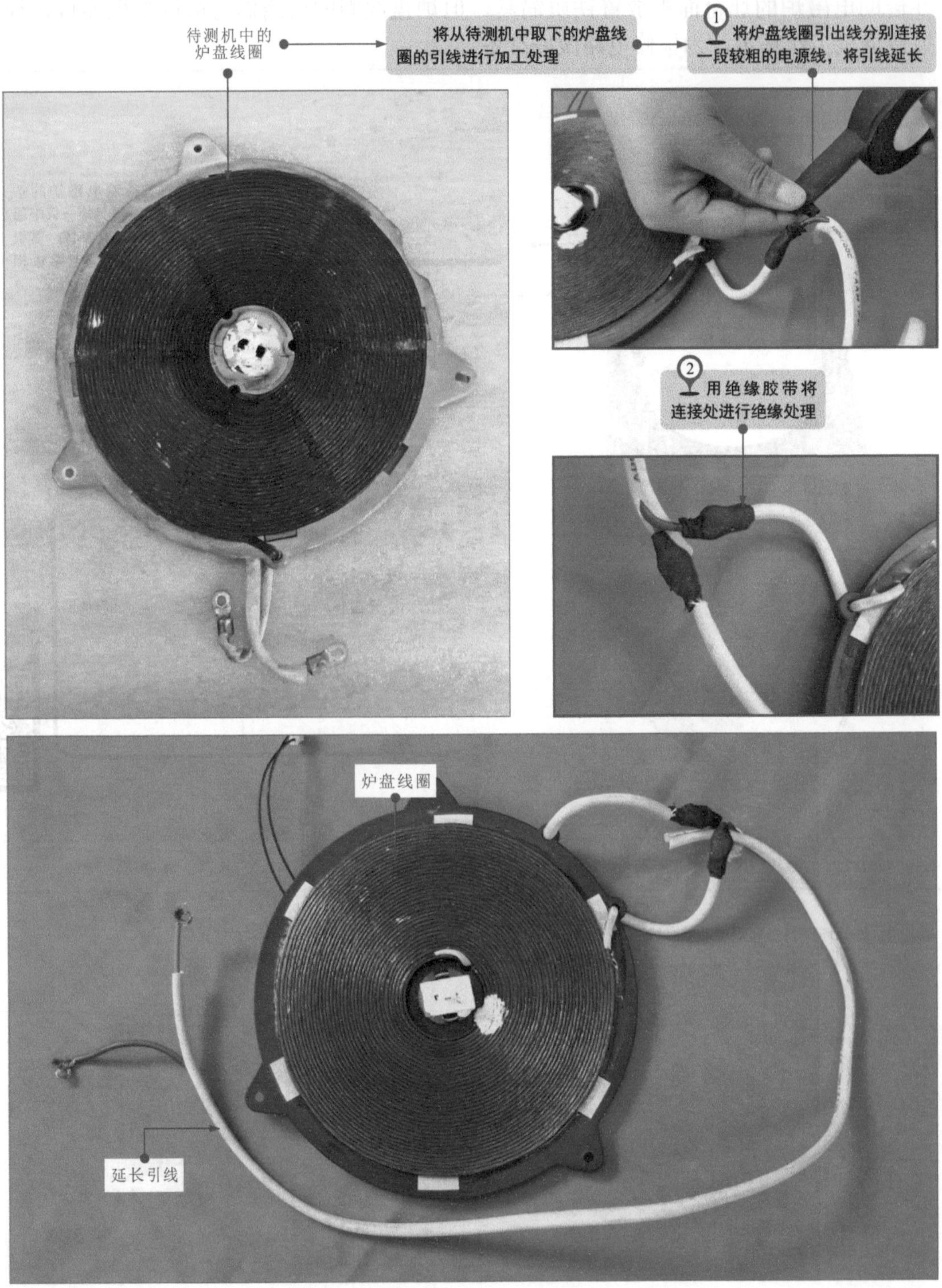
待测机中的
炉盘线圈
将从待测机中取下的炉盘线圈的引线进行加工处理
① 将炉盘线圈引出线分别连接一段较粗的电源线，将引线延长
② 用绝缘胶带将连接处进行绝缘处理
炉盘线圈
延长引线

如图2-37所示，待测电磁炉连接引线延长后，就可以将其安装到闲置电磁炉机壳中，借助机壳支撑炉盘线圈。

图2-37 安装待测电磁炉炉盘线圈到闲置电磁炉机壳中

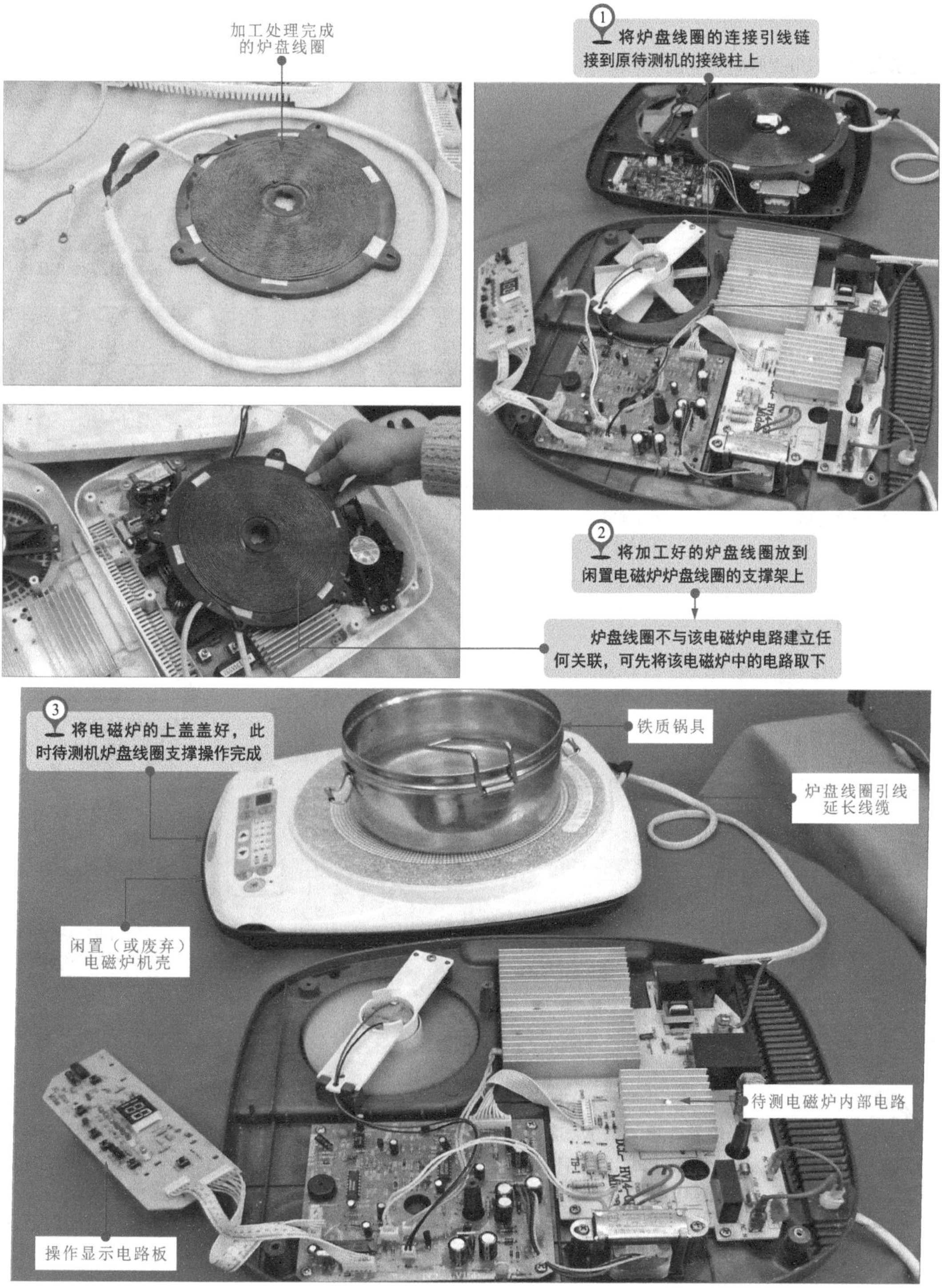
加工处理完成的炉盘线圈
① 将炉盘线圈的连接引线链接到原待测机的接线柱上
② 将加工好的炉盘线圈放到闲置电磁炉炉盘线圈的支撑架上
炉盘线圈不与该电磁炉电路建立任何关联，可先将该电磁炉中的电路取下
③ 将电磁炉的上盖盖好，此时待测机炉盘线圈支撑操作完成
铁质锅具
炉盘线圈引线延长线缆
闲置（或废弃）电磁炉机壳
待测电磁炉内部电路
操作显示电路板

❷ 连接隔离变压器

如图2-38所示，连接隔离变压器时，将待测电磁炉先与隔离变压器连接，再连接市电。一般可首先将隔离变压器的输入端和输出端分别连接插头和插座，输入侧的插头端与市电连接，输出侧的插座端连接待测电磁炉即可。

图2-38 隔离变压器的连接

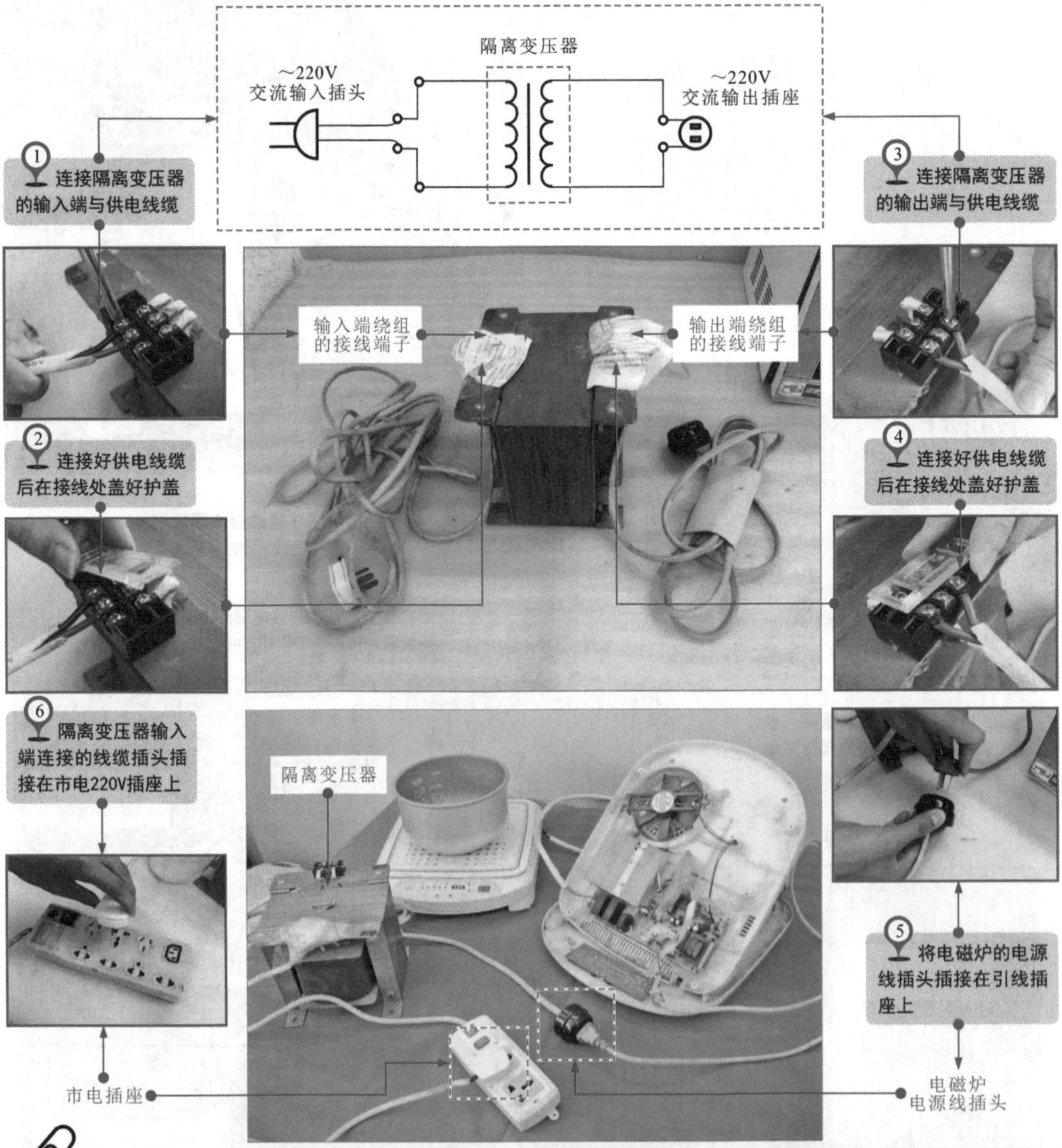
隔离变压器
~220V
交流输入插头
~220V
交流输出插座
① 连接隔离变压器的输入端与供电线缆
③ 连接隔离变压器的输出端与供电线缆
输入端绕组的接线端子
输出端绕组的接线端子
② 连接好供电线缆后在接线处盖好护盖
④ 连接好供电线缆后在接线处盖好护盖
⑥ 隔离变压器输入端连接的线缆插头插接在市电220V插座上
隔离变压器
⑤ 将电磁炉的电源线插头插接在引线插座上
市电插座
电磁炉
电源线插头

由于电磁炉的输入电源直接与220V/50Hz的交流电相连，在检修交流供电电压过程中对人身安全有一定的威胁。另外，由于电磁炉的电路结构特点，功率输出部分及其供电电路之间未安装变压器，因此不能实现电气隔离，特别是电路中的地线也可能带市电高压，在检测时若操作不当极易引发触电。

为了防止触电，可在电磁炉和220V电源（市电）之间连接隔离变压器，隔离变压器是1：1的交流变压器，一次侧与二次侧电路不相连，从而有效地确保人身安全。

❸ 连接灯泡（假负载）

如图2-39所示，在电磁炉通电检测过程中，特别是对核心器件IGBT（门控管）测试时，很容易因检测表笔与其引脚碰触而造成IGBT击穿损坏。另外，在对IGBT及相关电路检修后，若故障没有彻底解决而通电试机，会造成IGBT的二次烧毁，使用灯泡（假负载）替代炉盘线圈，通常可有效避免二次损伤。

图2-39 灯泡（假负载）的连接

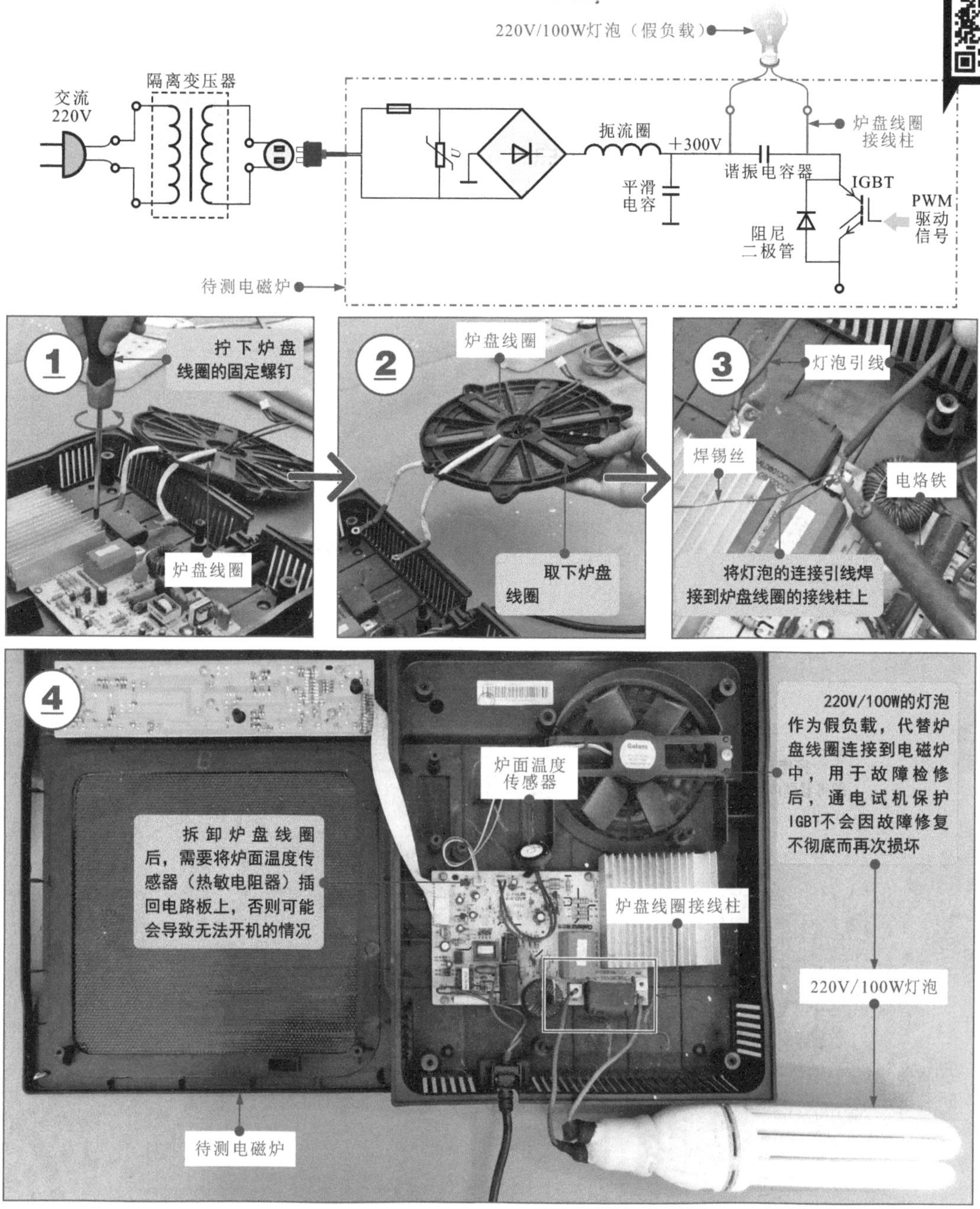

第3章
电磁炉电源供电电路的故障检修

3.1 电源供电电路的结构组成

电磁炉的电源供电电路是为电磁炉中的炉盘线圈提供能源，并为其他电路及元器件提供电压的电路，它是电磁炉非常重要的单元电路（电路单元）。

3.1.1 电源供电电路的功能特点

如图3-1所示，电磁炉中的电源供电电路通常固定在电磁炉底座边缘的部件，位于主电路板的一侧，方便供电引线的接入，打开电磁炉的外壳后，即可以在主电路板中找到电源供电电路。

图3-1 电源供电电路的基本特征

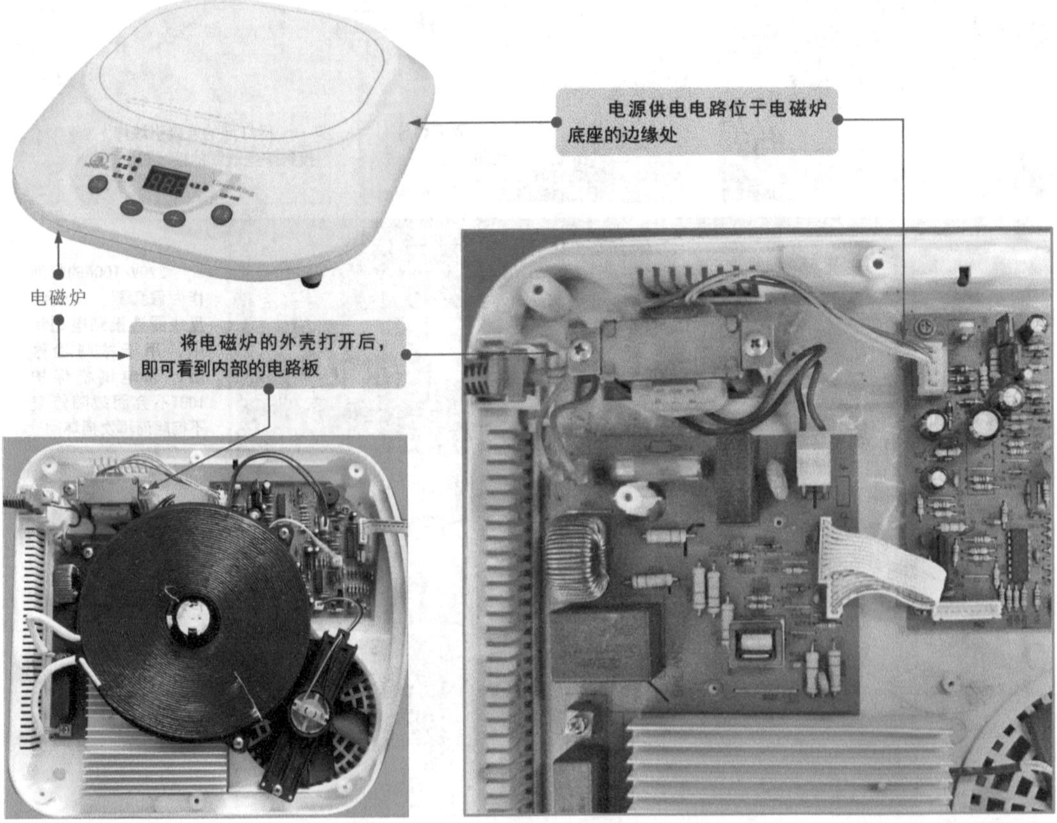
电源供电电路位于电磁炉底座的边缘处
电磁炉
将电磁炉的外壳打开后，即可看到内部的电路板

图3-2 电源供电电路的外形结构

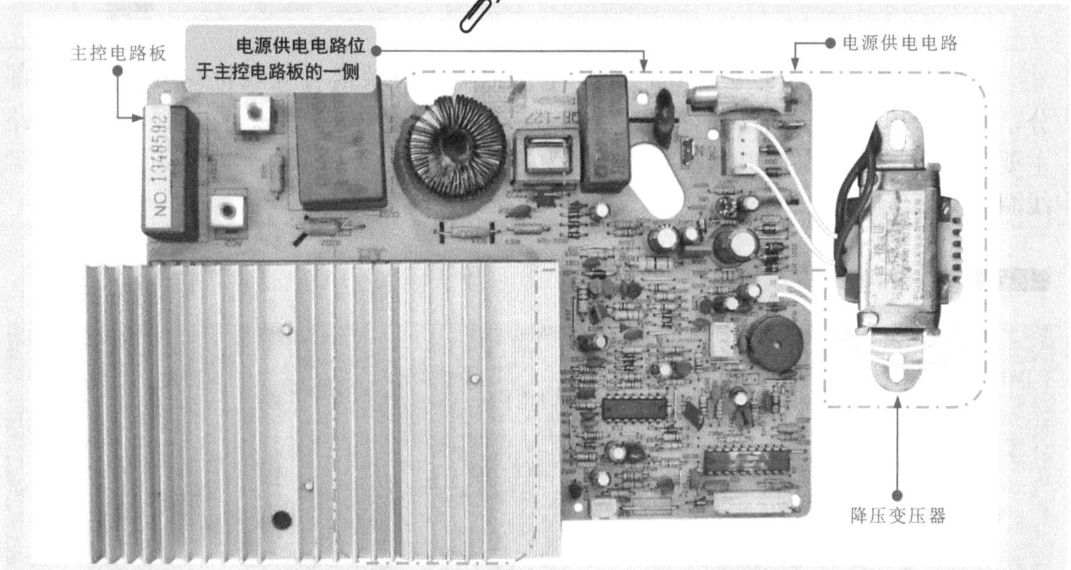

如图3-2所示，有些电磁炉将电源供电电路与主控电路设置在一块电路板上。这类电磁炉的电源电路通常位于电路板的一侧，通过降压变压器及熔断器等标志性器件很容易辨认。

图3-3 电源供电电路的功能特点

如图3-3所示，在电源供电电路中，交流220V为整机提供电能，桥式整流堆将220V交流电压变成300V直流电压，为功率输出电路进行供电；降压变压器与整流、滤波部分将交流220V进行降压后，再进行整流、滤波和稳压后输出直流低压，分别为主控电路及操作显示电路等进行供电。

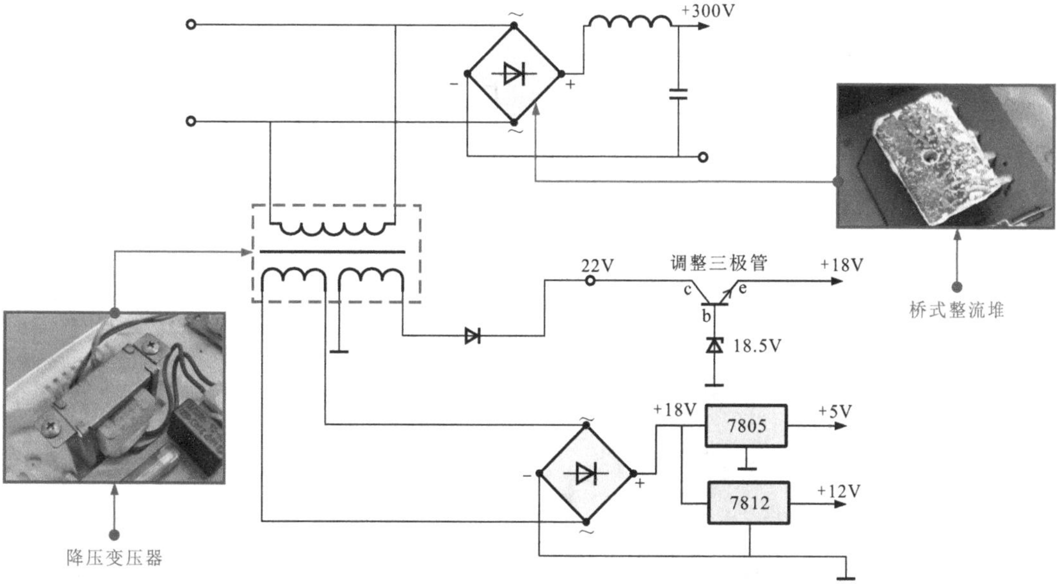

3.1.2 电源供电电路的结构特点

如图3-4所示，电磁炉的电源供电电路根据功能及信号处理特点可以分成两部分，即直流电源供电电路部分和交流输入及整流滤波电路部分。直流电源供电电路主要为电磁炉中的主控电路提供直流电源；交流输入及整流滤波电路则主要为炉盘线圈提供工作电压。

图3-4 电源供电电路的基本结构

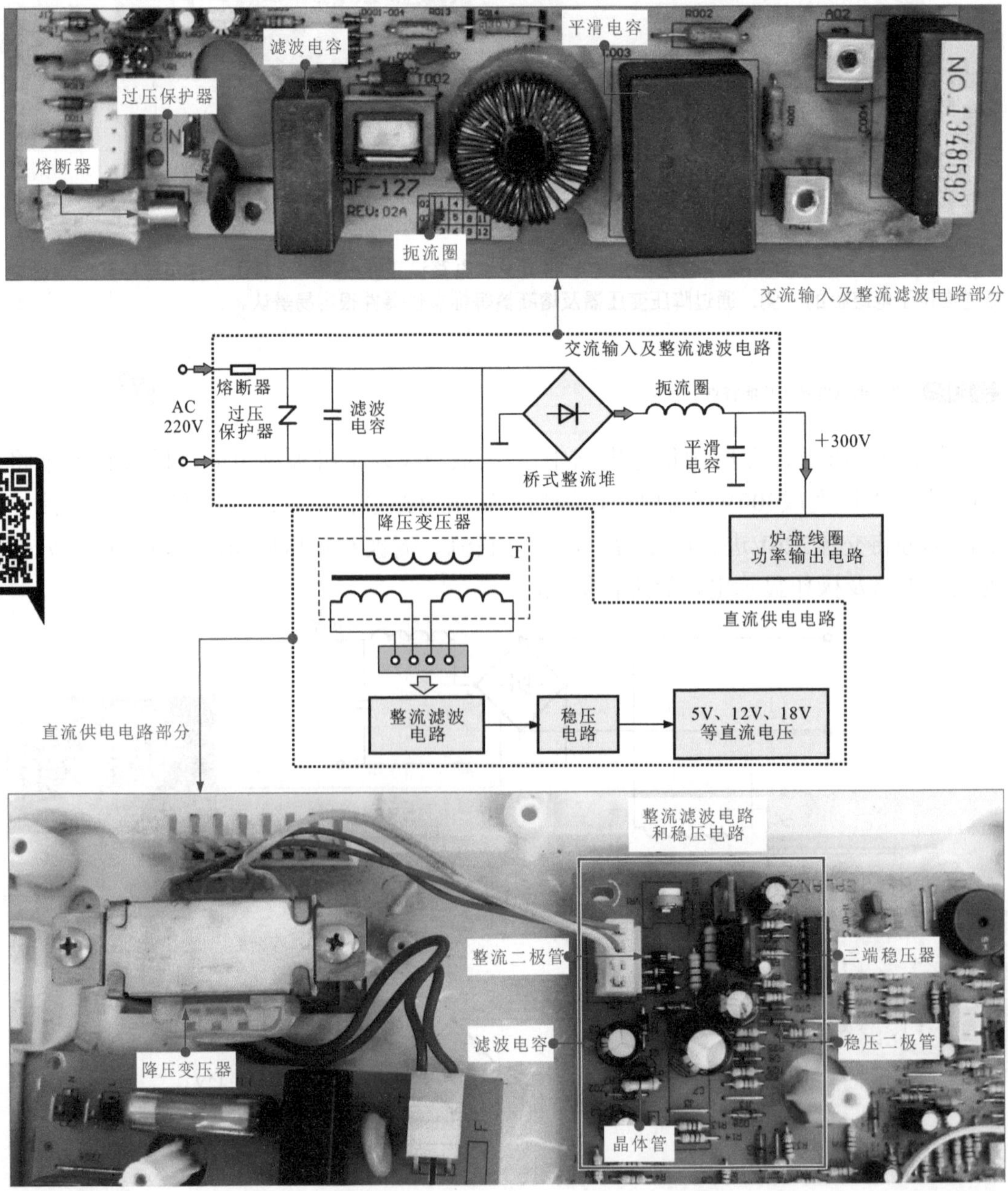

一般来说，电磁炉电源供电电路主要是由熔断器、过压保护器、滤波电容、降压变压器、桥式整流堆、扼流圈、三端稳压器、稳压二极管、平滑电容等构成的。

❶ 熔断器

图3-5 电源供电电路中的熔断器

如图3-5所示，熔断器又称为保险丝，是电磁炉的第一道防线，当电磁炉的电路发生过载故障时，电流增加，而过大的电流有可能损坏电路中的某些重要器件，甚至可能烧毁电路。此时，熔断器便起到了断电保护作用。熔断器会在电流异常升高到一定的强度时自身熔断切断电源电路，从而起到保护作用。

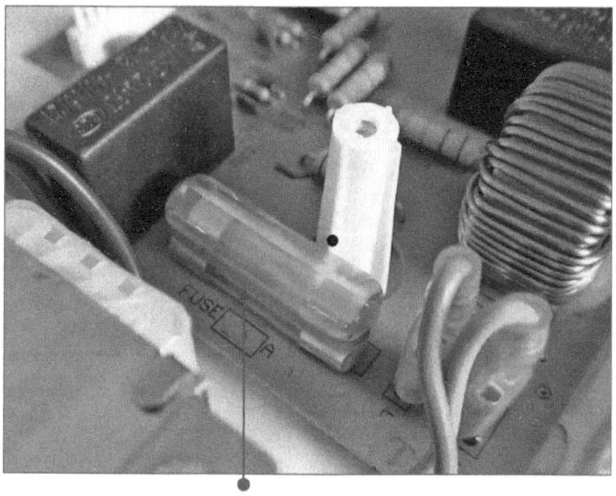
FUSE
带有绝缘罩的熔断器

❷ 过压保护器

图3-6 电源供电电路中的过压保护器

如图3-6所示，电磁炉中的过压保护器实际为压敏电阻，主要是用于防止市电电网中冲击性高压输入电磁炉内部，起到过压保护的目的。

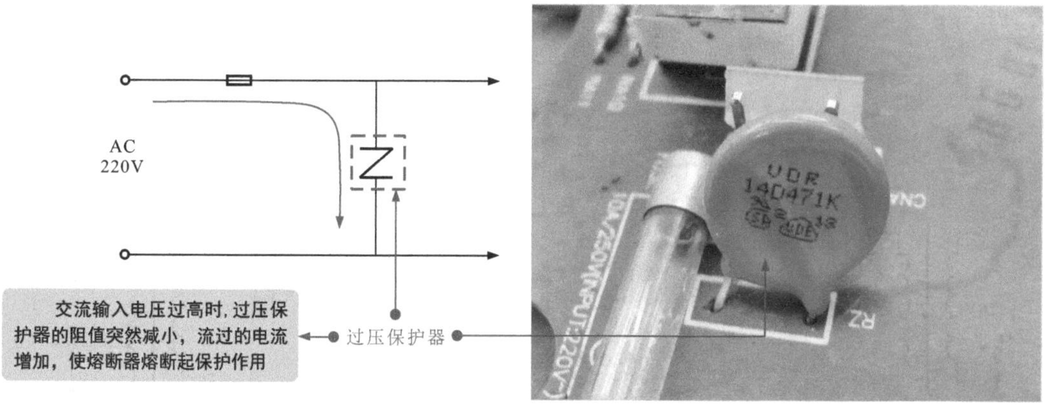
AC
220V
交流输入电压过高时，过压保护器的阻值突然减小，流过的电流增加，使熔断器熔断起保护作用
过压保护器
VDR
14D471K
RZ

③ 滤波电容

如图3-7所示，滤波电容在电磁炉中主要是用来滤除市电中的高频干扰，同时抵制电磁炉工作时对市电的电磁辐射污染，除此之外，还可以防止电路中的其他电路对电源供电电路的干扰。

图3-7 电源供电电路中的滤波电容

④ 降压变压器

如图3-8所示，降压变压器是将220V交流电转换为低电压交流电的器件。通常，降压变压器通常具有一个初级绕组，用以接220V电压。其二次绕组可以为单绕组，输出一路交流低压；也可以设置多个绕组，以便可输出多路交流低压。

图3-8 电源供电电路中的降压变压器

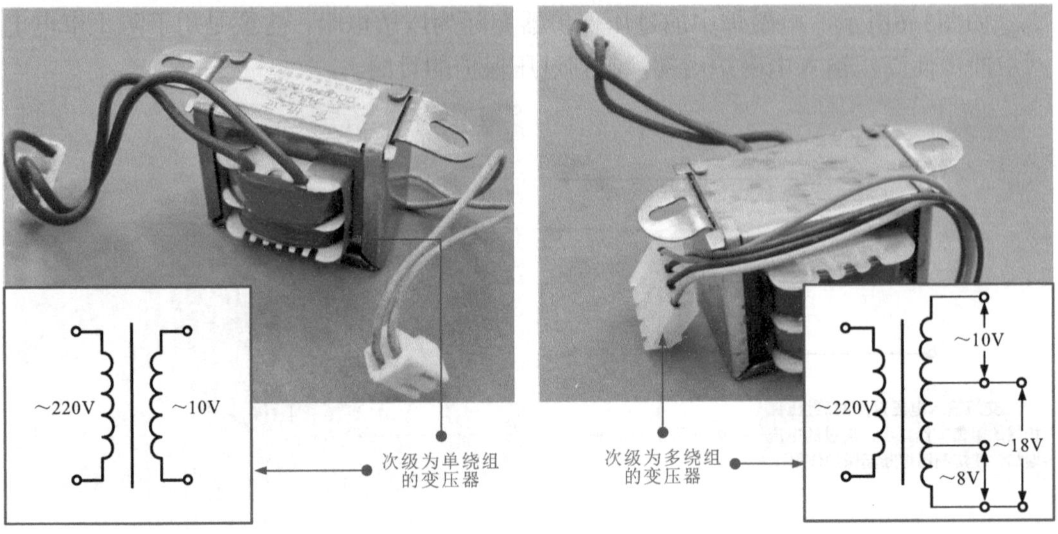

5 桥式整流堆

图3-9 电源供电电路中的桥式整流堆

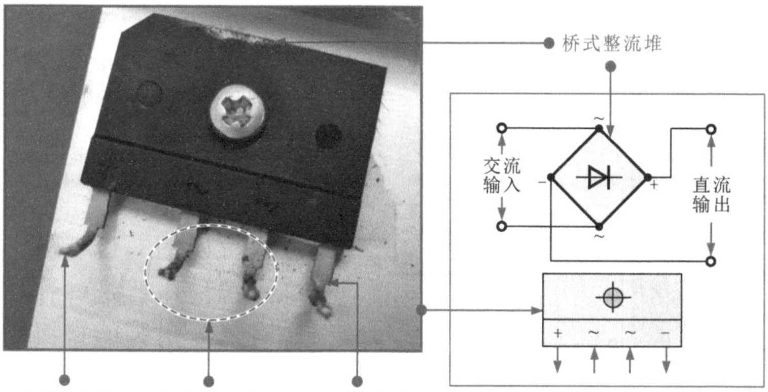
桥式整流堆
交流输入
直流输出
直流输出端
交流输入端
直流输出端

如图3-9所示，桥式整流堆主要是将交流220V电压整流为直流+300V电压输出，它内部由四个整流二极管桥接构成，外部具有四个引脚，其中两个引脚输入交流电压，另两个输出直流电压。

图3-10 四个整流二极管构成的桥式整流堆

整流二极管
四个整流二极管接一定的排列顺序安装在电路板中，构成桥式整流电路
电源供电电路中的整流二极管

如图3-10所示，在电源供电电路中，除了使用桥式整流堆可以进行整流外，还可以将四个整流二极管按一定的顺序安装在电路板中构成桥式整流电路，完成交流→直流的转变。

6 扼流圈

如图3-11所示，电磁炉中的扼流圈又称为电感线圈，主要起扼流、滤波等作用。

图3-11 电源供电电路中的扼流圈

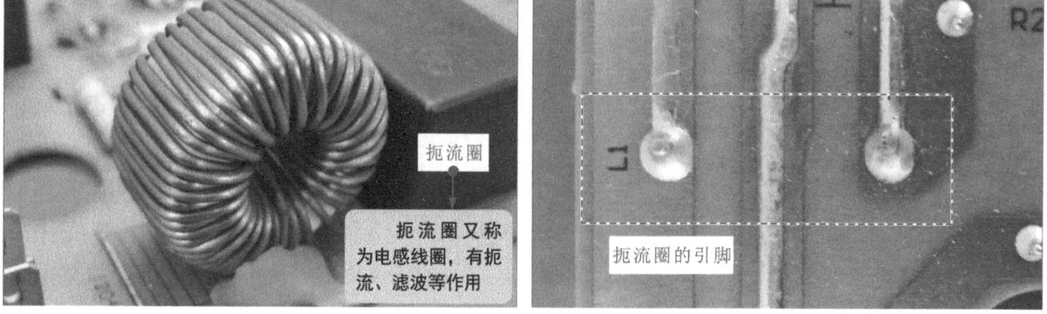
扼流圈
扼流圈又称为电感线圈，有扼流、滤波等作用
扼流圈的引脚

7 三端稳压器

图3-12 电源供电电路中的三端稳压器

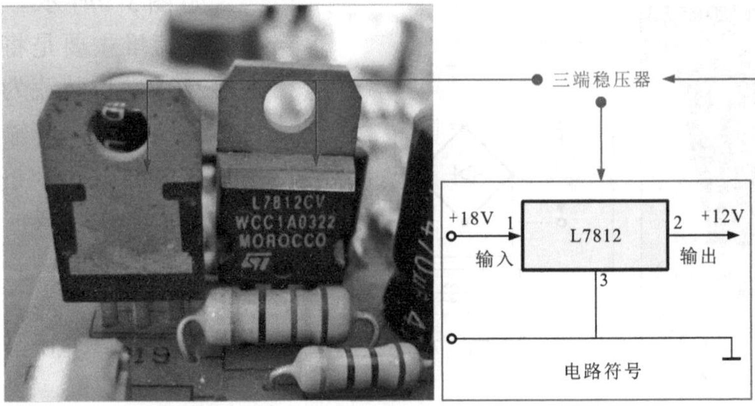
三端稳压器
三端稳压器是一种具有三个引脚的直流稳压集成电路
L7812CV
WCC1A0322
MOROCCO
+18V
1
L7812
2
+12V
输入
输出
3
电路符号

如图3-12所示，三端稳压器是一种具有三个引脚的直流稳压集成电路。

8 稳压二极管

图3-13 电源供电电路中的稳压二极管

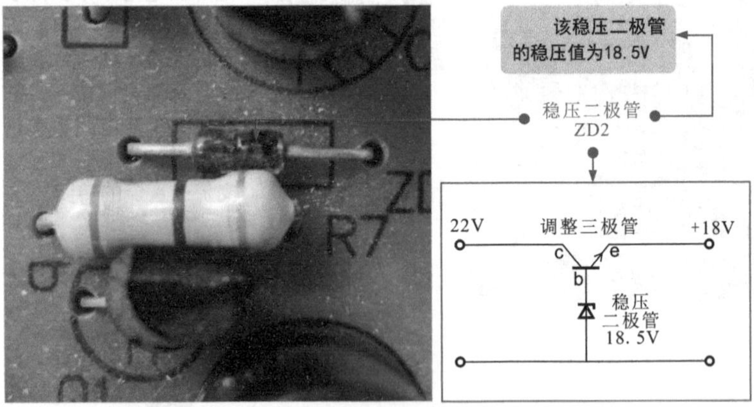
该稳压二极管的稳压值为18.5V
稳压二极管
ZD2
22V
调整三极管
+18V
c
e
b
稳压
二极管
18.5V

如图3-13所示，稳压二极管是工作在反向击穿状态下的晶体二极管，它的PN结反向击穿时电压基本上不随电流变化，利用这一特点从而达到了稳压的目的。

9 平滑电容

图3-14 电源供电电路中的平滑电容

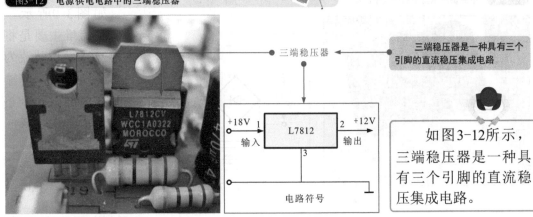

如图3-14所示，平滑电容属于大容量电容，主要用于将直流脉动电压变成平稳的直流电压。

3.2 电源供电电路的工作原理

3.2.1 电源供电电路的信号流程

图3-15 电源供电电路的信号流程

如图3-15所示，电磁炉启动后，交流220V市电一路经桥式整流堆整流为+300V的直流电压，然后经扼流圈和平滑电容进行平滑滤波后，使其变得稳定，以便送入功率输出电路中。

另一路经降压变压器，进入整流滤波电路，经整流和滤波后送入稳压电路，然后输出直流5V、12V、18V等直流电压，为主控电路和操作显示电路进行供电。

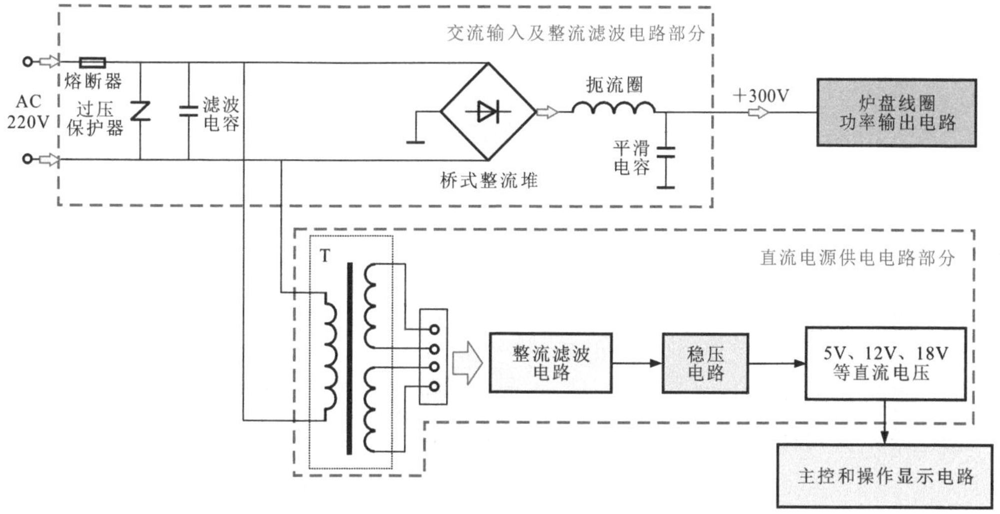

❶ 交流输入及整流滤波电路的信号流程

图3-16 交流输入及整流滤波电路的信号流程

图3-16为典型交流输入及整流滤波电路（九阳YJC-22F型）的信号处理过程。

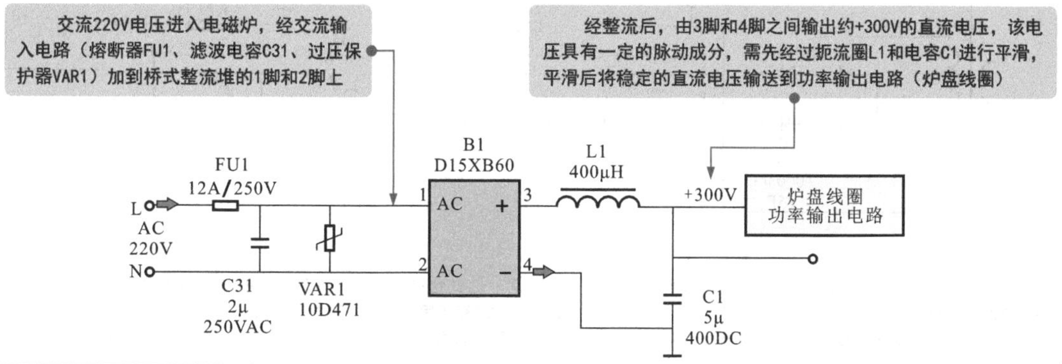

图3-17 市电输入电路部分的结构形式

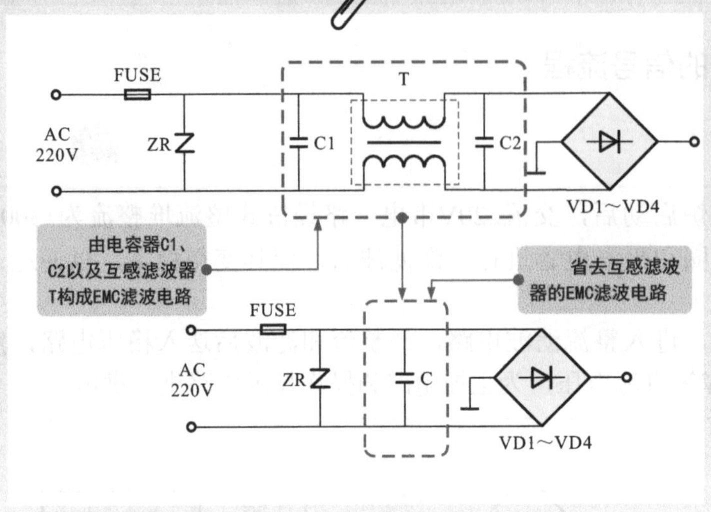

如图3-17所示，不同型号电磁炉的市电输入电路部分的结构形式主要有两种结构形式。一种是将电容器C1、C2和互感滤波器T构成滤波电路，以滤除市电中的高频干扰，防止强脉冲冲击炉内电路，同时抑制电磁炉工作时对市电的电磁辐射污染。

还有一种市电输入电路部分是直接采用一个谐波吸收电容C进行滤波。

❷ 直流电源供电电路的信号流程

图3-18 直流电源供电电路的信号流程

图3-18为典型直流电源供电电路（九阳YJC-22F型）的信号处理过程。

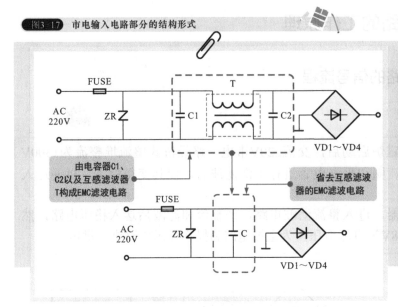

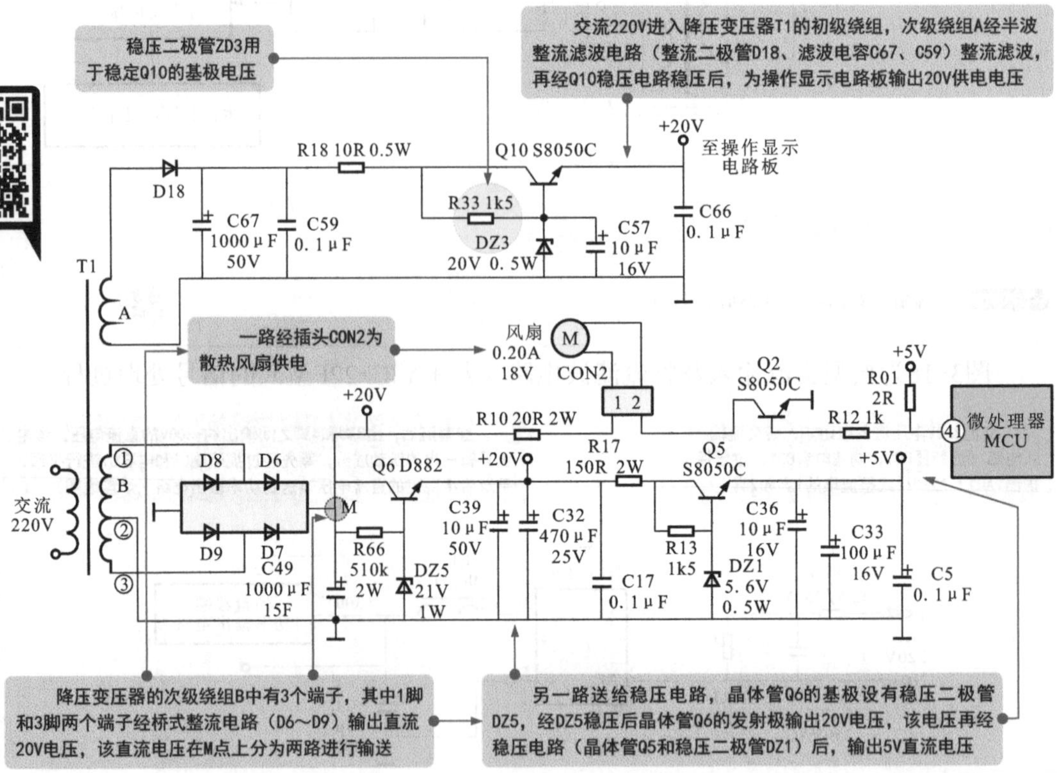

3.2.2 实用电源供电电路的原理分析

❶ 格兰仕C16A型电磁炉电源供电电路的原理分析

图3-19 格兰仕C16A型电磁炉的电源供电电路

如图3-19所示，将格兰仕C16A型电磁炉的电源供电电路划分成两部分，即交流输入及整流滤波电路部分和直流电源供电电路部分。

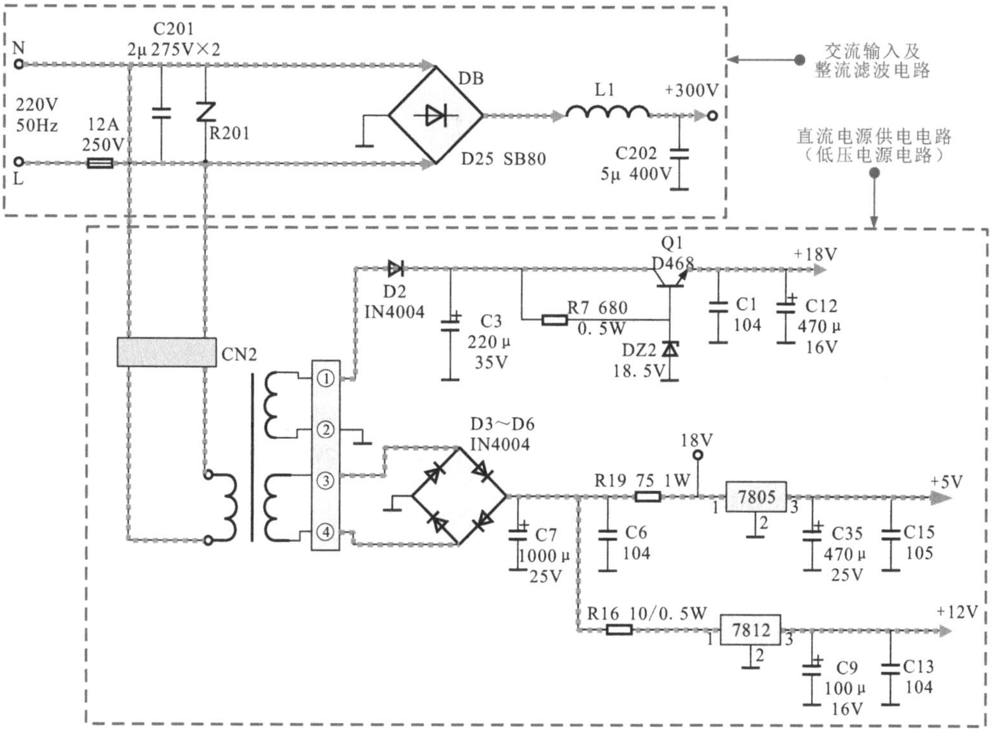

图3-20 交流输入及整流滤波电路的原理分析（格兰仕C16A型）

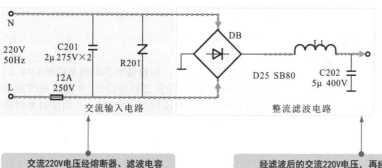

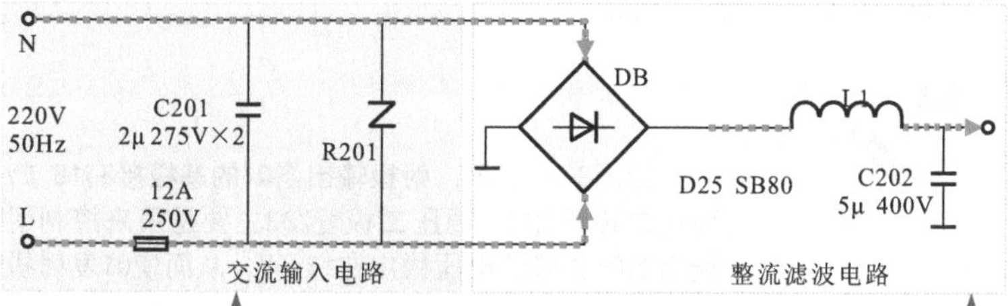

图3-20为格兰仕C16A型电磁炉交流输入及整流滤波电路部分的原理解析。

交流220V电压经熔断器、滤波电容器C201以及压敏电阻R201等元器件，滤除市电的高频干扰后，送往整流滤波电路中

经滤波后的交流220V电压，再经过桥式整流堆DB整流后输出+300V的直流电压，再由扼流圈L1、电容器C202构成的低通滤波器进行平滑滤波，并阻止功率输出电路产生的高频谐波

图3-21 直流电源供电电路的原理分析（格兰仕C16A型）

图3-21为格兰仕C16A型电磁炉直流电源供电电路部分的原理解析。

A绕组经连接插件CN1的1脚输出，经整流滤波电路（D2、C3）整流滤波后，再经稳压电路（Q1、ZD2）稳压后，输出+18V直流电压为其他电路供电

交流220V电压加到降压变压器的一次侧绕组，其二次侧有两个绕组A、B

降压变压器的次级绕组B经连接插件的3脚和4脚输出交流低压电压，经桥式整流电路（D3~D6）整流滤波后分为两路

一路经电阻器R16和三端稳压器7812输出+12V的直流电压

一路经电阻器R19和三端稳压器7805输出+5V的直流电压

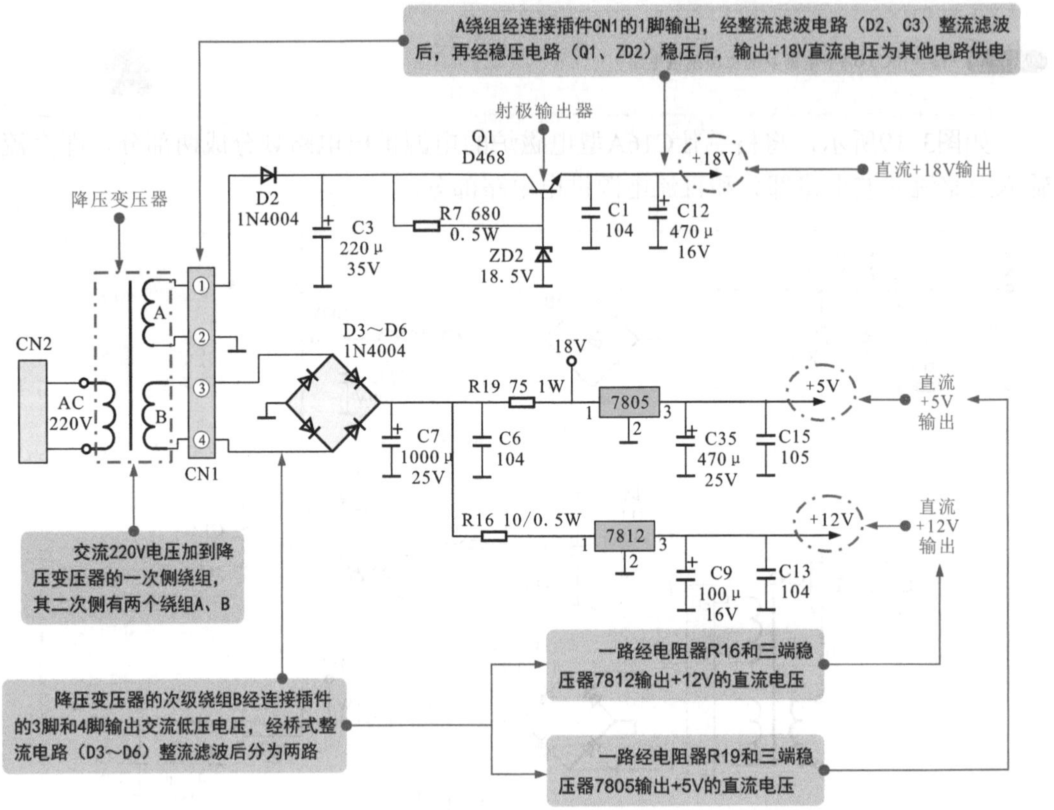

三端稳压器L7812　　三端稳压器L7805

在三端稳压器的表面标识中，后两位即为稳压输出的电压值。例如，三端稳压器L7805中，后面两位"05"即标识该三端稳压器稳压输出的电压值为+5V，属于+5V三端稳压器。若三端稳压器的标识为L7812，则后面两位"12"即标识该三端稳压器输出的电压值为+12V，属于+12V三端稳压器。

图3-22 由设计输出器构成的稳压电路

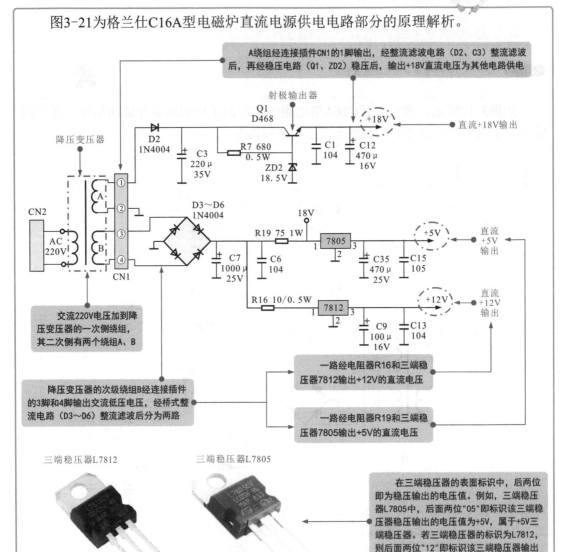

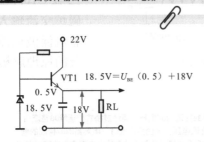

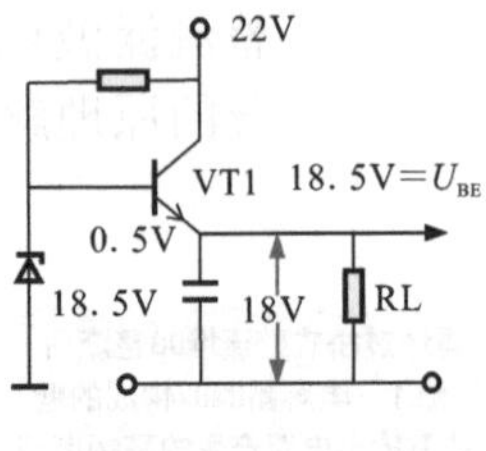

如图3-22所示，射极输出器Q1的基极接有18.5V的稳压二极管ZD2，稳压二极管ZD2主要是用来控制射极输出器Q1基极的电压稳定在18.5V，从而使Q1发射极输出的电压等于$18.5V-V_{be}$，由于晶体管的基极和发射极之间的结电压为一恒定值（0.5~0.7V），因而输出电压可稳定在18V左右。

$18.5V=U_{BE}(0.5)+18V$

❷ 美的SP2112型电磁炉电源供电电路的原理分析

图3-23 美的SP2112型电磁炉的电源供电电路

图3-23为美的SP2112型电磁炉电源供电电路（直流电源供电电路部分）的原理解析。该电路采用了开关电源电路，这种电路同样可以将交流220V转化为适用于电磁炉其他电路所需的5V、12V、18V等直流低压。

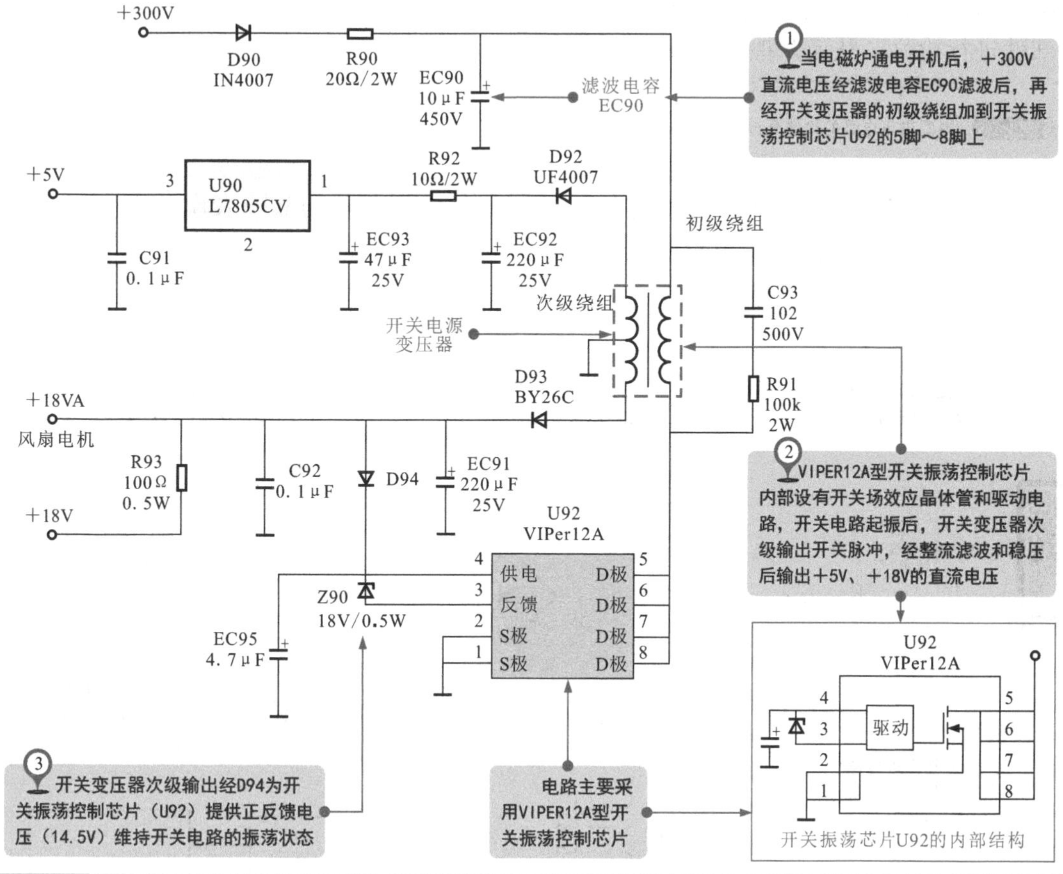

图3-24 由采用FSDZ00开关振荡控制芯片的电源电路

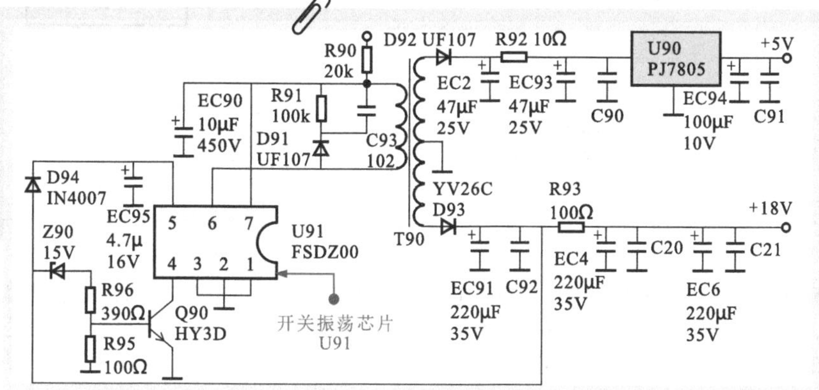

如图3-24所示，除了VIPER12A型开关振荡控制芯片外，FSDZ00开关振荡控制芯片也常应用于电磁炉的电源电路。

3.3 电源供电电路的故障检修

3.3.1 电源供电电路的检修分析

电磁炉中的电源供电电路若出现异常，则会导致电磁炉整机不工作。学习该电路的检修方法时，首先要明确该电路的检修要点，在该基础上，针对电路或各功能部件进行检修，从而掌握电源供电电路的检修方法。

图3-25 电源供电电路的检修分析

如图3-25所示，对电源电路进行检修时，可依据具体的故障表现分析出产生故障的原因。然后根据电源电路的供电关系，按电源电路的信号流程，对可能产生故障的相关部件逐一进行排查。

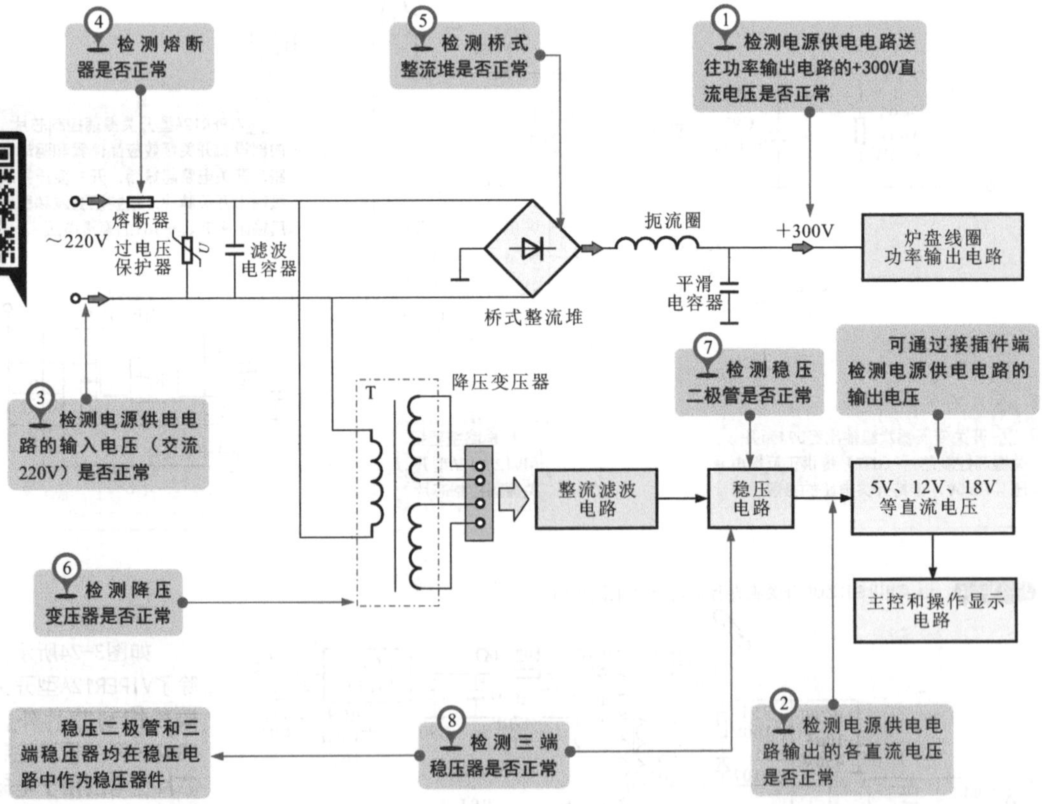

④ 检测熔断器是否正常
⑤ 检测桥式整流堆是否正常
① 检测电源供电电路送往功率输出电路的+300V直流电压是否正常
熔断器
~220V
过电压保护器
滤波电容器
桥式整流堆
扼流圈
+300V
炉盘线圈功率输出电路
平滑电容器
③ 检测电源供电电路的输入电压（交流220V）是否正常
⑦ 检测稳压二极管是否正常
可通过接插件端检测电源供电电路的输出电压
降压变压器
T
整流滤波电路
稳压电路
5V、12V、18V等直流电压
主控和操作显示电路
⑥ 检测降压变压器是否正常
稳压二极管和三端稳压器均在稳压电路中作为稳压器件
⑧ 检测三端稳压器是否正常
② 检测电源供电电路输出的各直流电压是否正常

当电源电路出现故障时，可首先采用观察法检查电源电路的主要元件有无明显损坏迹象，如观察熔断器是否有烧焦的迹象，电源变压器、三端稳压器等有无引脚虚焊、连焊等不良的现象。如果出现上述情况则应立即更换损坏的元器件或重新焊接虚焊引脚。

3.3.2 电源供电电路的检修方法

❶ +300V电压的检测方法

图3-26 +300V电压的检测方法

图3-26为+300V电压的检测方法，+300 V电压是功率输出电路的工作条件，也是电源供电电路输出的直流高压。若该电压正常，则表明电源供电电路的交流输入及整流滤波电路正常。

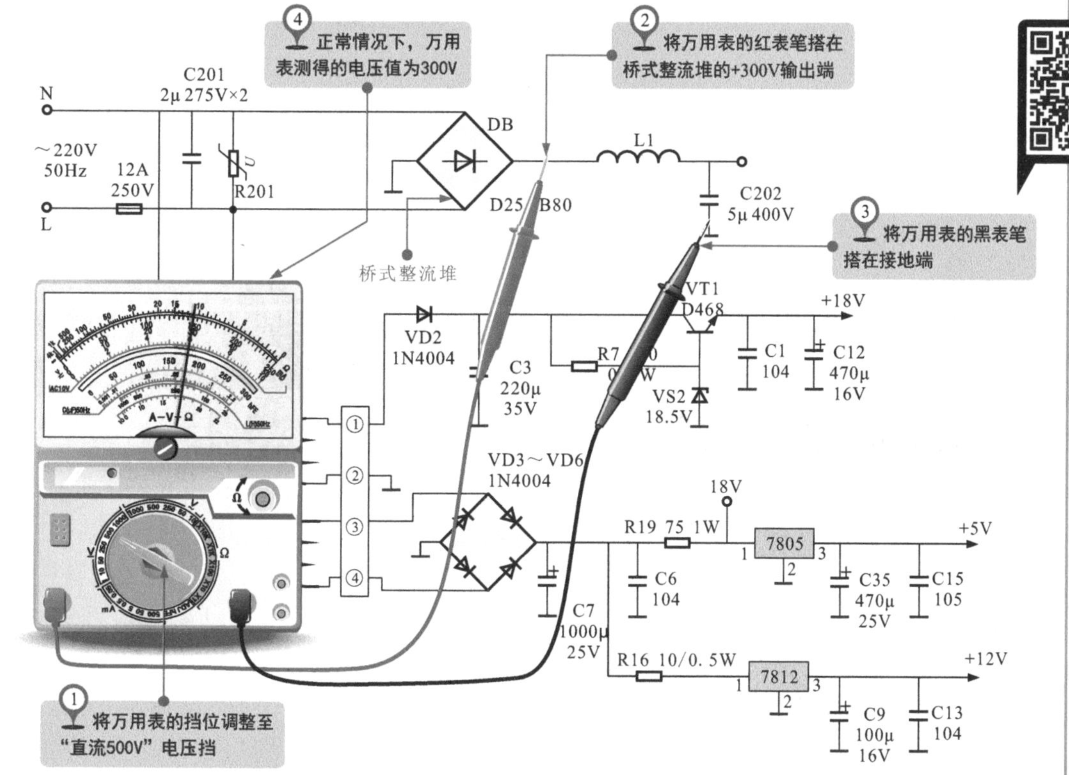

图3-27 +300V电压的其他检测方法

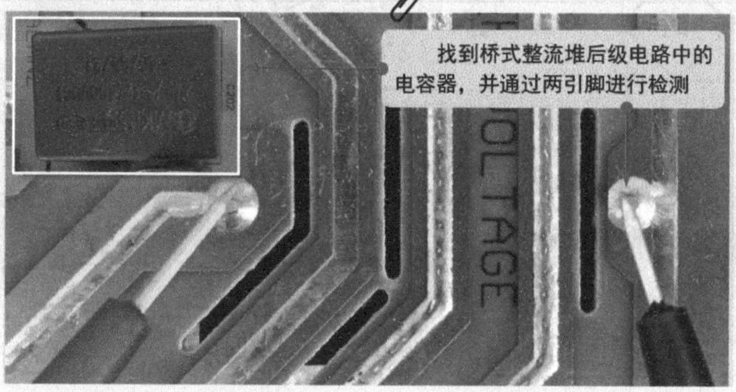

如图3-27所示，+300V电压还可以通过桥式整流堆后级电路中电容器C202的两引脚进行检测，若检测到+300V电压正常，则说明前级电路正常；若检测不到+300V输出电压，则说明该电容等器不良，需要进行下一步的检修。

② 直流低压的检测方法

图3-28 直流低压的检测方法

图3-28为直流低压的检测方法。电磁炉电源供电电路无+300V电压输出时，还需要对电源供电电路输出的直流低压部分进一步检测，若输出的直流低压正常，则表明低压电源电路可以正常工作；若输出的直流低压不正常，则表明电源供电电路可能没有进入工作状态。

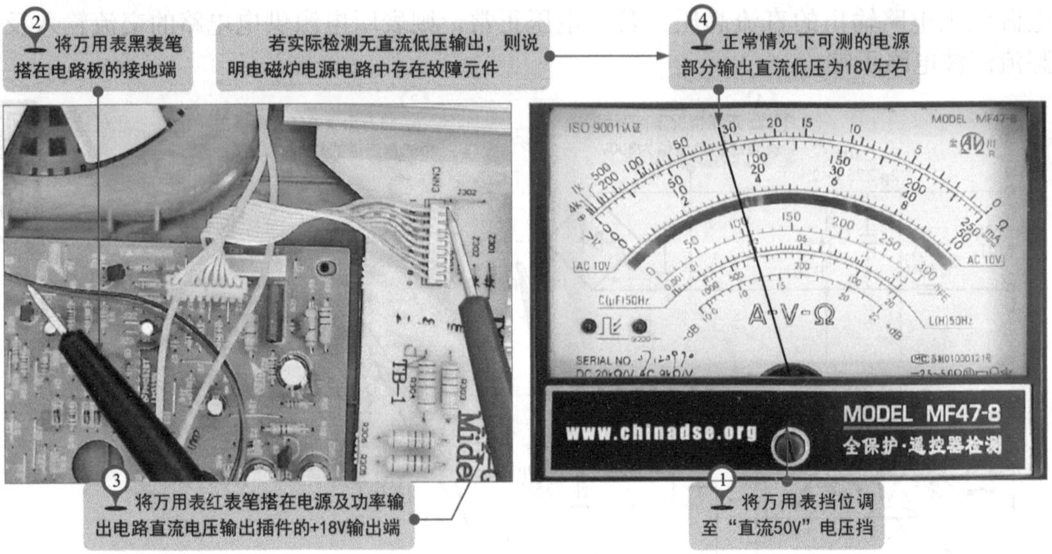

② 将万用表黑表笔搭在电路板的接地端
若实际检测无直流低压输出，则说明电磁炉电源电路中存在故障元件
④ 正常情况下可测的电源部分输出直流低压为18V左右
MODEL MF47-8
www.chinadse.org
全保护·遥控器检测
③ 将万用表红表笔搭在电源及功率输出电路直流电压输出插件的+18V输出端
① 将万用表挡位调至“直流50V”电压挡

③ 输入电压的检测方法

图3-29 输入电压的检测方法

图3-29为输入电压的检测方法。若检测电源供电电路无任何电压输出时，首先怀疑电源供电电路没有进入工作状态，此时应重点对交流220V输入的电压进行检测。

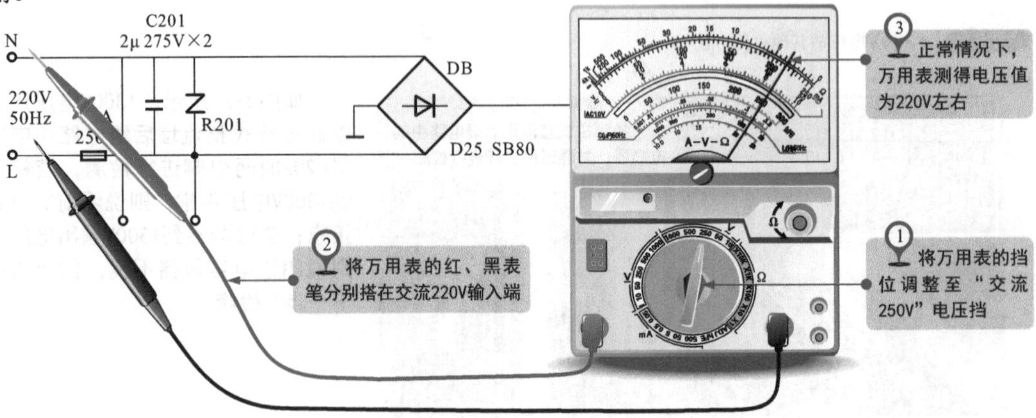

N
C201
2μ 275V×2
220V
50Hz
R201
DB
D25 SB80
L
③ 正常情况下，万用表测得电压值为220V左右
② 将万用表的红、黑表笔分别搭在交流220V输入端
① 将万用表的挡位调整至“交流250V”电压挡

若电源供电电路输入正常，输出异常时，应针对电路中的主要组成部件进行检测，如熔断器、桥式整流堆、扼流圈、平滑电容器、降压变压器、稳压二极管以及三端稳压器等，通过排查各个组成部件的好坏，找到故障点排除故障。

4 熔断器的检测方法

图3-30 熔断器的检测方法

图3-30为熔断器的检测方法。电磁炉的电源供电电路出现故障时，应先查看熔断器是否损坏。熔断器的检测方法有两种：一是直接观察，看熔断器是否有烧断、烧焦迹象；二是用万用表检测熔断器，观察其电阻值，判断熔断器是否损坏。

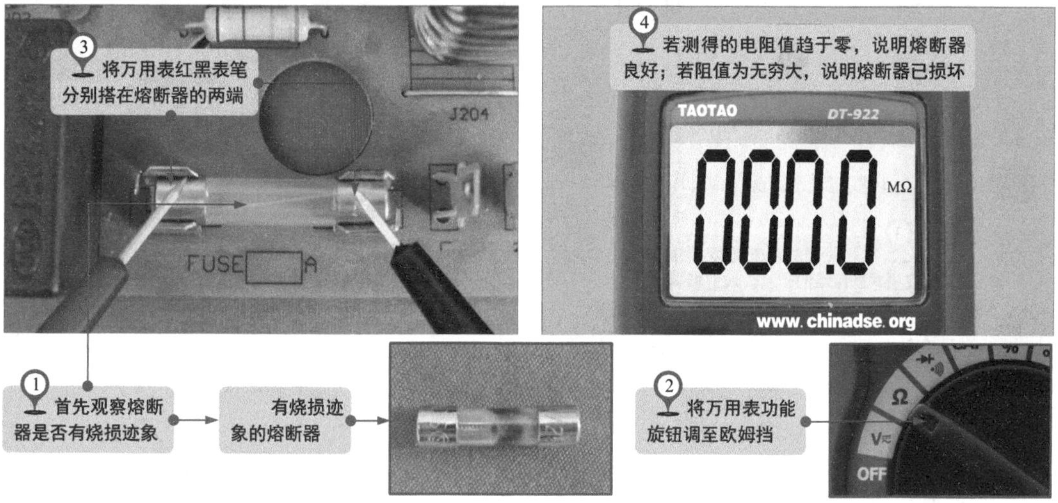
③ 将万用表红黑表笔分别搭在熔断器的两端
J204
FUSE A
④ 若测得的电阻值趋于零，说明熔断器良好；若阻值为无穷大，说明熔断器已损坏
TAOTAO
DT-922
000.0
MΩ
www.chinadse.org
① 首先观察熔断器是否有烧损迹象
有烧损迹象的熔断器
② 将万用表功能旋钮调至欧姆挡
Ω
OFF

5 过电压保护器的检测方法

图3-31 过电压保护器的检测方法

图3-31为过电压保护器的检测方法。过压保护器也是保护器件，若电磁炉出现故障时，在确保熔断器正常的情况下，还需要对过压保护器进行检测。

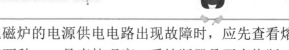

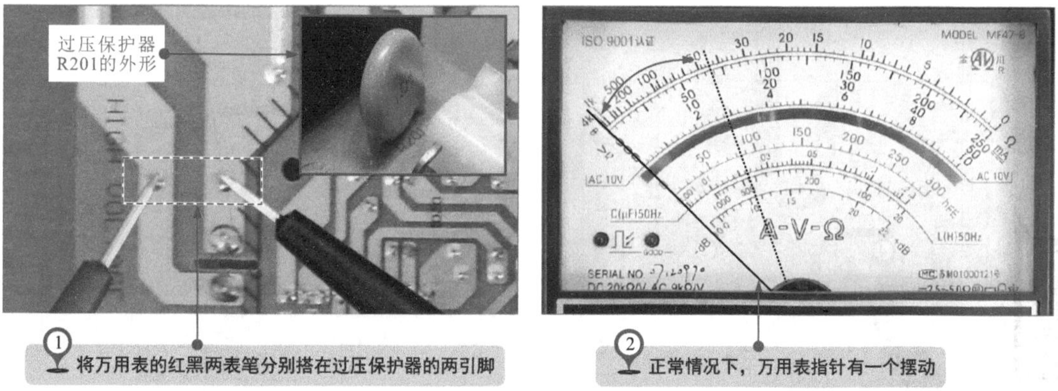

❻ 桥式整流堆的检测方法

图3-32为桥式整流堆的检测方法。桥式整流堆用于将输入电磁炉中的交流220V电压整流成+300V直流电压，为功率输出电路供电，若桥式整流堆损坏，则会引起电磁炉出现不开机、不加热、开机无反应等故障。

图3-32 桥式整流堆的检测方法

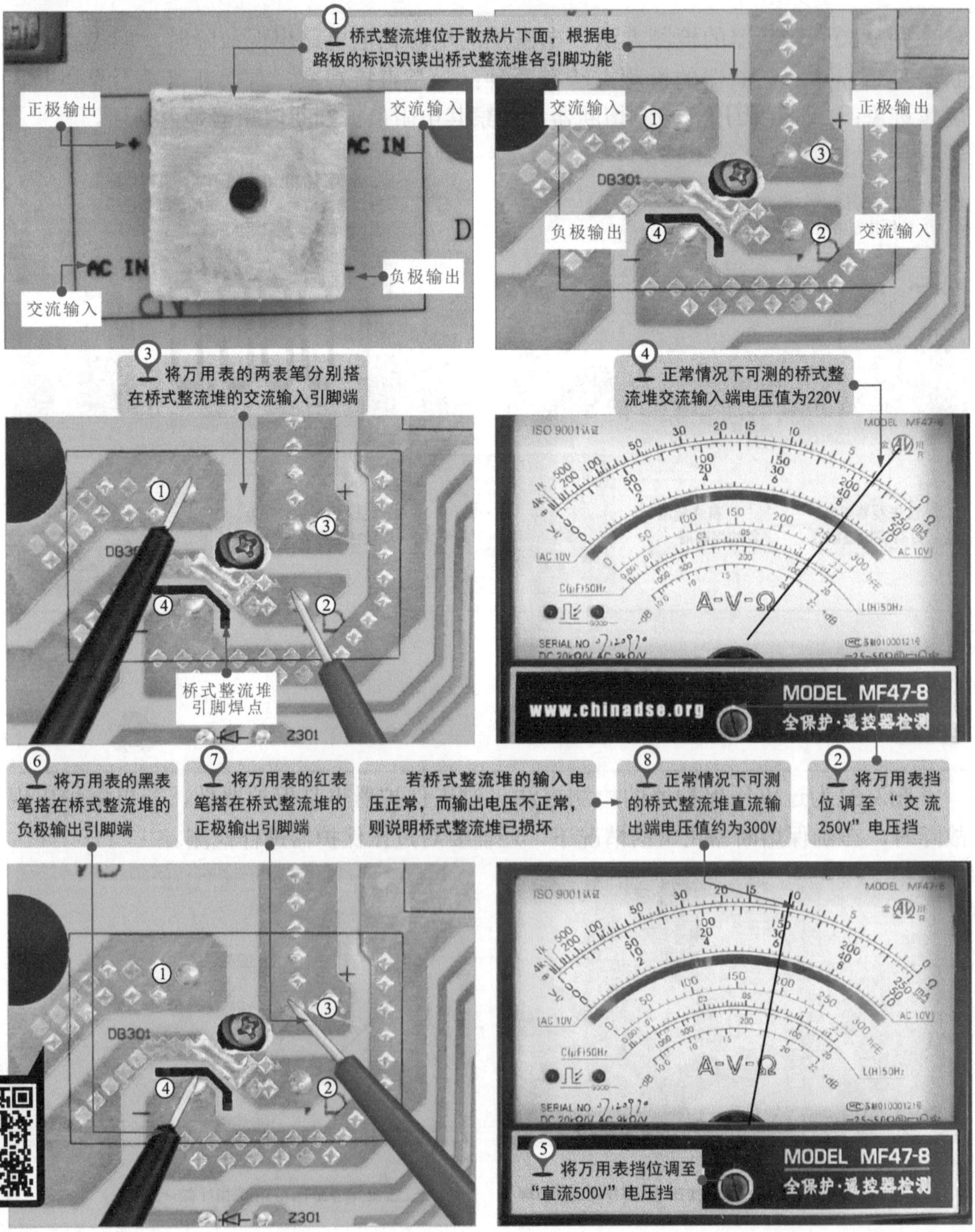
①桥式整流堆位于散热片下面，根据电路板的标识识读出桥式整流堆各引脚功能
正极输出
交流输入
负极输出
交流输入
AC IN
AC IN
交流输入
正极输出
负极输出
交流输入
DB301
③将万用表的两表笔分别搭在桥式整流堆的交流输入引脚端
桥式整流堆引脚焊点
Z301
④正常情况下可测的桥式整流堆交流输入端电压值为220V
MODEL MF47-8
www.chinadse.org
全保护·遥控器检测
⑥将万用表的黑表笔搭在桥式整流堆的负极输出引脚端
⑦将万用表的红表笔搭在桥式整流堆的正极输出引脚端
若桥式整流堆的输入电压正常，而输出电压不正常，则说明桥式整流堆已损坏
⑧正常情况下可测的桥式整流堆直流输出端电压值约为300V
②将万用表挡位调至“交流250V”电压挡
⑤将万用表挡位调至“直流500V”电压挡

7 降压变压器的检测方法

图3-33为降压变压器的检测方法。降压变压器主要用于将交流220V电源进行降压。若降压变压器故障，将导致电磁炉不工作或加热不良等现象。检测时可在通电的状态下，使用万用表检测其输入侧和输出侧的电压值来判断好坏。

图3-33 降压变压器的检测方法

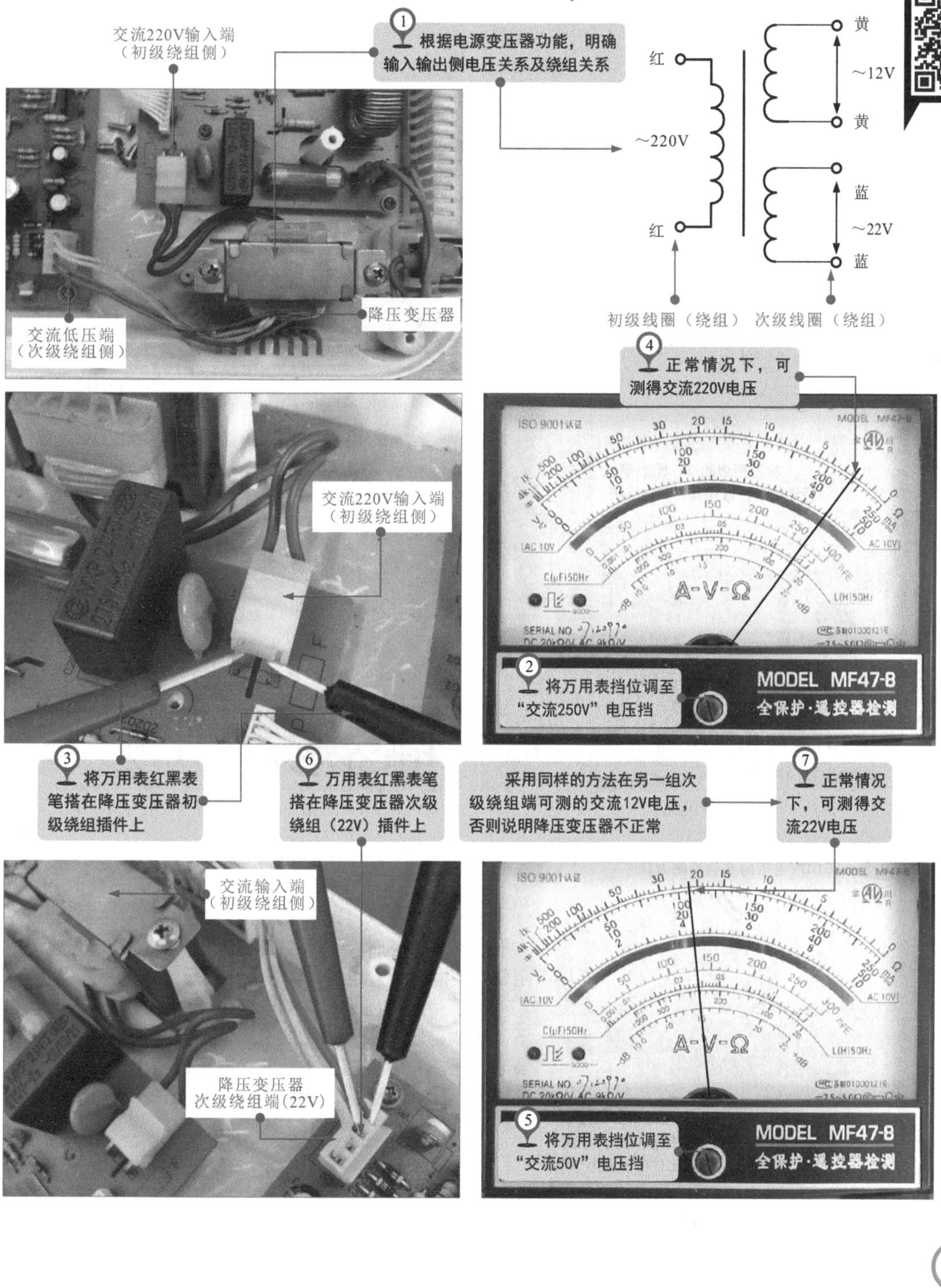

交流220V输入端（初级绕组侧）
1 根据电源变压器功能，明确输入输出侧电压关系及绕组关系
红
~220V
红
黄
~12V
黄
蓝
~22V
蓝
初级线圈（绕组）
次级线圈（绕组）
交流低压端（次级绕组侧）
降压变压器
4 正常情况下，可测得交流220V电压
交流220V输入端（初级绕组侧）
2 将万用表挡位调至“交流250V”电压挡
MODEL MF47-8
全保护·遥控器检测
3 将万用表红黑表笔搭在降压变压器初级绕组插件上
6 万用表红黑表笔搭在降压变压器次级绕组（22V）插件上
采用同样的方法在另一组次级绕组端可测的交流12V电压，否则说明降压变压器不正常
7 正常情况下，可测得交流22V电压
交流输入端（初级绕组侧）
降压变压器次级绕组端(22V)
5 将万用表挡位调至“交流50V”电压挡

8 稳压二极管的检测方法

图3-34为稳压二极管的检测方法。稳压二极管故障，将会导致电磁炉输出的低压直流不正常，造成主控电路或操作显示电路不能正常工作。检测时可在断电的状态下，用万用表检测稳压二极管的正反向阻值是否正常。

图3-34 稳压二极管的检测方法

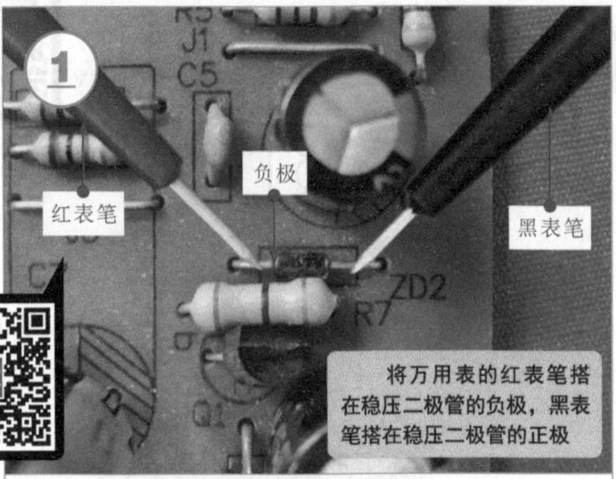
1
负极
红表笔
黑表笔
ZD2
R7
将万用表的红表笔搭在稳压二极管的负极，黑表笔搭在稳压二极管的正极
使用万用表检测稳压二极管的正向电阻值。

正常情况下，万用表测得的正向电阻值为12kΩ。

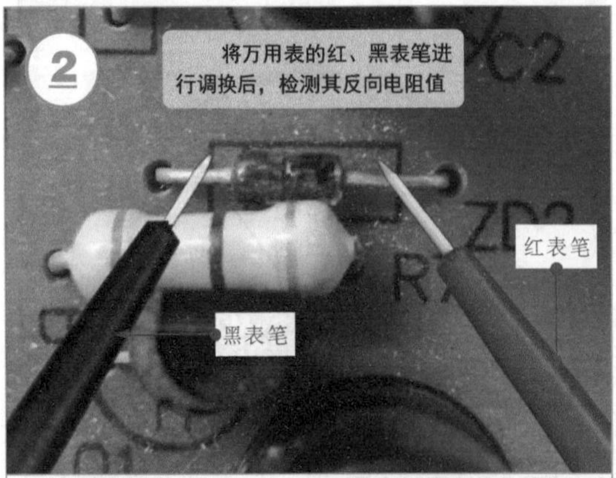
2
将万用表的红、黑表笔进行调换后，检测其反向电阻值
红表笔
黑表笔
使用万用表检测稳压二极管的反向电阻值。

正常情况下，万用表测得的反向电阻值为180kΩ。

图3-35 +300V电压的其他检测方法

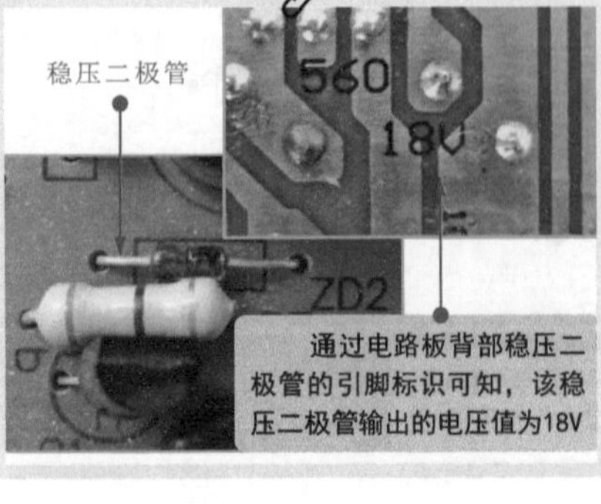
稳压二极管
560
18V
ZD2
通过电路板背部稳压二极管的引脚标识可知，该稳压二极管输出的电压值为18V

如图3-35所示，正常情况下，稳压二极管应有12kΩ左右的正向电阻值，反向电阻值应为180kΩ左右。若检测的阻值与实际阻值差距较大，表明该稳压二极管可能损坏。

除了检测稳压二极管的电阻值外，还可以在通电状态下，检测稳压二极管输出的电压值，若与标称值相符，则表明稳压二极管性能正常；若无电压值输出或与标称值相差较大，则表明稳压二极管可能损坏。

9 三端稳压器的检测方法

图3-36为三端稳压器的检测方法。三端稳压器出现故障，则电源供电电路无直流低压输出。检测时可在通电状态下，检测三端稳压器的输入、输出电压是否正常，若输入的电压正常，而输出电压不正常，则表明三端稳压器本身损坏。

图3-36 三端稳压器的检测方法

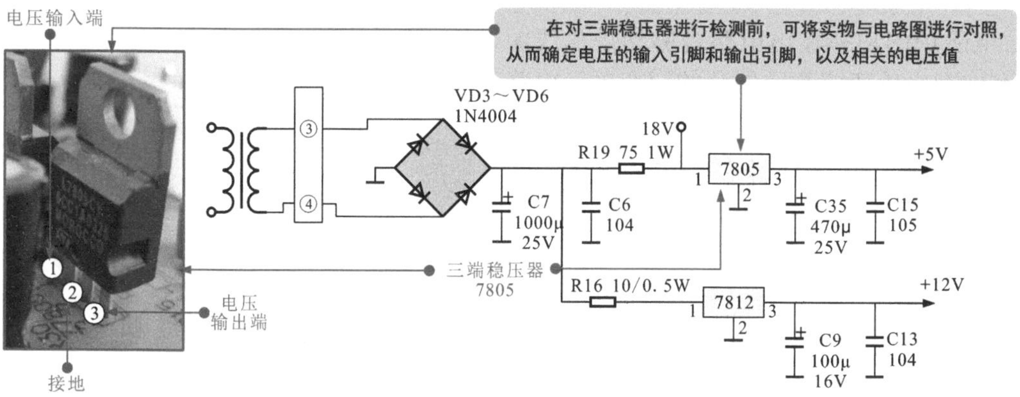

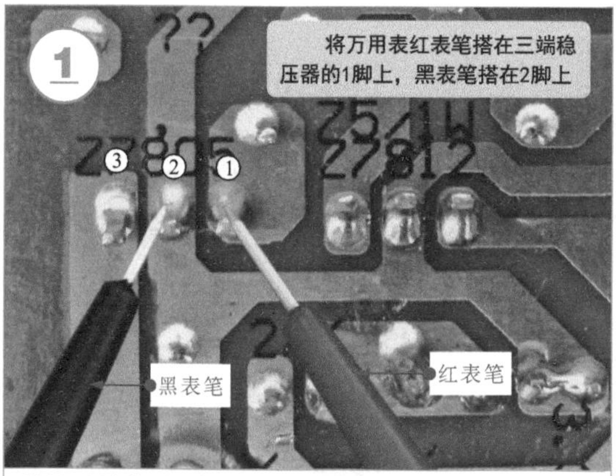

使用万用表检测三端稳压器输入的直流电压。

正常情况下，万用表测得的输入电压为18V。

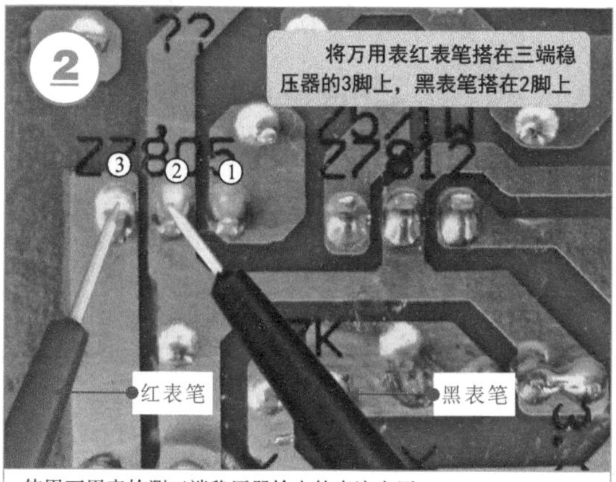

使用万用表检测三端稳压器输出的直流电压。

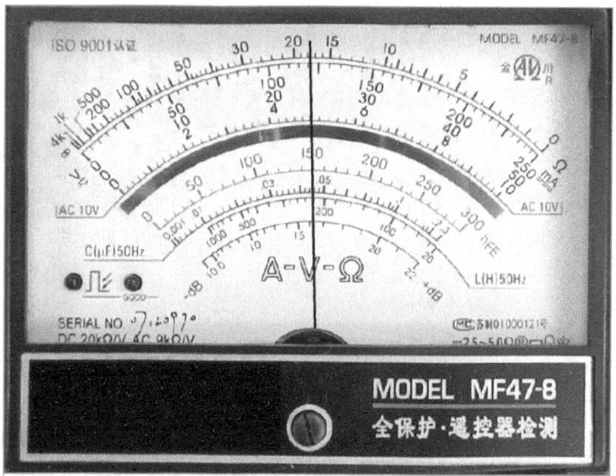

正常情况下，万用表测得三端稳压器输出的电压为5V。

第4章 电磁炉功率输出电路的故障检修

4.1 功率输出电路的结构组成

电磁炉的功率输出电路是驱动炉盘线圈，使之辐射电磁能的电路，也是一种将直流300 V电压变成高频振荡的逆变单元电路。

4.1.1 功率输出电路的功能特点

图4-1 功率输出电路的基本特征

如图4-1所示，电磁炉中的功率输出电路位于电磁炉内部电路板中，通常与电源供电电路安装在同一块电路板中。

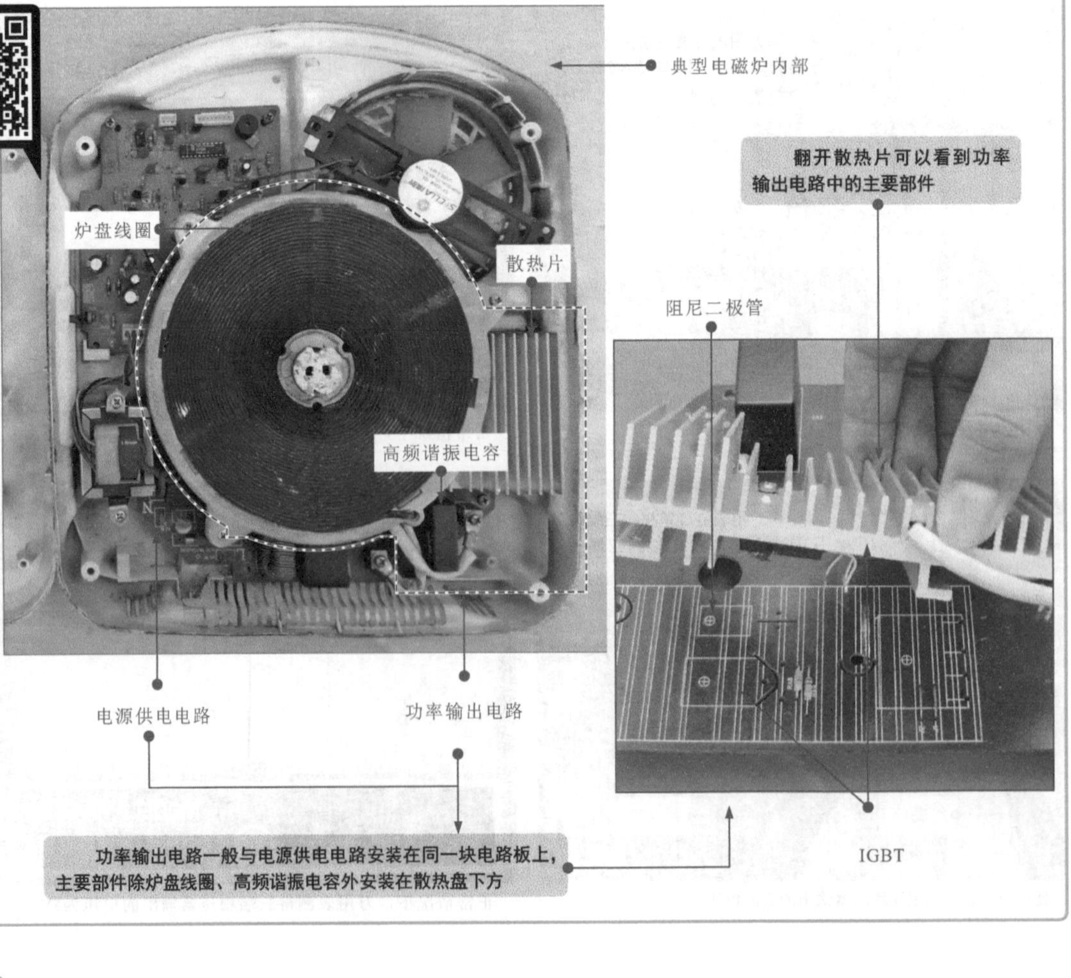

典型电磁炉内部
炉盘线圈
散热片
高频谐振电容
电源供电电路
功率输出电路
翻开散热片可以看到功率输出电路中的主要部件
阻尼二极管
IGBT
功率输出电路一般与电源供电电路安装在同一块电路板上，主要部件除炉盘线圈、高频谐振电容外安装在散热盘下方

如图4-2所示，在功率输出电路中，炉盘线圈（L）与高频谐振电容器（C）并联连接构成LC谐振电路。IGBT与阻尼二极管并联连接后，接在LC谐振电路上，在主控电路作用下，这些功能部件通过这种电路关系实现高频振荡，从而将电能转化为电磁能，最终转化为炊饭热能，实现炊具对事物的加热功能。

图4-2 功率输出电路的功能特点

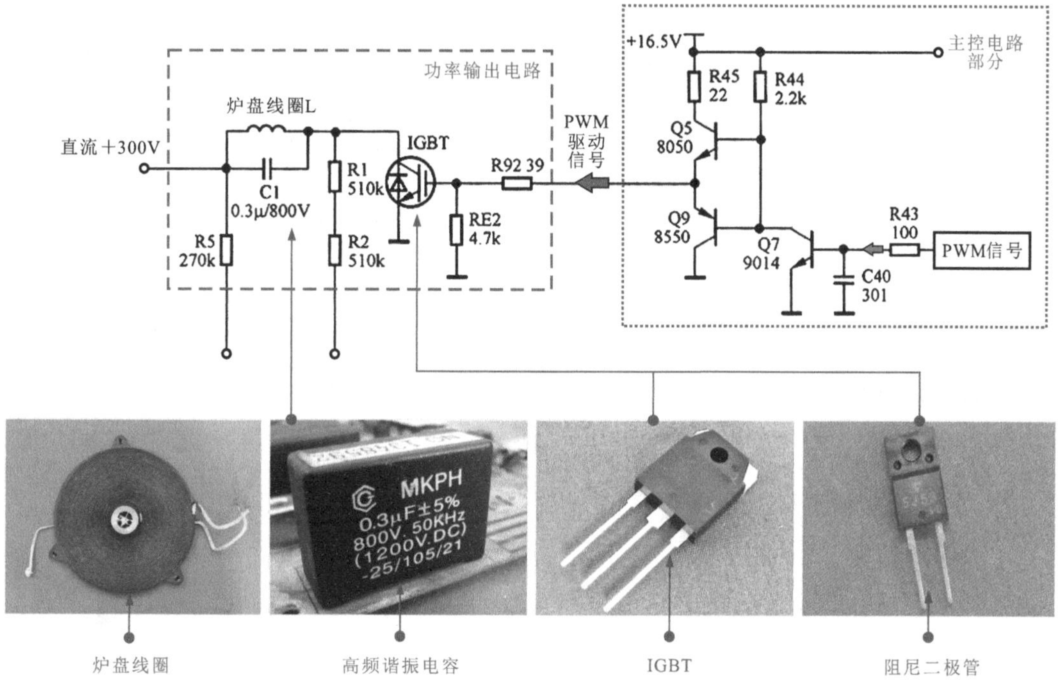

电磁炉功率输出电路中，IGBT的工作频率与LC谐振电路的固有谐振频率应保持同步，若两者的固有谐振频率不一致，将导致整个功率输出电路无法正常工作，严重时还会烧毁IGBT。

图4-3 LC并联谐振电路的结构及电流和频率的关系曲线

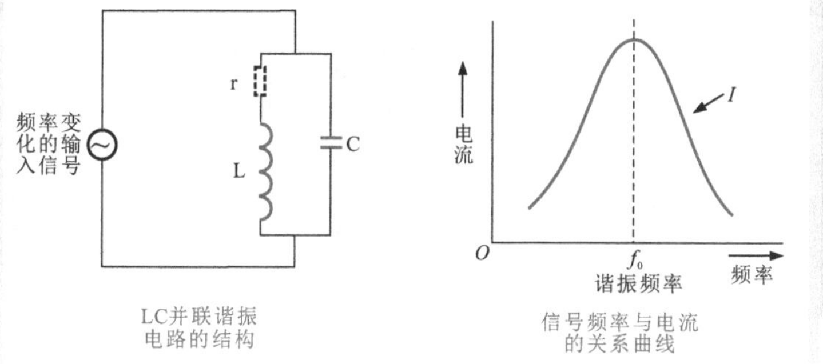

如图4-3所示，LC并联谐振电路是指将电感器和电容器并联后形成的，且为谐振状态的电路。

在并联谐振电路中，如果线圈中的电流与电容中的电流相等，则电路就达到了并联谐振状态。

4.1.2 功率输出电路的结构特点

如图4-4所示，电磁炉的功率输出电路主要是由炉盘线圈、高频谐振电容、IGBT（门控管）以及阻尼二极管等组成。

图4-4 功率输出电路的基本结构

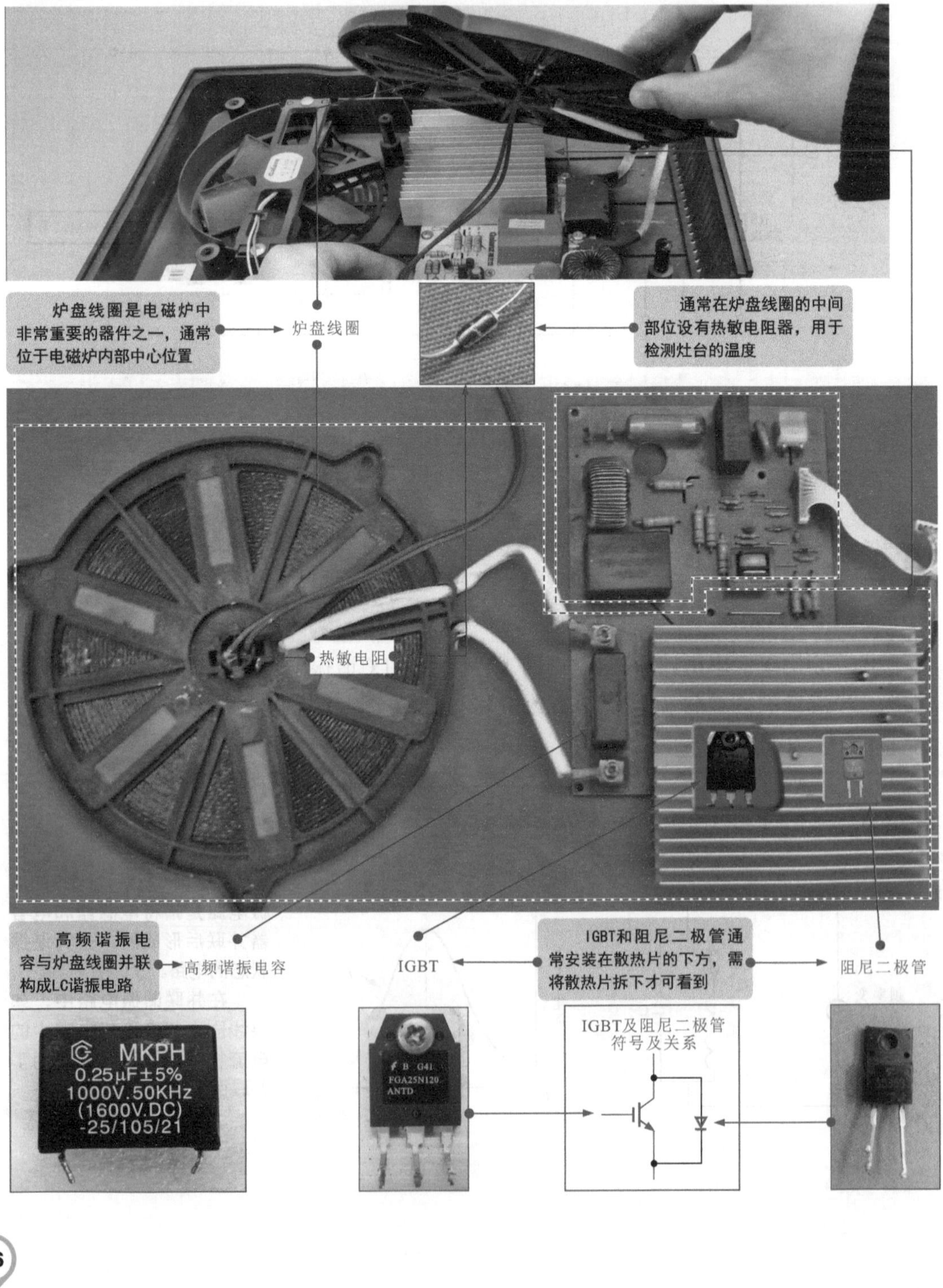
炉盘线圈是电磁炉中非常重要的器件之一，通常位于电磁炉内部中心位置
炉盘线圈
通常在炉盘线圈的中间部位设有热敏电阻器，用于检测灶台的温度
热敏电阻
高频谐振电容与炉盘线圈并联构成LC谐振电路
高频谐振电容
IGBT
IGBT和阻尼二极管通常安装在散热片的下方，需将散热片拆下才可看到
阻尼二极管
MKPH
0.25μF±5%
1000V.50KHz
(1600V.DC)
-25/105/21
FGA25N120
ANTD
IGBT及阻尼二极管符号及关系

❶ 炉盘线圈

如图4-5所示，电磁炉的炉盘线圈又叫作加热线圈，实际上是一种将多股导线绕制成圆盘状的电感线圈，它是将高频交变电流转换成交变磁场的元器件，用于对铁磁性材料锅具加热。

图4-5 功率输出电路中的炉盘线圈

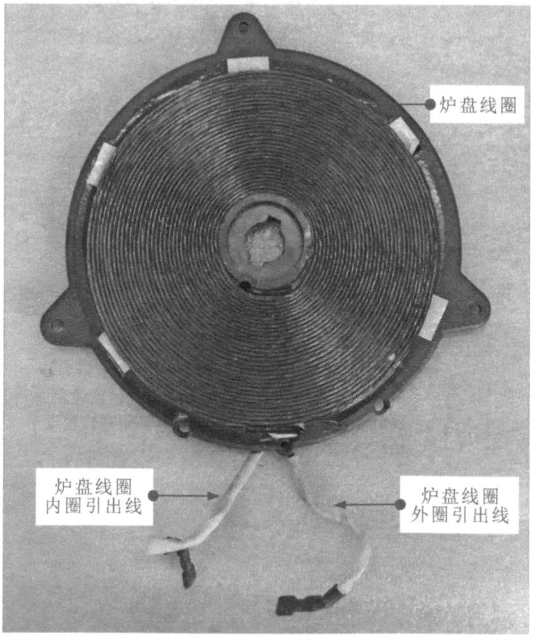

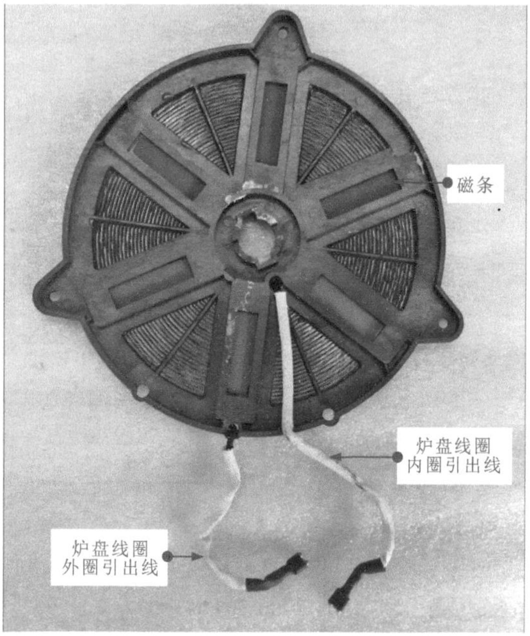

不同品牌和型号的电磁炉中，炉盘线圈的外形基本相同，不过其线圈圈数、线圈绕制方向和线圈盘大小、薄厚、疏密程度会有所区别，这也是电磁炉额定功率不同的重要标志。目前，市场上常用的炉盘线圈有28圈、32圈、33圈、36圈和102圈的，电感量有137μH、140μH、175μH、210μH等

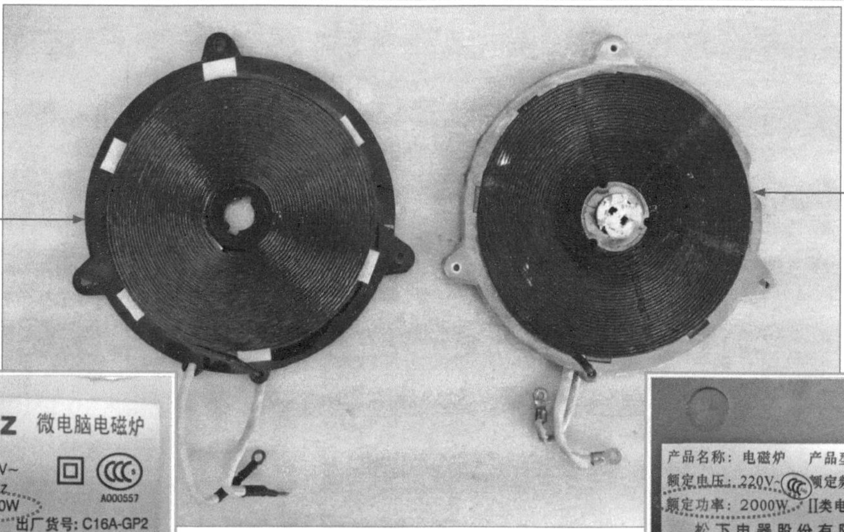

炉盘线圈大小、厚度、线圈数、线圈稀疏程度不同，电磁炉的额定功率有所区别

❷ 高频谐振电容

图4-6 功率输出电路中的高频谐振电容

如图4-6所示，高频谐振电容与炉盘线圈并联组成LC谐振电路。常用的高频谐振电容规格主要有：0.27μF±5%或0.3 μF±5%。

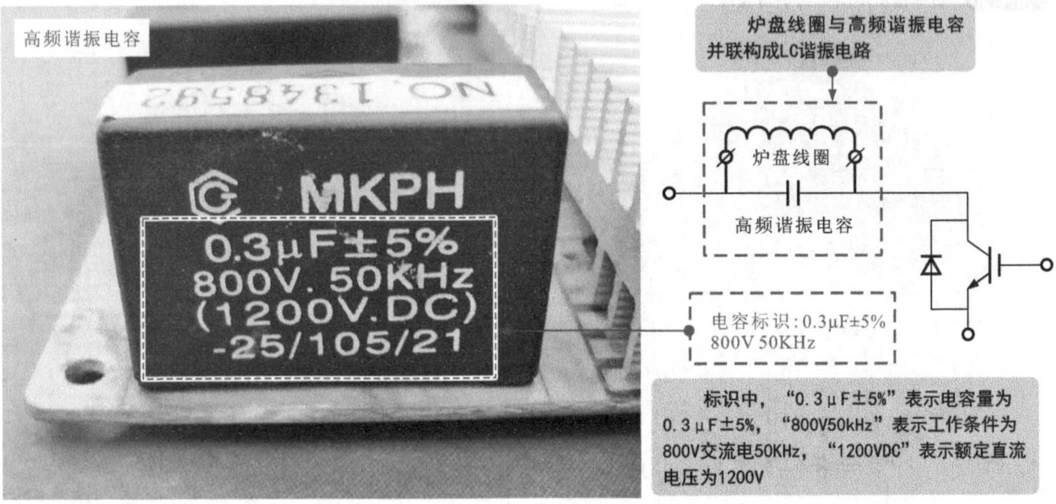
高频谐振电容
MKPH
0.3μF±5%
800V. 50KHz
(1200V.DC)
-25/105/21
炉盘线圈与高频谐振电容并联构成LC谐振电路
炉盘线圈
高频谐振电容
电容标识：0.3μF±5% 800V 50KHz
标识中，"0.3μF±5%"表示电容量为0.3μF±5%，"800V50kHz"表示工作条件为800V交流电50KHz，"1200VDC"表示额定直流电压为1200V

❸ IGBT（门控管）

图4-7 功率输出电路中的IGBT（门控管）

如图4-7所示，IGBT又称门控管（绝缘栅双极晶体管），是一种高压、高速的大功率半导体器件，是整个电磁炉中最关键的器件之一。

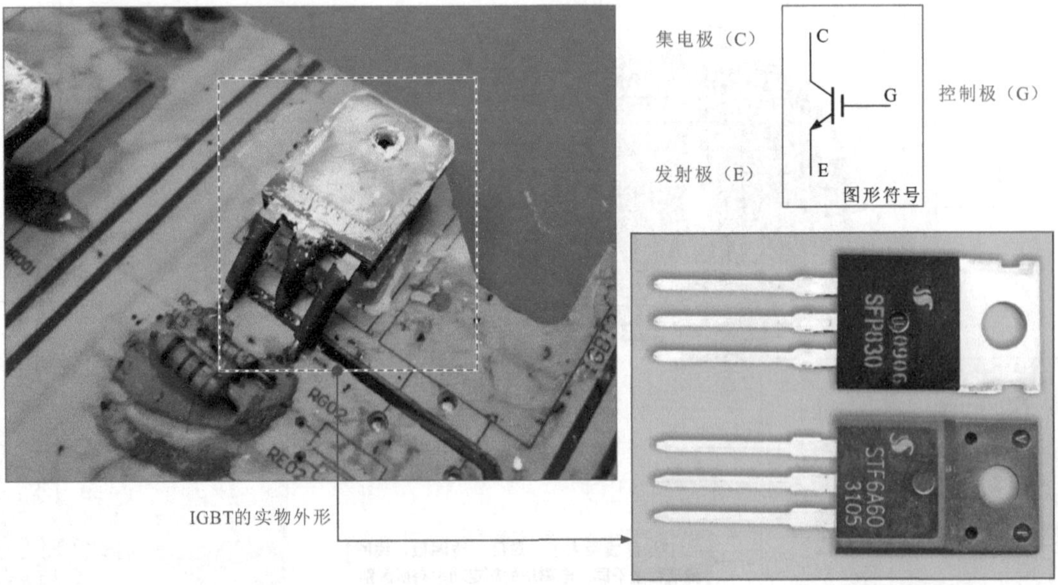

❹ 阻尼二极管

如图4-8所示，阻尼二极管是一种典型的晶体二极管，在电路中主要是为了保护IGBT在高反压的情况下不被击穿，一般也安装在散热片上靠近IGBT的位置。

图4-8 功率输出电路中的阻尼二极管

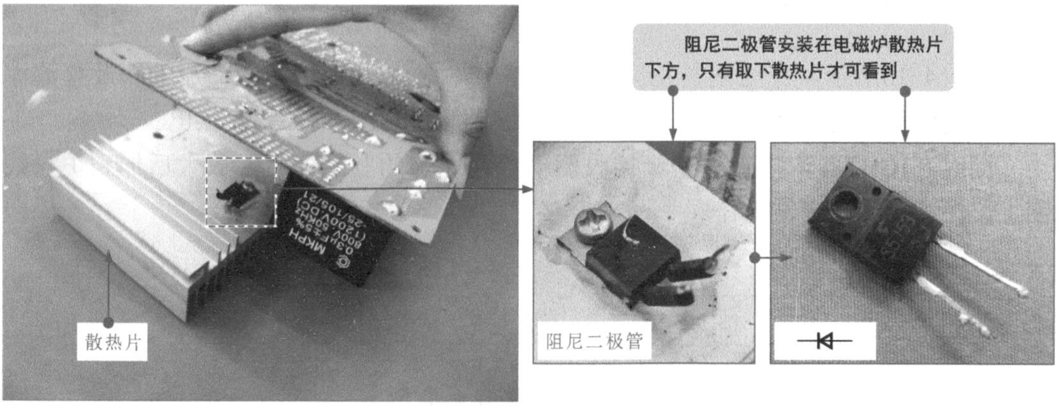
阻尼二极管安装在电磁炉散热片下方，只有取下散热片才可看到
散热片
阻尼二极管

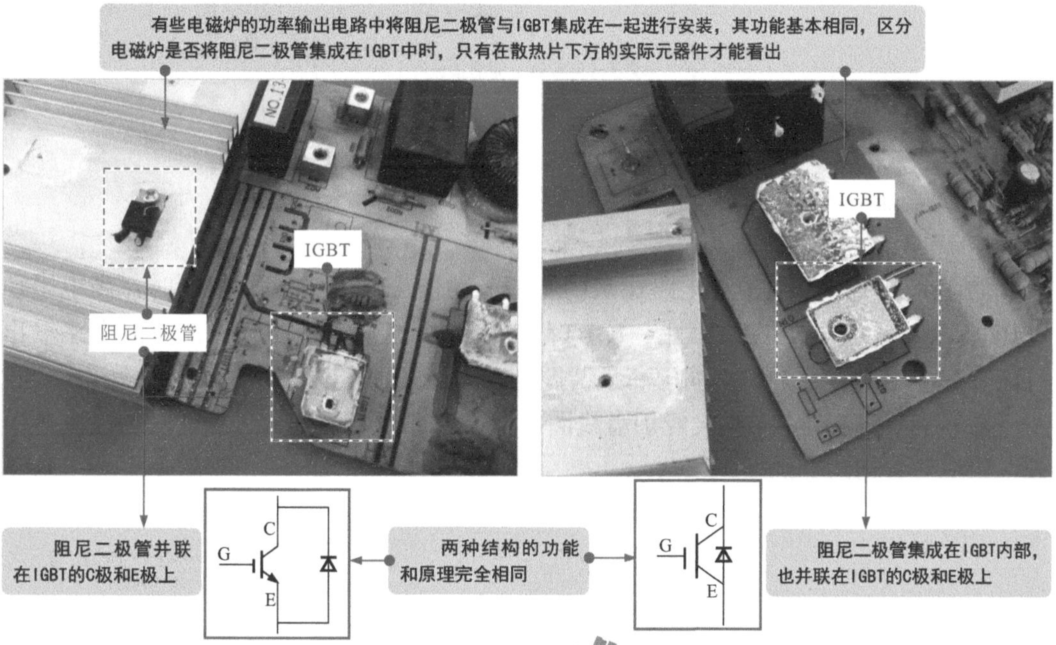
有些电磁炉的功率输出电路中将阻尼二极管与IGBT集成在一起进行安装，其功能基本相同，区分电磁炉是否将阻尼二极管集成在IGBT中时，只有在散热片下方的实际元器件才能看出
IGBT
阻尼二极管
IGBT
阻尼二极管并联在IGBT的C极和E极上
G
C
E
两种结构的功能和原理完全相同
G
C
E
阻尼二极管集成在IGBT内部，也并联在IGBT的C极和E极上

图4-9 阻尼二极管的功能

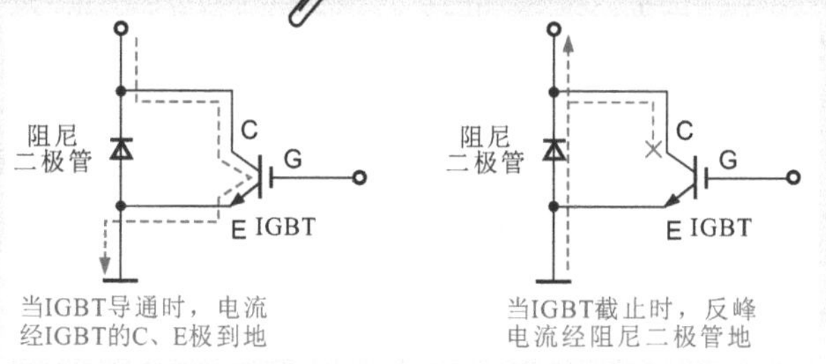

如图4-9所示，阻尼二极管一般并联在IGBT的集电极和发射极之间，用于吸收反峰脉冲。通常，负载为电感性元件的电路中，当IGBT从导通到截止的瞬间会产生反峰脉冲，这种情况都需要并联阻尼二极管进行保护。

4.2 功率输出电路的工作原理

4.2.1 功率输出电路的信号流程

图4-10 功率输出电路的信号流程

如图4-10所示，在电磁炉功率输出电路中，交流220V市电经交流输入及整流滤波电路输出稳定的+300V直流电压，为炉盘线圈和IGBT（门控管）供电。

同时，IGBT（门控管）基极接收驱动电路送来的驱动信号，放大后加到炉盘线圈上，使炉盘线圈正常工作。

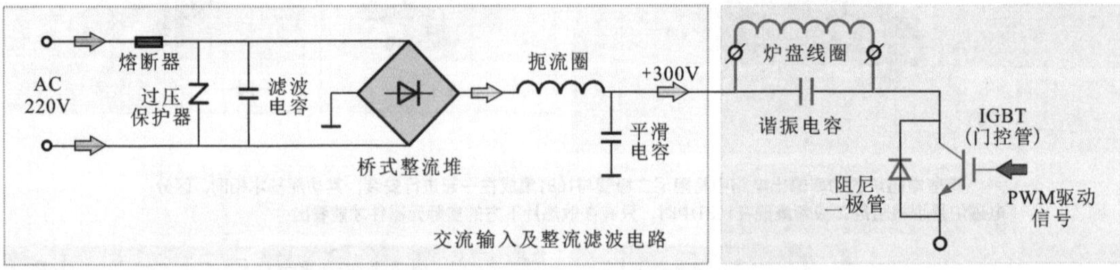

图4-11 功率输出电路的工作原理

如图4-11所示，由驱动电路送来的脉冲驱动信号对IGBT进行控制时，高电平使IGBT导通，低电平使IGBT截止。IGBT截止后，交流输入电路和整流滤波电路输出直流+300 V电压，经炉盘线圈向高频谐振电容C11进行充电。

随后高频谐振电容C11又经炉盘线圈放电；如此反复，形成谐振，释放高频电磁波，实现对食物的加热。

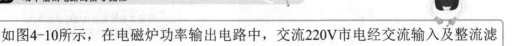

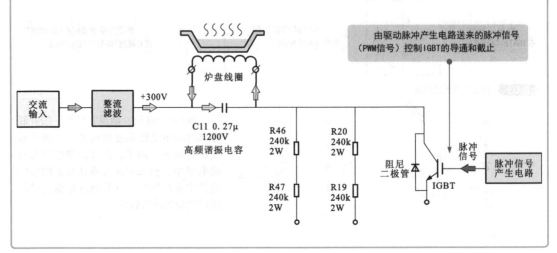

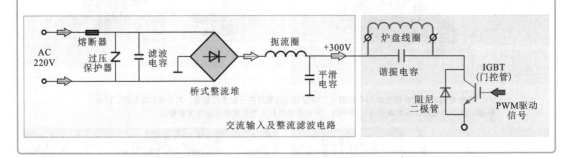

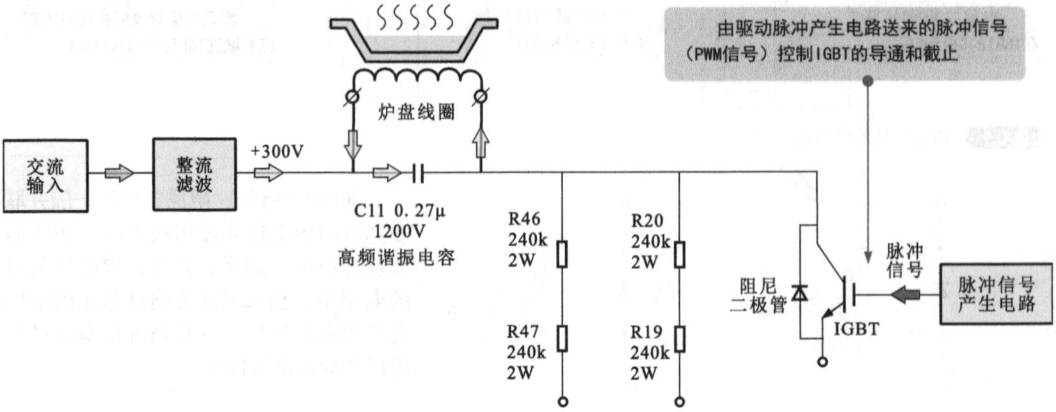

图4-12 功率输出电路的控制原理

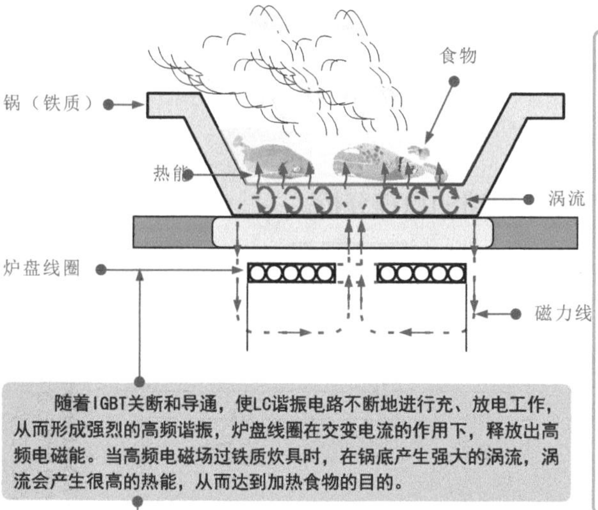
食物
锅（铁质）
热能
涡流
炉盘线圈
磁力线
随着IGBT关断和导通，使LC谐振电路不断地进行充、放电工作，从而形成强烈的高频谐振，炉盘线圈在交变电流的作用下，释放出高频电磁能。当高频电磁场过铁质炊具时，在锅底产生强大的涡流，涡流会产生很高的热能，从而达到加热食物的目的。

如图4-12所示，由脉冲驱动电路送来的PWM信号控制IGBT导通时，经电源供电中交流输入及整流滤波电路送入的DC+300V电压为炉盘线圈进行供电，电能转换为电磁能并存储在炉盘线圈中。

当IGBT受PWM信号控制从导通变为截止时，炉盘线圈向高频谐振电容器充电；当IGBT受PWM信号控制再次导通时，高频谐振电容器进行放电。

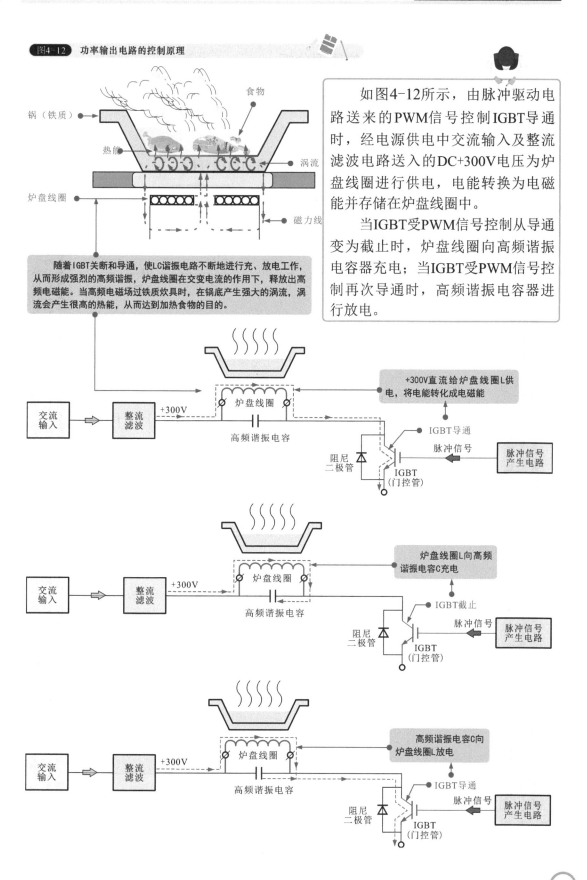

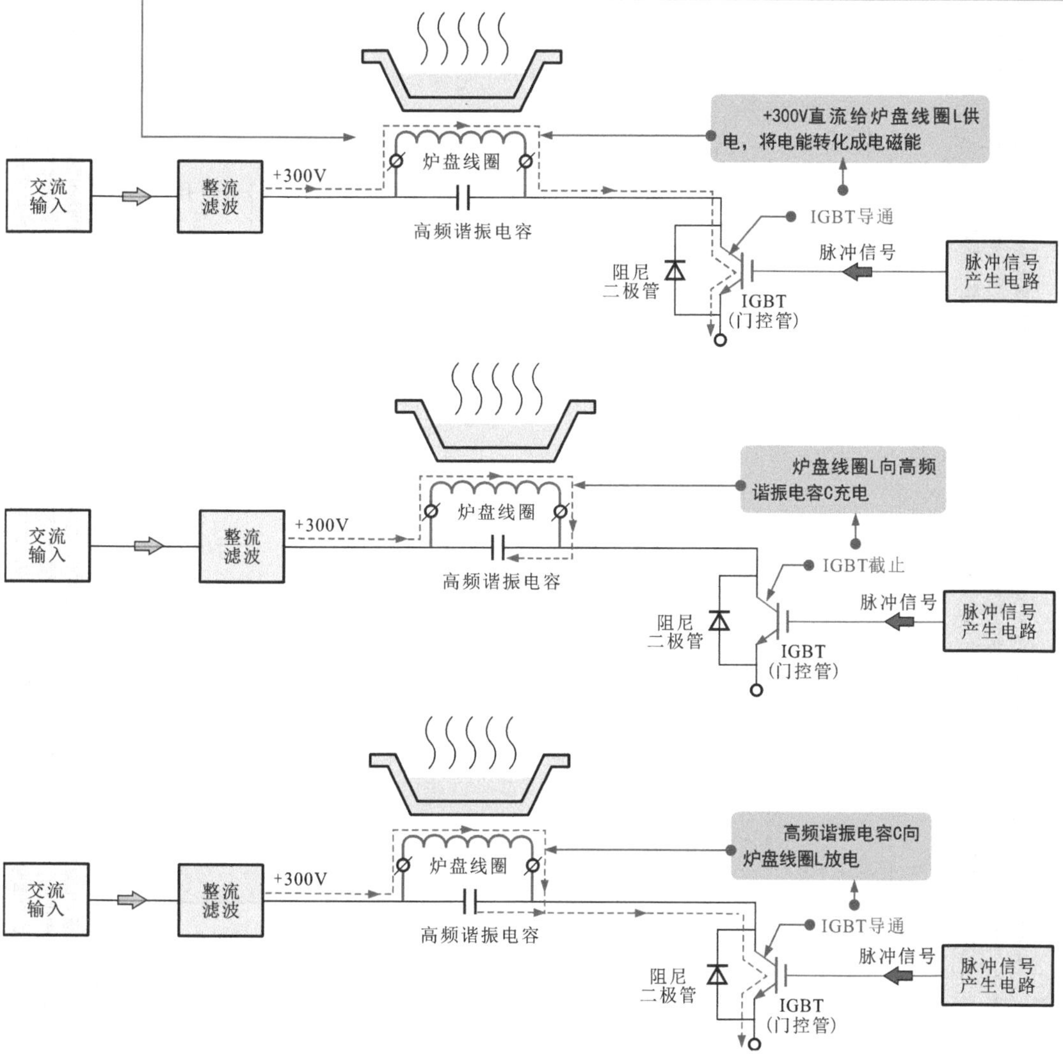
+300V直流给炉盘线圈L供电，将电能转化成电磁能
交流输入
整流滤波
+300V
炉盘线圈
高频谐振电容
IGBT导通
脉冲信号
脉冲信号产生电路
阻尼二极管
IGBT（门控管）
炉盘线圈L向高频谐振电容C充电
交流输入
整流滤波
+300V
炉盘线圈
高频谐振电容
IGBT截止
脉冲信号
脉冲信号产生电路
阻尼二极管
IGBT（门控管）
高频谐振电容C向炉盘线圈L放电
交流输入
整流滤波
+300V
炉盘线圈
高频谐振电容
IGBT导通
脉冲信号
脉冲信号产生电路
阻尼二极管
IGBT（门控管）

4.2.2 实用功率输出电路的原理分析

① 美的PF16A型电磁炉功率输出电路的原理分析

图4-13 美的PF16A型电磁炉功率输出电路的原理分析

图4-13为美的PF16A型电磁炉功率输出电路的原理分析。

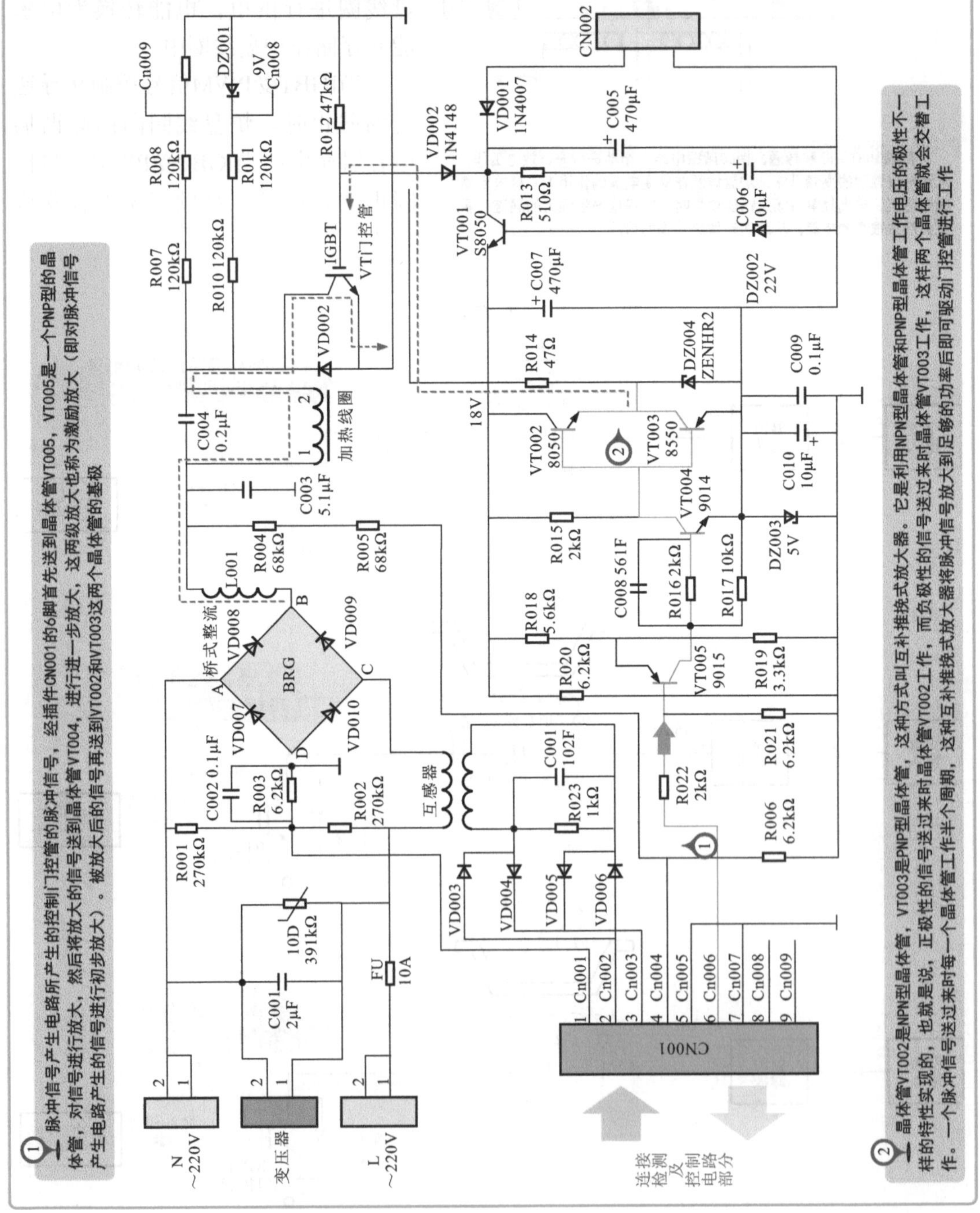
①脉冲信号产生电路所产生的控制门控管的脉冲信号，经插件CN001的6脚首先送到晶体管VT005，VT005是一个PNP型的晶体管，对信号进行放大，然后将放大的信号送到晶体管VT004，进行进一步放大，这两级放大也称为激励放大（即对脉冲信号产生电路产生的信号进行初步放大）。被放大后的信号再送到VT002和VT003这两个晶体管的基极
②晶体管VT002是NPN型晶体管，VT003是PNP型晶体管，这种方式叫互补推挽式放大器。它是利用NPN型晶体管和PNP型晶体管工作电压的极性不一样的特性实现的，也就是说，正极性的信号送过来时晶体管VT002工作，而负极性的信号送过来时晶体管VT003工作，这样两个晶体管就会交替工作。一个脉冲信号送过来时每一个晶体管工作半个周期，这种互补推挽式放大器将脉冲信号放大到足够的功率后即可驱动门控管进行工作
N ~220V
变压器
L ~220V
连接检测及控制电路部分
CN001
CN002
桥式整流
BRG
加热线圈
互感器
IGBT VT门控管
18V

② 奔腾BT1-PC22N-A系列电磁炉功率输出电路的原理分析

图4-14 奔腾BT1-PC22N-A系列电磁炉功率输出电路的原理分析

图4-14为奔腾BT1-PC22N-A系列电磁炉功率输出电路的原理分析。

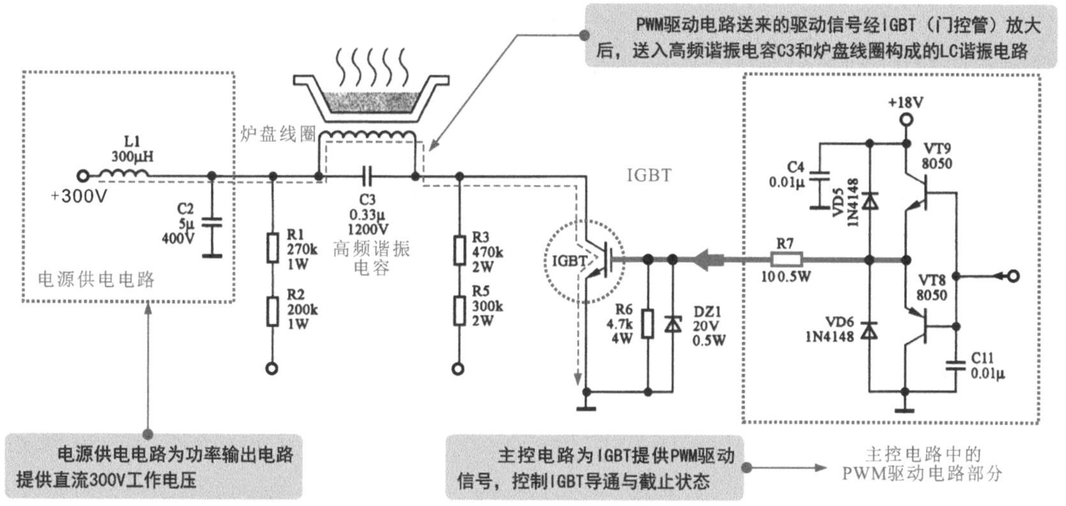

③ 格兰仕C16A型电磁炉功率输出电路的原理分析

图4-15 格兰仕C16A型电磁炉功率输出电路的原理分析

图4-15为格兰仕C16A型电磁炉功率输出电路的原理分析。

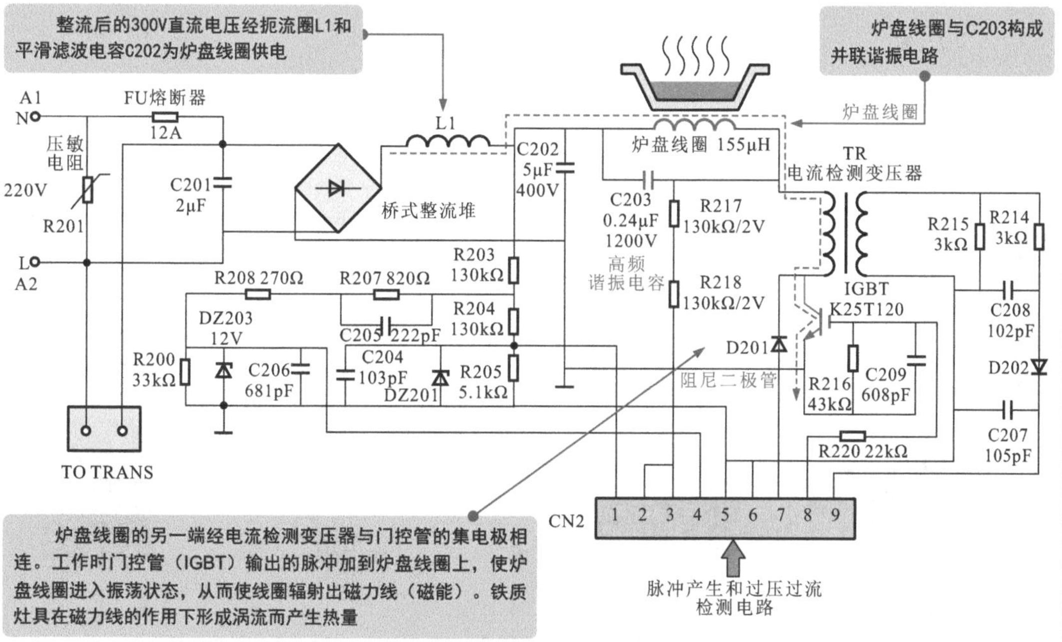

4.3 功率输出电路的故障检修

4.3.1 功率输出电路的检修分析

功率输出电路是电磁炉实现加热食物功能的关键电路。功率输出电路出现故障时，会引起电磁炉通电跳闸、不加热、烧熔断器、无法开机等现象。对功率输出电路进行检修时，可依据具体的故障表现分析产生故障的原因，并根据功率输出电路的控制关系，按功率输出电路的信号流程，分析产生故障的原因，找出基本的检修要点，根据检修要点对电路进行检测和排查，最终排除故障。

图4-16 功率输出电路的检修分析

如图4-16所示，对电源电路进行检修时，可依据具体的故障表现分析出产生故障的原因。然后根据功率输出电路的信号流程，对可能产生故障的相关部件逐一进行排查。如炉盘线圈、高频谐振电容、IGBT、阻尼二极管（即检测部件），找出损坏元器件，修复和替换后排除故障。

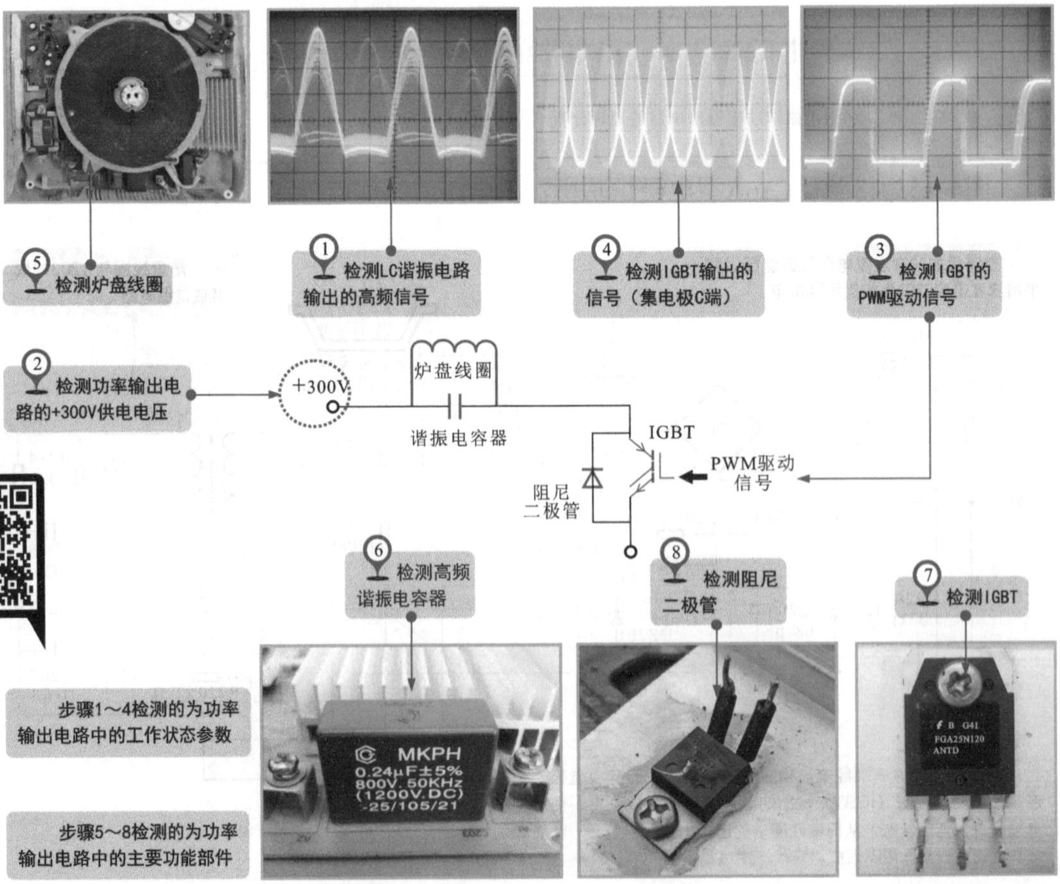

⑤ 检测炉盘线圈
① 检测LC谐振电路输出的高频信号
④ 检测IGBT输出的信号（集电极C端）
③ 检测IGBT的PWM驱动信号
② 检测功率输出电路的+300V供电电压
+300V
炉盘线圈
谐振电容器
IGBT
PWM驱动信号
阻尼二极管
⑥ 检测高频谐振电容器
⑧ 检测阻尼二极管
⑦ 检测IGBT
步骤1～4检测的为功率输出电路中的工作状态参数
步骤5～8检测的为功率输出电路中的主要功能部件
MKPH
0.24μF±5%
800V. 50KHz
(1200V.DC)
-25/105/21
FGA25N120
ANTD

4.3.2 功率输出电路的检修方法

❶ LC谐振电路输出高频信号的检测方法

图4-17为LC谐振电路输出高频信号的检测方法。LC谐振电路产生的高频信号是使电磁炉能够正常工作的关键信号。若该信号正常，则功率输出电路工作正常；若无该信号，则说明功率输出电路工作失常，可能为电路未进入工作状态或电路损坏，可进一步检测其电路中的其他信号。一般采用示波器感应法检测LC谐振电路是否正常工作。

图4-17 LC谐振电路输出高频信号的检测方法

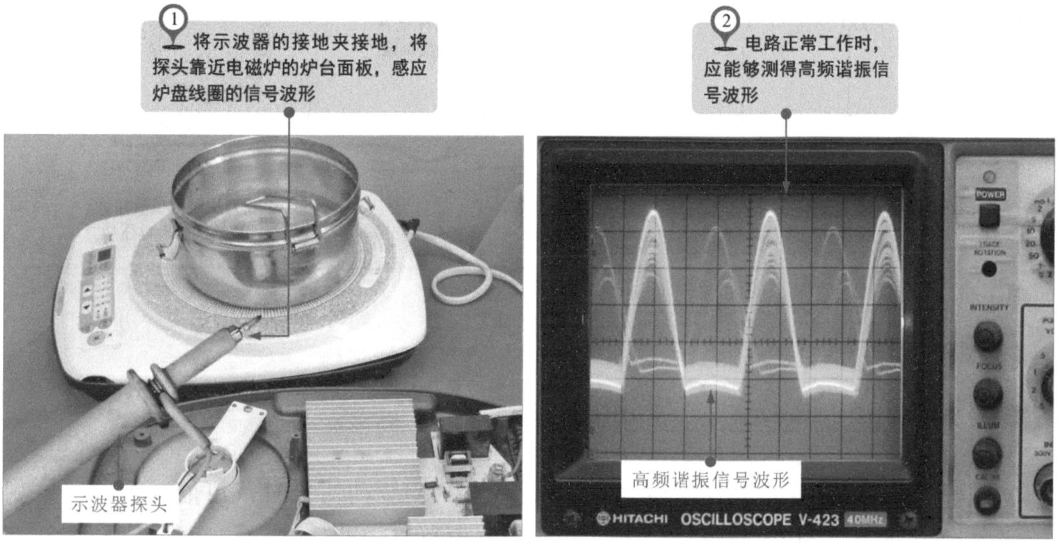

① 将示波器的接地夹接地，将探头靠近电磁炉的炉台面板，感应炉盘线圈的信号波形
② 电路正常工作时，应能够测得高频谐振信号波形
示波器探头
高频谐振信号波形
HITACHI OSCILLOSCOPE V-423 40MHz
POWER

图4-18 隔离变压器的使用特点

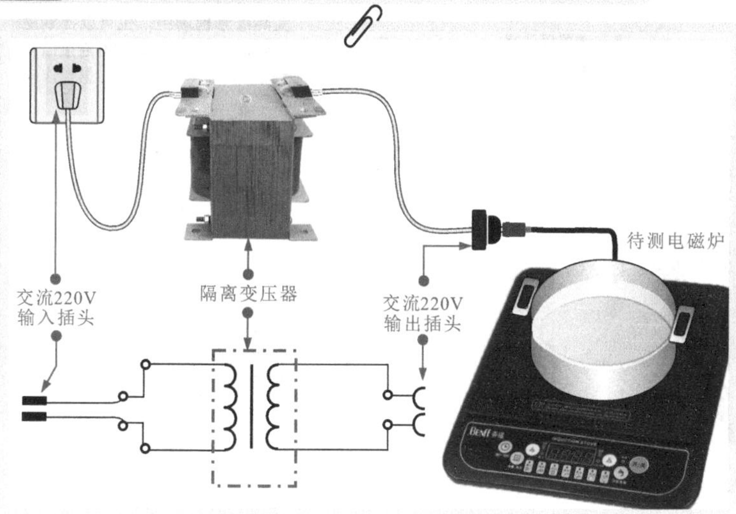

待测电磁炉
交流220V
输入插头
隔离变压器
交流220V
输出插头

如图4-18所示，电磁炉电路中的高压电路、功率输出电路以及控制电路都与电网直接连接，电路中很多部分都有可能带市电高压。因此，在使用仪器、仪表检测时，一般使用隔离变压器将电磁炉与交流电源隔离，以免造成维修人员触电或仪表损坏。

❷ 功率输出电路+300V供电电压的检测方法

图4-19 功率输出电路+300V供电电压的检测方法

图4-19为功率输出电路+300V供电电压的检测方法。功率输出电路出现故障时，应先对该电路中的供电电压进行检测。

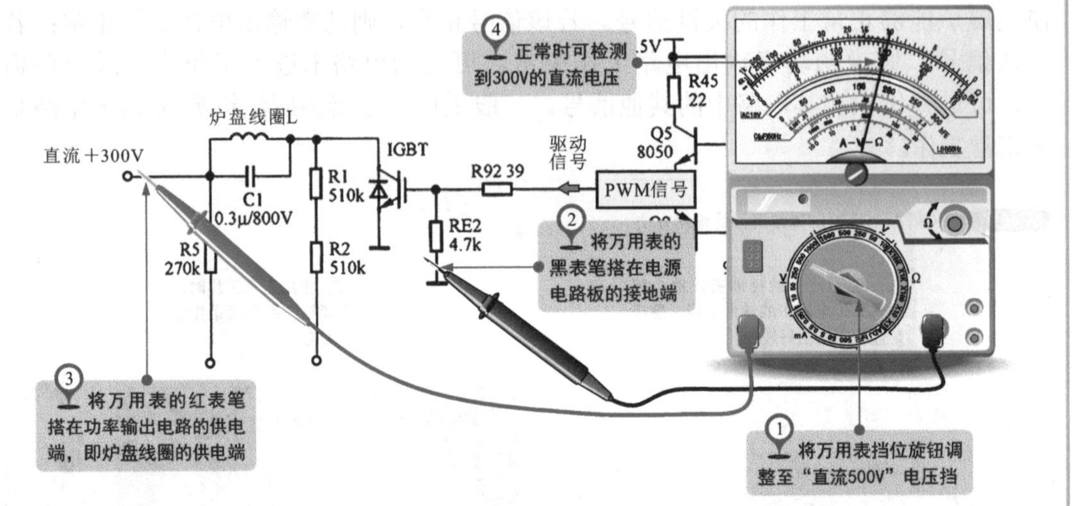

❸ PWM驱动信号的检测方法

图4-20 PWM驱动信号的检测方法

图4-20为PWM驱动信号的检测方法。检测PWM驱动信号时，可借助示波器检测前级主控电路送出的PWM驱动信号，也可在IGBT的G极进行检测，若该信号正常，说明主控电路部分工作正常；若无PWM驱动信号，应对主控电路部分进行检测。

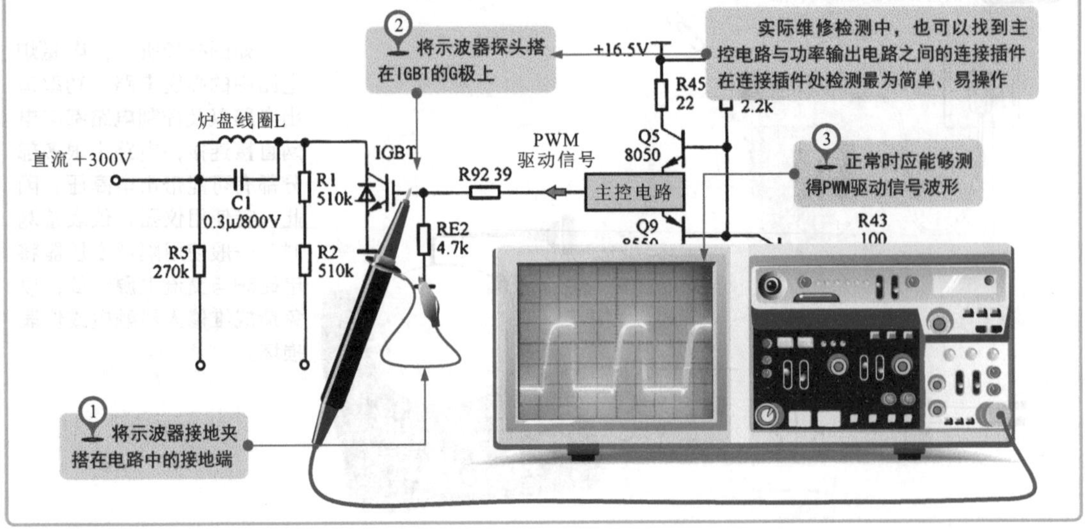

4 IGBT输出信号的检测方法

图4-21为IGBT输出信号的检测方法。若功率输出电路中PWM驱动信号、供电电压均正常的情况下，故障依然存在，则需要对IGBT输出的信号波形进行检测。

图4-21 IGBT输出信号的检测方法

① 将示波器探头靠近IGBT所在的散热片

② 正常情况下，应可以感应出IGBT输出的信号波形

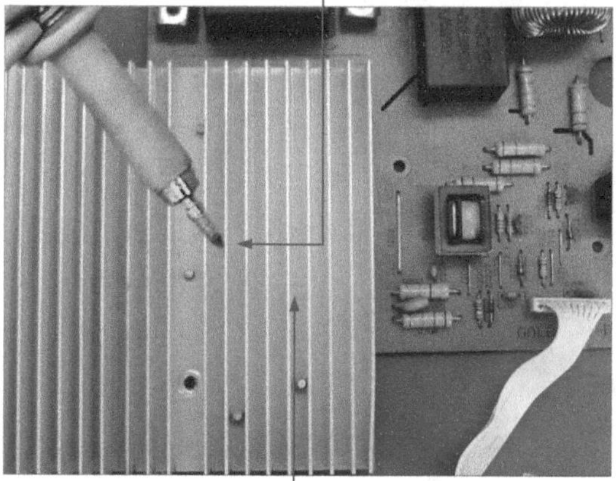

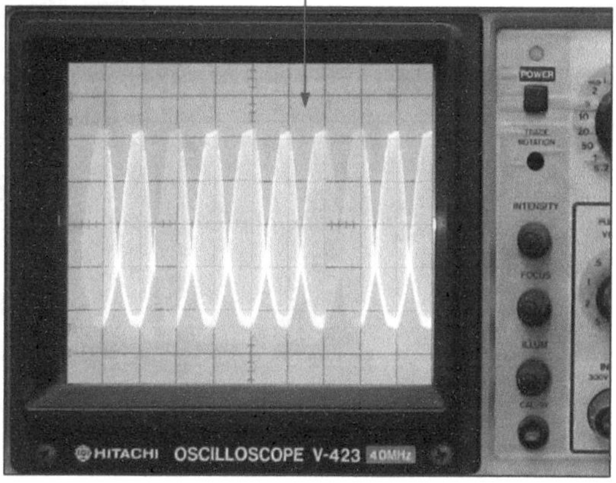

对功率输出电路中IGBT输出的信号波形进行检测时，由于IGBT输出信号的幅度比较高，而且与交流火线有隔离，不能用示波器直接检测，通常采用非接触式的感应法

5 炉盘线圈的检测与代换方法

图4-22为采用阻值检测法检测炉盘线圈的操作演示。怀疑炉盘线圈异常时，可借助万用表测炉盘线圈阻值法，判断炉盘线圈是否损坏。

图4-22 炉盘线圈的检测方法（阻值检测法）

① 将万用表的红、黑表笔搭在炉盘线圈的引脚上

② 正常情况下测得炉盘线圈的电阻值接近0Ω

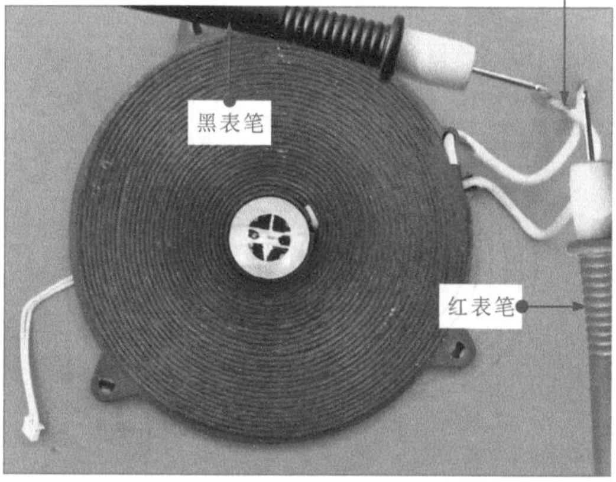

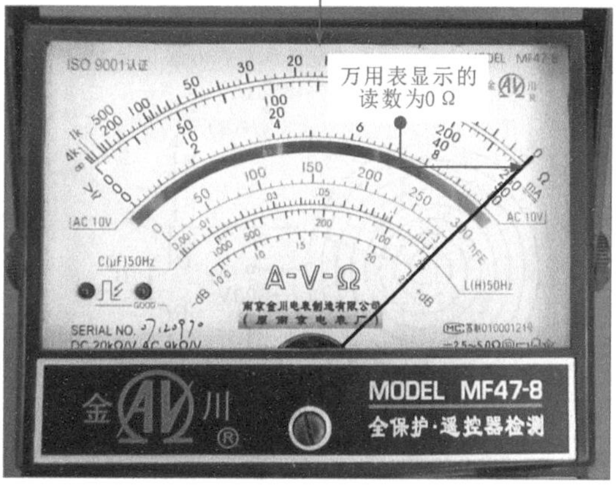

图4-23 炉盘线圈的检测方法（电感量检测法）

图4-23为采用数字万用表检测炉盘线圈电感量的操作方法。目前，电磁炉炉盘线圈的电感量主要有137μH、140μH、175μH、210μH等几种规格。

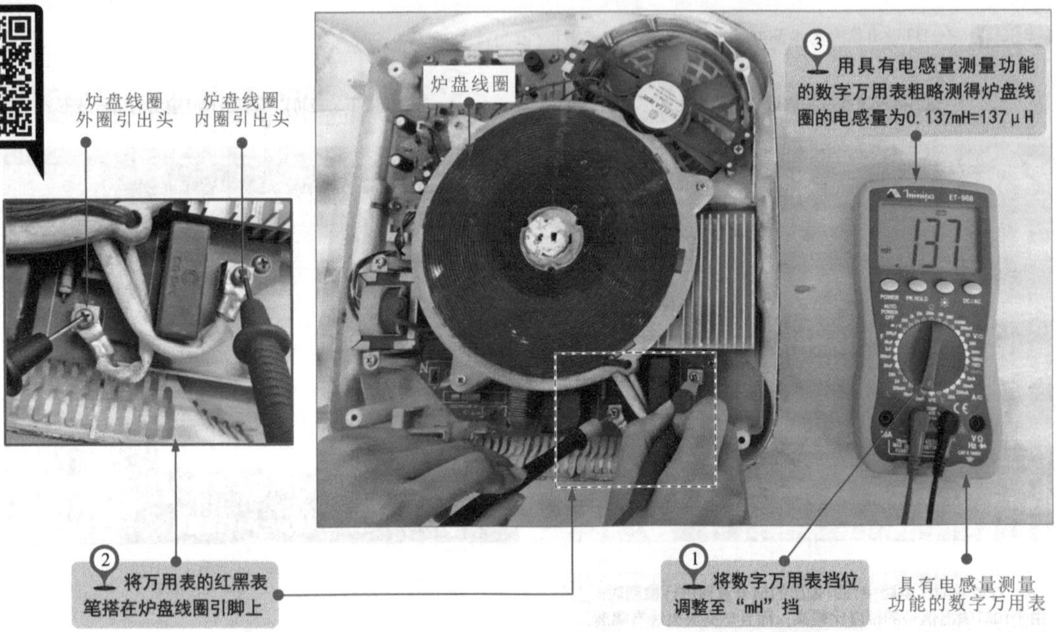
炉盘线圈
外圈引出头
炉盘线圈
内圈引出头
炉盘线圈
③ 用具有电感量测量功能的数字万用表粗略测得炉盘线圈的电感量为0.137mH=137μH
② 将万用表的红黑表笔搭在炉盘线圈引脚上
① 将数字万用表挡位调整至“mH”挡
具有电感量测量功能的数字万用表

若发现炉盘线圈损坏，需要将损坏的炉盘线圈拆卸后用同规格炉盘线圈替换。在维修实践中，炉盘线圈损坏的几率很小，但需要注意的是炉盘线圈背部的磁条部分可能外接因素影响出现裂痕或损坏，若磁条存在漏电短路情况，将无法修复，只能将其连同炉盘线圈整体更换。

图4-24 炉盘线圈的连接方式

图4-24为电磁炉炉盘线圈的连接方式。多数机型炉盘线圈引出头接法要求不严，但有些机型对炉盘线圈引出头接法要求严格，如接反会有不检锅或电流大故障，甚至损坏1GBT，因此代换时要做好标记并按原连接方式进行连接。

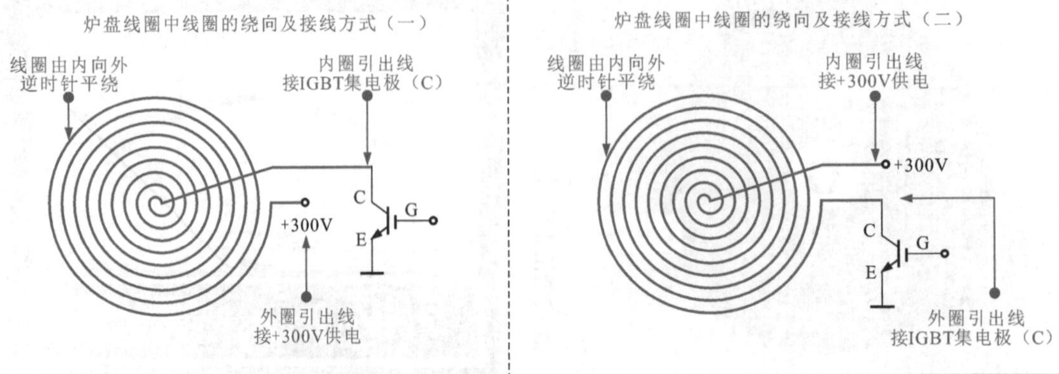
炉盘线圈中线圈的绕向及接线方式（一）
线圈由内向外
逆时针平绕
内圈引出线
接IGBT集电极（C）
C
G
E
+300V
外圈引出线
接+300V供电
炉盘线圈中线圈的绕向及接线方式（二）
线圈由内向外
逆时针平绕
内圈引出线
接+300V供电
+300V
C
G
E
外圈引出线
接IGBT集电极（C）

⑥ 高频谐振电容器的检测与代换方法

图4-25为采用阻值检测法检测高频谐振电容器的操作演示。高频谐振电容器与炉盘线圈构成LC谐振电路。若谐振电容器损坏，则电磁炉无法形成振荡回路。因此，当谐振电容器损坏时，电磁炉会出现加热功率低、不加热、击穿IGBT等故障。

图4-25 高频谐振电容器的检测方法（阻值检测法）

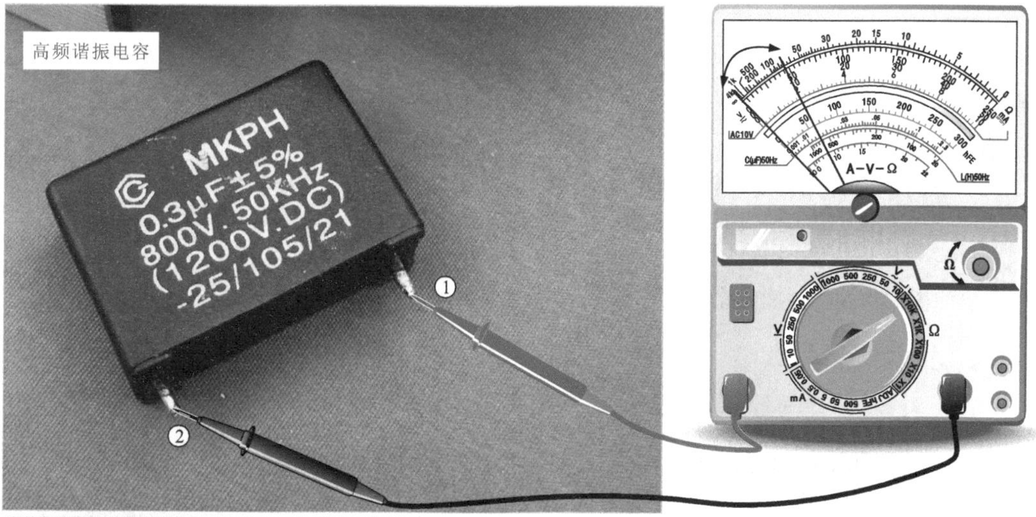

正常情况下，黑表笔接高频谐振电容的1脚，红表笔接2脚，测得的阻值为700 kΩ～∞

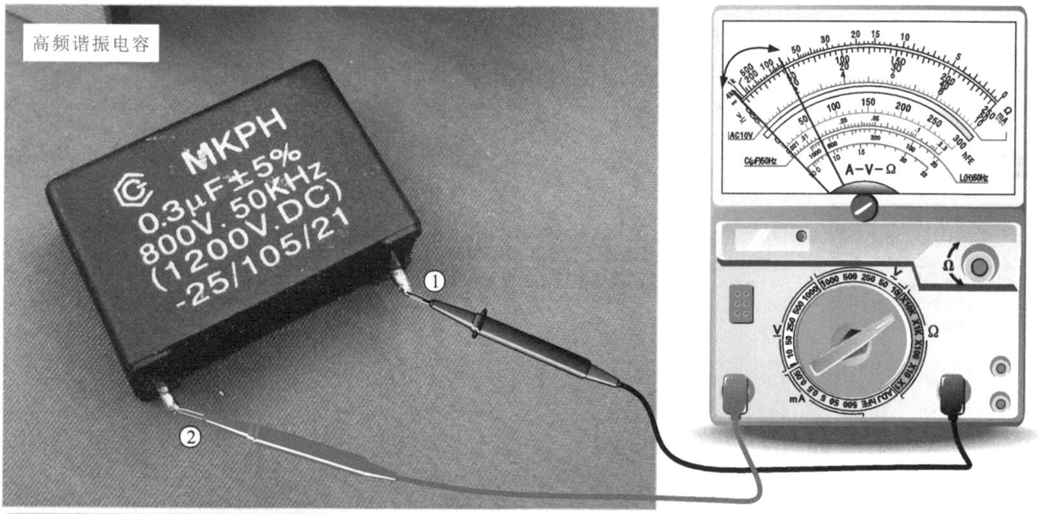

对换表笔，其阻值也为700 kΩ～∞。若检测时发现，某一测量结果不正常，则说明高频谐振电容本身不正常

高频谐振电路与炉盘线圈并联，并长期工作在高压区，该电容为无极性电容器，在路检测时，外围电路的干扰有很大的影响，一般采用开路检测。

一旦发现高频谐振电容损坏，需要选择同型号的高频谐振电容代换。

图4-26为采用电容检测法检测高频谐振电容器的操作演示。使用数字万用表的电容量测量挡检测其电容量，将实测电容量值与标称值相比较来判断好坏。

图4-26 高频谐振电容器的检测方法（电容检测法）

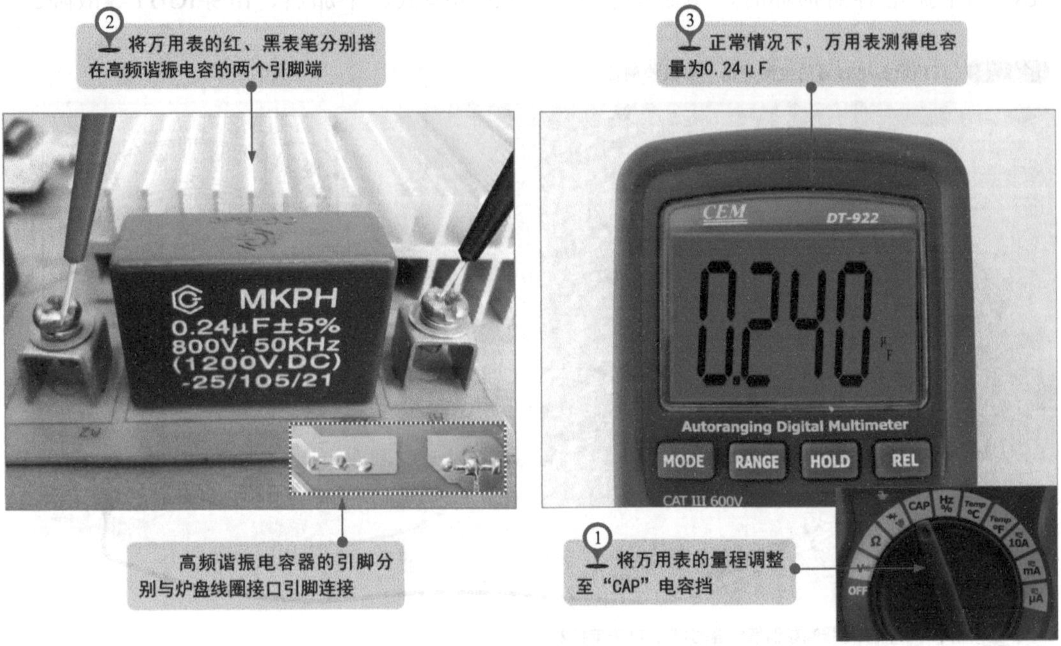
② 将万用表的红、黑表笔分别搭在高频谐振电容的两个引脚端
MKPH
0.24μF±5%
800V. 50KHz
(1200V.DC)
-25/105/21
高频谐振电容器的引脚分别与炉盘线圈接口引脚连接
③ 正常情况下，万用表测得电容量为0.24μF
CEM
DT-922
0.240
Autoranging Digital Multimeter
MODE
RANGE
HOLD
REL
CAT III 600V
① 将万用表的量程调整至“CAP”电容挡
CAP
OFF

图4-27为高频谐振电容器的拆卸代换方法。使用电烙铁将损坏的高频谐振电容器的引脚焊开后取下，然后更换已知良好的同规格高频谐振电容器即可。

图4-27 高频谐振电容器的代换方法

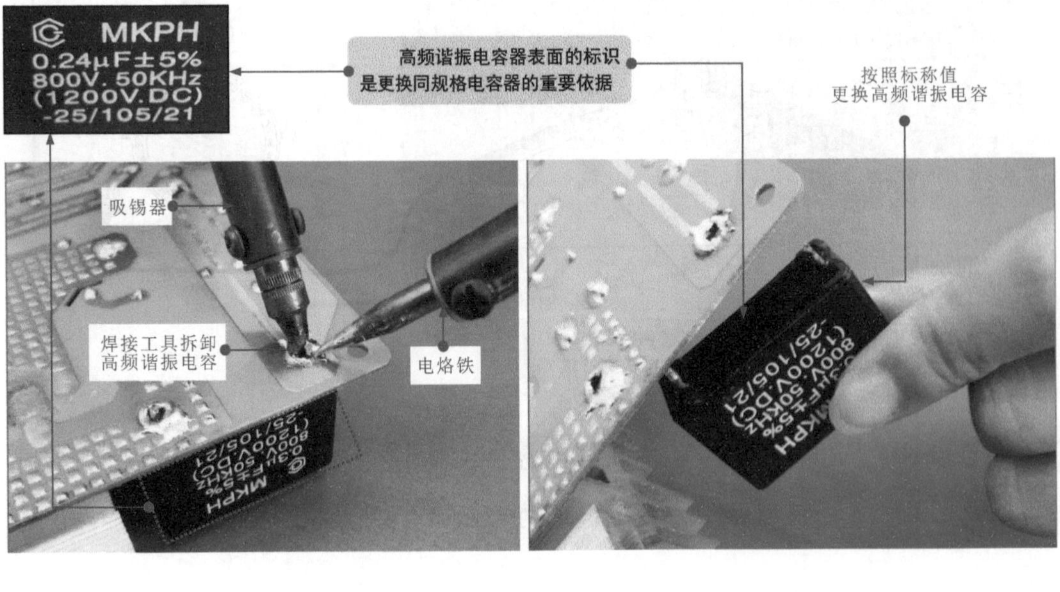
MKPH
0.24μF±5%
800V. 50KHz
(1200V.DC)
-25/105/21
高频谐振电容器表面的标识是更换同规格电容器的重要依据
按照标称值更换高频谐振电容
吸锡器
焊接工具拆卸高频谐振电容
电烙铁

❼ IGBT（门控管）的检测方法

图4-28为IGBT（门控管）阻值检测的操作方法。正常情况下，IGBT在路检测时，集电极与控制极之间的正向阻值为3kΩ左右，反向阻值为无穷大；发射极与控制极之间的正、反向阻值为40kΩ左右，若实际检测时，发现检测结果有很大差异，则说明该IGBT本身损坏。

图4-28 IGBT（门控管）阻值检测的操作方法

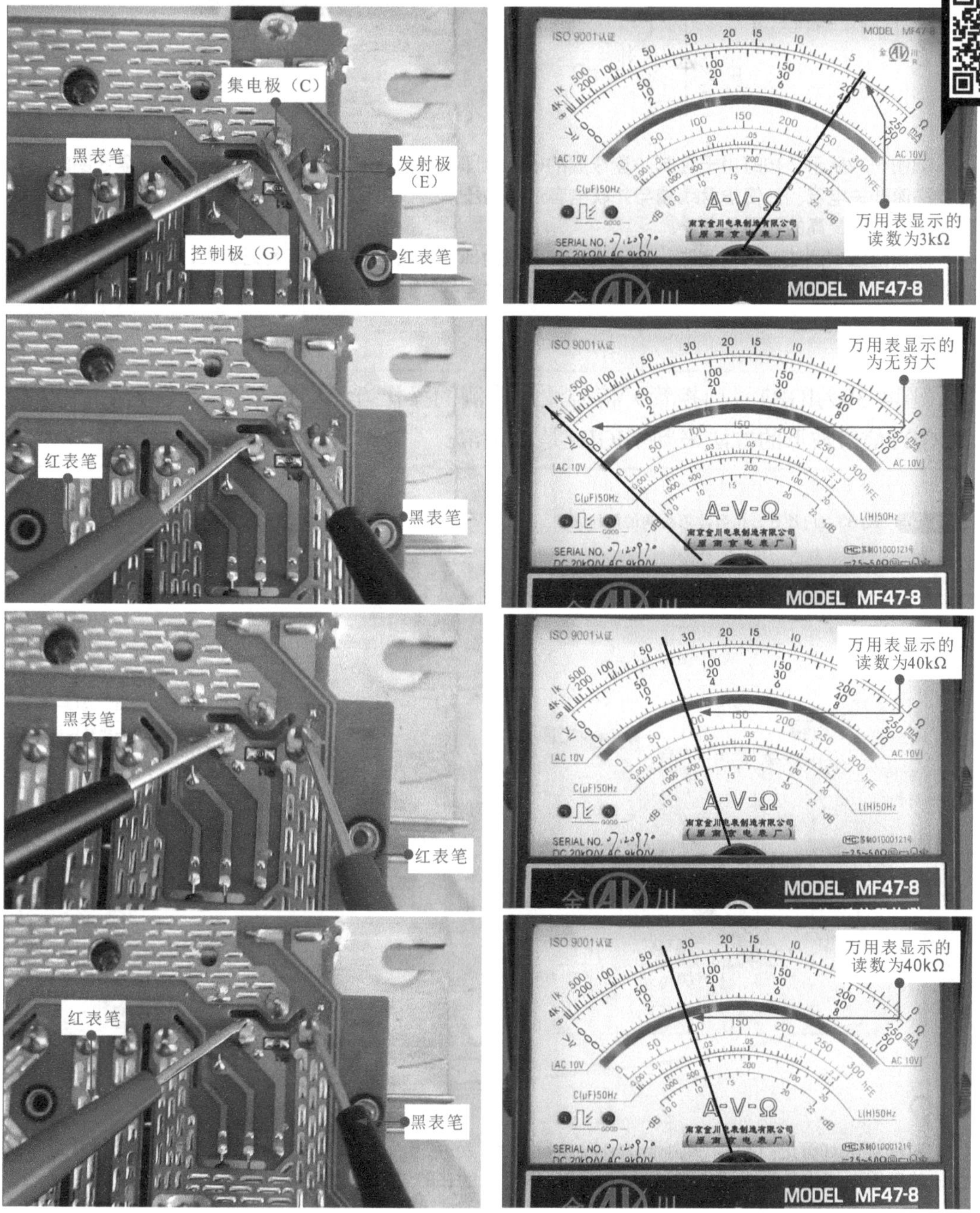

图4-29 IGBT（门控管）的引脚对应关系

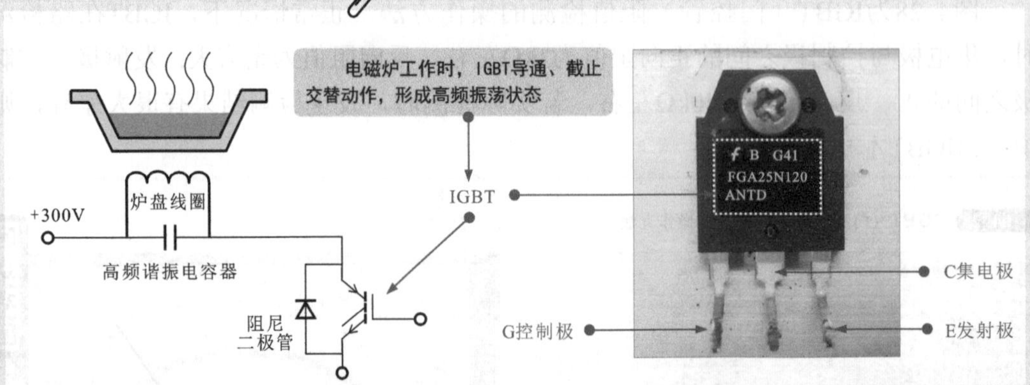
电磁炉工作时，IGBT导通、截止交替动作，形成高频振荡状态
+300V
炉盘线圈
高频谐振电容器
IGBT
阻尼二极管
B G41
FGA25N120
ANTD
C集电极
G控制极
E发射极

如图4-29所示，IGBT用于控制炉盘线圈的电流，即在高频脉冲信号的驱动下使流过炉盘线圈的电流形成高速开关电流，并使炉盘线圈与并联电容形成高压谐振。也正是其工作环境特性，使得IGBT成为电磁炉中损坏率最高的元器件之一。

采用阻值检测法在路检测时，集电极正向阻值为3kΩ左右，反向阻值为无穷大，发射极正、反向阻值为40Ω左右，若实际检测时，发现检测结构有很大差异，则说明该IGBT本身损坏。

图4-30为IGBT（门控管）信号波形检测的操作方法。可采用示波器探头感应检测IGBT信号波形的方法来判别IGBT是否正常。

图4-30 IGBT（门控管）信号波形检测的操作方法

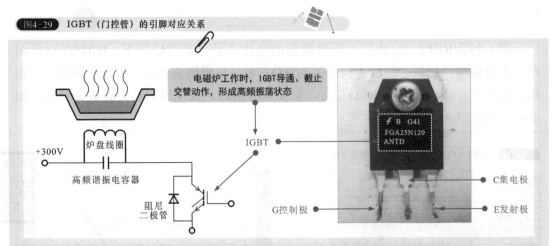

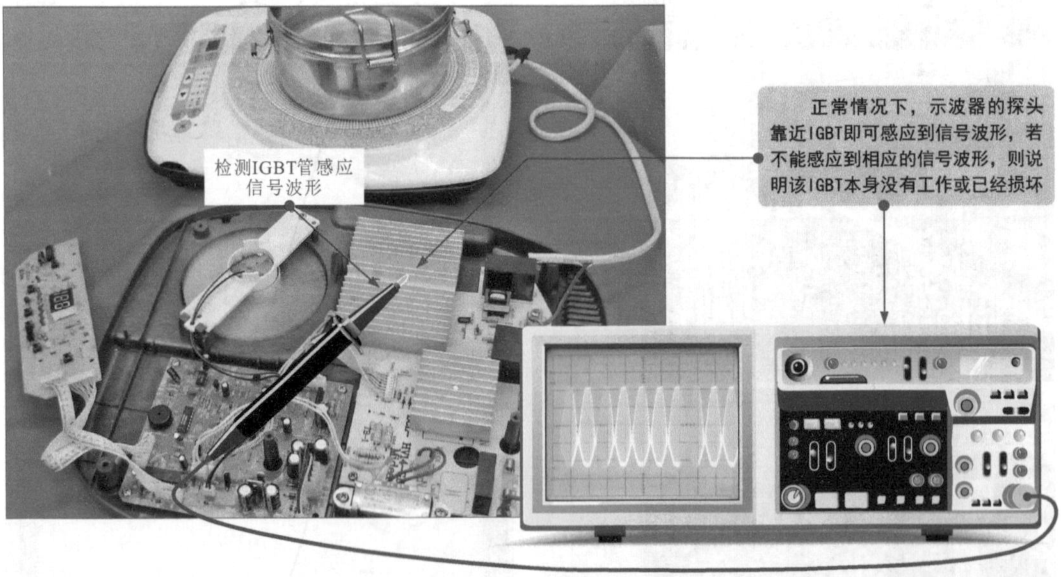
检测IGBT管感应信号波形
正常情况下，示波器的探头靠近IGBT即可感应到信号波形，若不能感应到相应的信号波形，则说明该IGBT本身没有工作或已经损坏

对损坏的IGBT进行更换，由于IGBT散热量很大，一般与散热片安装在一起，首先将散热片进行拆卸，然后用电烙铁和吸锡器将IGBT拆下，选择同型号的IGBT进行焊接即可。

8 阻尼二极管的检测与代换方法

图4-31为阻尼二极管检测的操作方法。

图4-31 阻尼二极管的检测方法

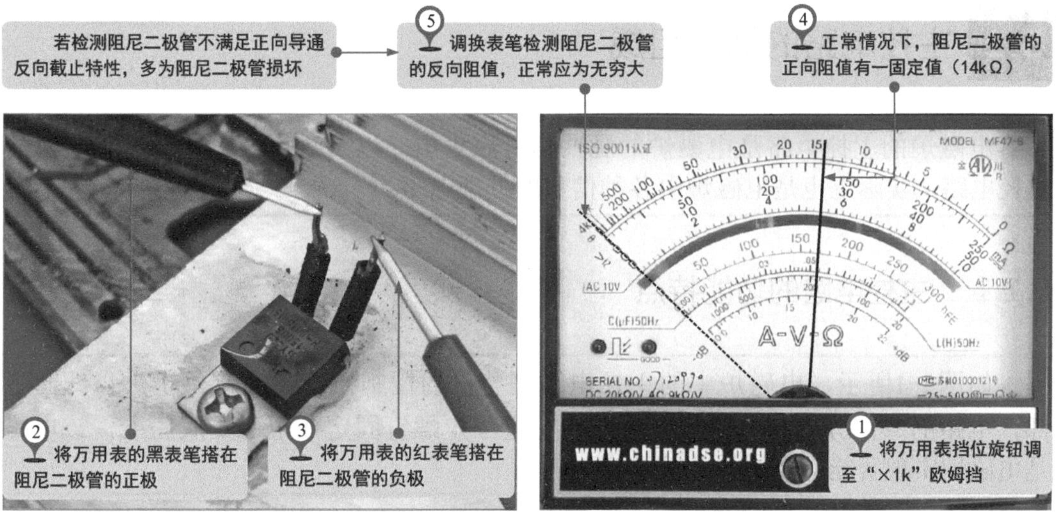

若检测阻尼二极管不满足正向导通反向截止特性，多为阻尼二极管损坏
5 调换表笔检测阻尼二极管的反向阻值，正常应为无穷大
4 正常情况下，阻尼二极管的正向阻值有一固定值（14kΩ）
2 将万用表的黑表笔搭在阻尼二极管的正极
3 将万用表的红表笔搭在阻尼二极管的负极
1 将万用表挡位旋钮调至“×1k”欧姆挡
www.chinadse.org

图4-32为阻尼二极管的代换方法。

图4-32 阻尼二极管的代换方法

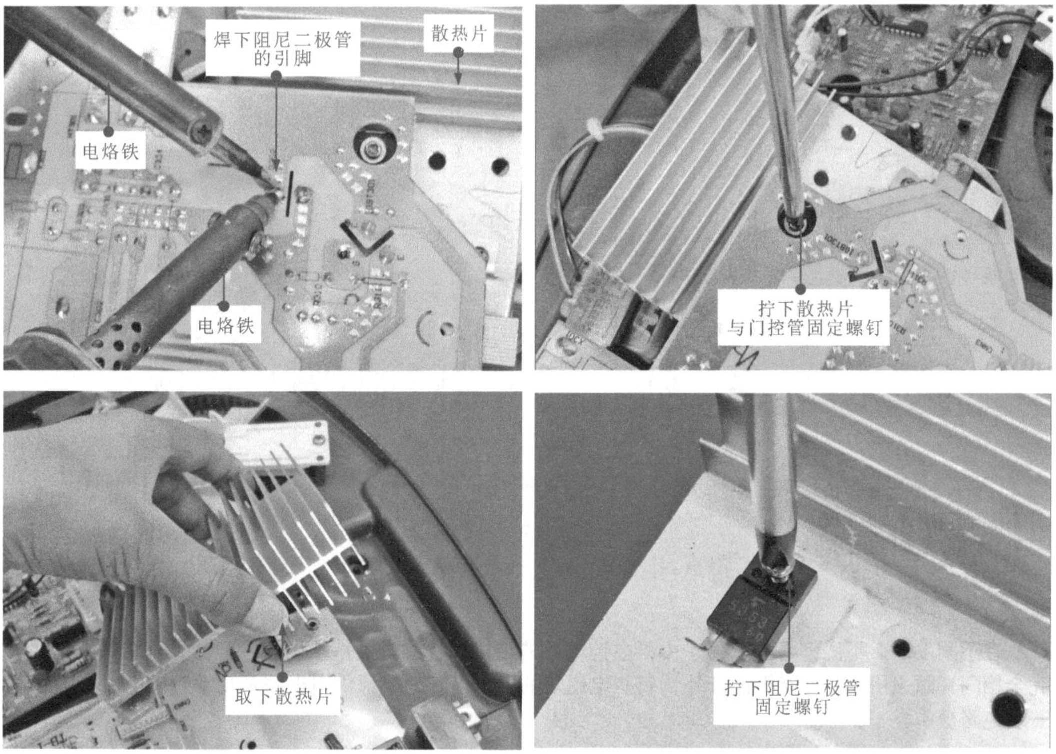

焊下阻尼二极管的引脚
散热片
电烙铁
电烙铁
拧下散热片与门控管固定螺钉
取下散热片
拧下阻尼二极管固定螺钉

第5章
电磁炉主控电路的故障检修

5.1 主控电路的结构组成

电磁炉的主控电路是电磁炉的脉冲信号产生电路以及过压、过流和过热检测的主控电路，实际上也是电磁炉中各种信号的处理电路。

5.1.1 主控电路的功能特点

如图5-1所示，电磁炉中的主控电路是整机的控制核心，通常位于炉盘线圈下部，电路的一部分受到炉盘线圈遮挡，通过固定螺钉固定在电磁炉底座上，该电路是电磁炉实现智能化控制的关键电路。

图5-1 主控电路的基本特征

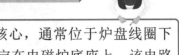

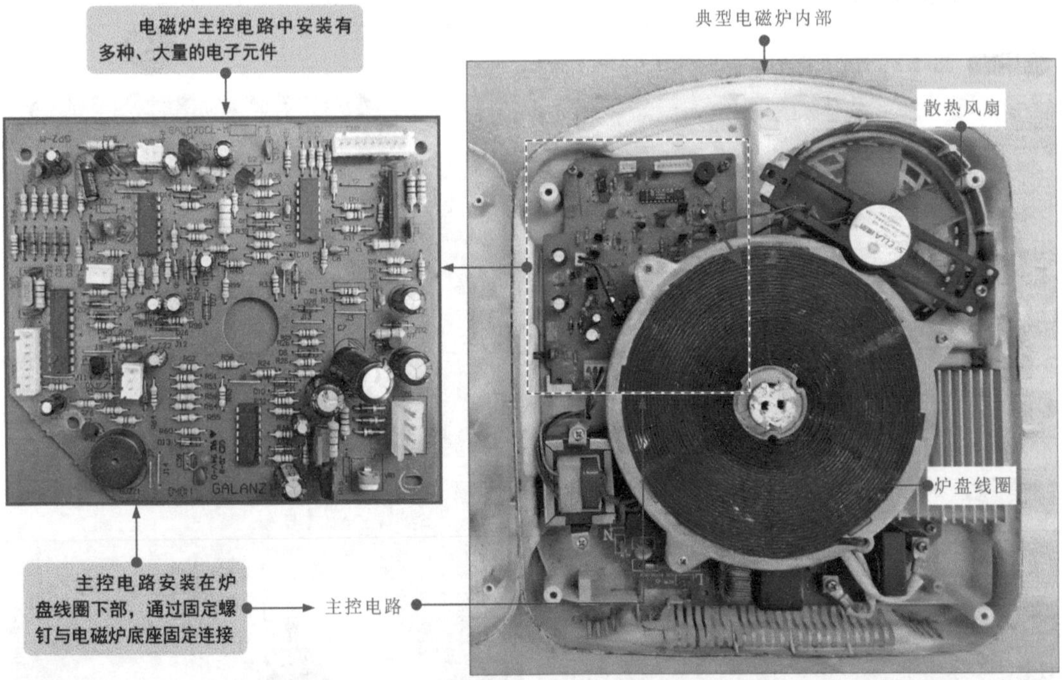

电磁炉主控电路中安装有多种、大量的电子元件
典型电磁炉内部
散热风扇
炉盘线圈
主控电路安装在炉盘线圈下部，通过固定螺钉与电磁炉底座固定连接
主控电路
GALANZ

在不同品牌、不同型号的电磁炉中，主控电路的结构和安装位置基本相同，但具体到结构细节并不完全相同。除采用独立电路板设计外，有些电磁炉的主控电路与电源供电电路及功率输出电路安装在同一块电路板中。

如图5-2所示，主控电路是整个电磁炉的核心控制电路。它实际上是由各种不同功能的检测及保护电路构成，这些功能电路在微处理器的控制下，协调配合完成正常工作。

图5-2 功率输出电路的功能特点

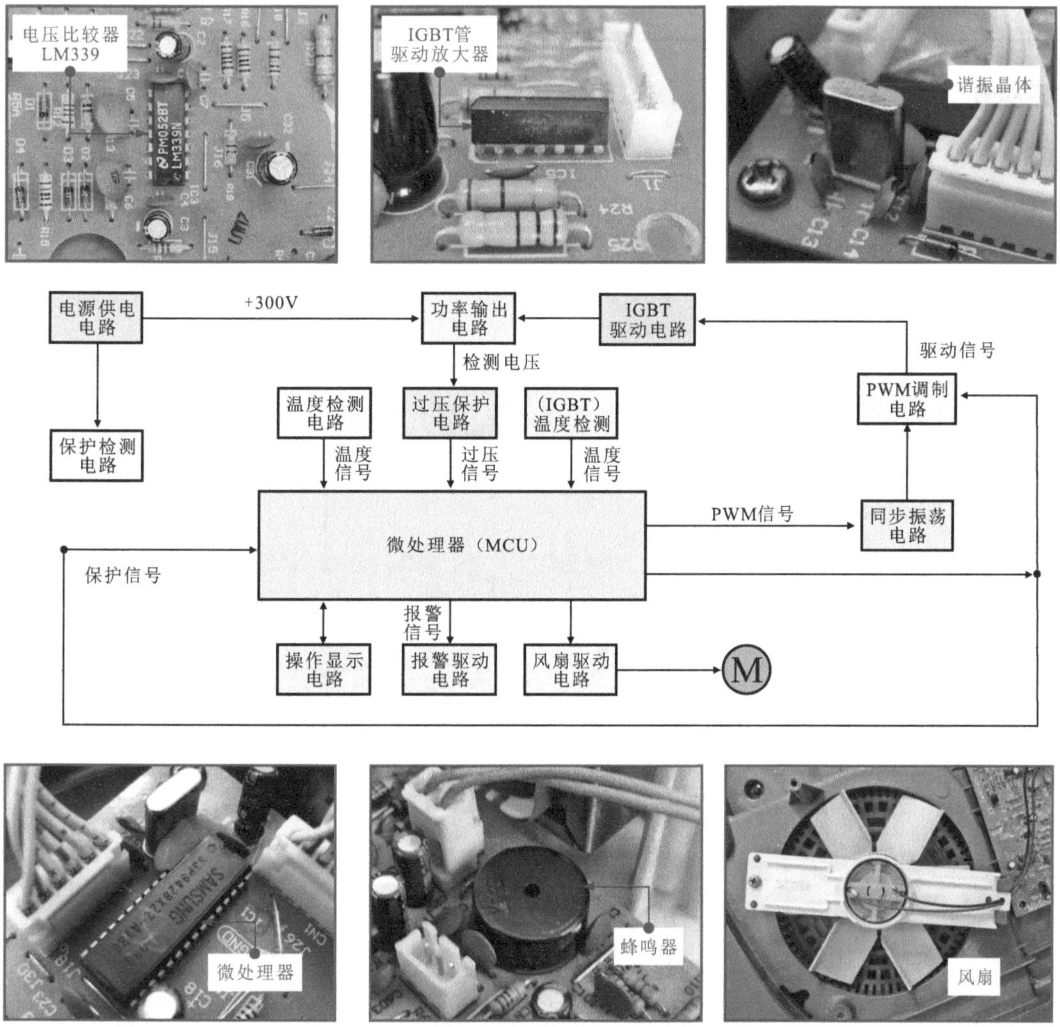

在电磁炉工作过程中，电源供电电路为保护检测电路提供工作电压，功率输出电路的电压经过过压保护电路进行电压检测。

温度检测电路的温度检测信号、过压保护电路的过压信号、（IGBT）温度检测输出的温度信号、保护检测电路的保护信号送到微处理器中，经内部处理，输出PWM信号送往同步振荡电路，再经处理送到PWM调制电路中，处理后输出驱动信号送往IGBT驱动电路，最后输出驱动功率输出电路中的IGBT；微处理器工作后，输出的报警信号送往报警驱动电路，同时也带动风扇驱动电路工作。

5.1.2 主控电路的结构特点

如图5-3所示，电磁炉的主控电路主要是由微处理器（CPU）、晶体、电压比较器、运算放大器、PWM信号驱动芯片、蜂鸣器、电流检测变压器、温度检测传感器、散热风扇等部分构成的。

图5-3 主控电路的基本结构

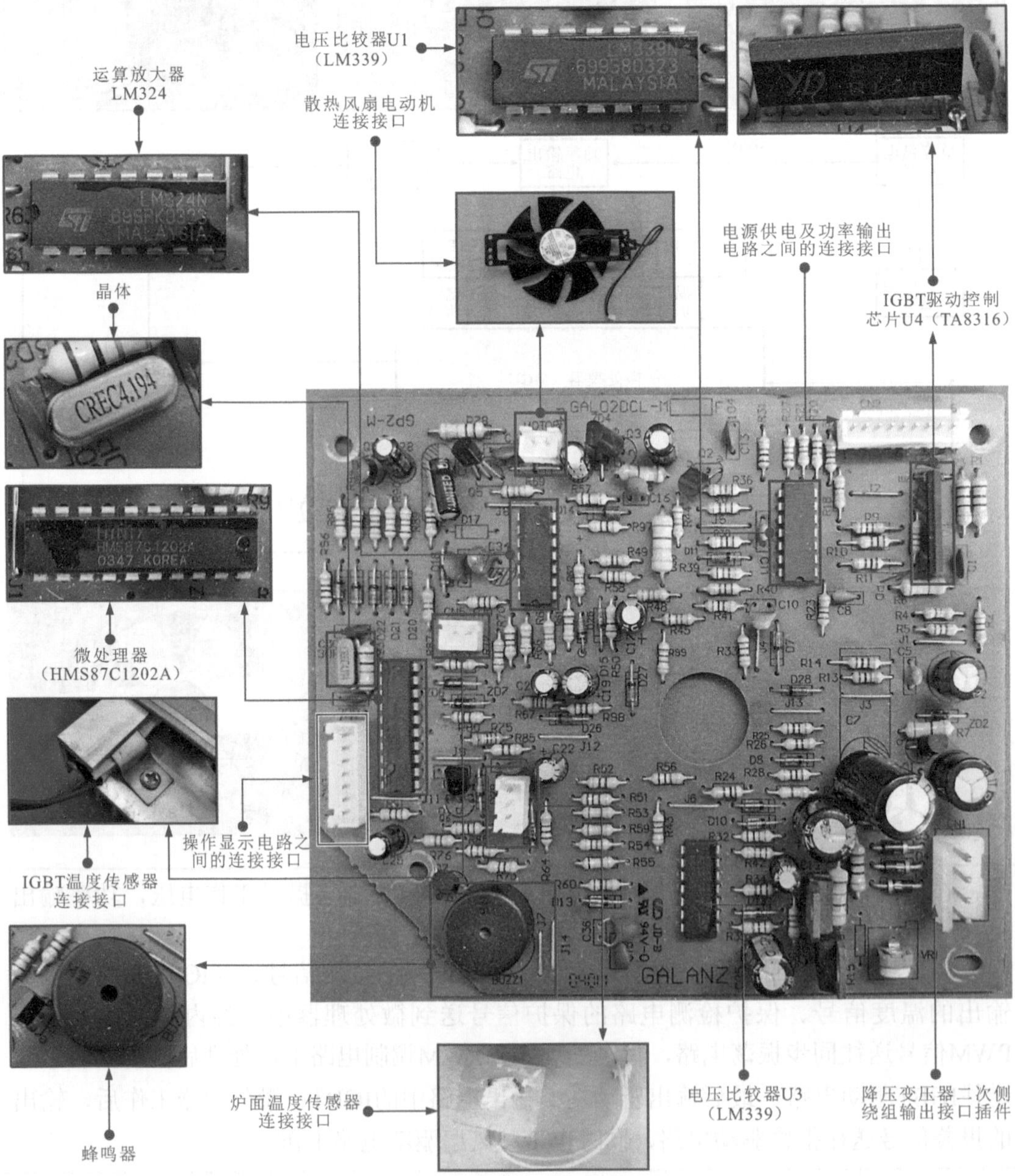

电压比较器U1
（LM339）
运算放大器
LM324
散热风扇电动机
连接接口
电源供电及功率输出
电路之间的连接接口
IGBT驱动控制
芯片U4（TA8316）
晶体
微处理器
（HMS87C1202A）
操作显示电路之
间的连接接口
IGBT温度传感器
连接接口
炉面温度传感器
连接接口
电压比较器U3
（LM339）
降压变压器二次侧
绕组输出接口插件
蜂鸣器

❶ 微处理器（HMS87C1202A）

图5-4为典型电磁炉中的微处理器（HMS87C1202A）外形及引脚功能。微处理器是检测及主控电路的核心控制部件，简称CPU。其内部集成有运算器、控制器、存储器和接口电路等，用来接收操作按键送来的人工指令信号，并将指令信号转换为控制信号，对电磁炉的工作状态进行控制。此外，由检测电路送来的过压、过流、过热、锅质等信号也送入微处理器中，以便于对电磁炉的工作状态进行监测。

图5-4 主控电路中的微处理器（HMS87C1202A）

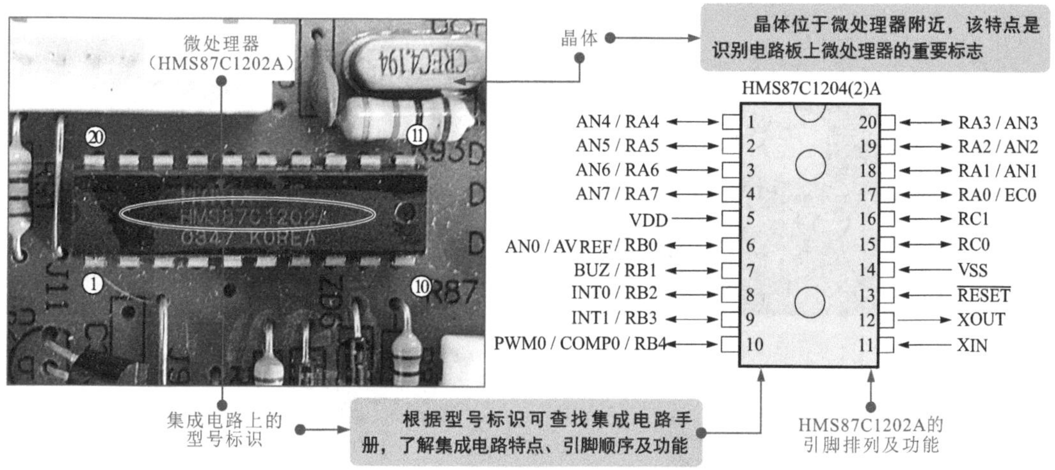

微处理器（HMS87C1202A）的内部结构框图

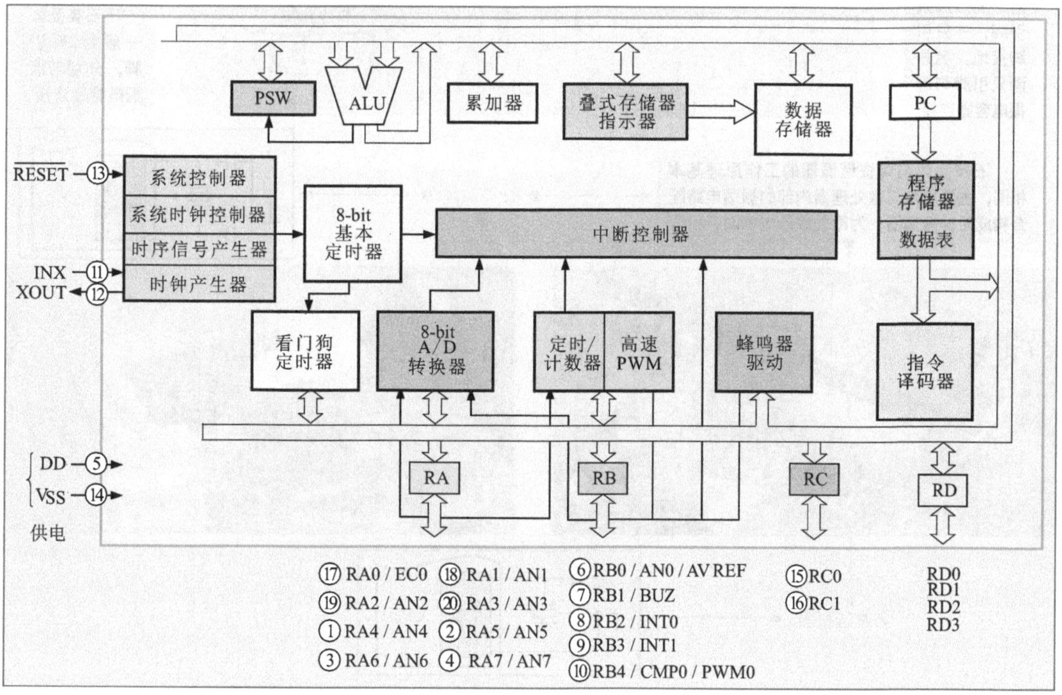

❷ 晶体

如图5-5所示，晶体通常位于微处理器附近（识别微处理器的重要标志），主要用来和微处理器内部的振荡电路构成时钟振荡器产生时钟信号，为微处理器提供工作条件，使整机控制、数据处理等过程保持相对同步的状态。

图5-5 主控电路中的晶体

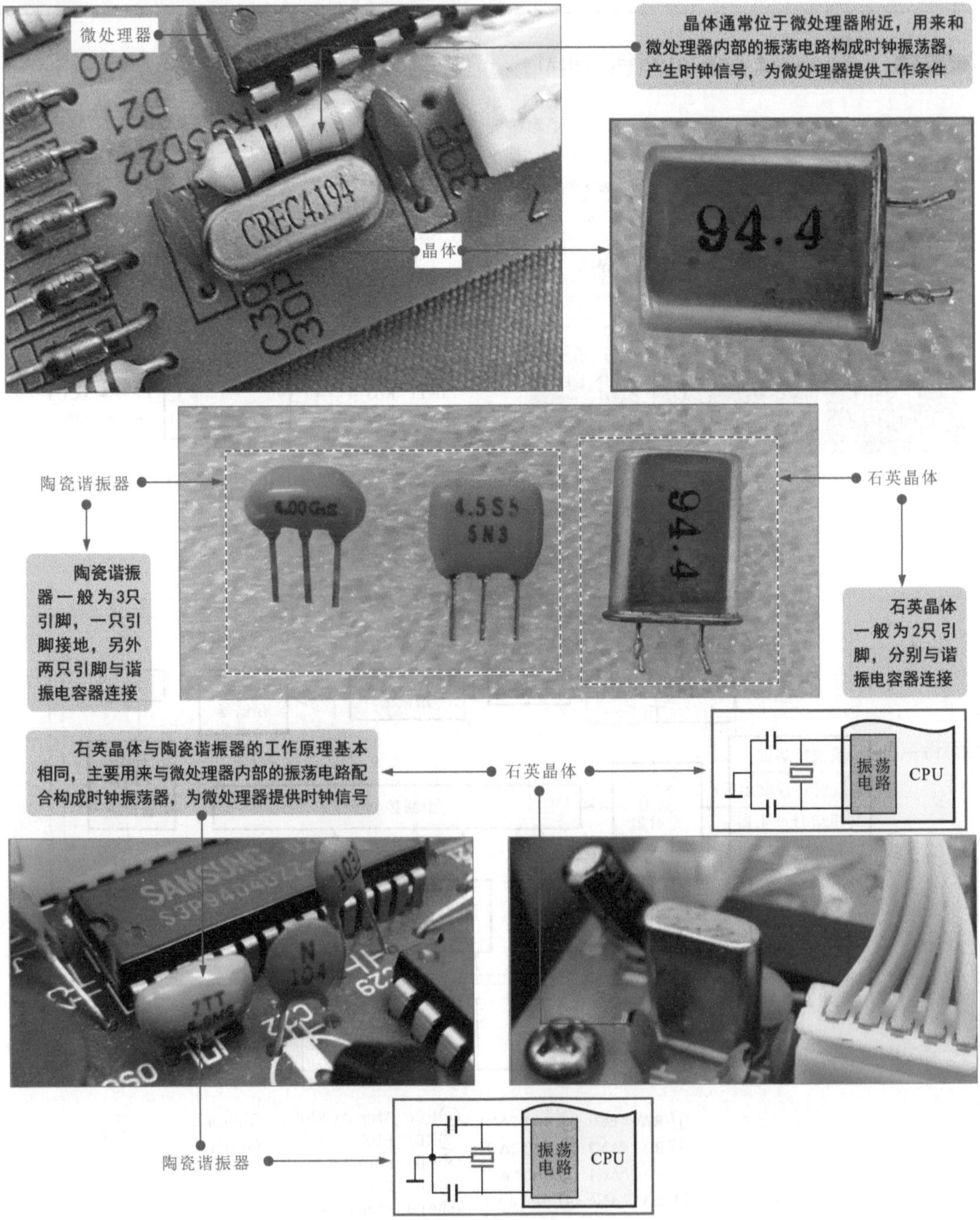
微处理器
晶体通常位于微处理器附近，用来和微处理器内部的振荡电路构成时钟振荡器，产生时钟信号，为微处理器提供工作条件
CREC4.194
晶体
94.4
陶瓷谐振器
陶瓷谐振器一般为3只引脚，一只引脚接地，另外两只引脚与谐振电容器连接
4.5S
石英晶体
石英晶体一般为2只引脚，分别与谐振电容器连接
石英晶体与陶瓷谐振器的工作原理基本相同，主要用来与微处理器内部的振荡电路配合构成时钟振荡器，为微处理器提供时钟信号
石英晶体
振荡电路
CPU
SAMSUNG
陶瓷谐振器
振荡电路
CPU

❸ 电压比较器

图5-6为典型电压比较器LM339示的实物外形及引脚功能。这种电压比较器在电磁炉主控电路中被广泛应用。

电压比较器是电磁炉检测及主控电路中的关键元件之一。它常用于组成同步振荡器、电流或电压检测电路，还有传感器接口电路等。

当电压比较器的同相输入端电压高于反相输入端电压时，输出高电平；当反相输入端电压高于同相输入端电压时，输出低电平。电磁炉中的许多检测信号的比较、判断及产生都是由该芯片完成的。

图5-6 主控电路中的电压比较器（LM339）

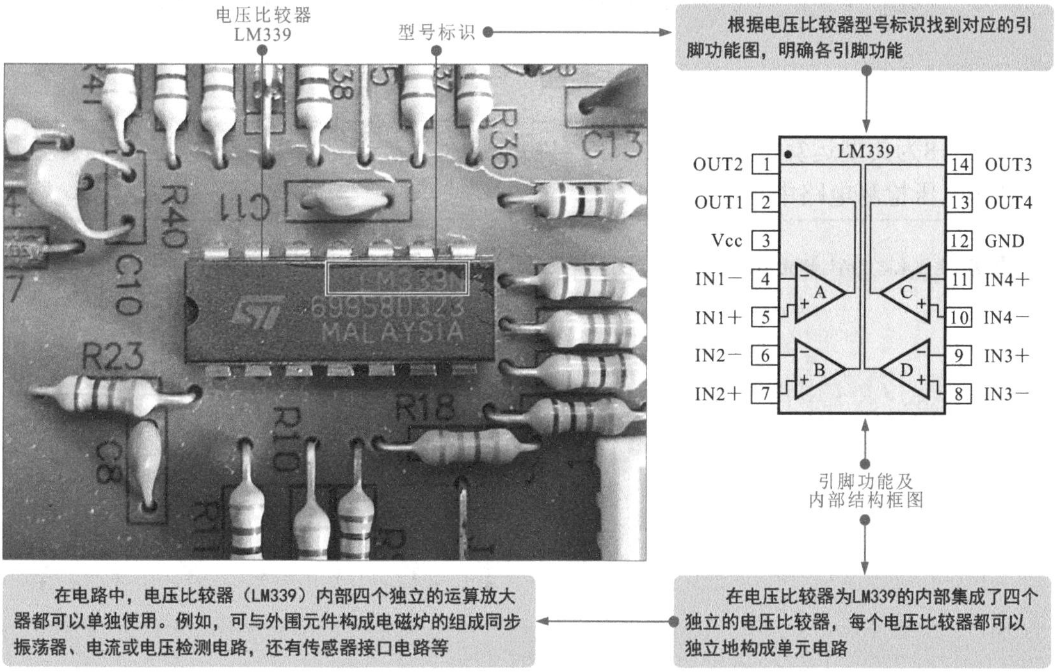
电压比较器
LM339
型号标识
根据电压比较器型号标识找到对应的引脚功能图，明确各引脚功能
LM339
OUT2 1
OUT1 2
Vcc 3
IN1− 4
IN1+ 5
IN2− 6
IN2+ 7
14 OUT3
13 OUT4
12 GND
11 IN4+
10 IN4−
9 IN3+
8 IN3−
A
B
C
D
引脚功能及
内部结构框图
在电压比较器为LM339的内部集成了四个独立的电压比较器，每个电压比较器都可以独立地构成单元电路
在电路中，电压比较器（LM339）内部四个独立的运算放大器都可以单独使用。例如，可与外围元件构成电磁炉的组成同步振荡器、电流或电压检测电路，还有传感器接口电路等
LM339N
69958D323
MALAYSIA

电压比较器LM339各引脚的引脚功能

引脚	名称	功能	引脚	名称	功能
1	OUT2	输出2	8	IN3-	反相输入3
2	OUT1	输出1	9	IN3+	反相输入3
3	VCC	电源	10	IN4-	反相输入4
4	IN1-	反相输入1	11	IN4+	反相输入4
5	IN1+	反相输入1	12	GND	接地
6	IN2-	反相输入2	13	OUT4	输出4
7	IN2+	反相输入2	14	OUT3	输出3

图5-7为电压比较器输入与输出端电压或信号的关系。

图5-7 电压比较器输入与输出端电压或信号的关系

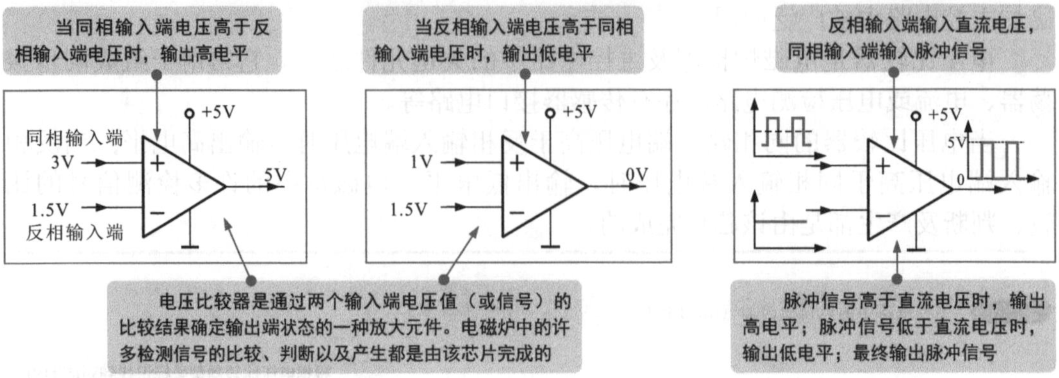
当同相输入端电压高于反相输入端电压时，输出高电平
同相输入端
3V
+5V
5V
1.5V
反相输入端
当反相输入端电压高于同相输入端电压时，输出低电平
1V
1.5V
0V
反相输入端输入直流电压，同相输入端输入脉冲信号
5V
0
电压比较器是通过两个输入端电压值（或信号）的比较结果确定输出端状态的一种放大元件。电磁炉中的许多检测信号的比较、判断以及产生都是由该芯片完成的
脉冲信号高于直流电压时，输出高电平；脉冲信号低于直流电压时，输出低电平；最终输出脉冲信号

4 运算放大器

图5-8为典型运算放大器LM324的实物外形及引脚功能。运算放大器常用于温度检测和电压检测电路中。

图5-8 主控电路中的运算放大器（LM324）

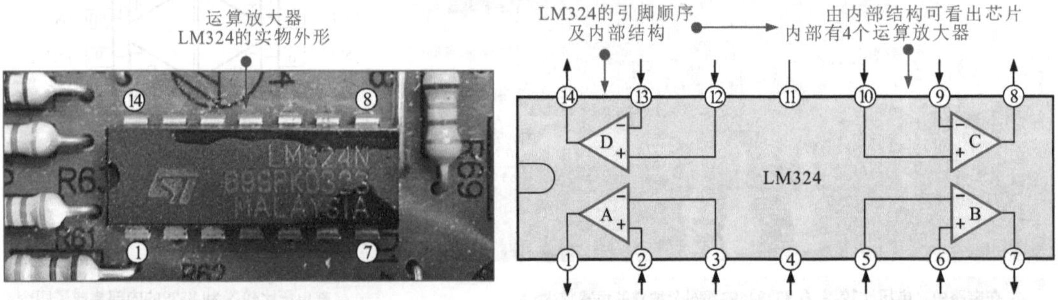
运算放大器
LM324的实物外形
LM324N
LM324的引脚顺序及内部结构
由内部结构可看出芯片内部有4个运算放大器
LM324
A
B
C
D

电压比较器LM324各引脚的引脚功能

引脚	名称	功能	引脚	名称	功能
1	OUT1	输出1	8	OUT3	输出3
2	Inputsl-	反相输入1	9	Inputs3-	反相输入3
3	Inputs1+	同相输入1	10	Inputs3+	同相输入3
4	VCC	正电源	11	GND	接地
5	Inputs2+	同相输入2	12	Inputs4+	同相输出4
6	Inputs2-	反相输入2	13	Inputs4-	反相输出4
7	OUT2	输出2	14	OUT4	输出4

运算放大器LM324内部为四只运算放大器，这四只运算放大器可以和外围元件构成电流、电压检测电路或电压比较器、谐振器等；LM339内部为四只电压比较器，是专用于进行电压比较放大的器件，与运算放大器LM324不能互换。

5 PWM信号驱动芯片

图5-9 主控电路中的PWM信号驱动芯片（TA8316）

图5-9为典型PWM信号驱动芯片（TA8316）的实物外形及引脚功能。该芯片可将PWM信号（脉宽调制信号）进行功率放大，为IGBT提供驱动信号。

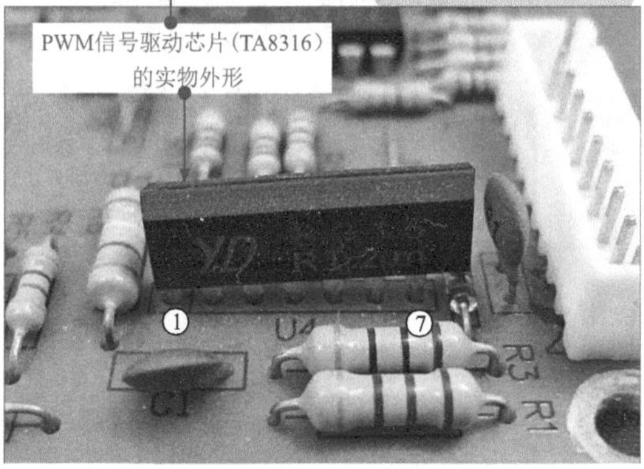
TA8316芯片又称为门控管驱动控制芯片
PWM信号驱动芯片(TA8316)的实物外形
①
⑦

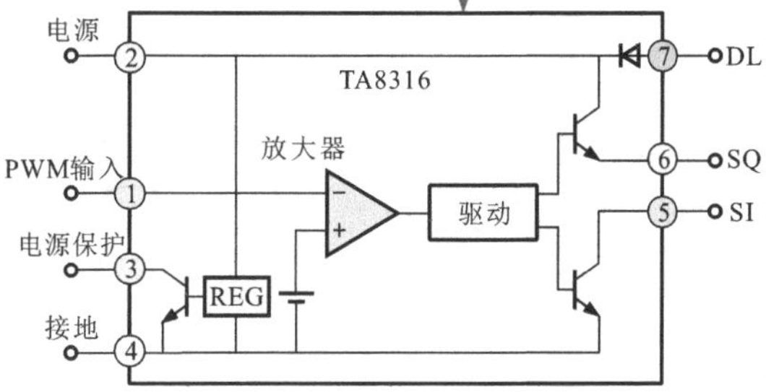
将PWM信号进行功率放大，然后送到IGBT的控制极，用来控制IGBT的导通和截止
电源
PWM输入
电源保护
接地
TA8316
放大器
驱动
REG
DL
SQ
SI

PWM信号驱动芯片TA8316的内部结构及引脚功能

图5-10 采用互补输出晶体管（NPN、PNP管）构成PWM驱动电路

如图5-10所示，除了采用集成电路的结构形式外，有些电磁炉采用互补输出晶体管（NPN、PNP管）构成PWM驱动电路。

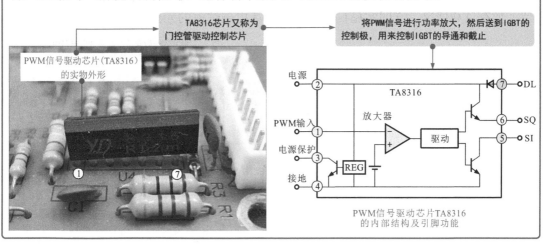

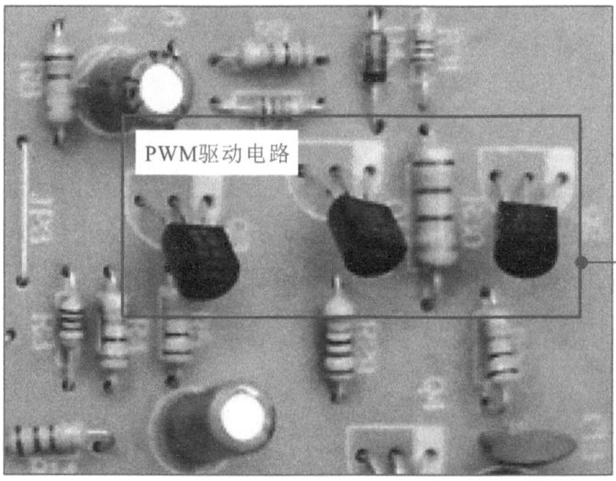
PWM驱动电路

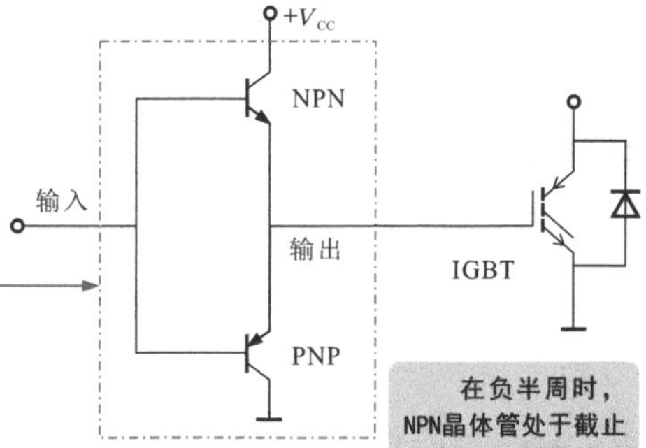
+Vcc
NPN
输入
输出
PNP
IGBT

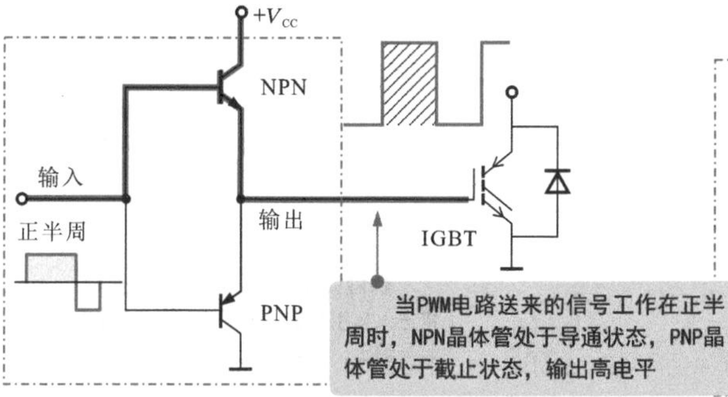
+Vcc
NPN
输入
正半周
输出
PNP
IGBT
当PWM电路送来的信号工作在正半周时，NPN晶体管处于导通状态，PNP晶体管处于截止状态，输出高电平

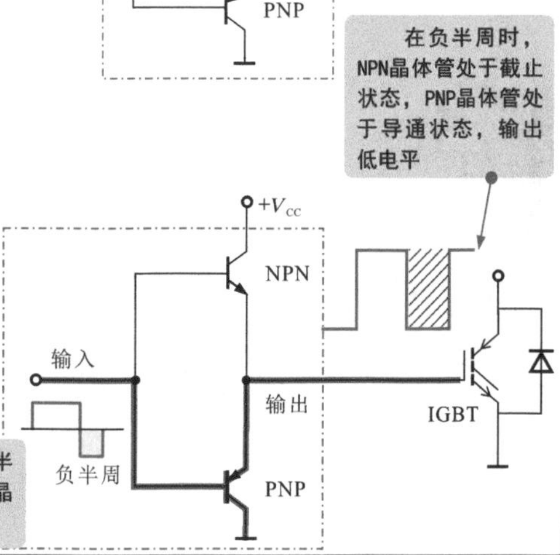
在负半周时，NPN晶体管处于截止状态，PNP晶体管处于导通状态，输出低电平
+Vcc
NPN
输入
负半周
输出
PNP
IGBT

6 电流检测变压器

图5-11 主控电路中的电流检测变压器

图5-11为典型电流检测变压器的实物外形。电流检测变压器与外围电路构成电磁炉的电流检测电路，用来判别电磁炉是否有过载的情况，即电流是否超过正常值，如有过载情况，立即实施保护，防止损坏电磁炉内的元件。

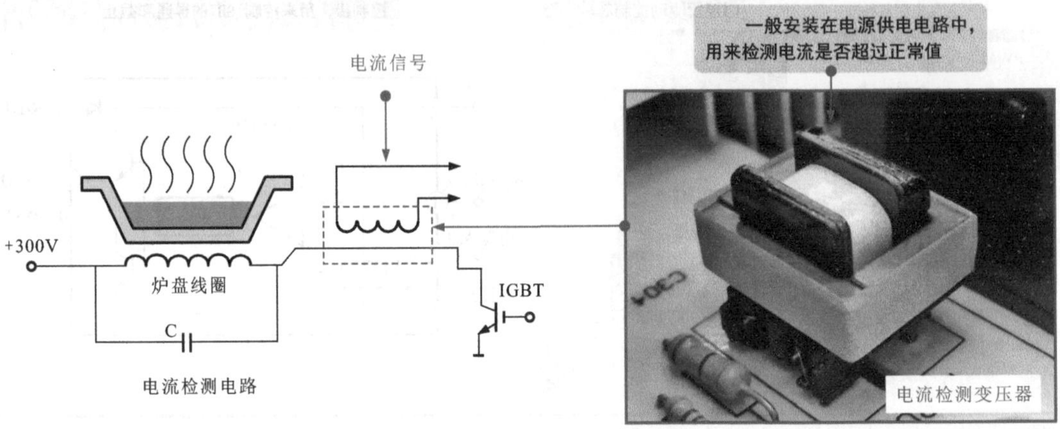
一般安装在电源供电电路中，
用来检测电流是否超过正常值
电流信号
+300V
炉盘线圈
C
IGBT
电流检测电路
电流检测变压器

在电磁炉电路中，电流检测变压器是电流检测单元电路的标志器件。AC 220 V进入电磁炉后，有一分支电路，沿该分支电路可以查找到电流检测变压器，该元件及外围元件构成电流检测电路。若无法查找到电流检测变压器，则说明该电磁炉无电流检测电路。

7 蜂鸣器

图5-12 主控电路中的蜂鸣器

图5-12为典型蜂鸣器的实物外形。蜂鸣器是一种电声器件，主要是在微处理器的控制下发出“嘀嘀”声，对电磁炉的状态进行提醒或进行故障警示。

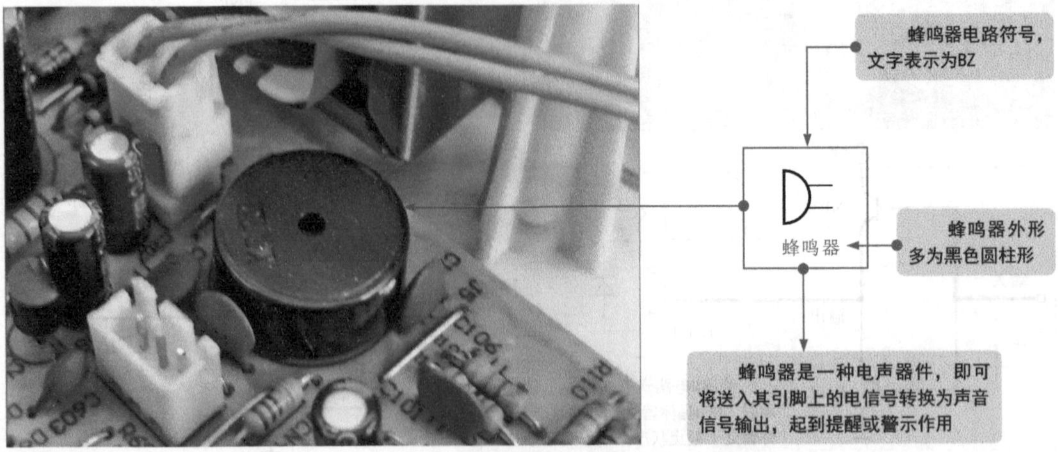
蜂鸣器电路符号，
文字表示为BZ
蜂鸣器
蜂鸣器外形
多为黑色圆柱形
蜂鸣器是一种电声器件，即可
将送入其引脚上的电信号转换为声音
信号输出，起到提醒或警示作用

8 温度传感器

图5-13 主控电路中的温度传感器

如图5-13所示，电磁炉中的温度传感器主要包括炉面温度检测传感器和IGBT温度检测传感器两种，这两种传感器均采用热敏电阻器实现温度感测。

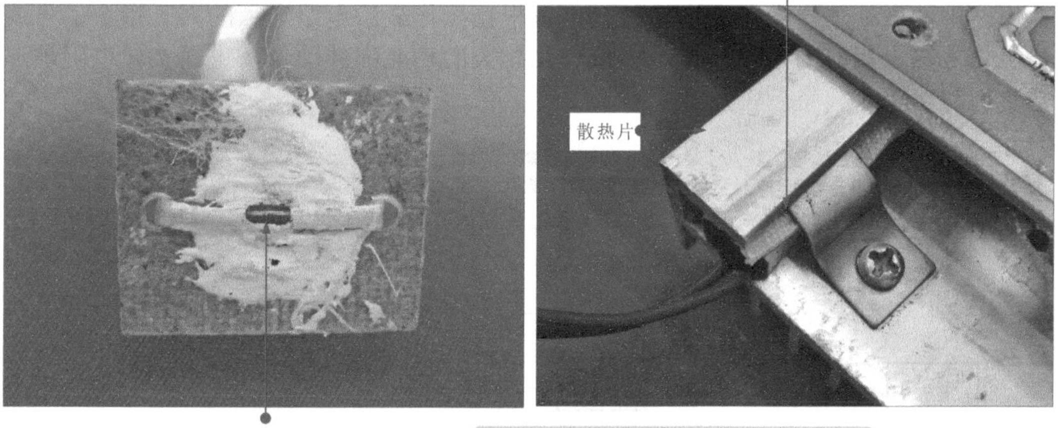
IGBT温度检测传感器位于IGBT所安装散热片上，用于感测IGBT工作时的温度变化
IGBT温度检测传感器
散热片
炉面温度检测传感器
炉面温度检测传感器位于电磁炉炉盘线圈中间部分，用于感测炉面的温度变化

9 散热风扇

图5-14 电磁炉中的散热风扇

如图5-14所示，散热风扇由微处理器进行控制，开机后风扇立即旋转，当加热停止后微处理器控制风扇再延迟工作一段时间，以便将机壳内的热量散掉。

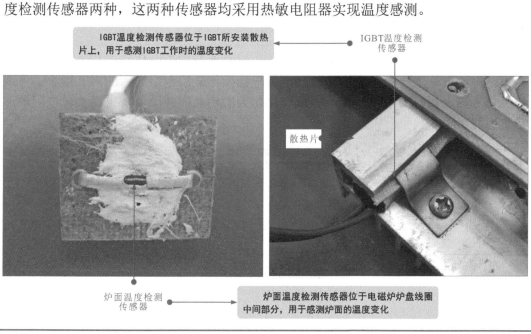

散热风扇外形特征比较明显，很容易从电磁炉中识别出来
散热风扇
散热风扇插接处

5.2 主控电路的工作原理

5.2.1 主控电路的基本信号流程

图5-15 主控电路的基本信号流程

如图5-15所示，电磁炉的主控电路是以微处理器为控制核心的功能电路。当主控电路中的微处理器满足工作条件时，可根据操作显示电路送入的人工指令信号或检测信号输出相应的控制信号，用以控制相关的功能部件动作，进而实现电磁炉加热食物的功能。

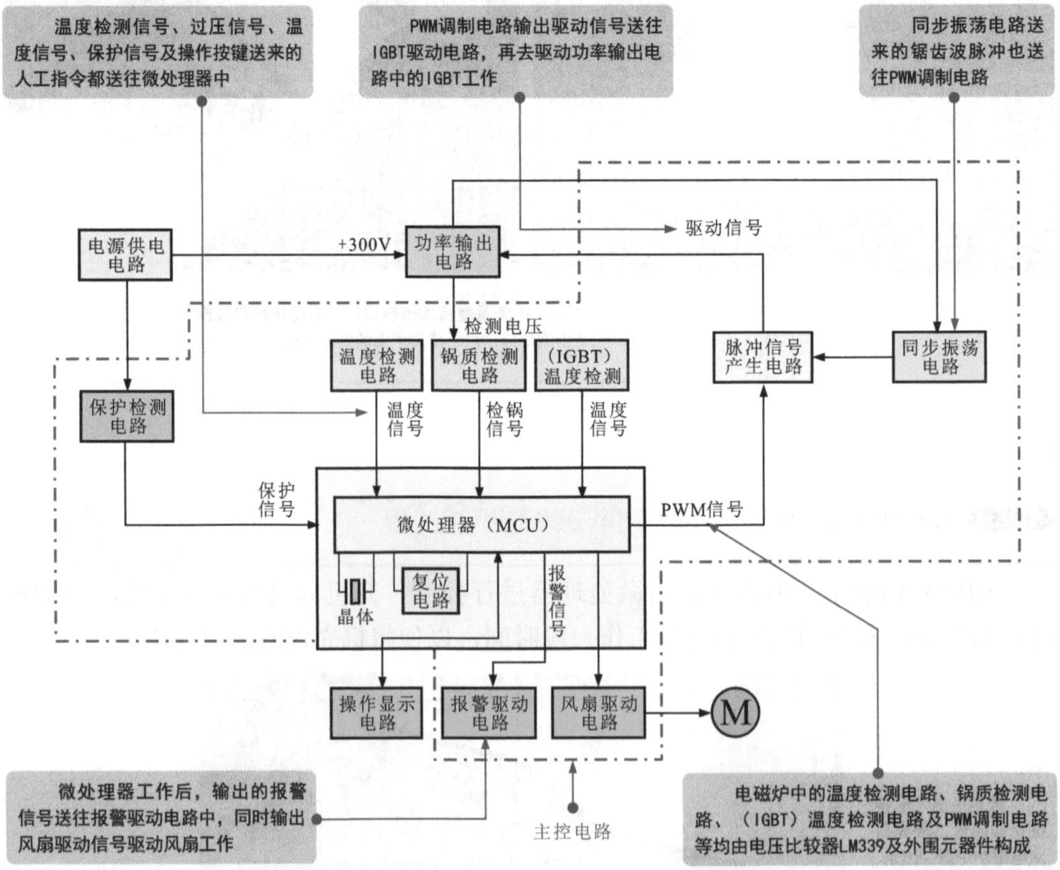
温度检测信号、过压信号、温度信号、保护信号及操作按键送来的人工指令都送往微处理器中
PWM调制电路输出驱动信号送往IGBT驱动电路，再去驱动功率输出电路中的IGBT工作
同步振荡电路送来的锯齿波脉冲也送往PWM调制电路
驱动信号
电源供电电路
+300V
功率输出电路
检测电压
温度检测电路
锅质检测电路
(IGBT)温度检测
脉冲信号产生电路
同步振荡电路
保护检测电路
温度信号
检锅信号
温度信号
保护信号
微处理器（MCU）
PWM信号
晶体
复位电路
报警信号
操作显示电路
报警驱动电路
风扇驱动电路
M
微处理器工作后，输出的报警信号送往报警驱动电路中，同时输出风扇驱动信号驱动风扇工作
主控电路
电磁炉中的温度检测电路、锅质检测电路、（IGBT）温度检测电路及PWM调制电路等均由电压比较器LM339及外围元器件构成

不同电磁炉的主控电路虽结构各异，但其基本信号处理过程大致相同，为了更加深入了解主控电路的工作过程，我们根据电路主要部件的功能特点，将主控电路划分成微处理器主控电路、同步振荡电路、PWM调制和驱动电路、风扇驱动电路、报警驱动电路、浪涌保护电路、IGBT过压保护电路、锅质检测电路、电流检测电路、电压检测电路、温度检测电路等几部分。

❶ 微处理器主控电路的基本信号流程

图5-16 微处理器主控电路的基本信号流程

如图5-16所示，电磁炉的各主要电路均是由微处理器主控电路进行控制的，电磁炉的主控电路是以微处理器为核心组成的自动检测和主控电路，该电路主要由微处理器、晶振电路、复位电路、直流供电部分等构成。

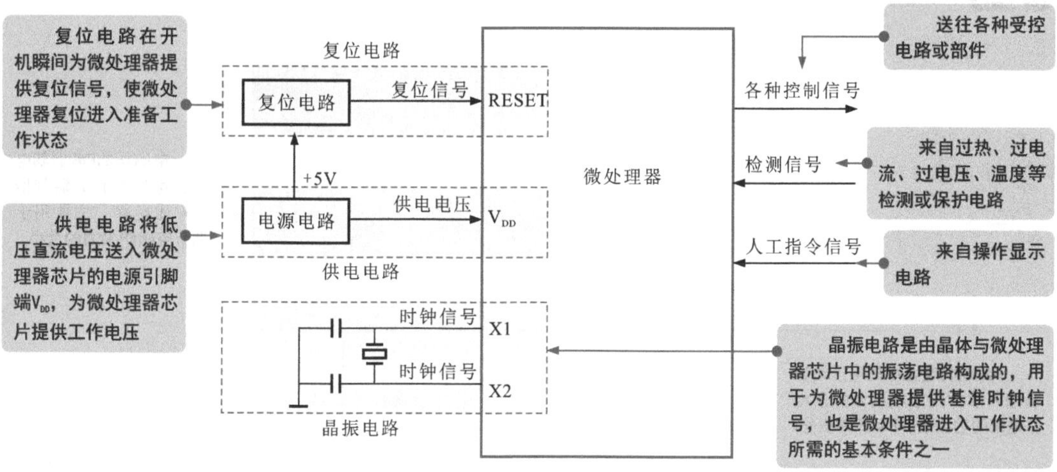
复位电路在开机瞬间为微处理器提供复位信号，使微处理器复位进入准备工作状态
复位电路
复位电路
复位信号
RESET
+5V
供电电路将低压直流电压送入微处理器芯片的电源引脚端V_{DD}，为微处理器芯片提供工作电压
电源电路
供电电压
V_{DD}
供电电路
时钟信号
X1
时钟信号
X2
晶振电路
微处理器
送往各种受控电路或部件
各种控制信号
检测信号
来自过热、过电流、过电压、温度等检测或保护电路
人工指令信号
来自操作显示电路
晶振电路是由晶体与微处理器芯片中的振荡电路构成的，用于为微处理器提供基准时钟信号，也是微处理器进入工作状态所需的基本条件之一

❷ 同步振荡电路的基本信号流程

图5-17 同步振荡电路的基本信号流程

如图5-17所示，电磁炉同步振荡电路是产生脉冲信号的重要电路，在电磁炉中用于保持PWM驱动信号和LC谐振电路的同步，使其能够稳定地工作。

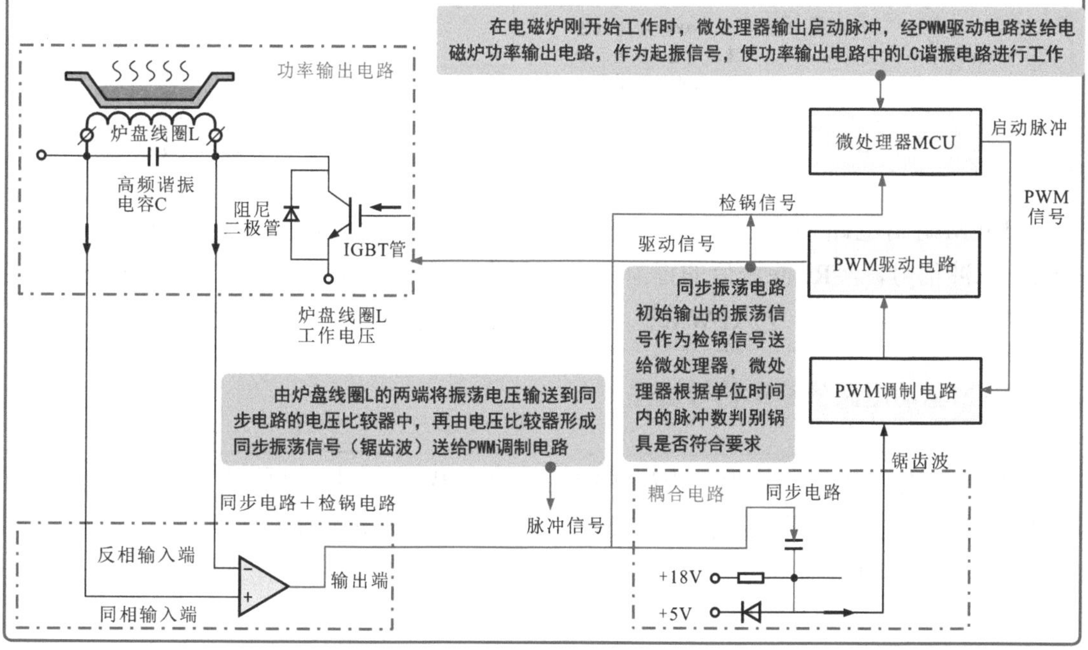
在电磁炉刚开始工作时，微处理器输出启动脉冲，经PWM驱动电路送给电磁炉功率输出电路，作为起振信号，使功率输出电路中的LC谐振电路进行工作
功率输出电路
炉盘线圈L
高频谐振电容C
阻尼二极管
IGBT管
炉盘线圈L工作电压
微处理器MCU
启动脉冲
PWM信号
检锅信号
驱动信号
PWM驱动电路
同步振荡电路初始输出的振荡信号作为检锅信号送给微处理器，微处理器根据单位时间内的脉冲数判别锅具是否符合要求
PWM调制电路
由炉盘线圈L的两端将振荡电压输送到同步电路的电压比较器中，再由电压比较器形成同步振荡信号（锯齿波）送给PWM调制电路
锯齿波
同步电路＋检锅电路
脉冲信号
耦合电路
同步电路
反相输入端
同相输入端
输出端
+18V
+5V

❸ PWM调制电路的基本信号流程

如图5-18所示，电磁炉的各主要电路均是由微处理器主控电路进行控制的，电磁炉的主控电路是以微处理器为核心组成的自动检测和主控电路，该电路主要由微处理器、晶振电路、复位电路、直流供电部分等构成。

图5-18 PWM调制电路的基本信号流程

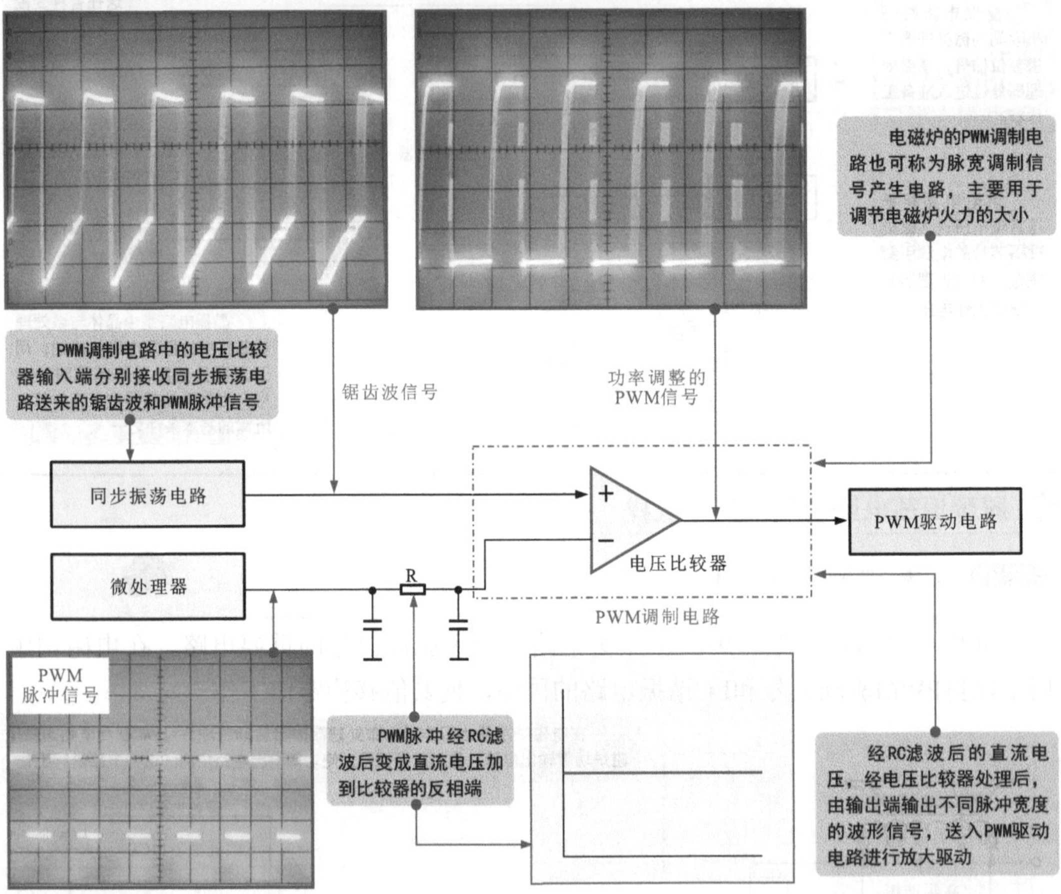

电磁炉的PWM调制电路也可称为脉宽调制信号产生电路，主要用于调节电磁炉火力的大小
PWM调制电路中的电压比较器输入端分别接收同步振荡电路送来的锯齿波和PWM脉冲信号
锯齿波信号
功率调整的PWM信号
同步振荡电路
微处理器
R
电压比较器
PWM调制电路
PWM驱动电路
PWM脉冲信号
PWM脉冲经RC滤波后变成直流电压加到比较器的反相端
经RC滤波后的直流电压，经电压比较器处理后，由输出端输出不同脉冲宽度的波形信号，送入PWM驱动电路进行放大驱动

PWM调制电路中电压比较器输入端分别接收同步振荡电路送来的锯齿波和PWM脉冲信号，经RC滤波后的直流电压，经电压比较器处理后，由输出端输出不同脉冲宽度的波形信号，送入PWM驱动电路进行放大驱动。

❹ PWM驱动电路的基本信号流程

电磁炉的PWM驱动电路在电磁炉中用于放大PWM信号，并将放大后的信号送到IGBT的控制极，该电路主要由门控管驱动放大器和一些其他辅助元器件构成。

电磁炉中的PWM驱动电路有两种结构形式：一种是采用晶体管构成的互补推挽式放大器；另一种则是采用集成电路芯片构成的功率放大器。

图5-19 PWM驱动电路的基本信号流程（集成电路驱动）

如图5-19所示，采用集成电路芯片构成的PWM驱动电路是将门控管驱动放大器制作在了集成电路内部。

PWM驱动电路

VCC
TA8316S
300V
炉盘线圈
2
DL 7
晶体管
保护二极管
COMP
输入 1
6 SQ 150Ω
IGBT
驱动
5 SI
10Ω
G
REG输出 3
REG
晶体管
GND 4

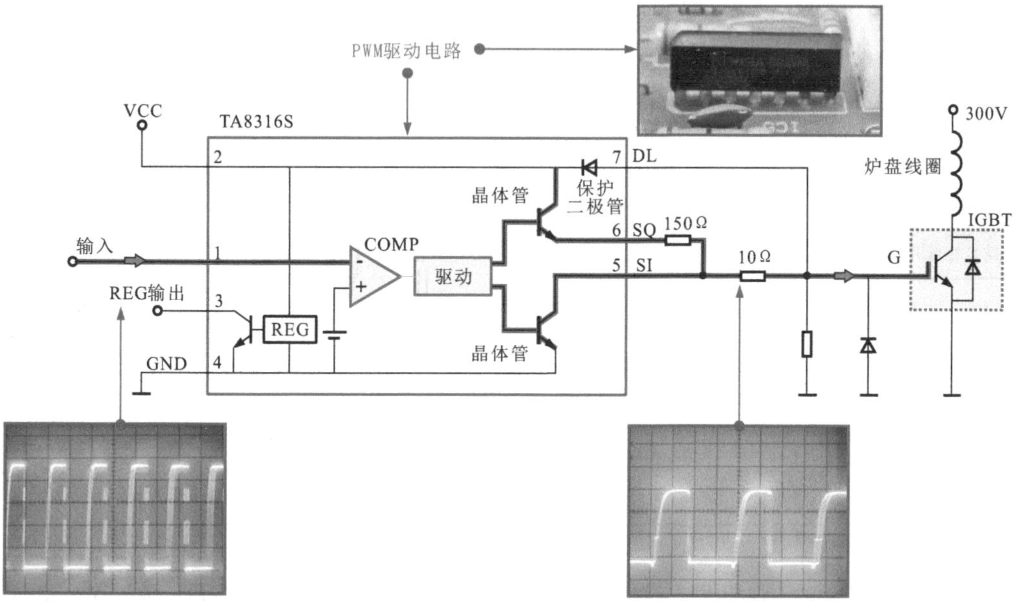

图5-20 PWM驱动电路的基本信号流程（互补推挽式放大器驱动）

如图5-20所示，采用互补推挽式放大器的PWM驱动电路是由一个NPN晶体管和一个PNP晶体管构成的，该放大器的偏压设置在晶体管的截止点上。

PWM驱动电路

当PWM电路送来的信号工作在正半周时，NPN晶体管处于导通状态，PNP晶体管处于截止状态，输出高电平

NPN
输入
输出
正半周
IGBT
PNP

PWM驱动电路

在负半周时，NPN晶体管处于截止状态，PNP晶体管处于导通状态，输出低电平

NPN
输入
输出
负半周
IGBT
PNP

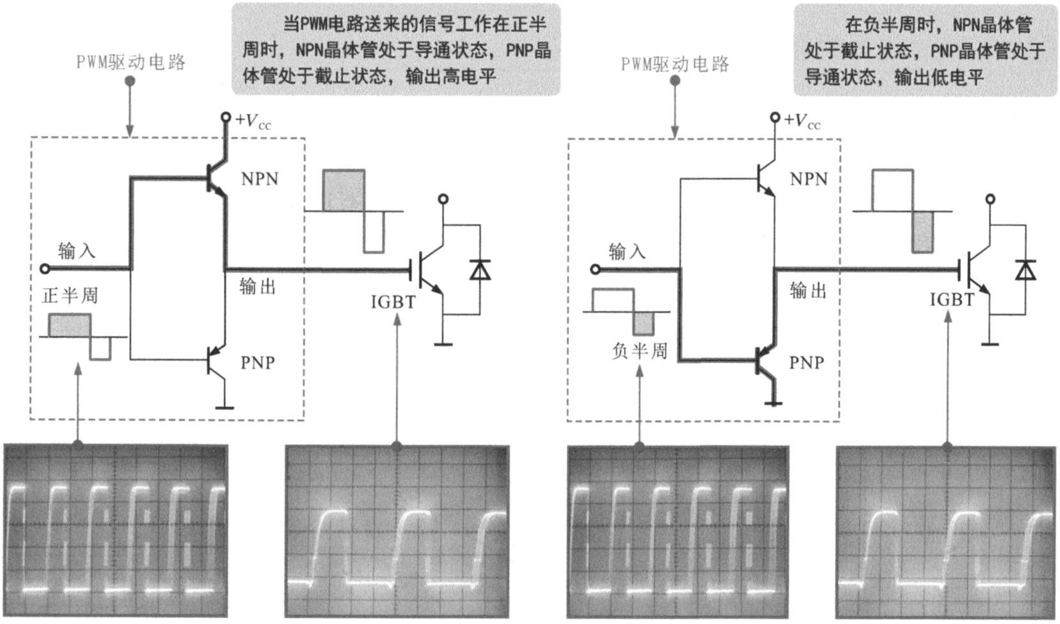

❺ 浪涌保护电路的基本信号流程

图5-21 浪涌保护电路的基本信号流程

如图5-21所示，电磁炉的浪涌保护电路是用于防止交流电源供电电压中出现冲击性电压波动而损坏电磁炉，使电磁炉进入保护状态的。实际上是为了保护电磁炉中的IGBT不受损坏而设置的该电路。

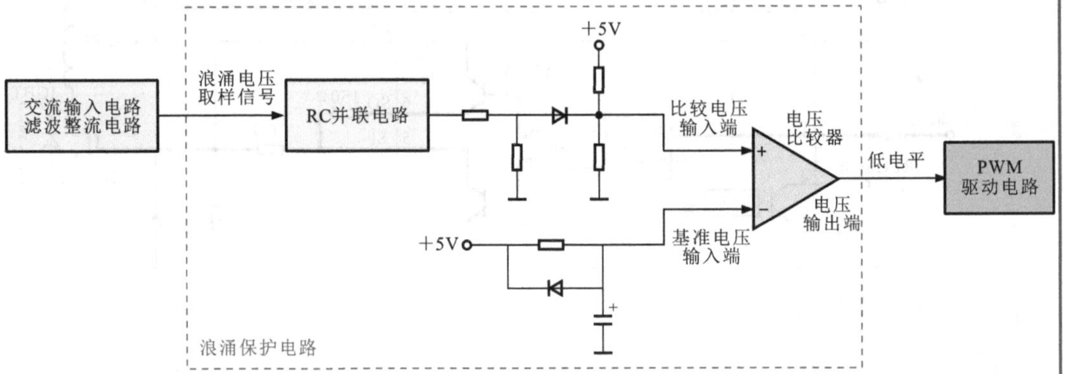

当220V电压出现冲击性高压时，对电磁炉实施保护的电路，具体工作流程为：交流220V经交流输入电路和滤波整流电路输出浪涌电压取样信号，浪涌电压取样信号经RC并联电路后，将电压取样信号输送给电压比较器的比较电压输入端；电压比较器的基准电压输入端由电阻分压电路确定，在电磁炉正常工作时，电压比较器的比较电压低于基准电压时，其电压输出端输出低电平，使PWM驱动电路输出正常的驱动信号；当输入的电压出现冲击性高压，电压比较器比较电压高于基准电压，其电压输出端输出高电平，切断给IGBT输送的驱动信号，使IGBT停止工作，防止IGBT不受损坏。

❻ IGBT过压保护电路的基本信号流程

图5-22 IGBT过压保护电路的基本信号流程

如图5-22所示，IGBT过压保护电路是在过压的情况对IGBT实施保护的电路。

在电磁炉中，IGBT工作在高电压、大电流的条件下，需要进行实时监测和保护，使之安全工作，当IGBT集电极（C）电压过高时，IGBT过压保护电路就会启动，使PWM驱动电路的输出关闭。

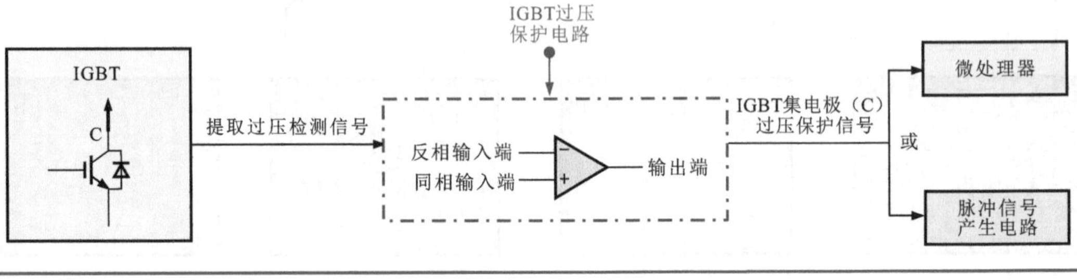

⑦ 锅质检测电路的基本信号流程

如图5-23所示，锅质检测电路主要用于检测电磁炉所使用的锅具是否符合要求。

图5-23 锅质检测电路的基本信号流程

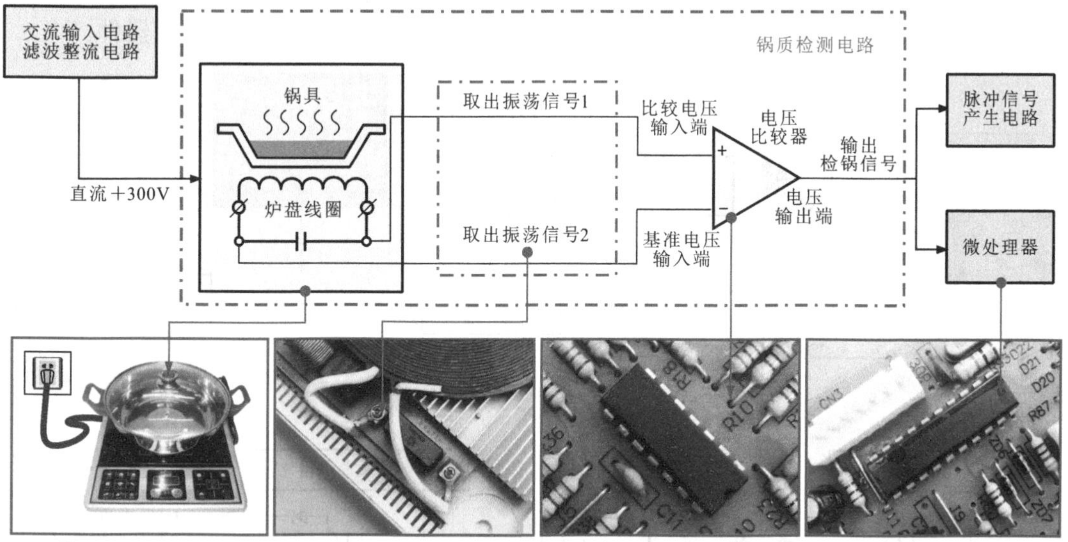

当放上正常锅具后，锅具受到磁化的作用，会对炉盘线圈的振荡频率产生一定的影响，从炉盘线圈两端输出该振荡信号送入电压比较器中，经比较器形成振荡脉冲送到微处理器中，微处理器根据单位时间内的脉冲数判别锅具是否符合要求，如不符合要求则输出振荡鸣声。

⑧ 电压检测电路的基本信号流程

图5-24 电压检测电路的基本信号流程

如图5-24所示，电磁炉的电压检测电路是对输入的市电电压进行检测的，当输入的市电电压过高或过低时，电压检测电路均会将检测到的电压信号传送给微处理器，此时，微处理器会发出停机指令，来防止电磁炉在欠压或过压状态下产生的大电流损坏电磁炉上的元器件。

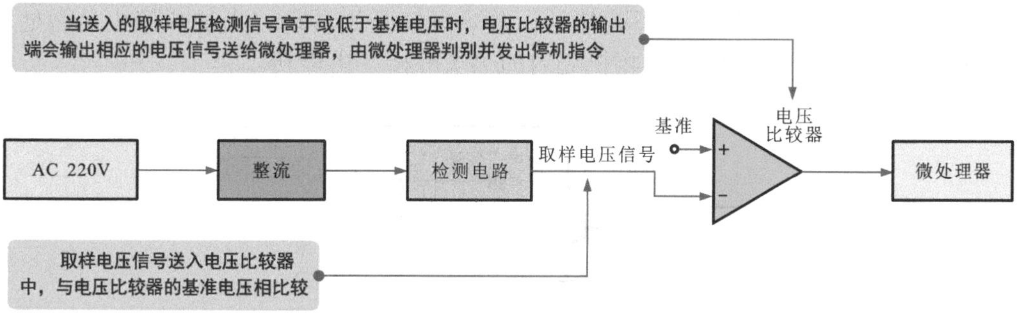

⑨ 电流检测电路的基本信号流程

图5-25 电流检测电路的基本信号流程

如图5-25所示，电流检测电路是用于判别电磁炉是否有过载的情况，即电流是否超过正常值，如有过载情况，电流检测电路会将检测到的信号传送给微处理器，此时，微处理器会发出停机指令，立即实施保护，防止损坏电磁炉内的元器件。

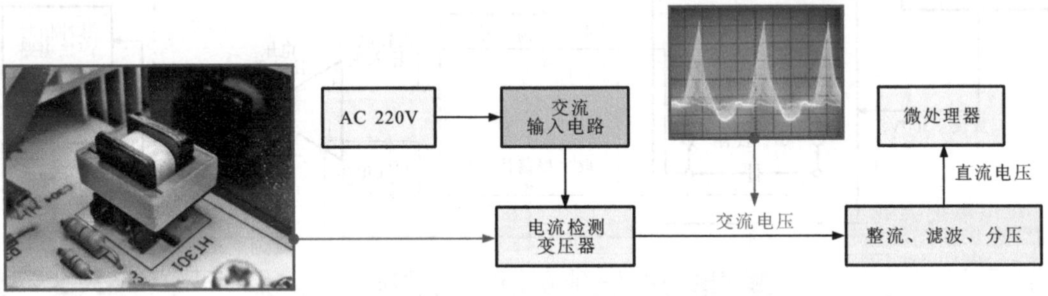

两种常见的电磁炉电流检测电路的连接方式

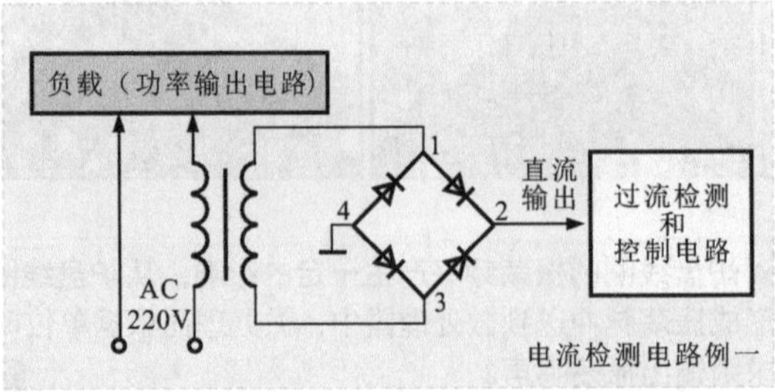

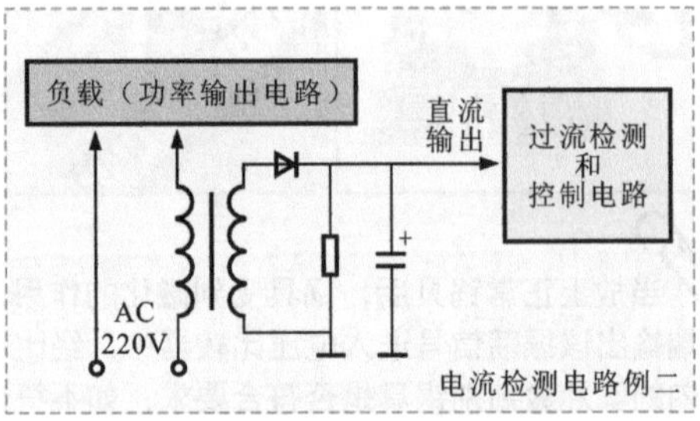

接通电源，交流220V经交流输入电路后，电流流过电流检测变压器的初级绕组后为炉盘线圈供电，再由电流检测变压器的次级线圈感应出交流电压，该交流电压经整流、滤波、分压后变成直流电压送往微处理器的电流检测端，微处理器根据此数据来判别电磁炉整机的工作电流大小。

⑩ 风扇驱动电路的基本信号流程

图5-26 风扇驱动电路的基本信号流程

如图5-26所示，电磁炉的风扇驱动电路是由微处理器进行驱动控制的，当电磁炉开机后，微处理器对其输送驱动信号，散热风扇开始转动，当加热停止后微处理器使风扇再延迟工作一段时间，将机壳内的热量散掉，再停转。

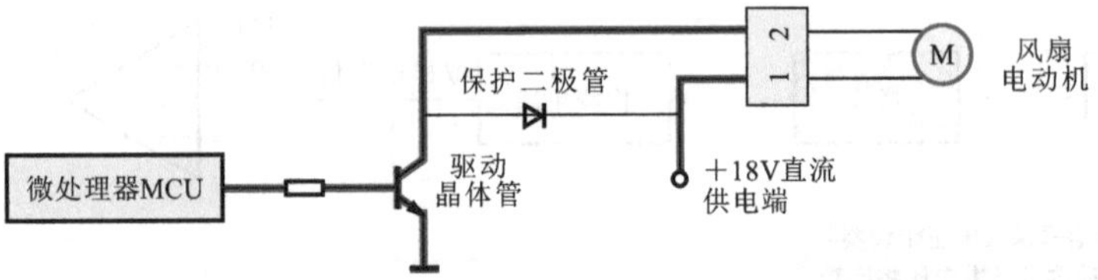

⑪ 温度检测电路的基本信号流程

图5-27 炉面温度检测电路的基本信号流程

如图5-27所示，电路中的RT1为温度传感器（热敏电阻器），位于炉盘线圈的中央，紧贴灶台面板，用以检测加热时的温度。一旦温度过高，微处理器便会输出过热保护信号，从而启动停机指令。

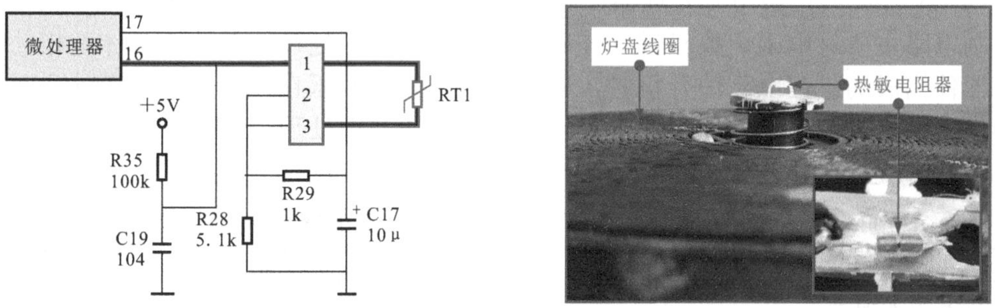

图5-28 IGBT温度检测电路的基本信号流程

如图5-28所示，IGBT温度检测电路主要用以检测IGBT工作时的温度。

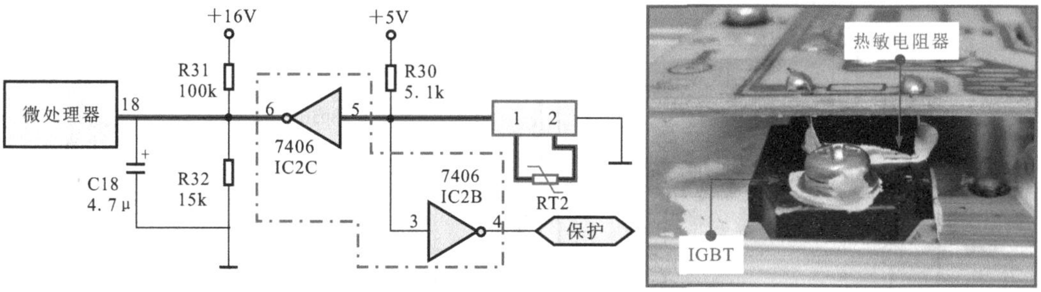

⑫ 报警驱动电路的基本信号流程

图5-29 报警驱动电路的基本信号流程

如图5-29所示，电磁炉的报警驱动电路也可称为蜂鸣器驱动电路，当电磁炉在启动、停机、开机或处于保护状态时，为了提示用户进而驱动蜂鸣器发出声响。

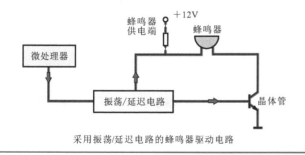

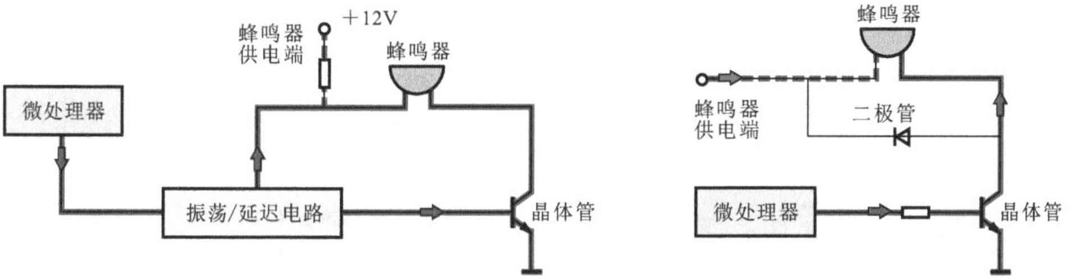

采用振荡/延迟电路的蜂鸣器驱动电路　　微处理器直接控制的蜂鸣器驱动电路

5.2.2 实用主控电路的原理分析

❶ 典型实用微处理器控制电路的原理分析

图5-30 典型实用微处理器主控电路的原理分析（HMS87C1202A）

图5-30为典型实用微处理器控制电路的原理分析（HMS87C1202A）。微处理器控制电路主要对电磁炉整机进行控制。它主要是由微处理器芯片、晶体及相关外围元器件构成的。在电磁炉开机时，电源电路送来的低压直流电压送至微处理器芯片的供电端引脚，为微处理器提供工作电压；晶体与微处理器芯片内部的振荡电路构成时钟振荡器，用于为微处理器芯片提供时钟信号。

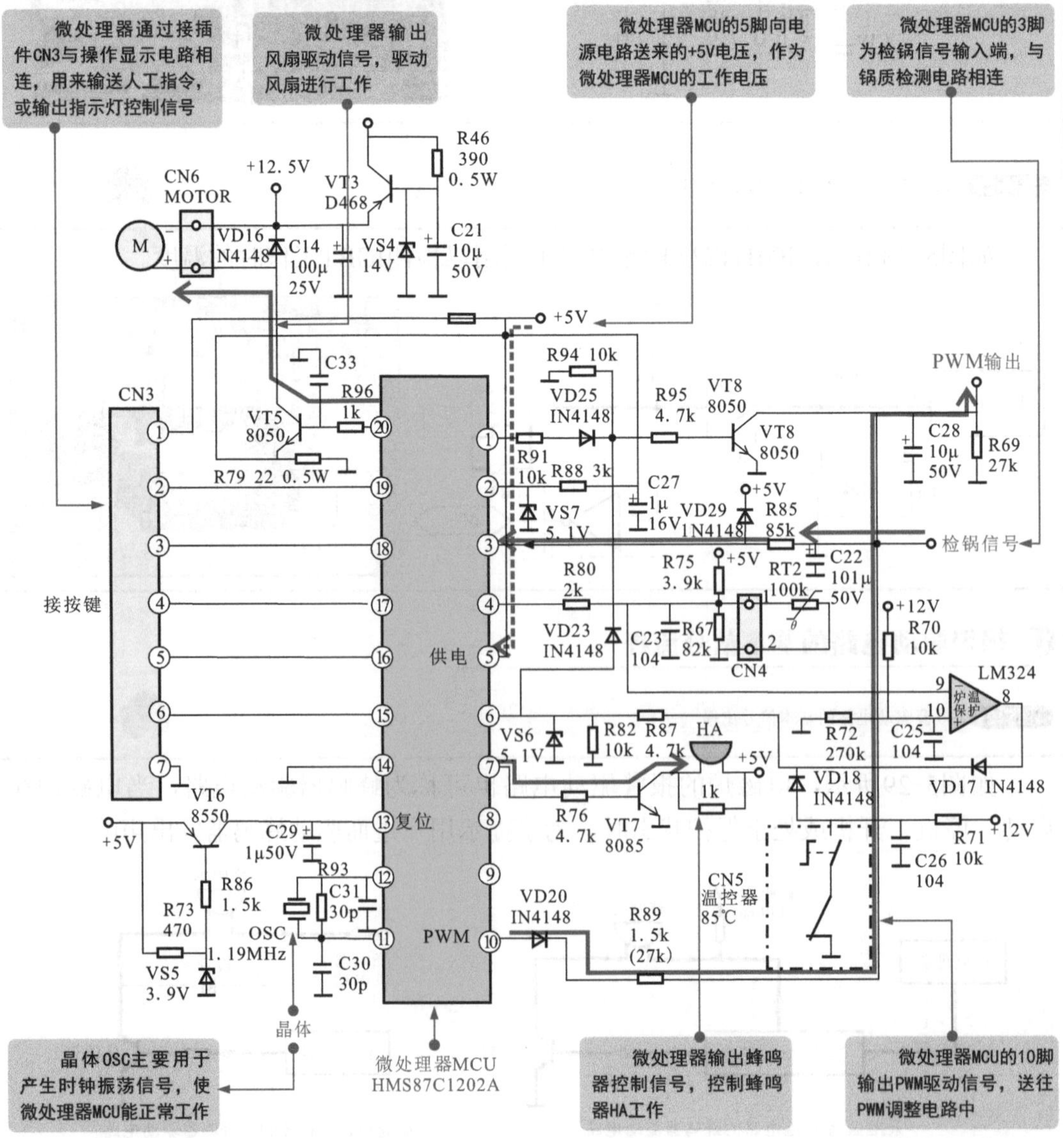

图5-31 典型实用微处理器控制电路的原理分析（TMP87PH46N）

图5-31为典型实用微处理器控制电路的原理分析（TMP87PH46N）。

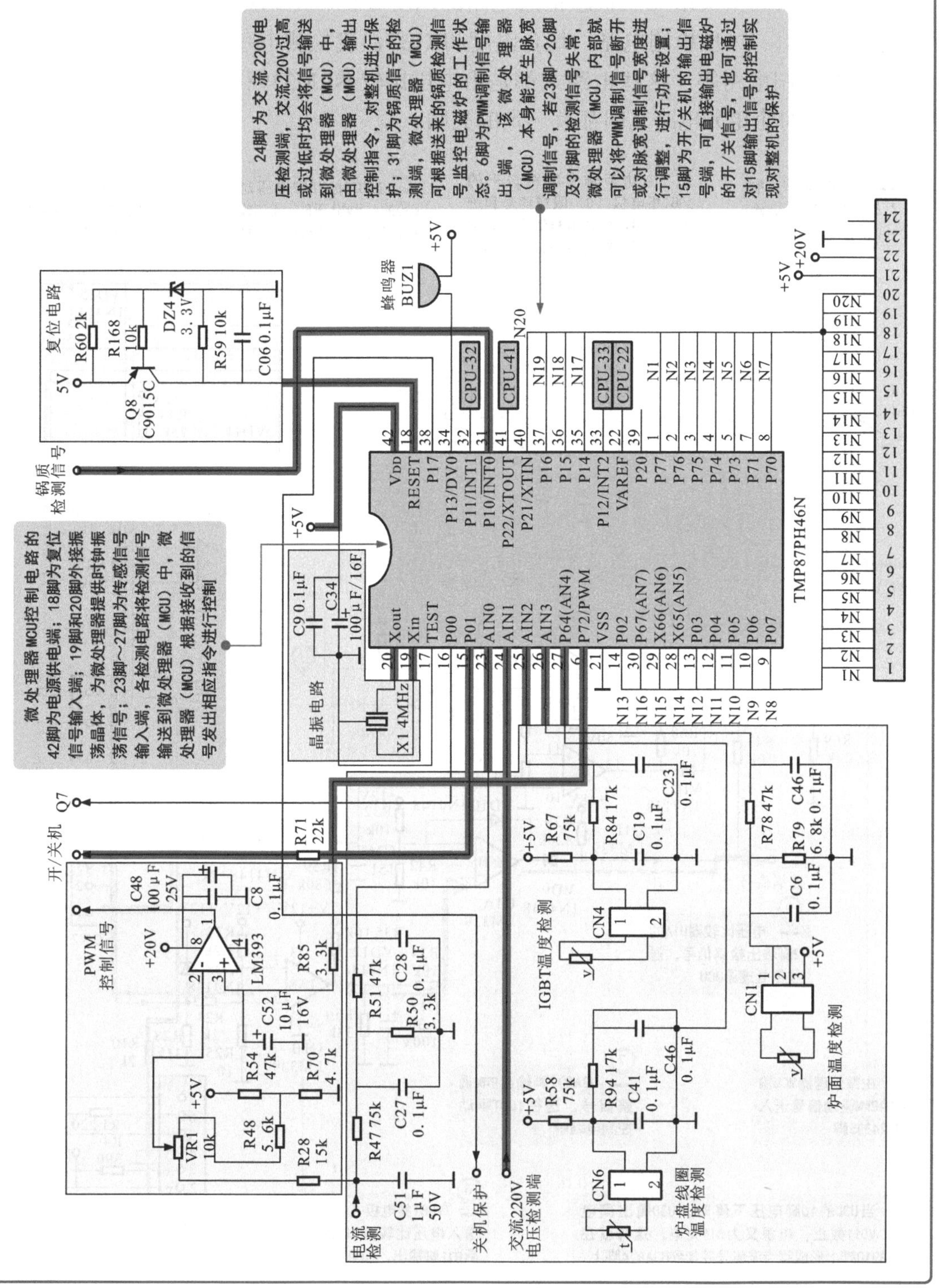
24脚为交流220V电压检测端，交流220V过高或过低时均会将信号输送到微处理器（MCU）中，由微处理器（MCU）输出控制指令，对整机进行保护；31脚为锅质信号的检测端，微处理器（MCU）可根据送来的锅质检测信号监控电磁炉的工作状态。6脚为PWM调制信号输出端，该微处理器（MCU）本身能产生脉宽调制信号，若23脚～26脚及31脚的检测信号失常，微处理器（MCU）内部就可以将PWM调制信号断开或对脉宽调制信号宽度进行调整，进行功率设置；15脚为开/关机的输出信号端，可直接输出电磁炉的开/关信号，也可通过对15脚输出信号的控制实现对整机的保护
微处理器MCU控制电路的42脚为电源供电端；18脚为复位信号输入端；19脚和20脚外接振荡晶体，为微处理器提供时钟振荡信号；23脚～27脚为传感信号输入端，各检测电路将检测信号输送到微处理器（MCU）中，微处理器（MCU）根据接收到的信号发出相应指令进行控制
TMP87PH46N
复位电路
晶振电路
锅质检测信号
蜂鸣器 BUZ1
开/关机
PWM控制信号
电流检测
关机保护
交流220V电压检测端
IGBT温度检测
炉盘线圈温度检测
炉面温度检测

❷ 典型实用工作状态检测电路的原理分析

图5-32 典型实用工作状态检测电路的原理分析

图5-32为典型实用工作状态检测电路的原理分析。电磁炉工作状态检测电路主要包括过电流、过压检测电路，灶台温度和IGBT温度检测电路，此外还包含同步振荡和脉宽调制电路等。这些电路大都是由电压比较器LM339和运算放大器LM324芯片组成的，每个单元电路之间都有一定的关联。

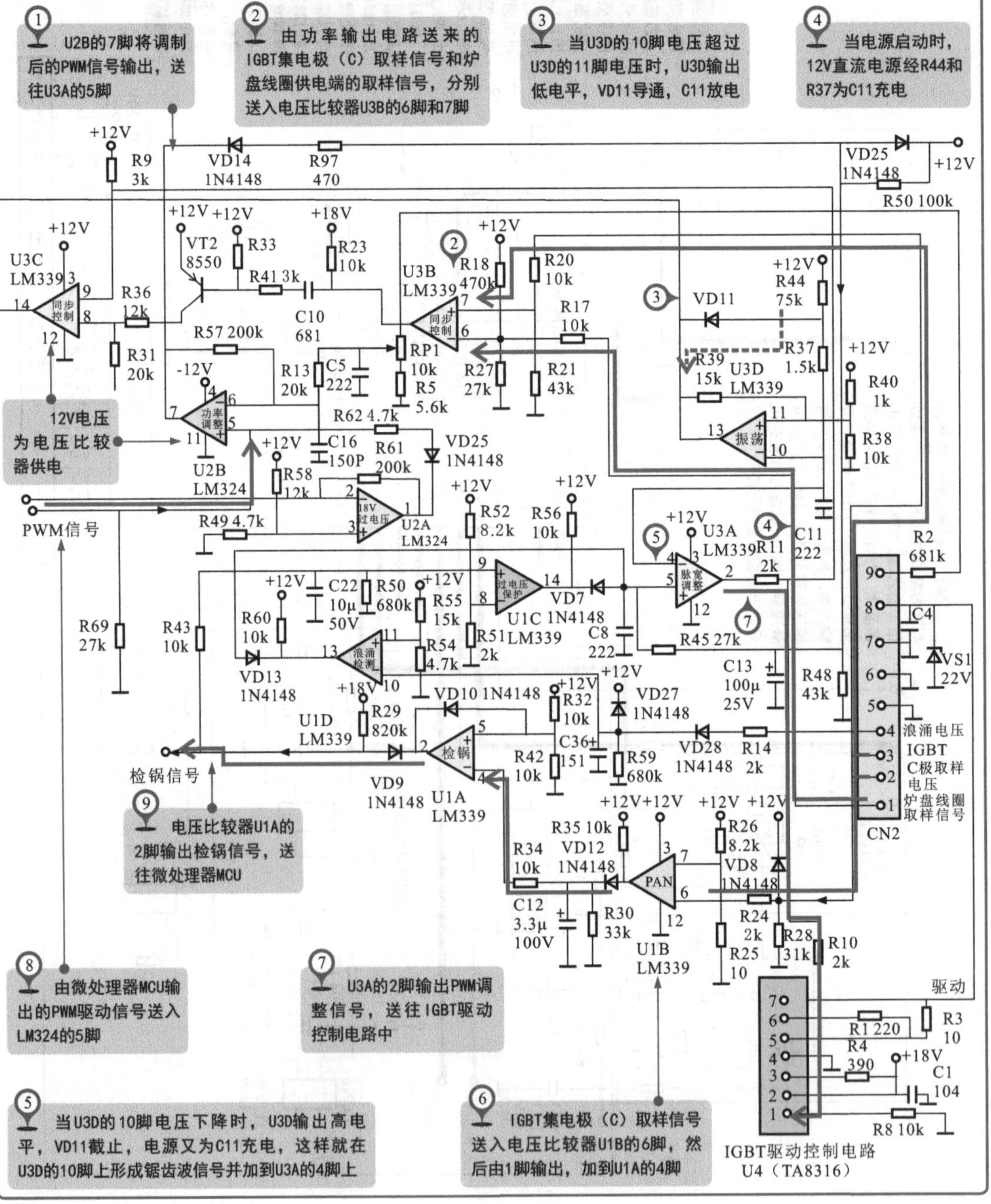

① U2B的7脚将调制后的PWM信号输出，送往U3A的5脚
② 由功率输出电路送来的IGBT集电极（C）取样信号和炉盘线圈供电端的取样信号，分别送入电压比较器U3B的6脚和7脚
③ 当U3D的10脚电压超过U3D的11脚电压时，U3D输出低电平，VD11导通，C11放电
④ 当电源启动时，12V直流电源经R44和R37为C11充电
12V电压为电压比较器供电
PWM信号
检锅信号
⑨ 电压比较器U1A的2脚输出检锅信号，送往微处理器MCU
⑧ 由微处理器MCU输出的PWM驱动信号送入LM324的5脚
⑦ U3A的2脚输出PWM调整信号，送往IGBT驱动控制电路中
⑤ 当U3D的10脚电压下降时，U3D输出高电平，VD11截止，电源又为C11充电，这样就在U3D的10脚上形成锯齿波信号并加到U3A的4脚上
⑥ IGBT集电极（C）取样信号送入电压比较器U1B的6脚，然后由1脚输出，加到U1A的4脚
U3C LM339
U3B LM339
U3D LM339
U3A LM339
U2B LM324
U2A LM324
U1C LM339
U1D LM339
U1A LM339
U1B LM339
同步控制
功率调整
振荡
脉宽调整
过电压保护
浪涌检测
检锅
18V过电压
PAN
CN2
浪涌电压
IGBT C极取样电压
炉盘线圈取样信号
驱动
IGBT驱动控制电路 U4（TA8316）

❸ 典型实用电压检测电路的原理分析

图5-33 典型实用电压检测电路的原理分析

图5-33为典型实用电压检测电路的原理分析。

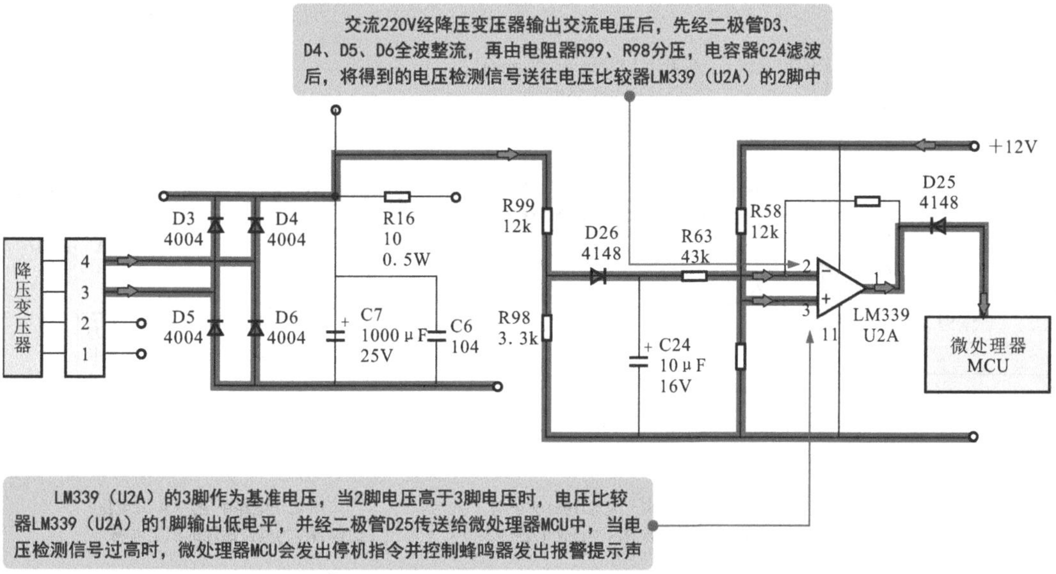

❹ 典型IGBT过压保护电路的原理分析

图5-34 典型实用IGBT过压保护电路的原理分析

图5-34为典型实用IGBT过压保护电路的原理分析。

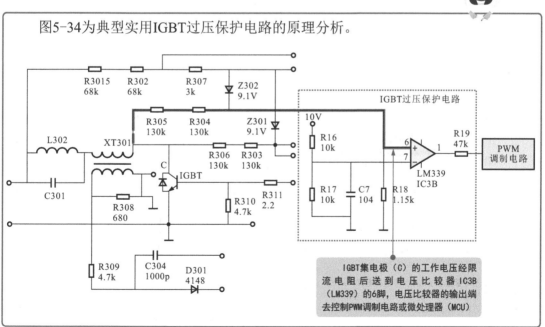

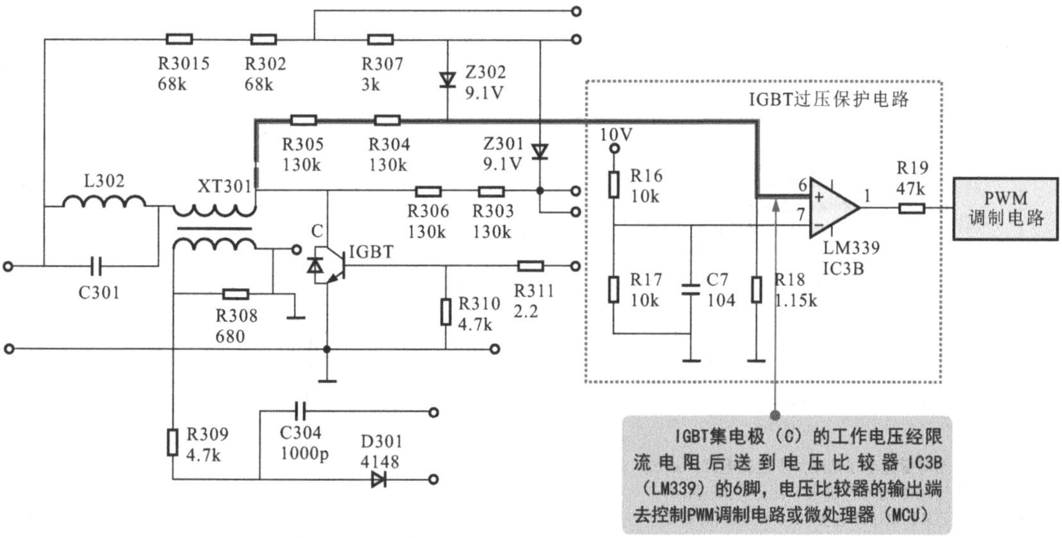

❺ 典型实用同步振荡电路的原理分析

图5-35 典型实用同步振荡电路的原理分析

图5-35为典型实用同步振荡电路的原理分析。

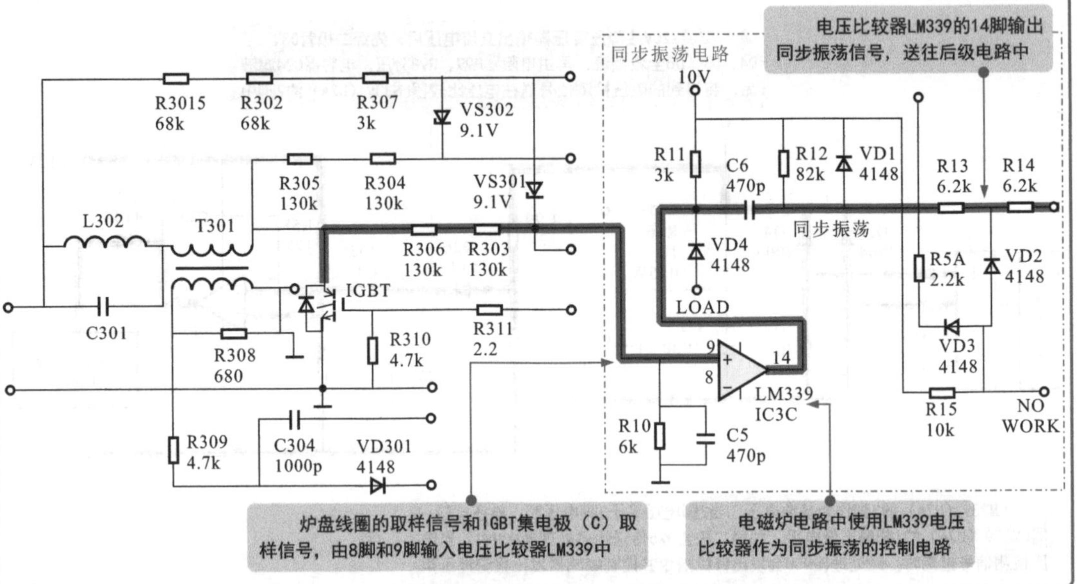

❻ 典型实用锅质检测电路的原理分析

图5-36 典型实用锅质检测电路的原理分析

图5-36为典型实用锅质检测电路的原理分析。

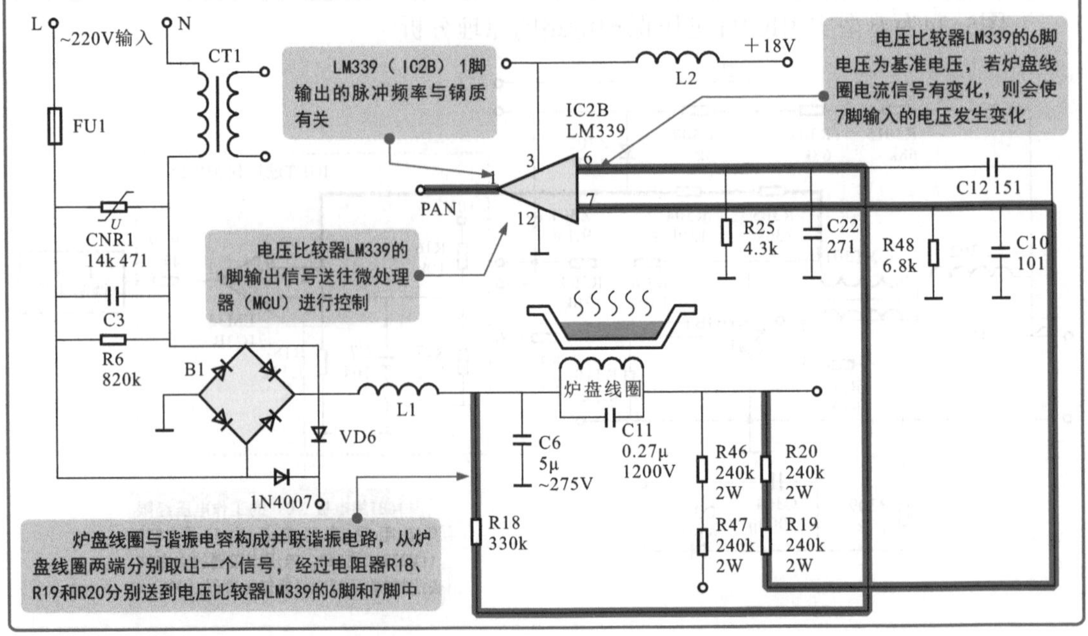

❼ 典型实用PWM调制电路的原理分析

图5-37 典型实用PWM调制电路的原理分析

图5-37为典型实用PWM调制电路的原理分析。

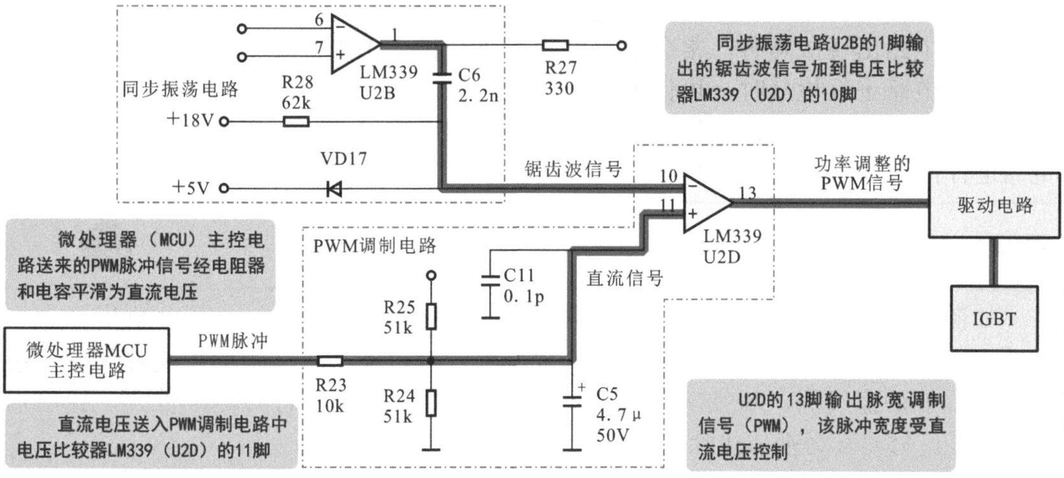

同步振荡电路
6
7
1
LM339
U2B
C6
2.2n
R27
330
R28
62k
+18V
VD17
+5V
锯齿波信号
10
11
13
LM339
U2D
功率调整的
PWM信号
驱动电路
IGBT
同步振荡电路U2B的1脚输出的锯齿波信号加到电压比较器LM339（U2D）的10脚
微处理器（MCU）主控电路送来的PWM脉冲信号经电阻器和电容平滑为直流电压
PWM调制电路
C11
0.1p
直流信号
R25
51k
微处理器MCU
主控电路
PWM脉冲
R23
10k
R24
51k
C5
4.7μ
50V
直流电压送入PWM调制电路中电压比较器LM339（U2D）的11脚
U2D的13脚输出脉宽调制信号（PWM），该脉冲宽度受直流电压控制

❽ 典型实用浪涌保护电路的原理分析

图5-38 典型实用浪涌保护电路的原理分析

图5-38为典型实用浪涌保护电路的原理分析。

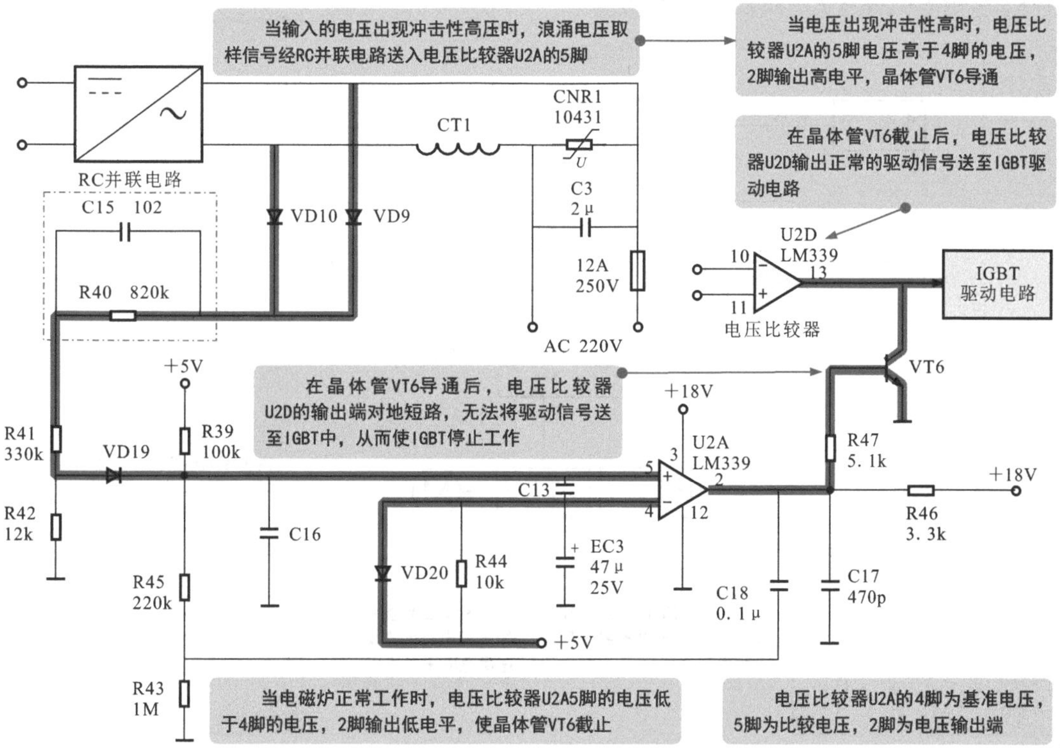

当输入的电压出现冲击性高压时，浪涌电压取样信号经RC并联电路送入电压比较器U2A的5脚
当电压出现冲击性高时，电压比较器U2A的5脚电压高于4脚的电压，2脚输出高电平，晶体管VT6导通
在晶体管VT6截止后，电压比较器U2D输出正常的驱动信号送至IGBT驱动电路
CT1
CNR1
10431
C3
2μ
12A
250V
AC 220V
RC并联电路
C15 102
R40 820k
VD10
VD9
U2D
LM339
10
11
13
电压比较器
IGBT
驱动电路
VT6
+5V
在晶体管VT6导通后，电压比较器U2D的输出端对地短路，无法将驱动信号送至IGBT中，从而使IGBT停止工作
+18V
R41
330k
VD19
R39
100k
U2A
LM339
3
5
2
4
12
R47
5.1k
+18V
R46
3.3k
C13
R42
12k
C16
VD20
R44
10k
EC3
47μ
25V
C18
0.1μ
C17
470p
R45
220k
+5V
R43
1M
当电磁炉正常工作时，电压比较器U2A5脚的电压低于4脚的电压，2脚输出低电平，使晶体管VT6截止
电压比较器U2A的4脚为基准电压，5脚为比较电压，2脚为电压输出端

5.3 主控电路的故障检修

5.3.1 主控电路的检修分析

主控电路出现故障时，常会引起电磁炉不开机、不加热、无锅不报警等故障。在对主控电路进行检修时，可依据具体的故障表现以及主控电路的控制关系，按主控电路的信号流程，分析产生故障的原因，整理出检修要点，根据各个检修要点对电路进行检测和排查，最终排除故障。

图5-39 主控电路的检修分析

如图5-39所示，对电源电路进行检修时，可依据具体的故障表现分析出产生故障的原因。然后根据功率输出电路的信号流程，对可能产生故障的相关部件逐一进行排查。如炉盘线圈、高频谐振电容、IGBT、阻尼二极管（即检测部件），找出损坏元器件，修复和替换后排除故障。

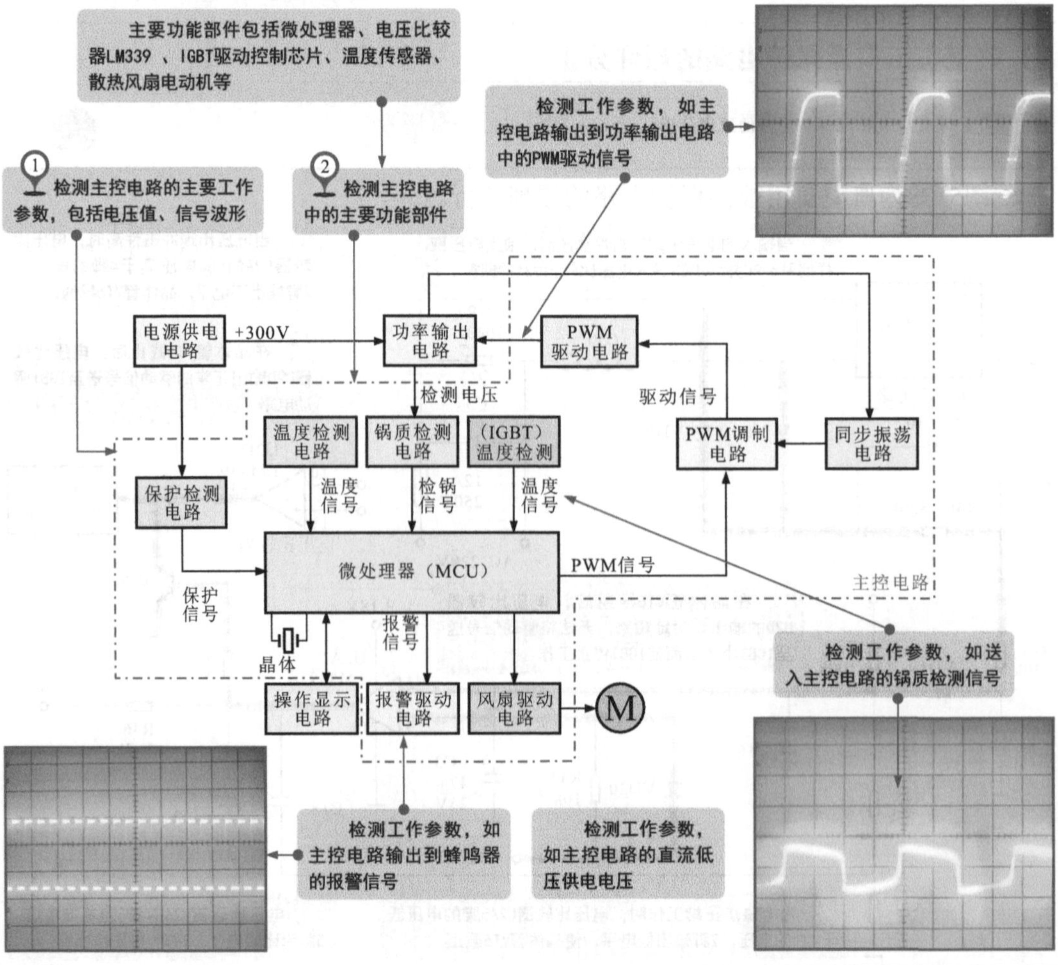

主要功能部件包括微处理器、电压比较器LM339 、IGBT驱动控制芯片、温度传感器、散热风扇电动机等
检测工作参数，如主控电路输出到功率输出电路中的PWM驱动信号
① 检测主控电路的主要工作参数，包括电压值、信号波形
② 检测主控电路中的主要功能部件
电源供电电路
+300V
功率输出电路
PWM驱动电路
检测电压
驱动信号
温度检测电路
锅质检测电路
（IGBT）温度检测
PWM调制电路
同步振荡电路
保护检测电路
温度信号
检锅信号
温度信号
微处理器（MCU）
PWM信号
主控电路
保护信号
晶体
报警信号
检测工作参数，如送入主控电路的锅质检测信号
操作显示电路
报警驱动电路
风扇驱动电路
M
检测工作参数，如主控电路输出到蜂鸣器的报警信号
检测工作参数，如主控电路的直流低压供电电压

5.3.2 主控电路的检修方法

❶ 主控电路PWM驱动信号的检测方法

图5-40 主控电路PWM驱动信号的检测方法

如图5-40所示，检测主控电路输出的PWM驱动信号，一般可采用示波器检测法，即将示波器探头搭在主控电路的PWM信号输出端引脚上，正常情况下，应能够检测到相应的信号波形。

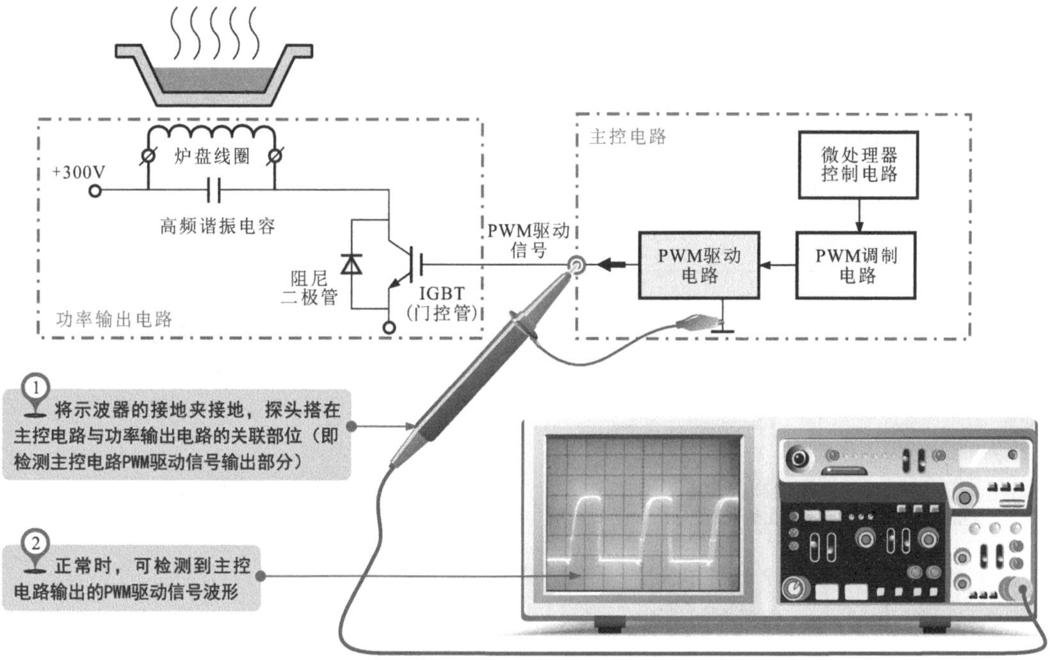

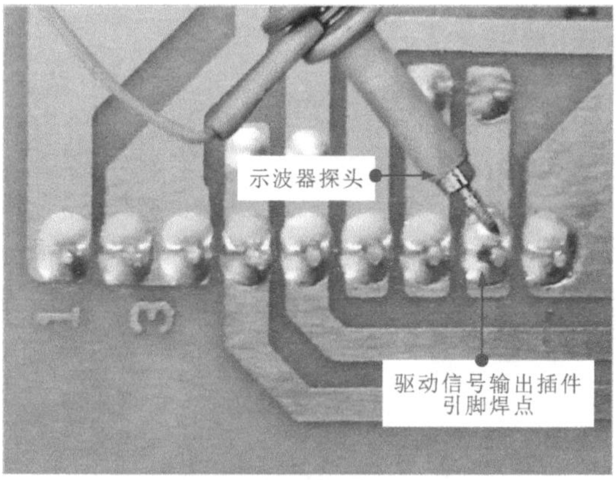

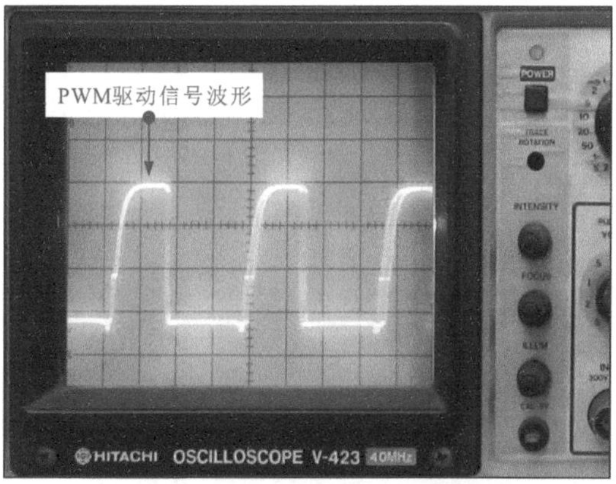

将示波器的接地夹接地，探头搭在主控电路与功率输出电路的关联部位（即检测主控电路PWM驱动信号输出部分）

观察示波器显示屏，应能够测得相应的PWM驱动信号波形（也可在IGBT的控制极进行测量）

❷ 主控电路其他关键信号的检测方法

如图5-41所示，采用同样的方法在微处理器相关引脚上其他关键控制或驱动信号。如检测晶振信号、同步振荡信号、蜂鸣器信号、锅质检测信号等。

图5-41 主控电路其他关键信号的检测方法

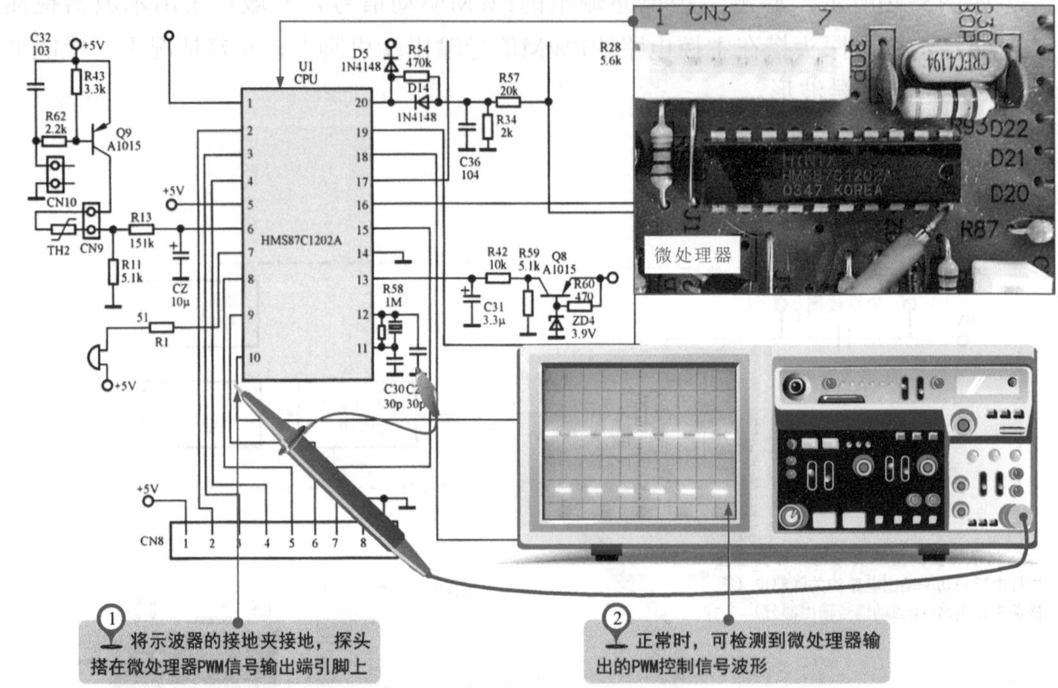

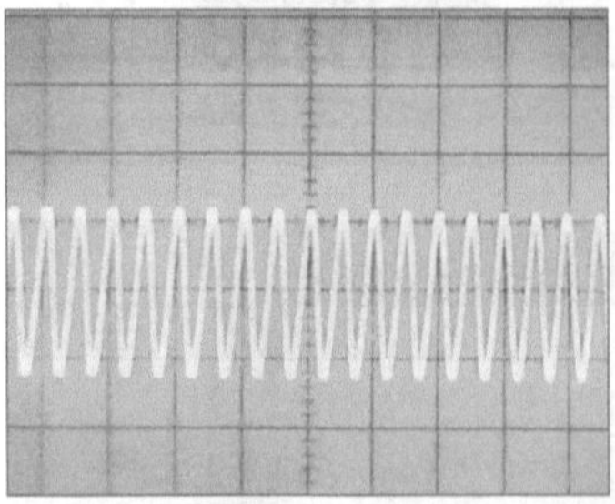
晶体时钟信号波形

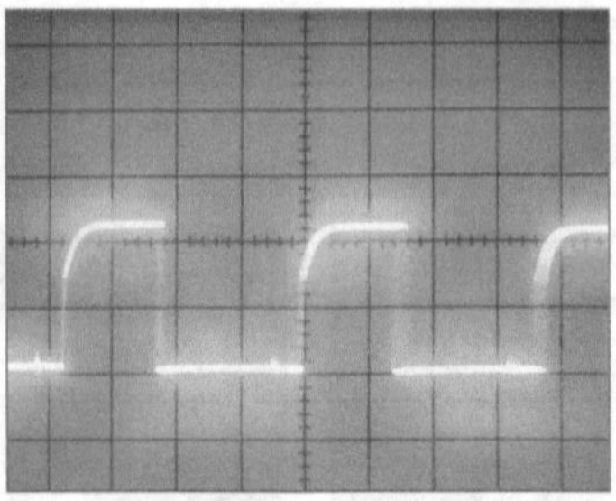
同步振荡电路输出信号波形

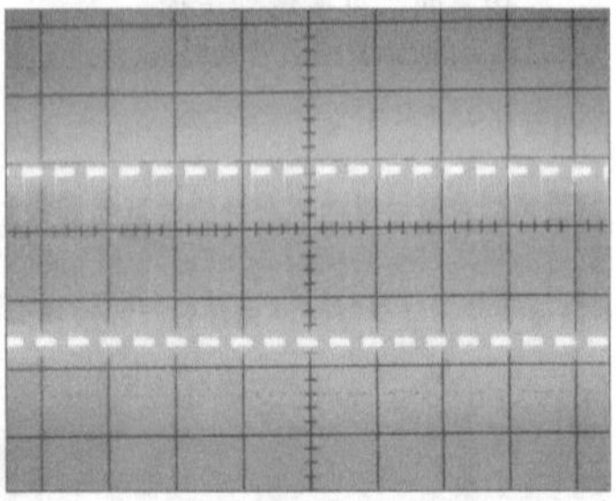
蜂鸣器驱动信号波形

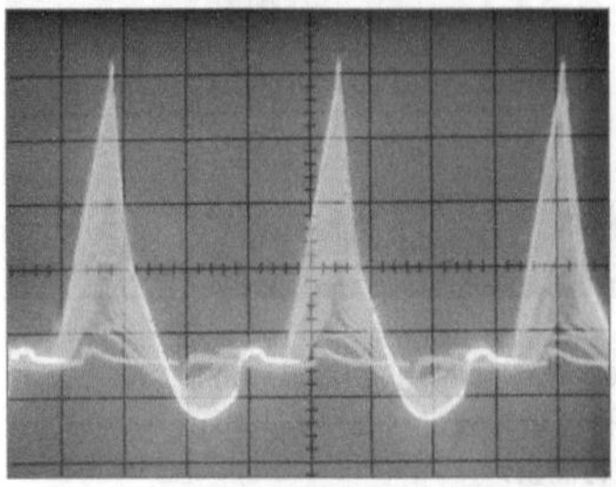
电流检测变压器输出信号波形

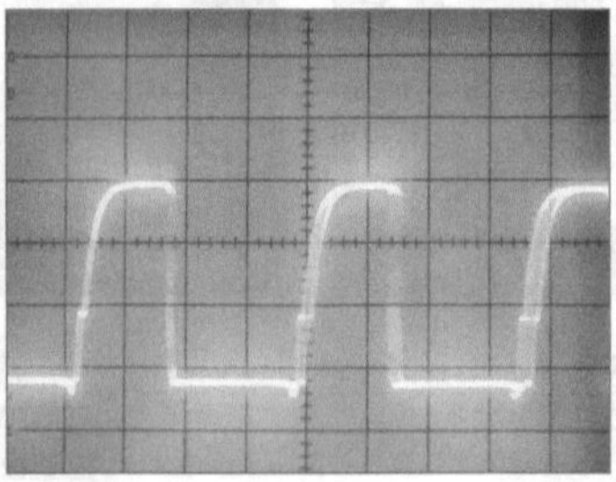
PWM驱动信号波形

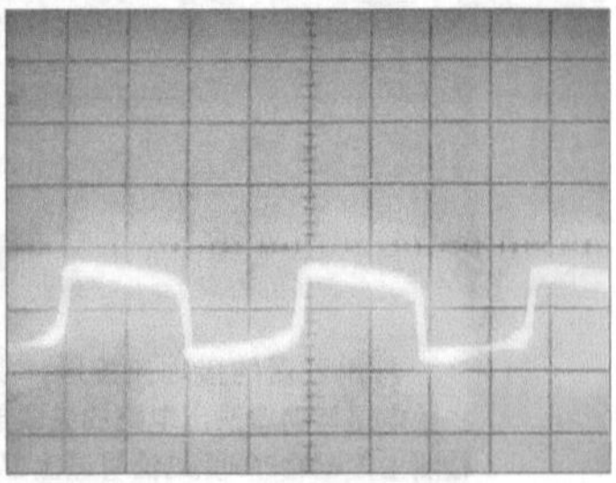
检锅信号波形

❸ 主控电路供电电压的检测方法

如图5-42所示，若主控电路无驱动信号输出时，首先怀疑主控电路未进入工作状态，应检测主控电路直流供电电压。

正常情况下，电磁炉中的电源供电电路为主控电路提供5V、10V、16V、12V、18 V直流电压，可用万用表在主控电路供电插件处进行检测，若电压正常，说明主控电路的基本供电条件正常；若无电压则应检测电源供电电路部分。

图5-42 主控电路供电电压的检测方法

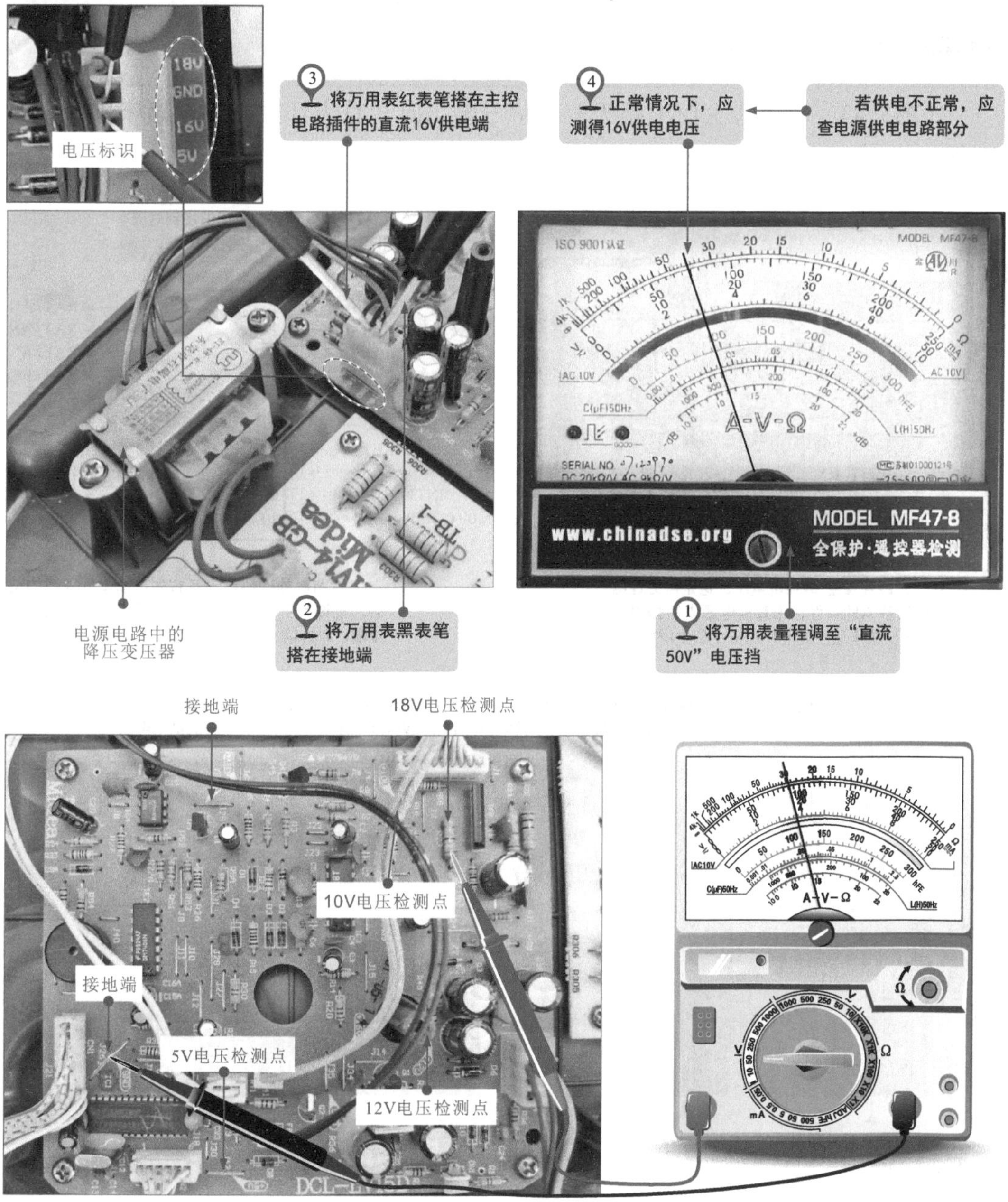

18V
GND
16V
5V
电压标识
③ 将万用表红表笔搭在主控电路插件的直流16V供电端
④ 正常情况下，应测得16V供电电压
若供电不正常，应查电源供电电路部分
MODEL MF47-8
www.chinadse.org
全保护·遥控器检测
电源电路中的降压变压器
② 将万用表黑表笔搭在接地端
① 将万用表量程调至“直流50V”电压挡
接地端
18V电压检测点
10V电压检测点
接地端
5V电压检测点
12V电压检测点

❹ 主控电路中微处理器的检测方法

微处理器在检测及主控电路中乃至电磁炉整机中都是非常重要的器件。一般情况下微处理器的故障率较低，但一旦损坏将会引起电路出现所有可能的故障，例如不能开机、控制功能失常、屡次击穿IGBT、显示异常、检锅异常、开机报警、显示故障代码等。

当怀疑微处理器异常时，首先应对其基本工作条件进行检测，即检测供电电压、复位电压和时钟信号（也称为晶振信号），在三大工作条件满足的前提下，微处理器不工作，则多为微处理器本身损坏。

图5-43 主控电路中微处理器供电电压的检测方法

如图5-43所示，若主控电路无驱动信号输出时，首先怀疑主控电路未进入工作状态，应检测主控电路直流供电电压。

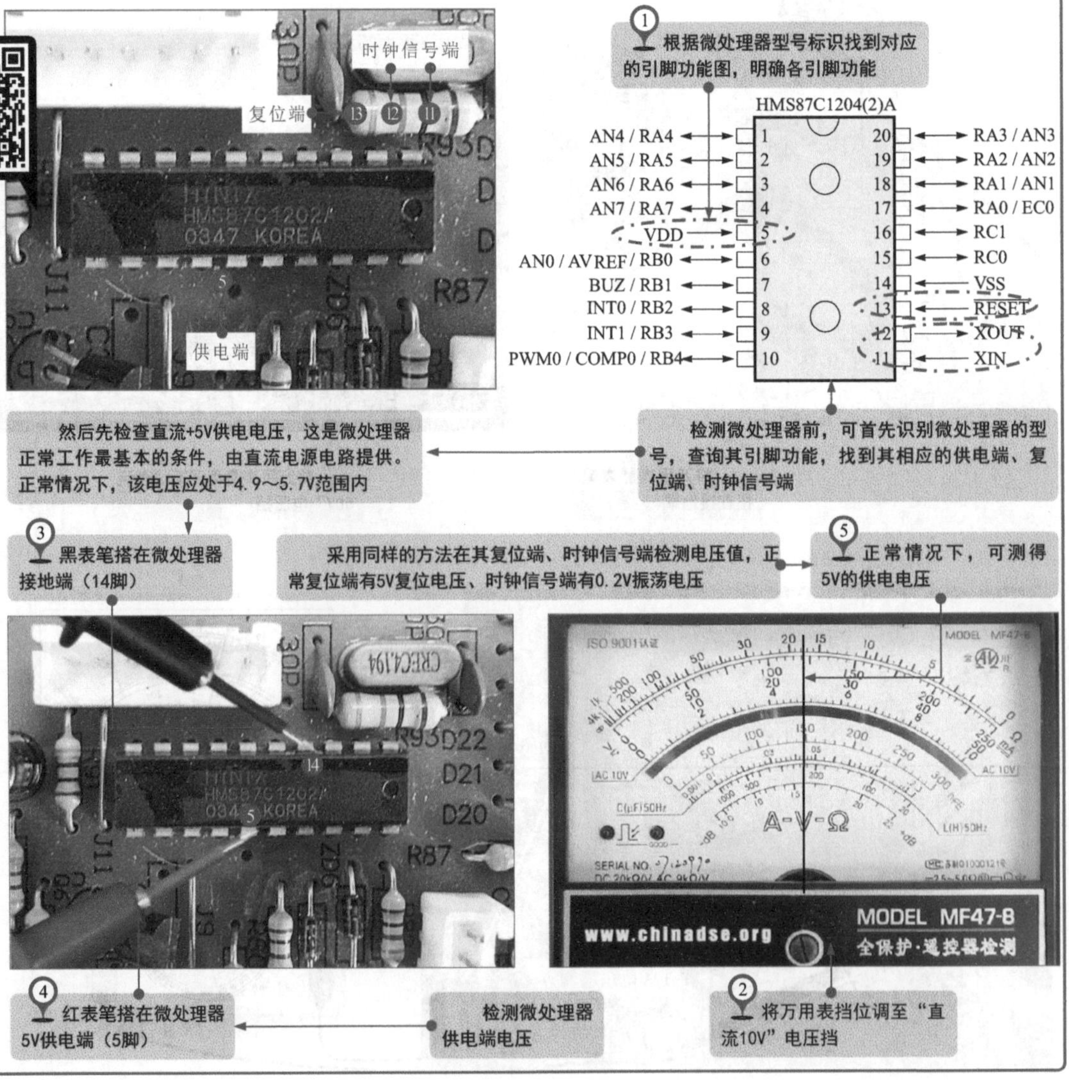

时钟信号端
复位端
供电端
① 根据微处理器型号标识找到对应的引脚功能图，明确各引脚功能
HMS87C1204(2)A
AN4 / RA4
AN5 / RA5
AN6 / RA6
AN7 / RA7
VDD
AN0 / AVREF / RB0
BUZ / RB1
INT0 / RB2
INT1 / RB3
PWM0 / COMP0 / RB4
RA3 / AN3
RA2 / AN2
RA1 / AN1
RA0 / EC0
RC1
RC0
VSS
RESET
XOUT
XIN
然后先检查直流+5V供电电压，这是微处理器正常工作最基本的条件，由直流电源电路提供。正常情况下，该电压应处于4.9～5.7V范围内
检测微处理器前，可首先识别微处理器的型号，查询其引脚功能，找到其相应的供电端、复位端、时钟信号端
③ 黑表笔搭在微处理器接地端（14脚）
采用同样的方法在其复位端、时钟信号端检测电压值，正常复位端有5V复位电压、时钟信号端有0.2V振荡电压
⑤ 正常情况下，可测得5V的供电电压
MODEL MF47-8
www.chinadse.org
全保护·遥控器检测
④ 红表笔搭在微处理器5V供电端（5脚）
检测微处理器供电端电压
② 将万用表挡位调至“直流10V”电压挡

如图5-44所示，复位电压是微处理器正常工作的必备条件之一，判断微处理器的复位电压是否正常，可借助指针万用表进行检测，即在开机瞬间用万用表监测微处理器复位端的电平变化。

图5-44 主控电路中微处理器复位电压的检测方法

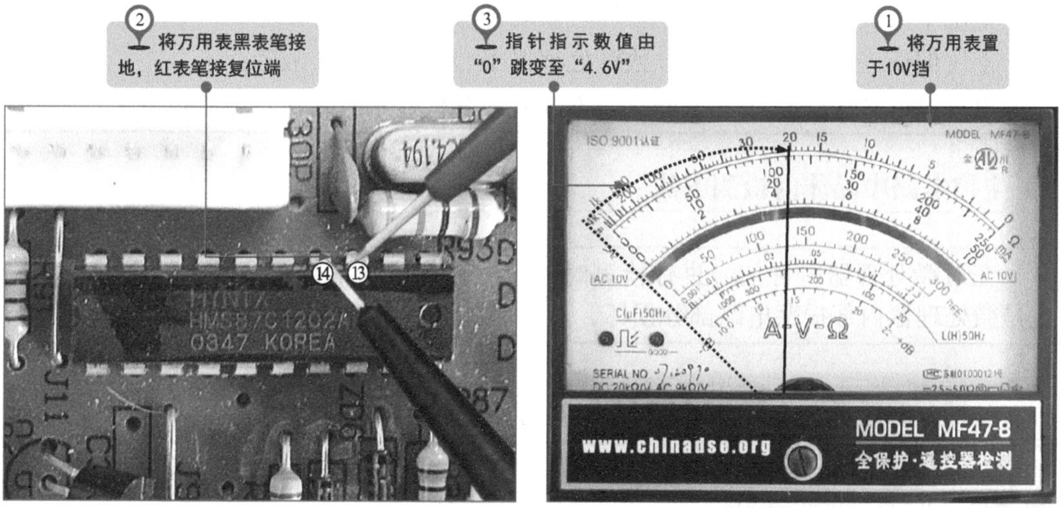
② 将万用表黑表笔接地，红表笔接复位端
③ 指针指示数值由“0”跳变至“4.6V”
① 将万用表置于10V挡
⑭ ⑬
HMS87C1202A
0347 KOREA
A-V-Ω
MODEL MF47-8
www.chinadse.org
全保护·遥控器检测

若检测过程中的复位电压从"0"跳变至"4.6V"（个别为从"0"跳变至"3.7V"）说明复位电压正常。若无复位电压，则应检测复位电路中的主要元件，如检查复位电容有无击穿或漏电、复位晶体管有无开路或漏电、外围的电阻器有无断路或阻值变大情况等。

❺ 主控电路中时钟信号的检测方法

如图5-45所示，时钟信号是微处理器工作的另一个基本条件，若该信号异常，将引起微处理器不工作或控制功能错乱等现象。一般可用示波器检测微处理器时钟信号端的信号波形或晶体引脚的信号波形进行判断。

图5-45 主控电路中微处理器复位电压的检测方法

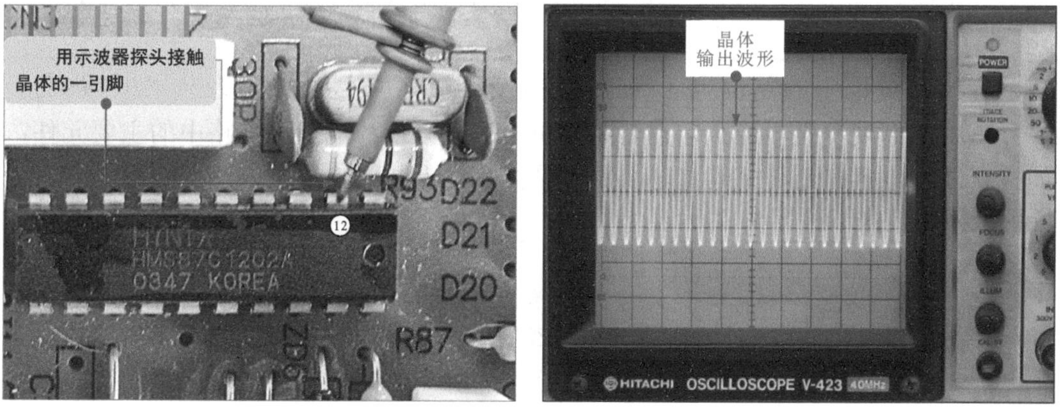
用示波器探头接触晶体的一引脚
⑫
HMS87C1202A
0347 KOREA
晶体输出波形
HITACHI OSCILLOSCOPE V-423 40MHz

若经检测微处理器的直流供电电压正常，则表明前级供电电路部分正常，应进一步检测微处理器的其他工作条件；若经检测无直流供电或直流供电异常，则应对前级供电电路中的相关部件进行检查，排除故障。

微处理器的+5V供电电压过高或过低，都将导致微处理器不能正常工作。根据维修经验，一般情况下：

供电电压过高（高于5.7V）将导致微处理器击穿损坏；

电压偏低（低于4.9V）将导致微处理器不启动、不工作故障；

电压过低（低于4.7V）可能引起不开机或开机显示故障代码等故障。

❻ 主控电路中晶体的检测方法

在对微处理器时钟信号进行检测时，若时钟信号异常，可能是晶体损坏，也可能是微处理器内部振荡电路部分损坏。可对晶体进一步进行检测。

如图5-46所示，使用万用表对晶体进行检测。

图5-46 主控电路中晶体的检测方法

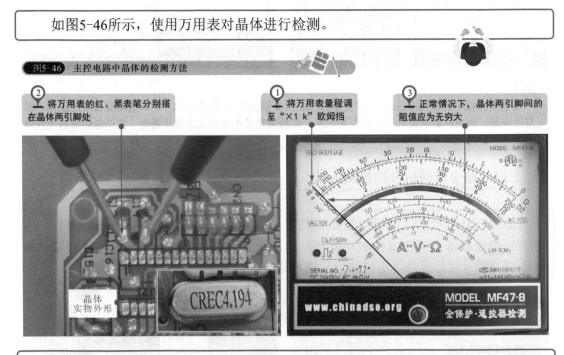

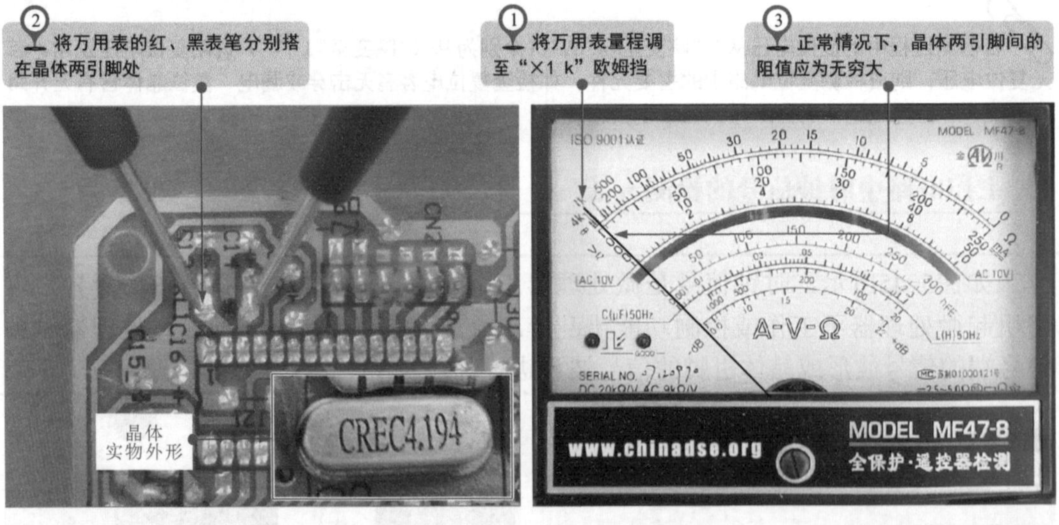

② 将万用表的红、黑表笔分别搭在晶体两引脚处
① 将万用表量程调至“×1 k”欧姆挡
③ 正常情况下，晶体两引脚间的阻值应为无穷大
晶体实物外形
CREC4.194
A-V-Ω
MODEL MF47-8
www.chinadse.org
MODEL MF47-8
全保护·遥控器检测

若检测过程中的复位电压从“0”跳变至“4.6V”（个别为从“0”跳变至“3.7V”）说明复位电压正常。若无复位电压，则应检测复位电路中的主要元件，如检查复位电容有无击穿或漏电、复位晶体管有无开路或漏电、外围的电阻器有无断路或阻值变大情况等。

若晶体异常，将会导致时钟信号的振荡频率失常；若时钟信号频率偏低，微处理器仍可启动工作，但将导致分频或PWM脉冲调制电路失常；若PWM脉宽变窄，可能引起电磁炉加热慢故障；若晶体损坏，将直接引起微处理器不工作，无法进入工作状态，电磁炉出现不启动、不开机故障。

❼ 主控电路中电压比较器的检测方法

对电压比较器的检测，一种方法是使用万用表对电压比较器各引脚的对地阻值进行测量；另一种方法是使用示波器检测电压比较器相应引脚的信号波形。

图5-47为电压比较器LM339的检测方法。

图5-47 电压比较器LM339的检测方法（阻值检测法）

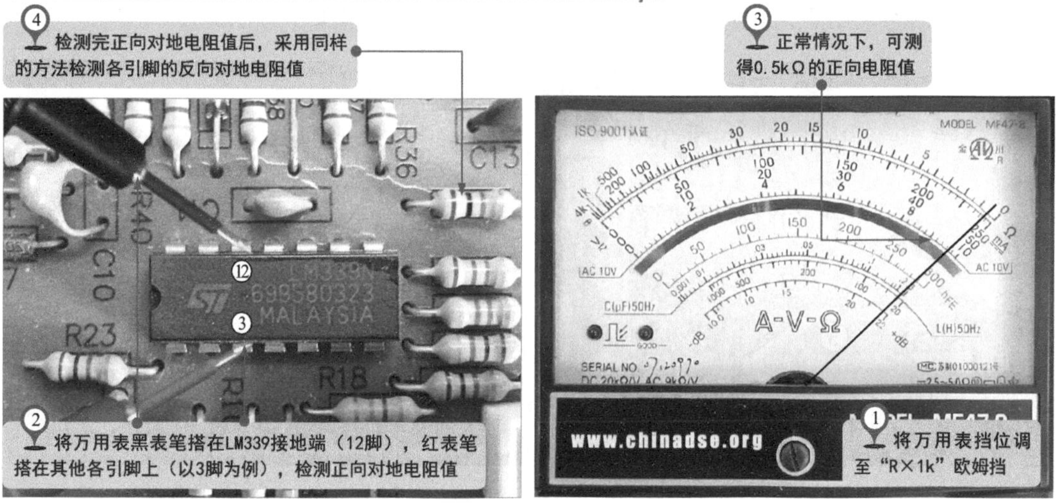
④ 检测完正向对地电阻值后，采用同样的方法检测各引脚的反向对地电阻值
③ 正常情况下，可测得0.5kΩ的正向电阻值
② 将万用表黑表笔搭在LM339接地端（12脚），红表笔搭在其他各引脚上（以3脚为例），检测正向对地电阻值
① 将万用表挡位调至“R×1k”欧姆挡
www.chinadse.org

引脚	对其阻值/kΩ	引脚	对地阻值/kΩ	引脚	对地阻值/kΩ	引脚	对地阻值/kΩ
1	7.4	5	7.4	9	4.5	13	5. 2
2	3	6	1.7	10	8.5	14	5. 4
3	2.9	7	4.5	11	7.4	—	—
4	5.5	8	9.4	12	0	—	—

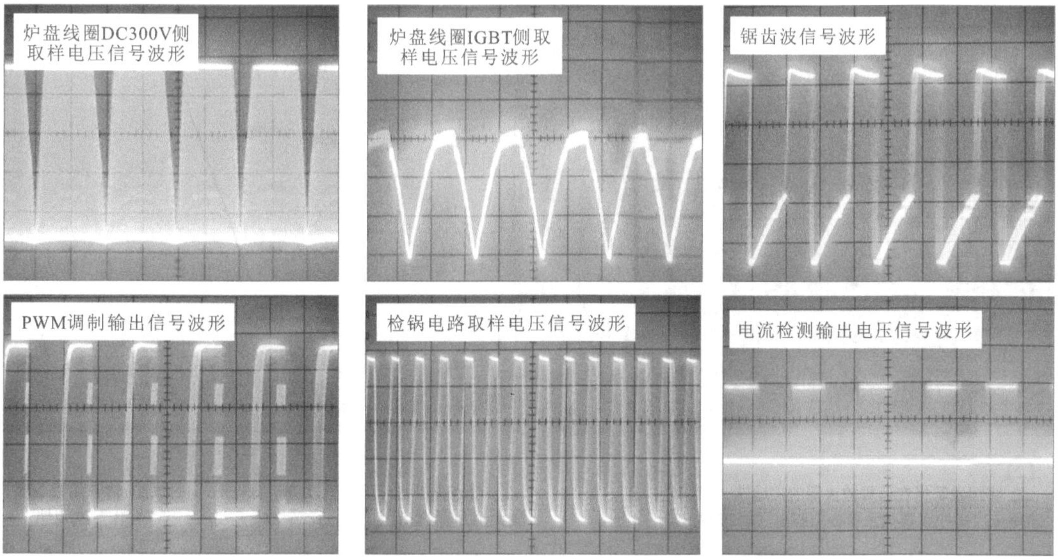
炉盘线圈DC300V侧取样电压信号波形
炉盘线圈IGBT侧取样电压信号波形
锯齿波信号波形
PWM调制输出信号波形
检锅电路取样电压信号波形
电流检测输出电压信号波形

❽ 主控电路中运算放大器的检测方法

运算放大器也属于故障概率较低的一种器件，出现异常主要会引起电磁炉功率不稳、温度异常保护等故障，一般可借助万用表检测其引脚对地电压或对地阻值的方法来判断好坏。

图5-48 运算放大器LM324的检测方法（直流电压）

图5-48为采用直流电压测量法检测运算放大器LM324操作方法。

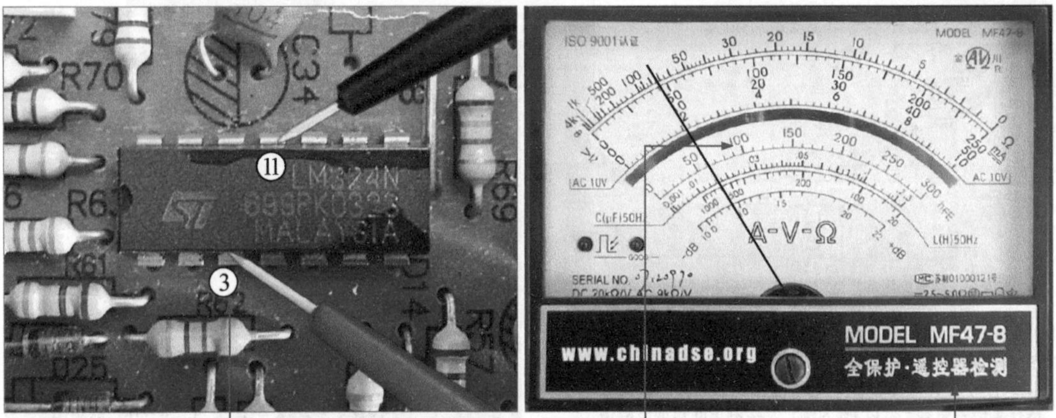
LM324N
www.chinadse.org
MODEL MF47-8
全保护·遥控器检测
② 将黑表笔搭在运算放大器的接地端（11脚），红表笔依次搭在运算放大器各引脚上（以3脚为例）
③ 观察指针指示位置，实测运算放大器3脚的直流电压约为2.1V
① 将万用表调至“直流10V”电压挡

图5-49 运算放大器LM324的检测方法（对地阻值）

图5-49为采用对地阻值测量法检测运算放大器LM324操作方法。

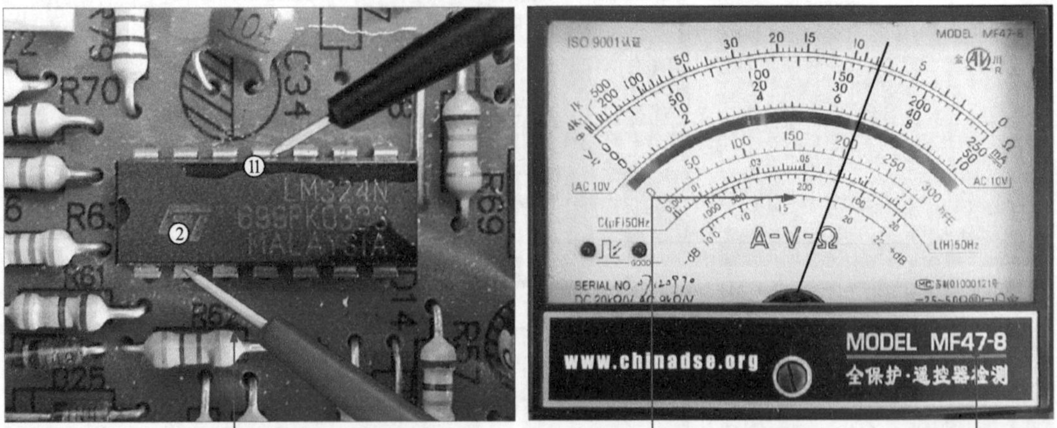
LM324N
www.chinadse.org
MODEL MF47-8
全保护·遥控器检测
② 将黑表笔搭在运算放大器的接地端（11脚），红表笔依次搭在运算放大器各引脚上（以2脚为例）
③ 观察指针指示位置，实测运算放大器2脚的直流电压约为7.6kΩ
① 将万用表调至“×1k”欧姆挡

❾ 主控电路中PWM信号驱动芯片的检测方法

对PWM信号驱动芯片进行检测，一般可在通电状态下检测其供电电压和输入端、输出端驱动信号。

图5-50为PWM信号驱动芯片的检测方法。

图5-50 PWM信号驱动芯片的检测方法

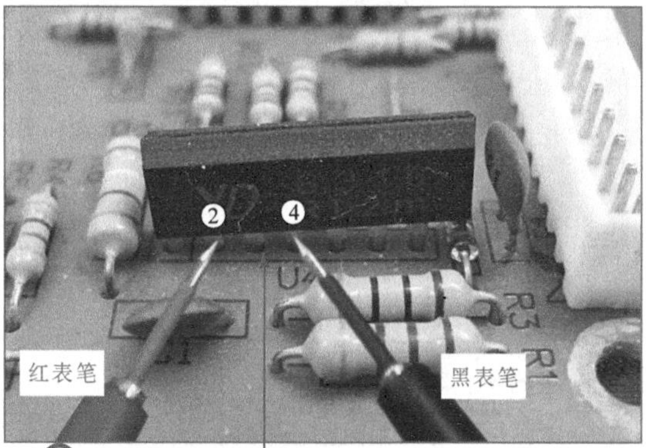

① 将万用表黑表笔搭在PWM信号驱动芯片的接地端（4脚），红表笔搭在供电端（2脚）

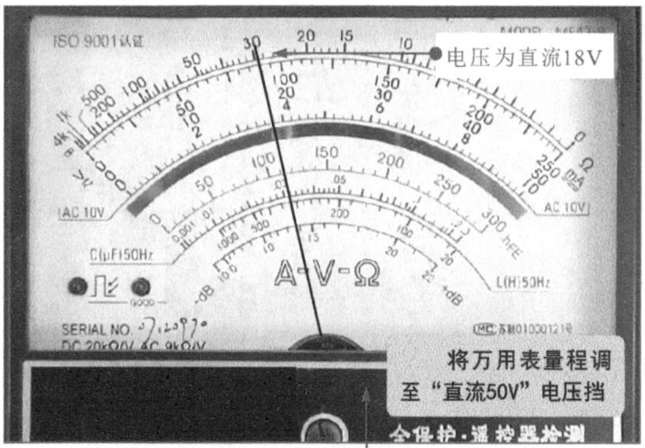

正常情况下，应可测得18V的供电电压。若供电电压不正常，则应检测电源供电电路部分

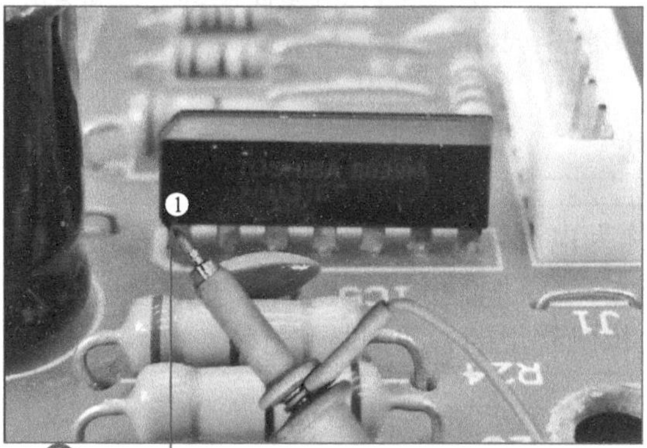

② 将示波器接地夹接地，探头搭在PWM信号驱动芯片PWM信号输入端的引脚（1脚）上

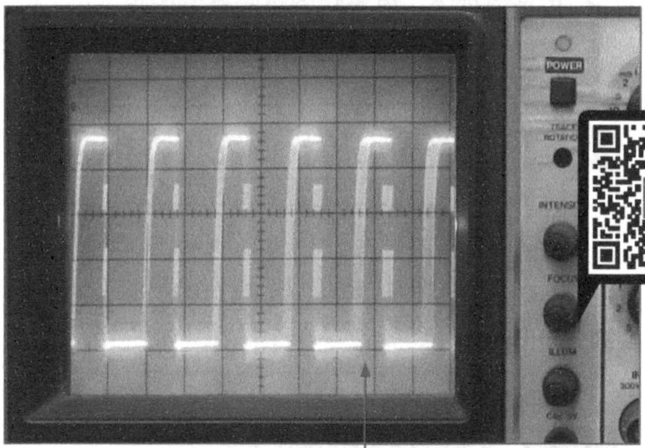

正常情况下应可测得前级送来的PWM信号波形。若输入端信号异常或无信号，则应查前一级电路

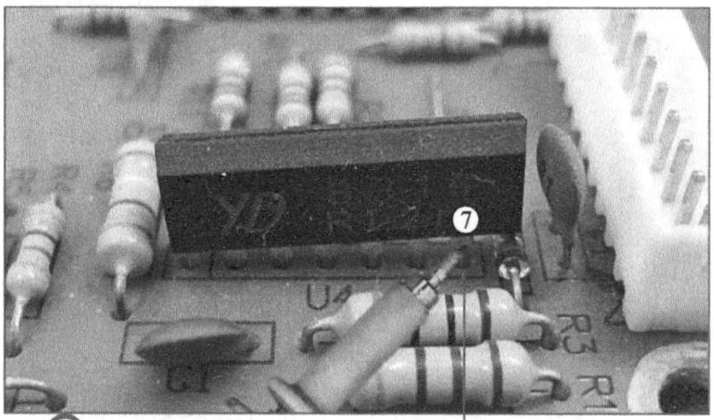

③ 将示波器接地夹接地，探头搭在PWM信号驱动芯片PWM驱动信号输出端的引脚（7脚）上

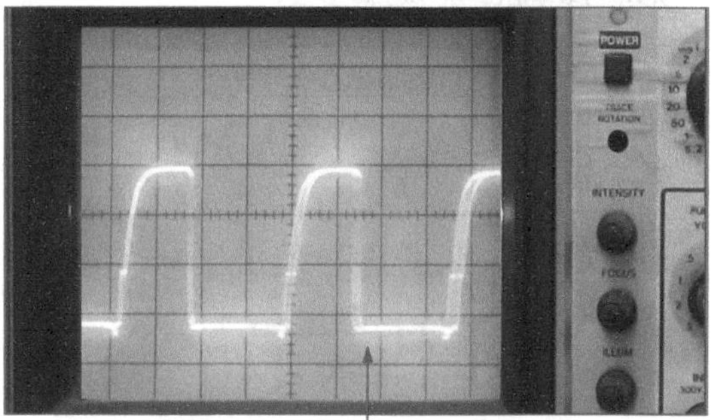

正常情况下应可测得芯片输出的PWM驱动信号波形。若供电、输入信号正常而无输出，则说明芯片损坏

⑩ 主控电路中蜂鸣器的检测方法

如图5-51所示，蜂鸣器是电磁炉中的报警元件，损坏概率低，出现异常主要表现在开机无提示音、无报警声等，可借助万用表检测阻值的方法判断蜂鸣器的好坏。

图5-51 蜂鸣器的检测方法

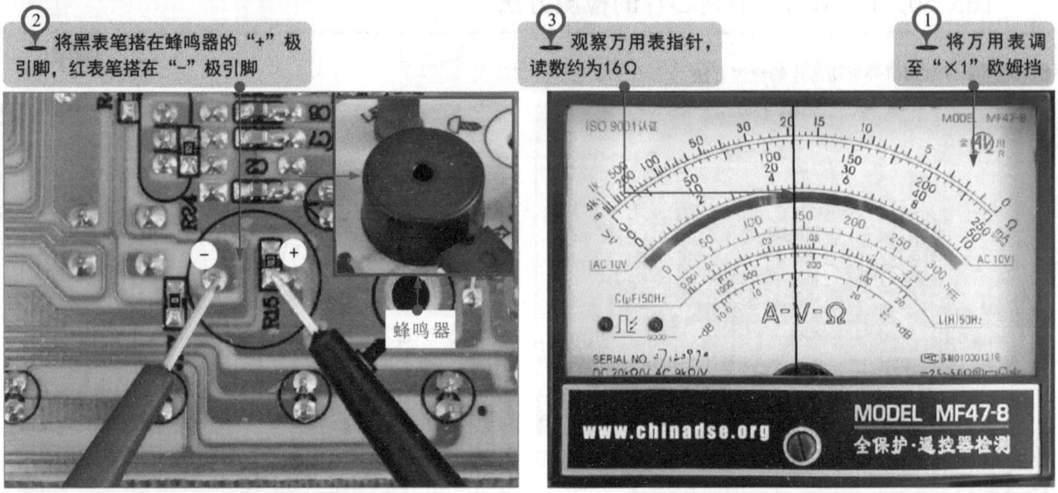

正常情况下，电磁炉内蜂鸣器的阻值为8Ω或16Ω，且当红表笔在"-"极引脚来回碰触时，能触发出"咔、咔"声，说明蜂鸣器正常，否则需要用同型号蜂鸣器进行代换。

⑪ 主控电路中电流检测变压器的检测方法

如图5-52所示，电流检测变压器（也称为电流互感器）是电磁炉中较易损坏的元件之一，其中较常见故障为二次侧绕组断路，进而引起电磁炉开机报警电路故障、间歇加热等，一般可通过测一次侧、二次侧绕组的方法判断其好坏。

图5-52 电流检测变压器的检测方法

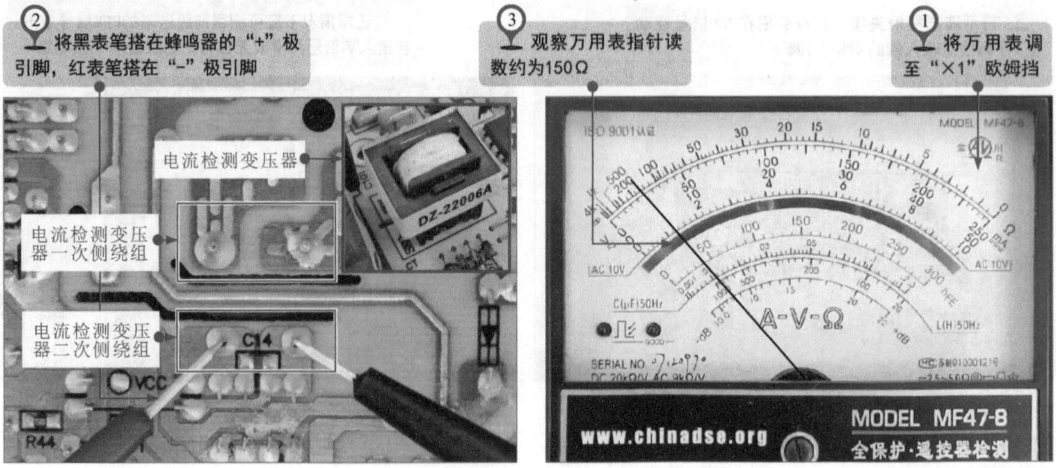

② 将黑表笔搭在蜂鸣器的“+”极引脚，红表笔搭在“-”极引脚
③ 观察万用表指针读数约为150Ω
① 将万用表调至“×1”欧姆挡
电流检测变压器
电流检测变压器一次侧绕组
电流检测变压器二次侧绕组
DZ-22006A
MODEL MF47-8
www.chinadse.org
全保护·遥控器检测

⑫ 主控电路中温度传感器的检测方法

如图5-53所示，对温度传感器进行检测，一般可在改变温度条件下检测其阻值变化情况来判断好坏。

图5-53 温度传感器的检测方法

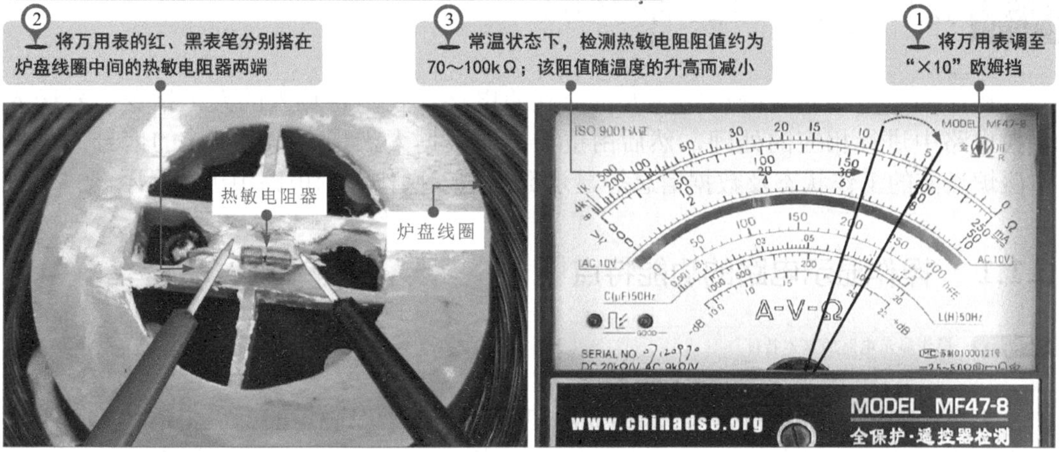

② 将万用表的红、黑表笔分别搭在炉盘线圈中间的热敏电阻器两端
③ 常温状态下，检测热敏电阻阻值约为70～100kΩ；该阻值随温度的升高而减小
① 将万用表调至“×10”欧姆挡
热敏电阻器
炉盘线圈
MODEL MF47-8
www.chinadse.org
全保护·遥控器检测

⑬ 主控电路中散热风扇的检测方法

如图5-54所示，怀疑风扇电动机异常时，可借助万用表检测散热风扇电动机的阻值，来判断散热风扇电动机是否正常。

图5-54 散热风扇的检测方法

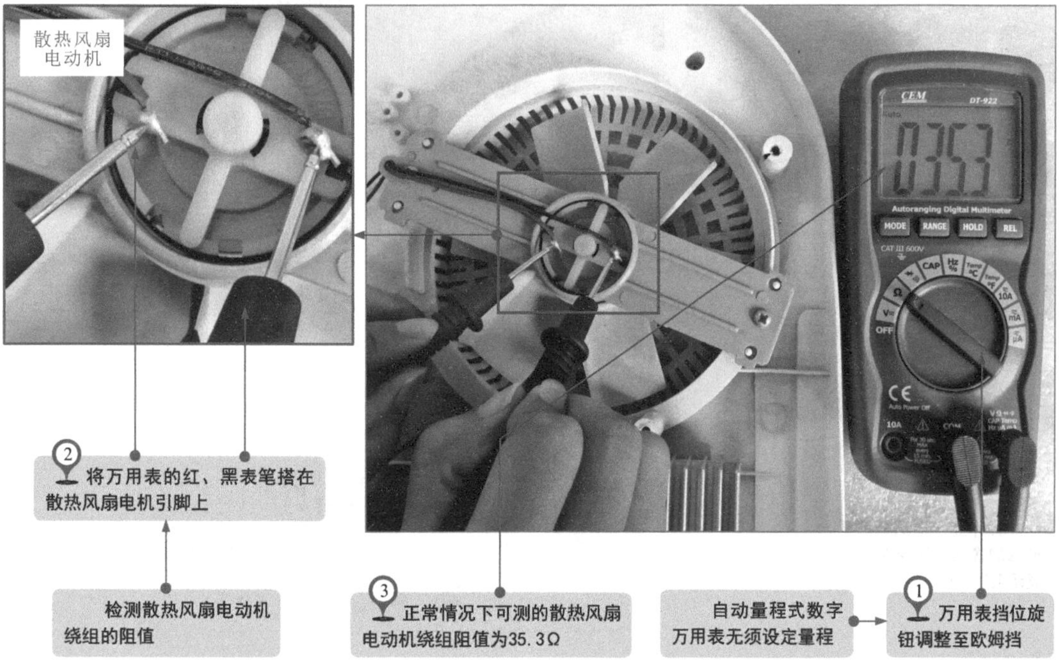

散热风扇电动机
② 将万用表的红、黑表笔搭在散热风扇电机引脚上
检测散热风扇电动机绕组的阻值
③ 正常情况下可测的散热风扇电动机绕组阻值为35.3Ω
自动量程式数字万用表无须设定量程
① 万用表挡位旋钮调整至欧姆挡

第6章 电磁炉操作显示电路的故障检修

6.1 操作显示电路的结构组成

操作显示电路是电磁炉实现人机交互的电路，它是将输入的人工指令信号送入主控电路中进行相应的处理，然后由主控电路根据人工指令输出相应的信号，并将电磁炉当前的工作状态及数据信息等显示数据送入操作显示电路中进行显示。

6.1.1 操作显示电路的功能特点

图6-1 操作显示电路的基本特征

如图6-1所示，电磁炉中的操作显示电路通常位于电磁炉的上盖中，一般单独设置在一个独立的电路板上，打开电磁炉的外壳后，即可以在操作面板下方找到操作显示电路。

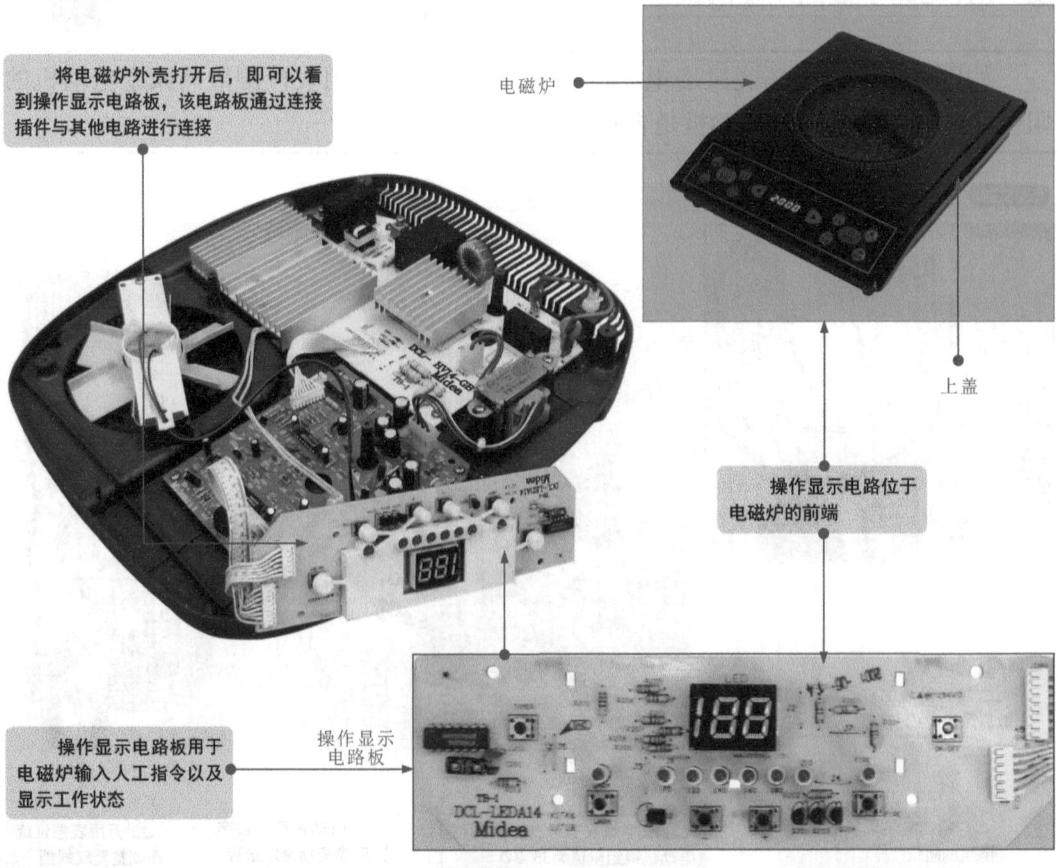
将电磁炉外壳打开后，即可以看到操作显示电路板，该电路板通过连接插件与其他电路进行连接
电磁炉
上盖
操作显示电路位于电磁炉的前端
操作显示电路板用于电磁炉输入人工指令以及显示工作状态
操作显示电路板
DCL-LEDA14
Midea

图6-2为操作显示电路板与操作控制面板之间的对照关系。

图6-2 操作显示电路板与操作控制面板的对照关系

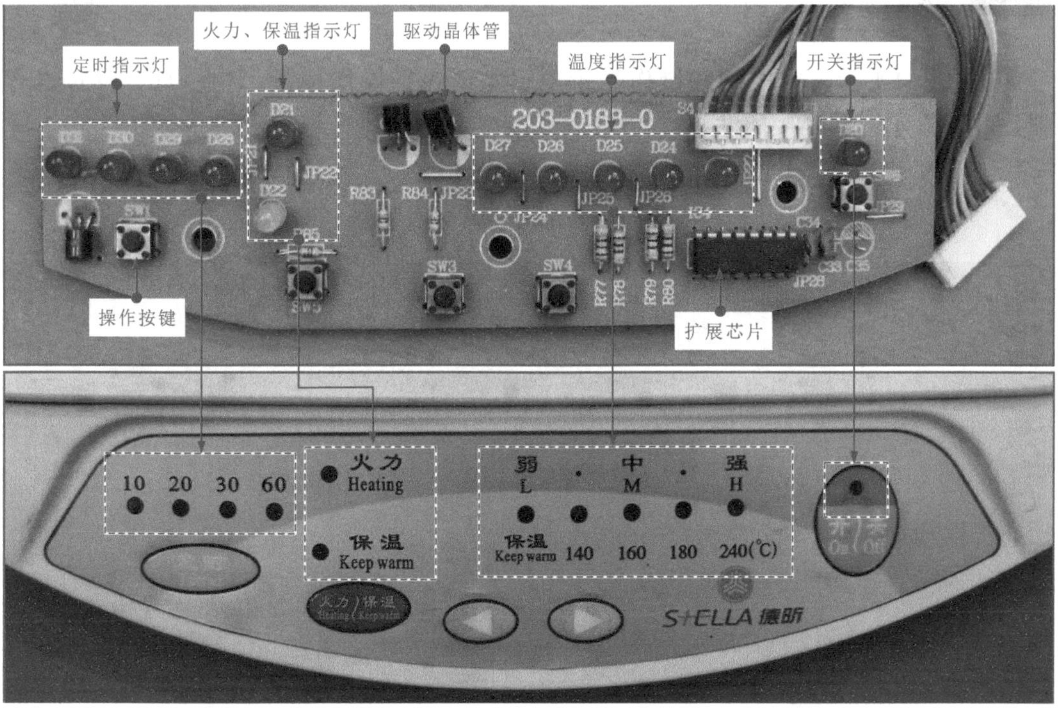

如图6-3所示，在电磁炉的操作显示电路中，各功能部件按一定的电路关系构成具有输入人工指令和显示功能的单元电路，从而完成人机交互的功能。

图6-3 操作显示电路的功能特点

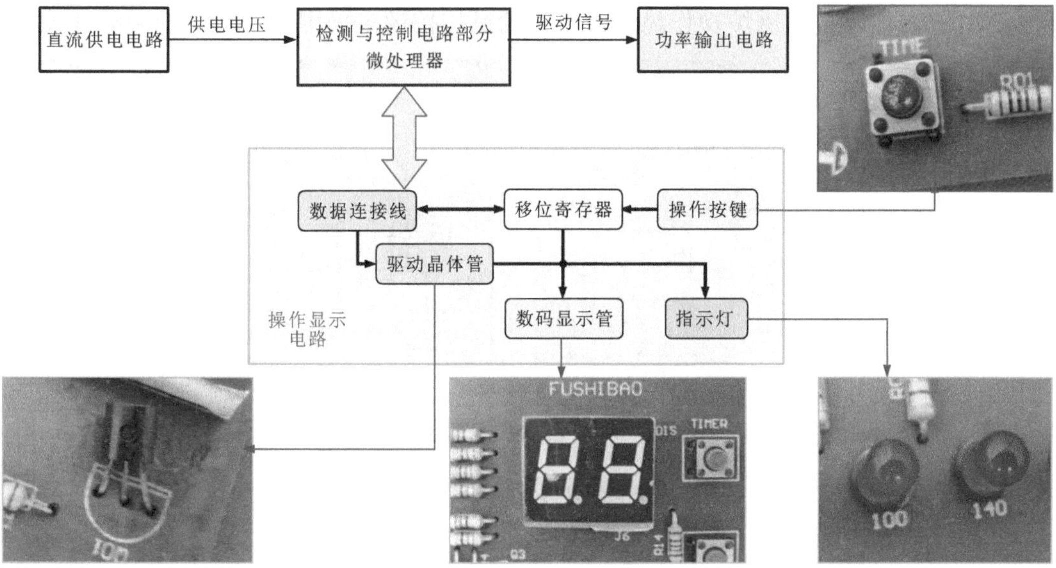

6.1.2 操作显示电路的结构组成

图6-4 操作显示电路的基本结构

如图6-4所示，电磁炉的操作显示电路主要包括操作按键、指示灯、移位寄存器、数码显示管及连接插件等。

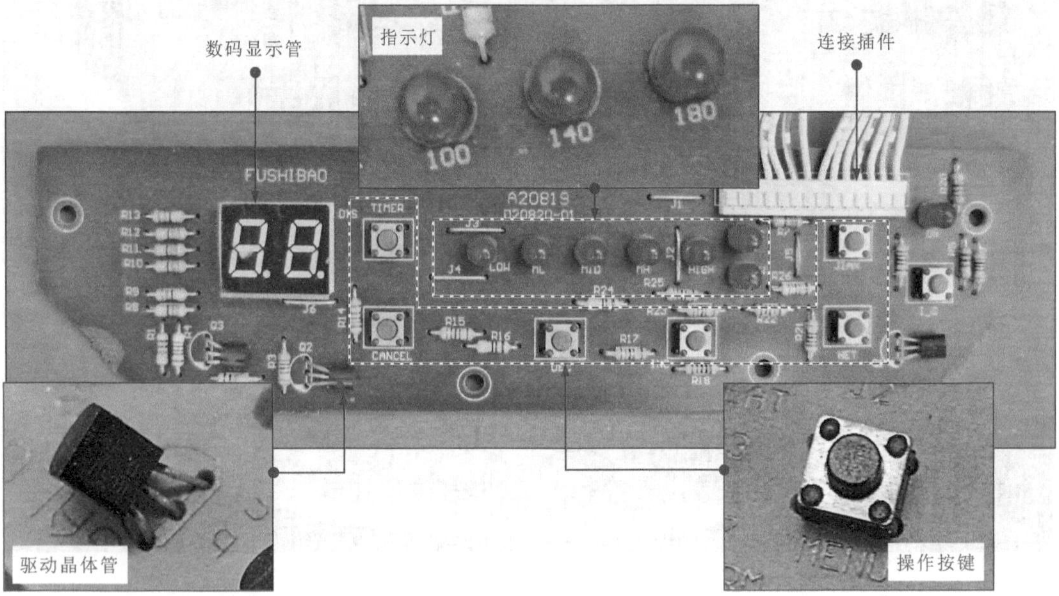

❶ 操作按键

图6-5 操作显示电路中的操作按键

如图6-5所示，电磁炉操作显示电路中的操作按键多采用四个引脚的微动开关。

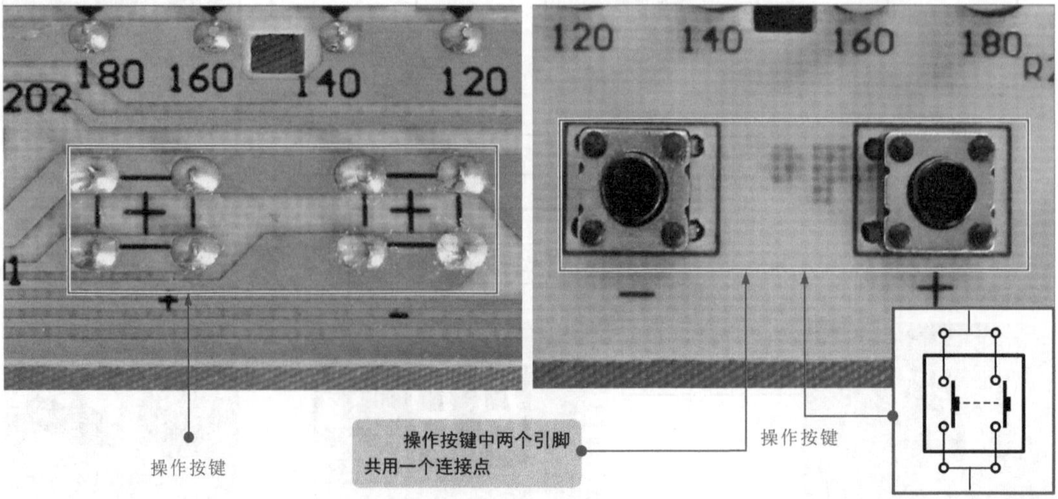

❷ 指示灯

如图6-6所示，电磁炉操作显示电路中的指示灯多采用发光二极管，主要用来显示电磁炉的工作状态。电磁炉在不同的工作状态下会有不同的指示灯点亮。

图6-6 操作显示电路中的指示灯

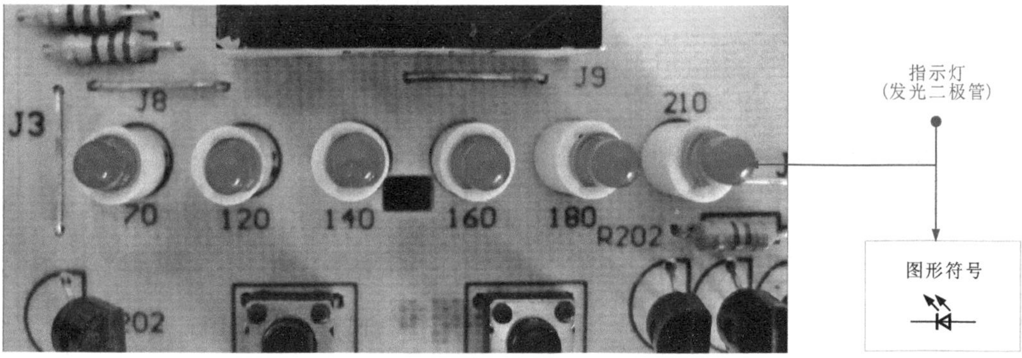

❸ 移位寄存器

如图6-7所示，移位寄存器也称为译码/编码器，它是主控和操作显示信号的转换电路，用于将微处理器输出的数字显示信号译码为具体的指示灯信号或数码管笔画信号，控制指示灯和数码显示管、显示屏的工作。

图6-7 操作显示电路中的移位寄存器

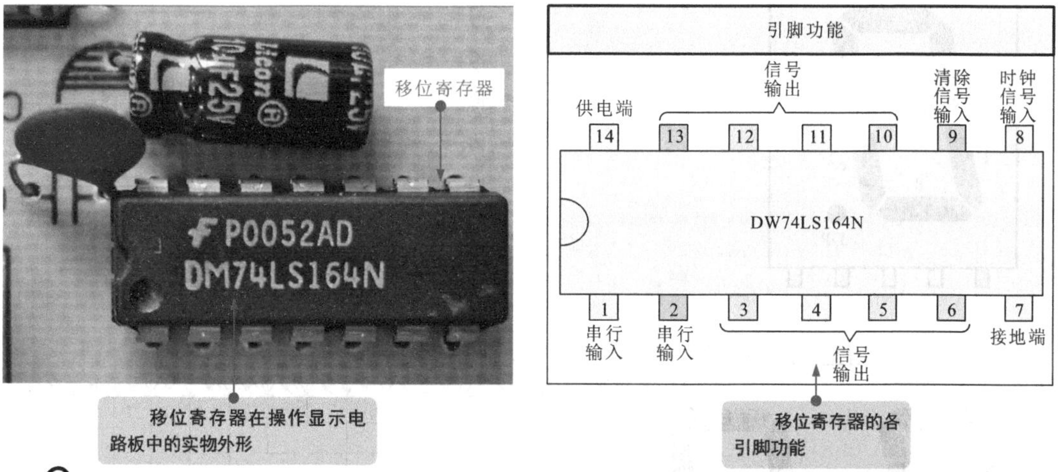

电磁炉操作显示电路中常用移位寄存器主要有CD4047、74HC1640、SN74LS164N、DM74LS164N、SG161AJ、AHC164、74LS164等。

另外，在电磁炉的操作显示电路中，有些操作显示电路设置有移位寄存器，有些操作显示电路中没有设置移位寄存器。其中，在带有移位寄存器的操作显示电路中，移位寄存器作为控制和显示信号的转换电路，工作时由微处理器向移位寄存器输出控制信号，再由移位寄存器对数码管、指示灯等进行控制；而对于不带有移位寄存器的电路，则由微处理器直接对数码管、指示灯等进行控制。

4 数码显示管

图6-8 操作显示电路中数码显示管的实物外形

如图6-8所示，电磁炉中的数码显示管主要用来显示电磁炉的工作时间，又可称为LED数码管，其内部的基本发光单元为发光二极管。

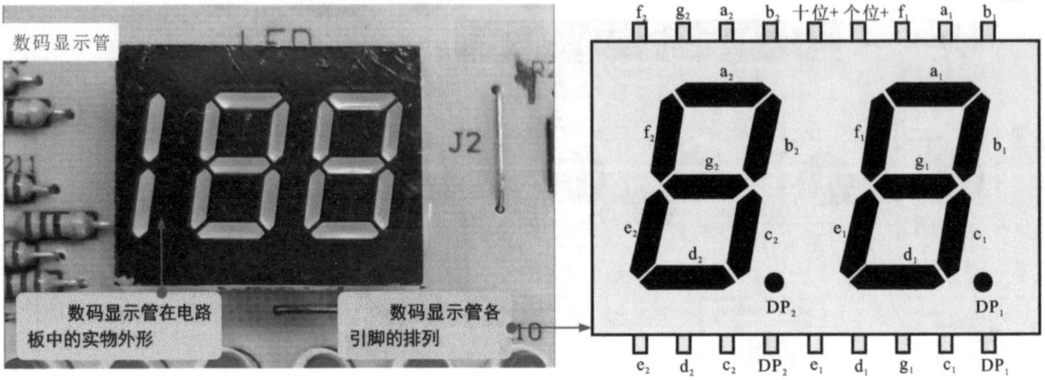

图6-9 数码显示管的内部结构

如图6-9所示，数码显示管按照其字符笔画段数的不同可以分为七段数码管和八段数码管两种，段是指数码管字符的笔画（a～g），八段数码管比七段数码管多一个发光二极管单元（多一个小数点显示DP）。

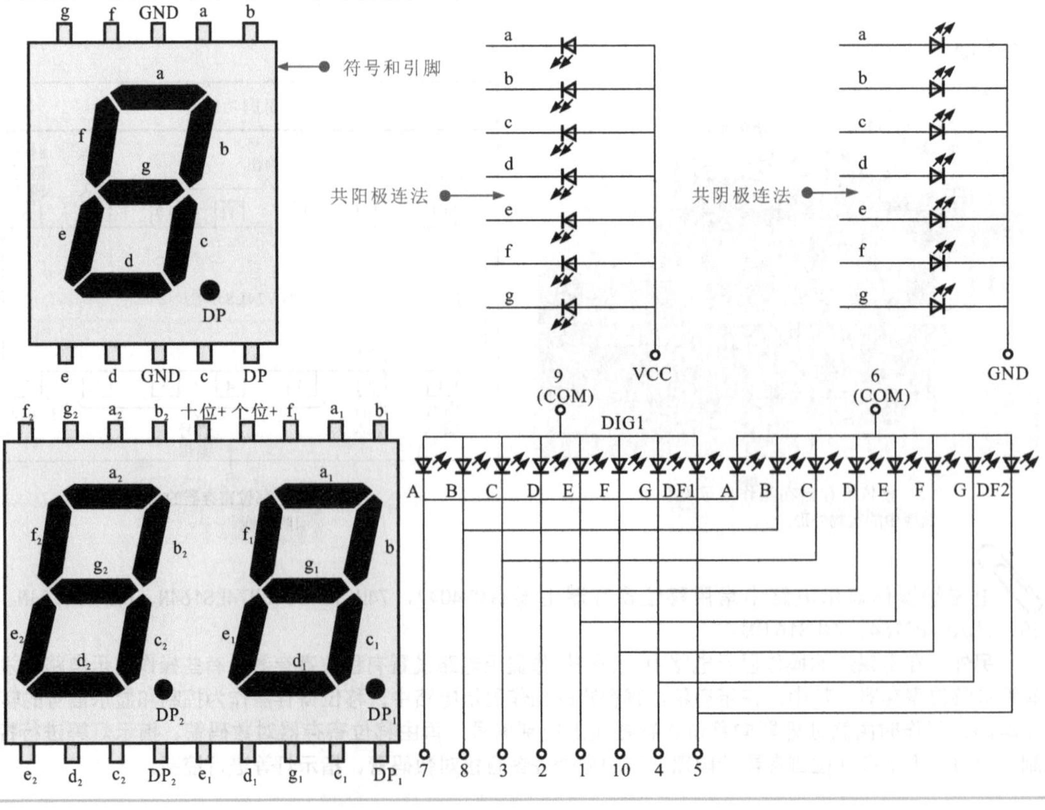

第6章 电磁炉操作显示电路的故障检修

❺ 驱动晶体管

　　如图6-10所示，电磁炉操作显示电路中的驱动晶体管是数码显示管的驱动器件，主要是为数码显示管提供驱动信号。

图6-10 操作显示电路中的驱动晶体管

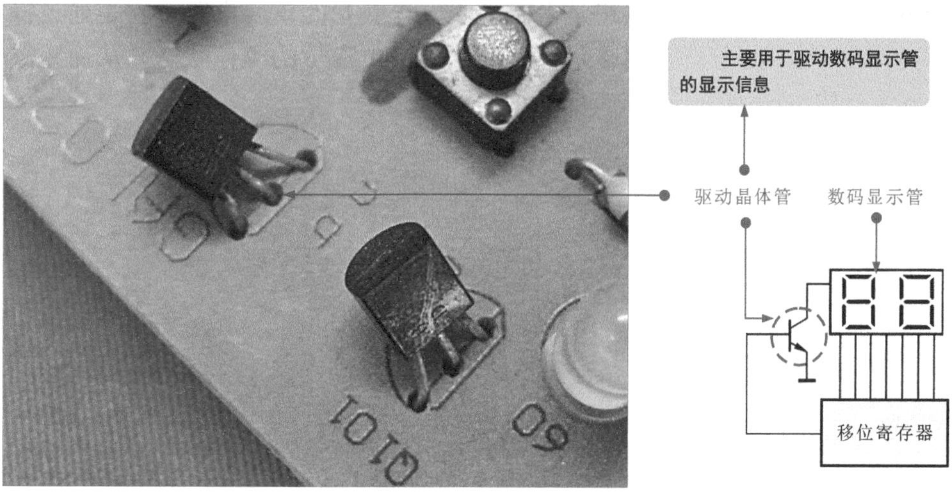

主要用于驱动数码显示管的显示信息

驱动晶体管　数码显示管

移位寄存器

❻ 连接插件

　　如图6-11所示，连接插件是设置在操作显示电路板上的一种接口，通过该接口及相应的数据线即可将操作显示电路与主电路板连接，并进行数据或信号的传送。

图6-11 操作显示电路中的连接插件

连接插件采用插接方式

连接插件将操作显示电路与其他电路板连接，并进行数据或信号的传送

RA7	1
+5V	2
GND	3
RA0	4
RC0	5
RC	6
RA1	7
RA2	8

检测和控制电路

连接插件焊接在电路板上

操作显示电路板

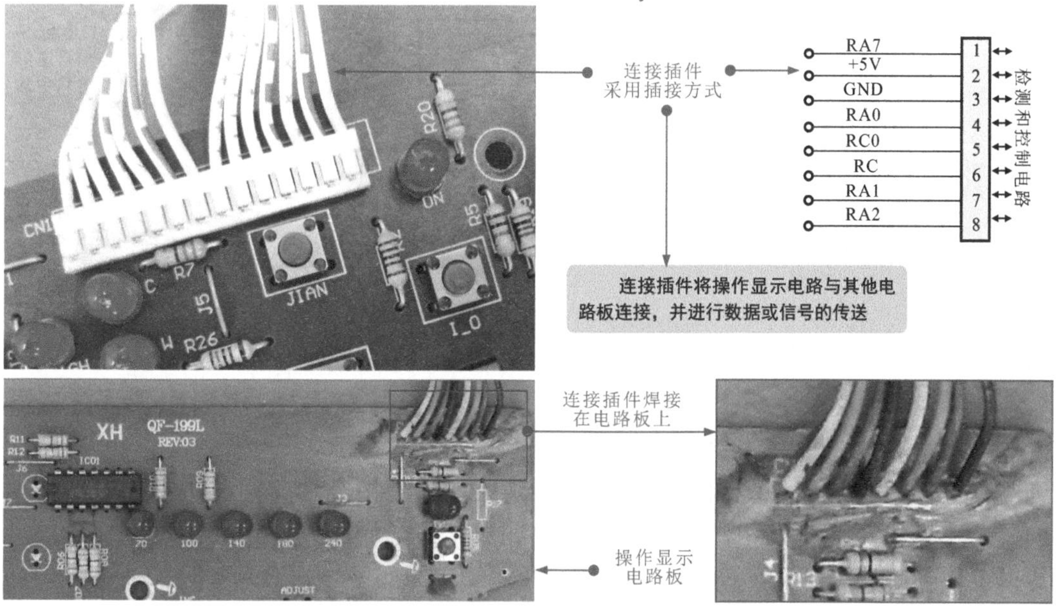

6.2 操作显示电路的工作原理

6.2.1 操作显示电路的信号流程

如图6-12所示，操作显示电路是电磁炉中人机交互的重要电路，它是通过操作按键送入相应的人工指令，并由显示部件显示当前电磁炉的工作状态，从而完成人与电磁炉之间的信息传递。

图6-12 操作显示电路的基本信号流程

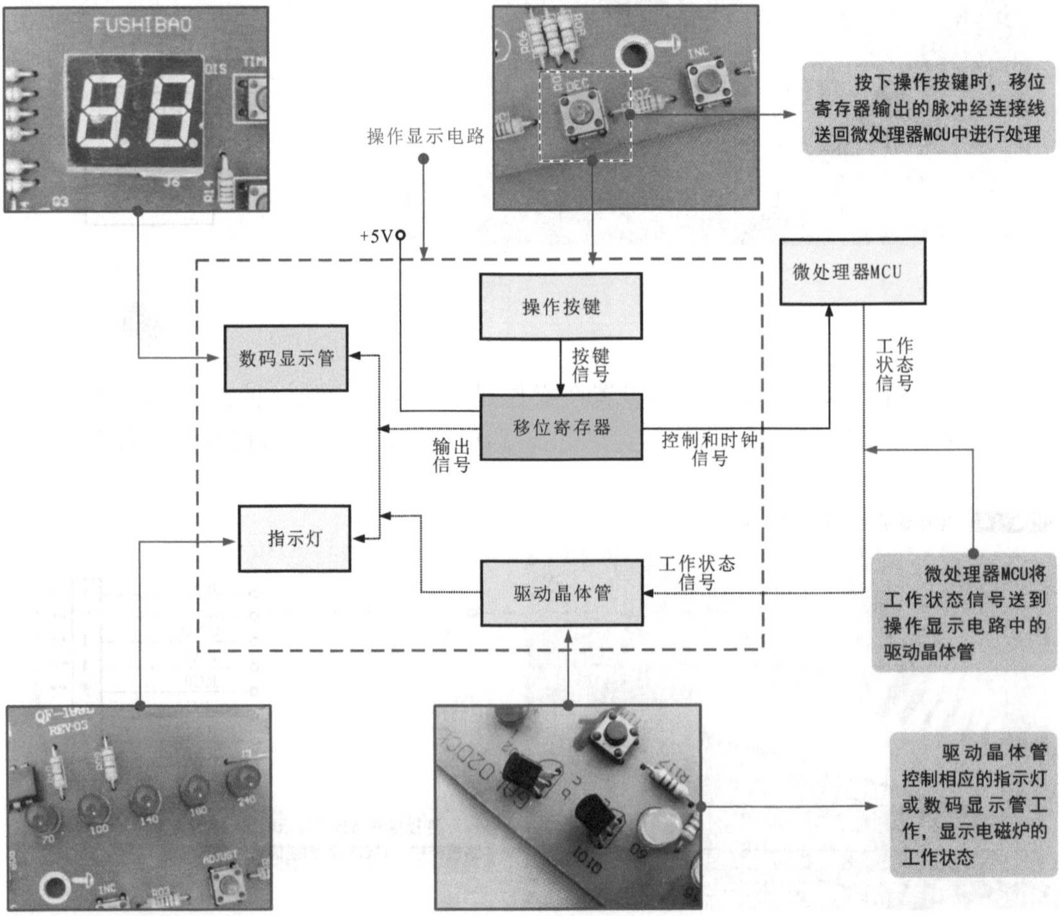
FUSHIBAO
操作显示电路
按下操作按键时，移位寄存器输出的脉冲经连接线送回微处理器MCU中进行处理
+5V
微处理器MCU
操作按键
按键信号
数码显示管
移位寄存器
输出信号
控制和时钟信号
工作状态信号
指示灯
驱动晶体管
工作状态信号
微处理器MCU将工作状态信号送到操作显示电路中的驱动晶体管
驱动晶体管控制相应的指示灯或数码显示管工作，显示电磁炉的工作状态

当电磁炉启动后，用户按动操作按键即可向电路中输入人工指令信号，该信号经处理后送入主控电路，由主控电路识别送来的人工指令含义，并进行相应动作。同时，主控电路又将设备当前的工作转换和数据信息送回到操作显示电路中，经操作显示控制芯片（移位寄存器）后去驱动电路中的显示器件进行显示。

图6-13为典型电磁炉（格兰仕C16A）操作显示电路的基本工作原理。

图6-13 操作显示电路的基本工作原理

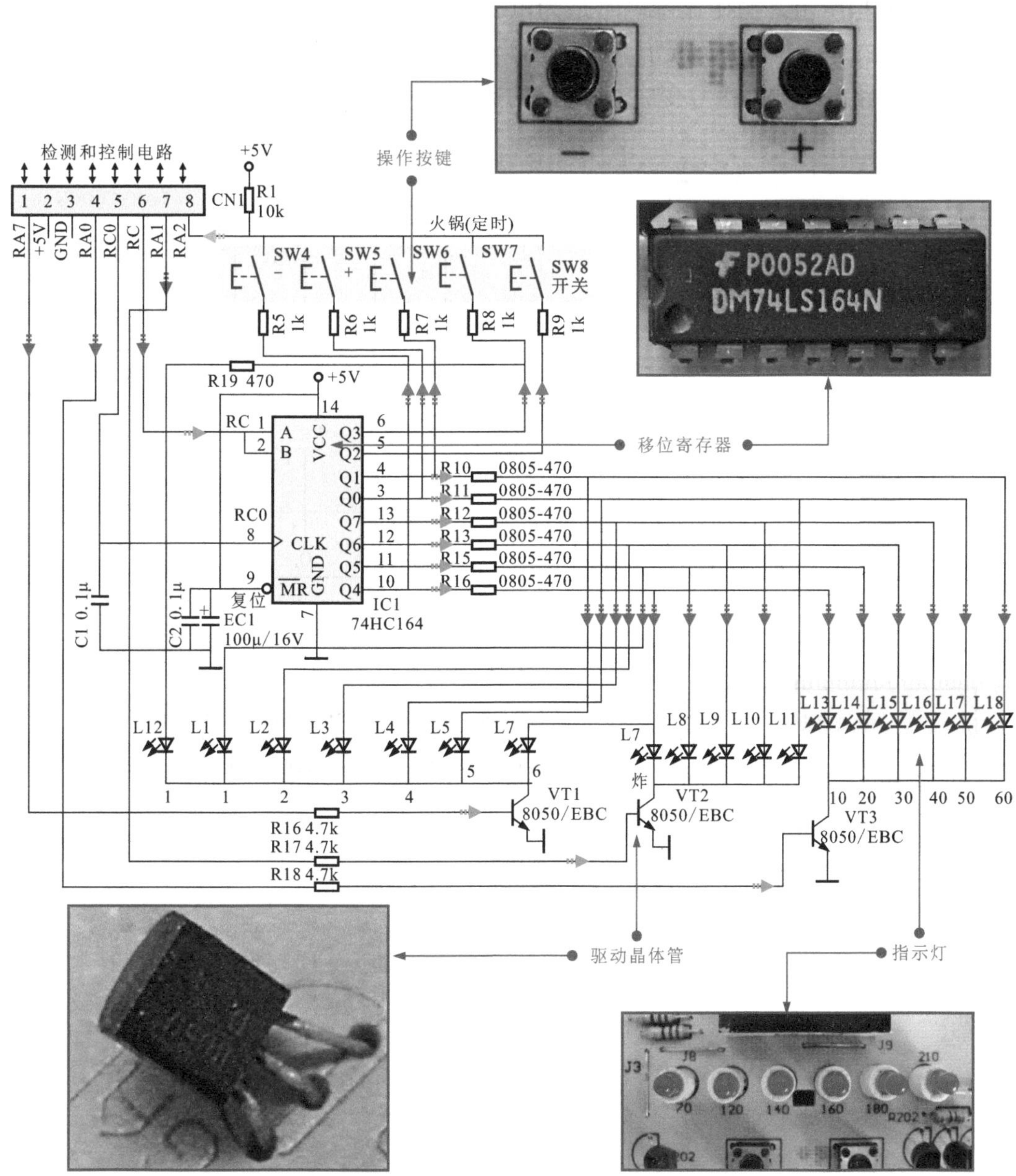

按动操作面板上的操作按键（SW4～SW8）输入指令信号，该信号经CN1接口送给主控电路中的微处理器，在微处理器内部进行识别和处理，并根据内部程序编译，输出相应的控制指令，使电磁炉的各单元电路进入工作状态，并将对应的显示信号通过接口CN1输入到显示电路部分，通过移位寄存器IC1（74HC164）和驱动晶体管VT1、VT2、VT3驱动指示灯显示当前电磁炉的工作状态。

1 移位寄存器的工作原理

图6-14 移位寄存器的工作原理

如图6-14所示，操作显示电路是为电磁炉输入人工指令的电路，同时显示电磁炉的工作状态。移位寄存器IC1（74HC164）是一个8位数据移位寄存器，它将微处理器送来的一路串行数据信号变成8路并行的数据信号输出。

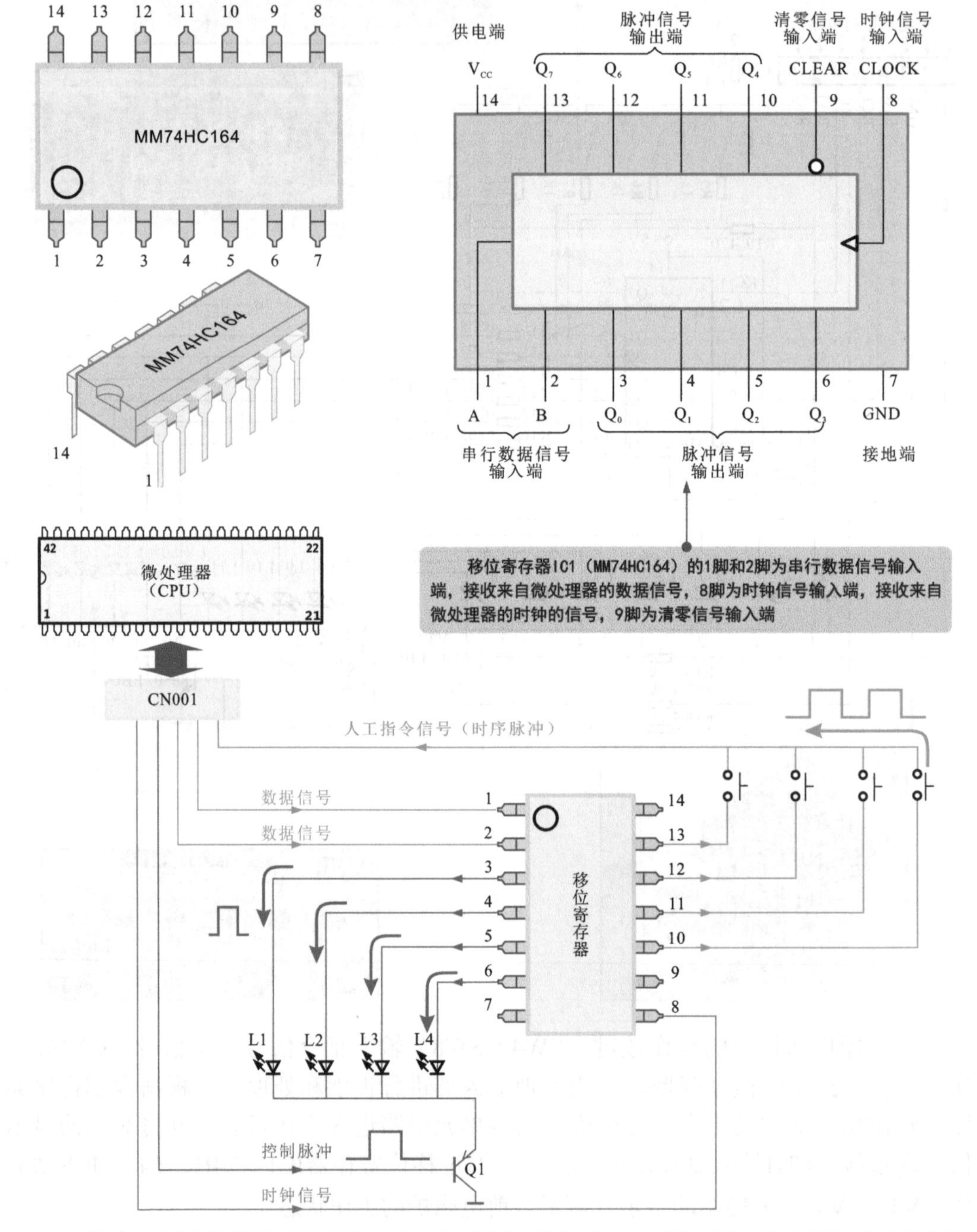

图6-15 移位寄存器输入信号与输出信号的时序关系

如图6-15所示，开机时+5V电源加到移位寄存器IC1的9脚，对芯片进行清零复位。IC1在数据信号和时钟信号的作用下，由Q0～Q7端输出不同时序的脉冲信号。

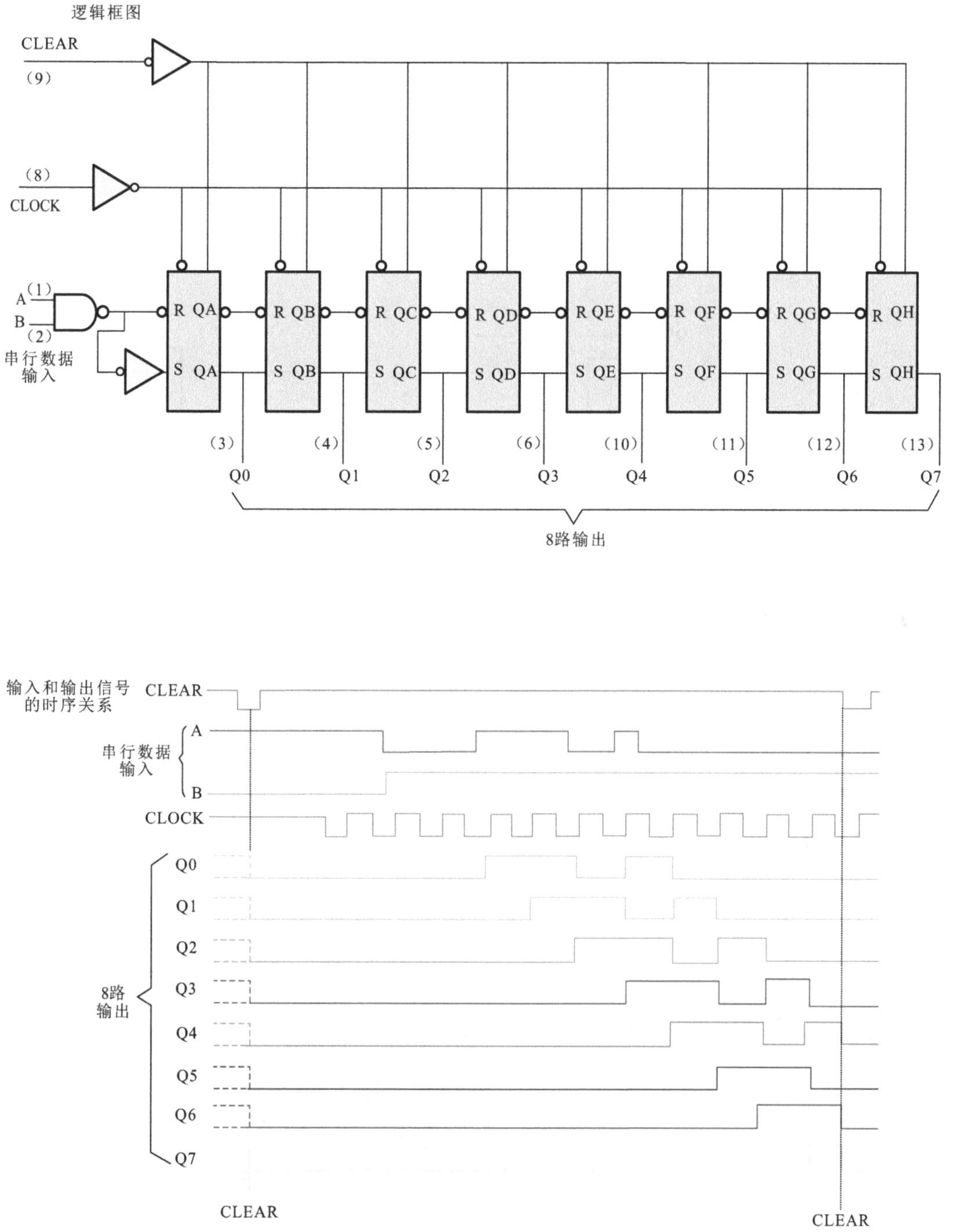

❷ 人工指令的输入原理

图6-16 人工指令的输入原理

如图6-16所示，移位寄存器MM74HC164的Q4、Q5、Q6、Q7端外接的按键开关是安装在电磁炉面板上的人工指令键。当操作任一按键开关时，便有相应的时序脉冲送给微处理器，为微处理器输入人工指令。操作不同的按键开关，所产生的脉冲信号的时序是不同的。

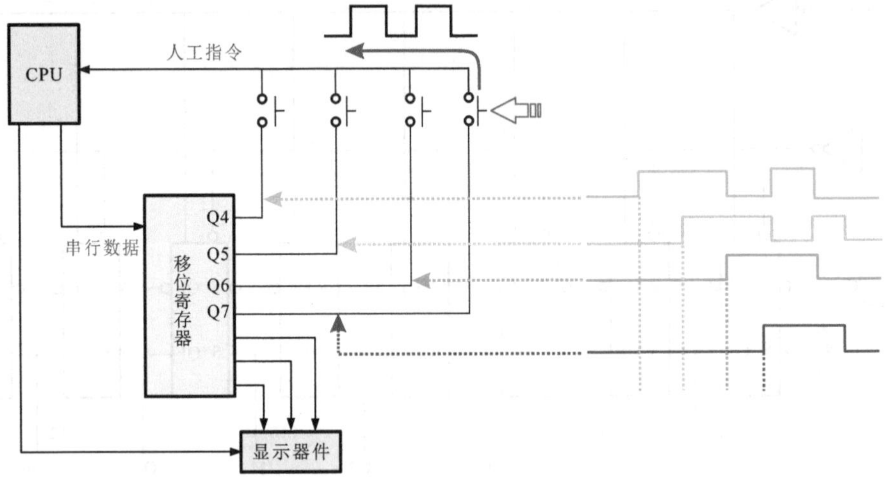

❸ 人工指令输入的显示原理

图6-17 人工指令输入的显示原理

如图6-17所示，移位寄存器输出的信号加到发光二极管L1～L3的正极性端，发光二极管L1～L3的负极性端接晶体管VT1的集电极。当微处理器向操作显示电路输出控制指令（控制脉冲）时，晶体管VT1基极便会接收到微处理器送来的正极性脉冲信号，如果移位寄存器输出引脚所接的发光二极管正极的脉冲信号与晶体管VT1基极的脉冲信号时序相同，该发光二极管便会发光。

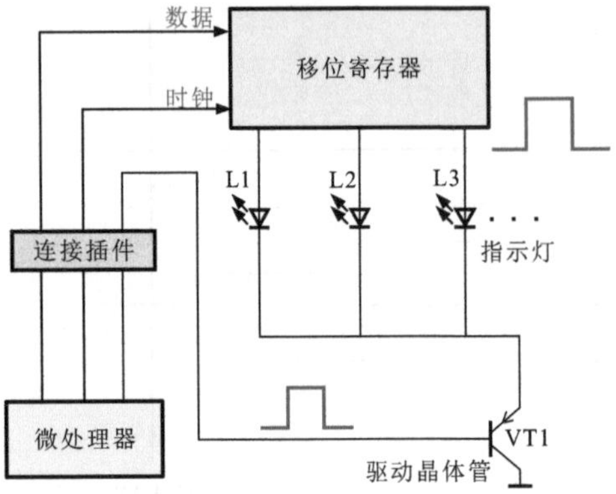

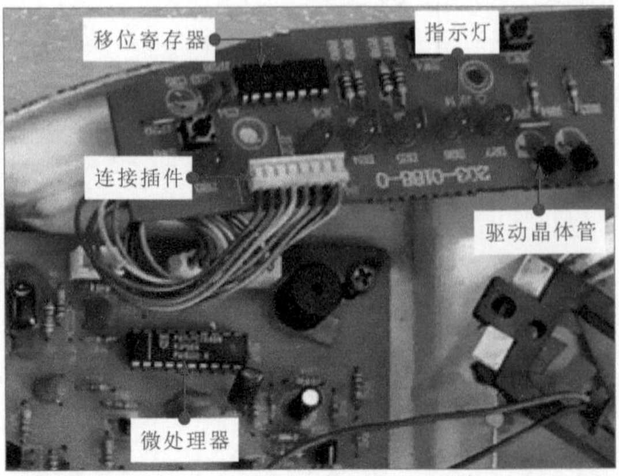

6.2.2 实用操作显示电路的原理分析

❶ 美的MC-PSD16A型电磁炉操作显示电路的原理分析

图6-18 美的MC-PSD16A型电磁炉操作显示电路的原理分析

图6-18为美的MC-PSD16A型电磁炉操作显示电路的原理分析。

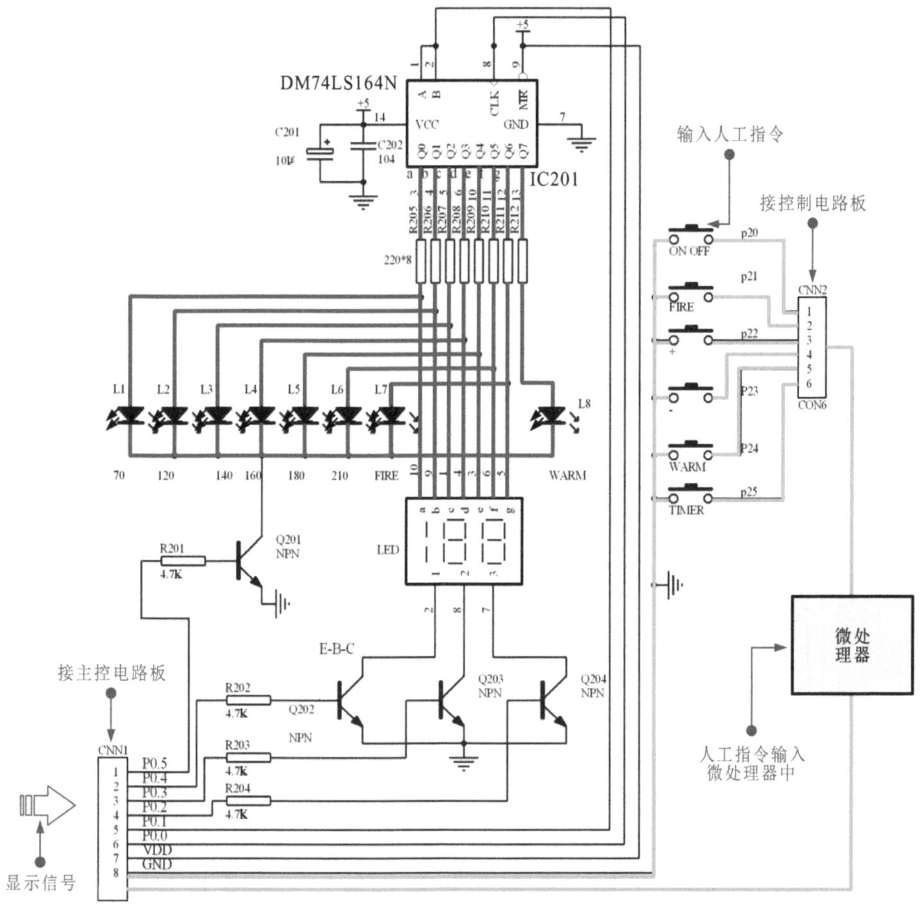

电磁炉工作时，通过电磁炉的微动开关P20～25，并经CNN2接口给主控电路板上的微处理器输入相应的人工指令。

该人工指令信号输入到微处理器中进行指令信号的识别和处理，然后根据内部程序输出相应的控制指令，使电磁炉的各单元电路进入工作状态，并将对应的显示信号通过接口CNN1输入到显示电路部分。然后通过P02～P05送入驱动晶体管中，并由驱动晶体管驱动数码显示管或指示灯对当前电磁炉的工作状态进行显示。

❷ 美的MC-SY191型电磁炉操作显示电路的原理分析

图6-19 美的MC-SY191型电磁炉操作显示电路的原理分析

图6-19为美的MC-SY191型电磁炉操作显示电路的原理分析。

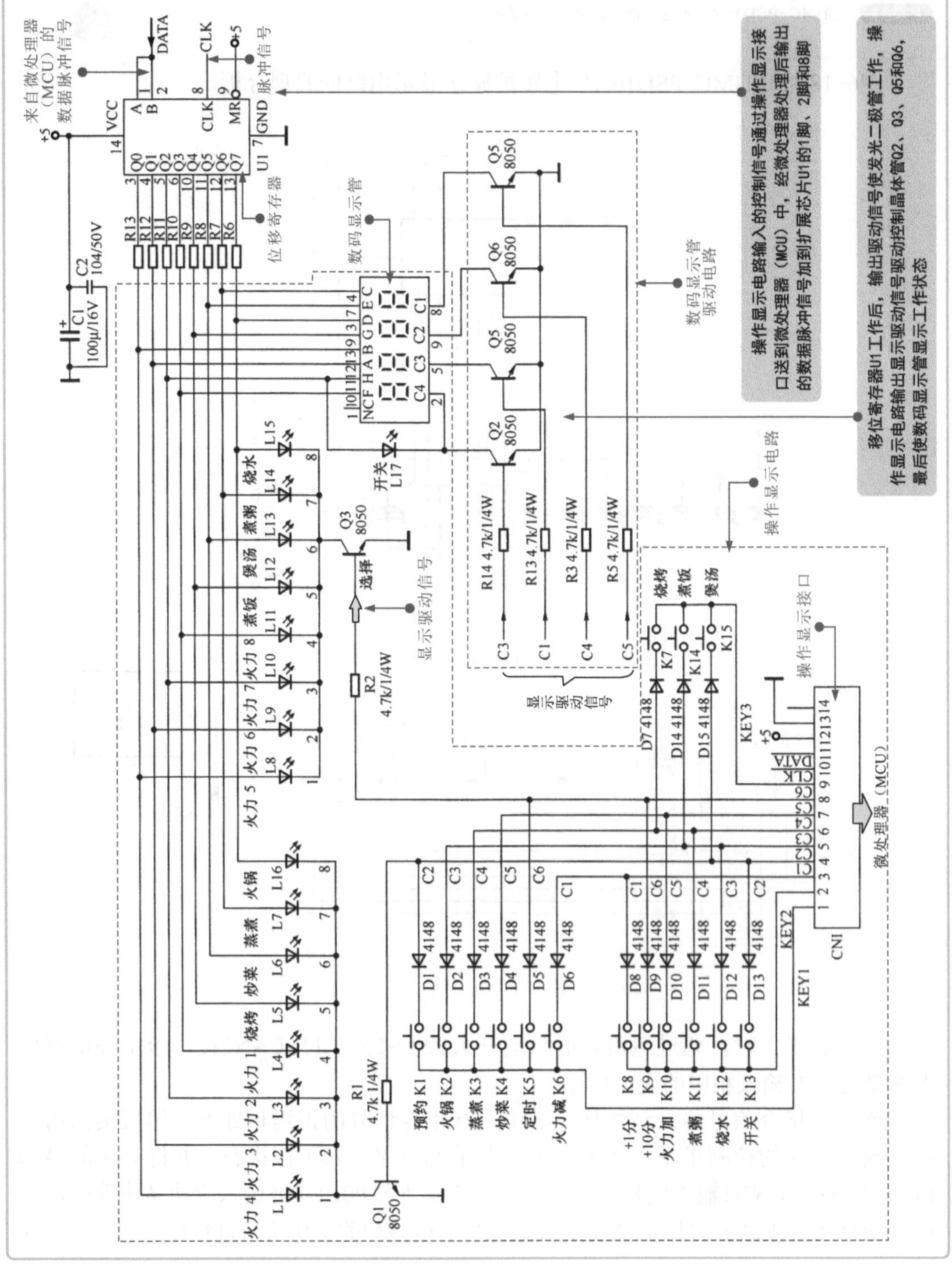

来自微处理器（MCU）的数据脉冲信号
脉冲信号
位移寄存器
数码显示管
数码显示管驱动电路
操作显示电路
操作显示接口
显示驱动信号
微处理器（MCU）
操作显示电路输入的控制信号通过操作显示接口送到微处理器（MCU）中，经微处理器处理后输出的数据脉冲信号加到扩展芯片U1的1脚、2脚和8脚
移位寄存器U1工作后，输出驱动信号使发光二极管工作，操作显示电路输出显示驱动信号控制晶体管Q2、Q3、Q5和Q6，最后使数码显示管显示工作状态

6.3 操作显示电路的故障检修

6.3.1 操作显示电路的检修分析

操作显示电路板出现故障后，常常会引起电磁炉操作功能失灵或显示部分不动作。遇到此类故障，首先应查看电路板元器件是否有明显损坏、按键是否失灵等。然后可依据具体的故障表现按电路信号流程，分析产生故障的原因，整理出检修要点，根据各个检修要点对电路进行检测和排查，最终排除故障。

图6-20 操作显示电路的检修分析

如图6-20所示，对操作显示电路进行检修时，可依据具体的故障表现分析出产生故障的原因。然后根据信号流程，对可能产生故障的相关部件逐一进行排查。

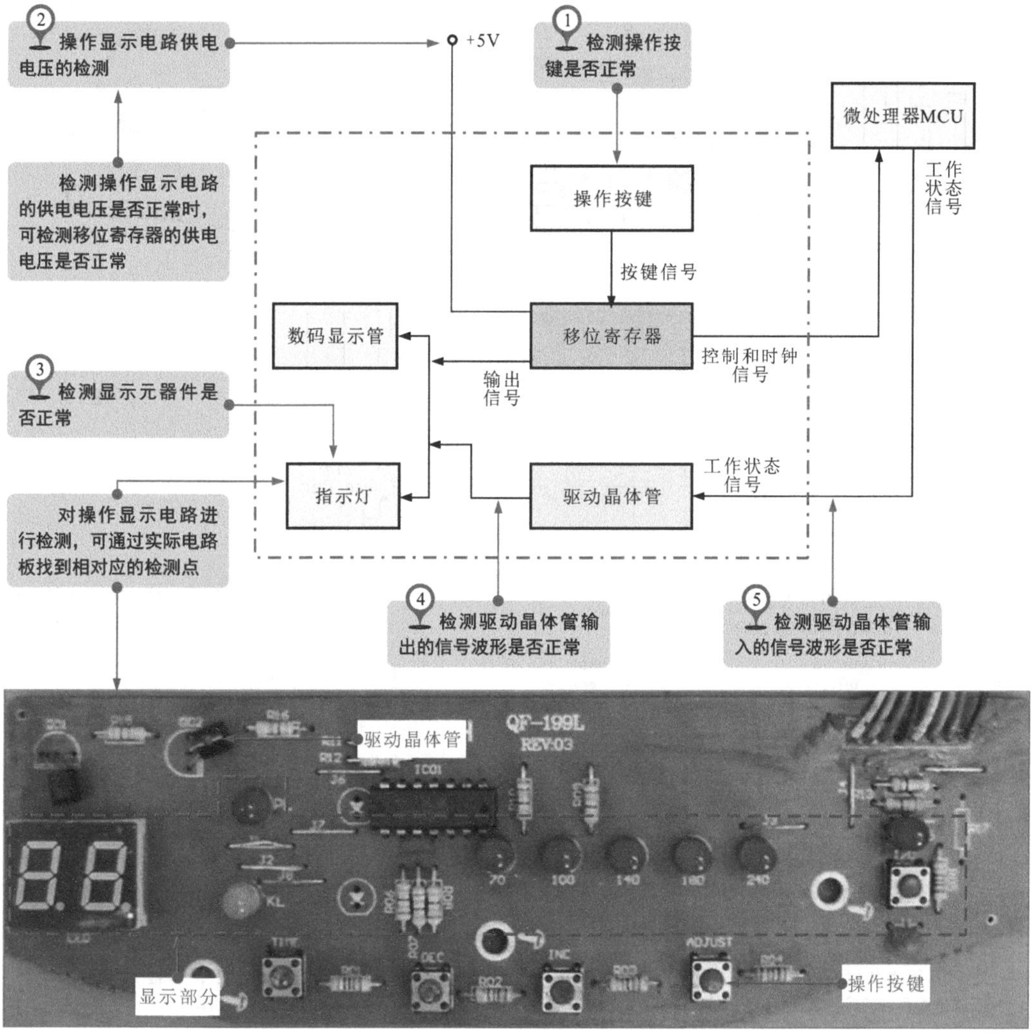

② 操作显示电路供电电压的检测
+5V
① 检测操作按键是否正常
微处理器MCU
检测操作显示电路的供电电压是否正常时，可检测移位寄存器的供电电压是否正常
操作按键
工作状态信号
按键信号
数码显示管
移位寄存器
控制和时钟信号
输出信号
③ 检测显示元器件是否正常
工作状态信号
指示灯
驱动晶体管
对操作显示电路进行检测，可通过实际电路板找到相对应的检测点
④ 检测驱动晶体管输出的信号波形是否正常
⑤ 检测驱动晶体管输入的信号波形是否正常
驱动晶体管
QF-199L
REV:03
显示部分
操作按键

6.3.2 操作显示电路的检修方法

❶ 操作显示电路供电电压的检测方法

图6-21 操作显示电路供电电压的检测方法

如图6-21所示，操作显示电路若供电电压不正常，会导致电路不工作。可在操作显示电路板与主电路板之间的连接插件处或移位寄存器的供电端检测供电电压。

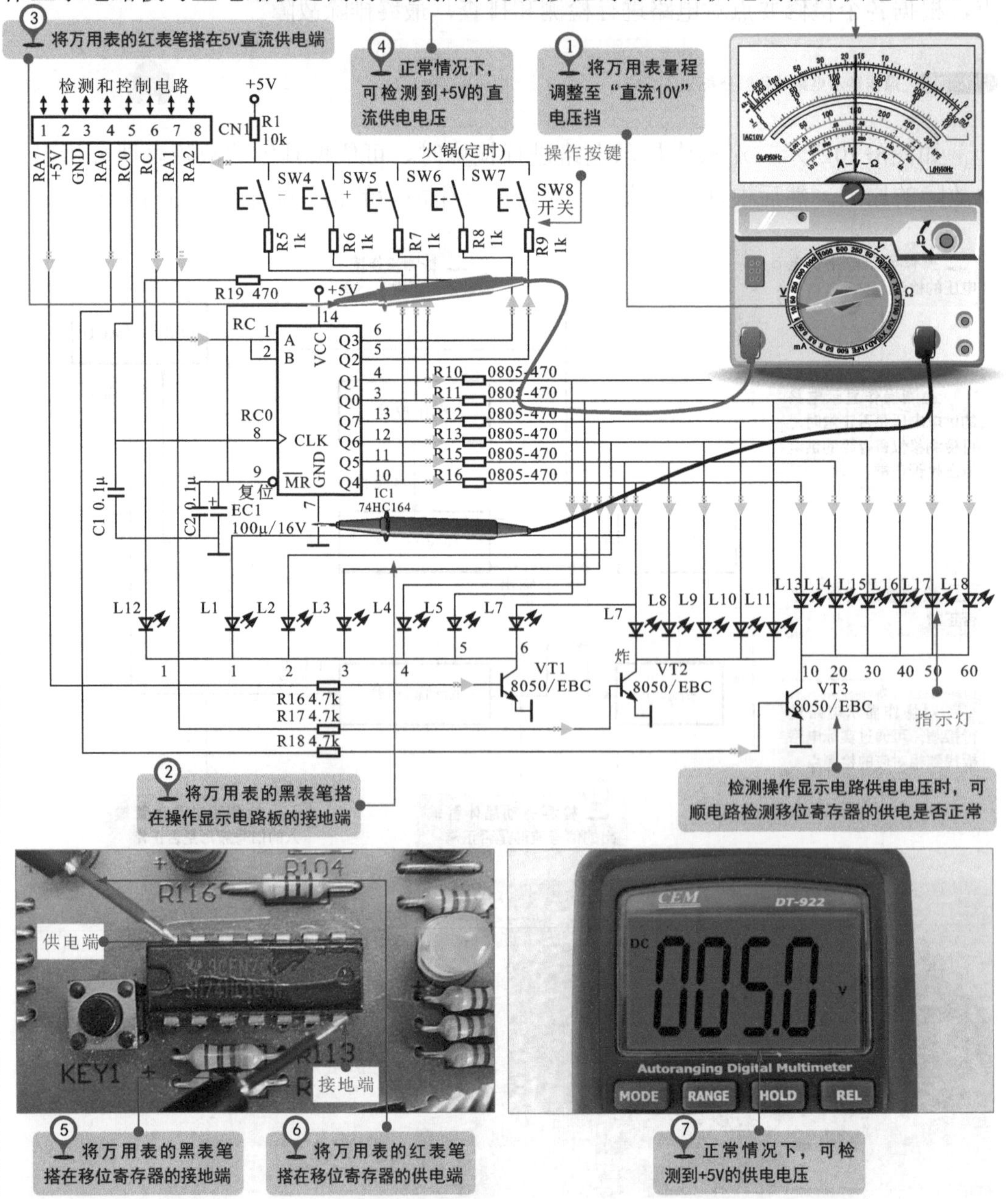

❷ 操作按键的检修方法

如图6-22所示，操作按键损坏经常会引起电磁炉控制失灵的故障。可使用万用表检测操作按键的通断情况，以判断操作按键是否损坏。

图6-22 操作按键的检测方法

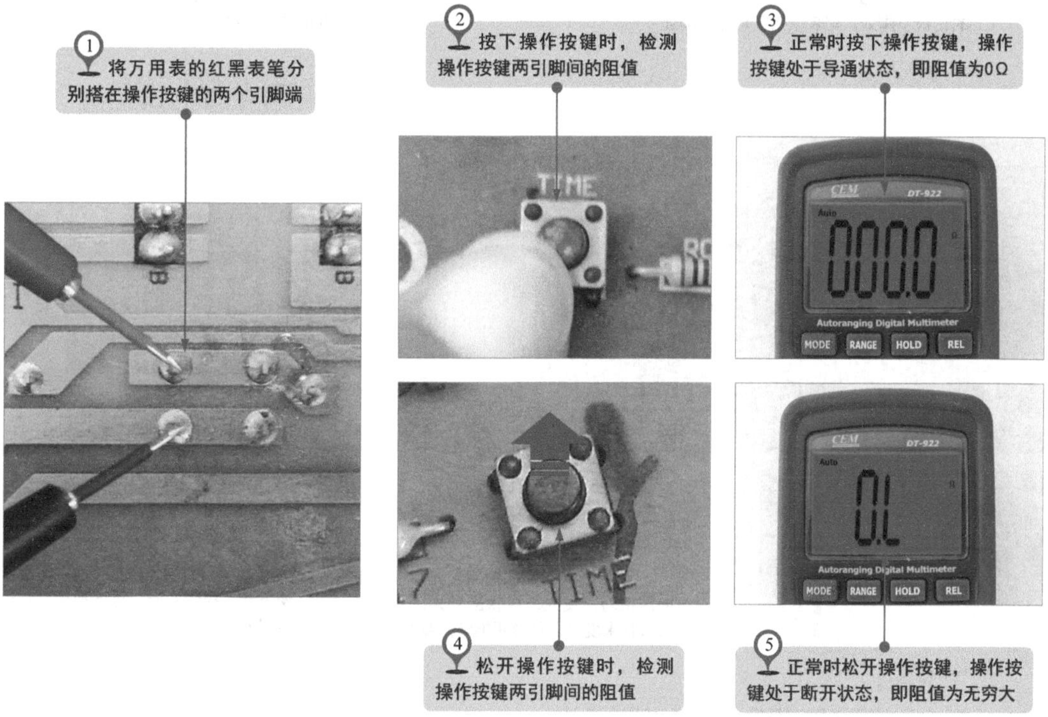

1 将万用表的红黑表笔分别搭在操作按键的两个引脚端
2 按下操作按键时，检测操作按键两引脚间的阻值
3 正常时按下操作按键，操作按键处于导通状态，即阻值为0Ω
4 松开操作按键时，检测操作按键两引脚间的阻值
5 正常时松开操作按键，操作按键处于断开状态，即阻值为无穷大
TIME
000.0
0.L
Autoranging Digital Multimeter
MODE
RANGE
HOLD
REL

如图6-23所示，若操作按键损坏，使用电烙铁完成损坏操作按键的拆卸，并重新焊接安装同规格操作按键。

图6-23 操作按键的代换方法

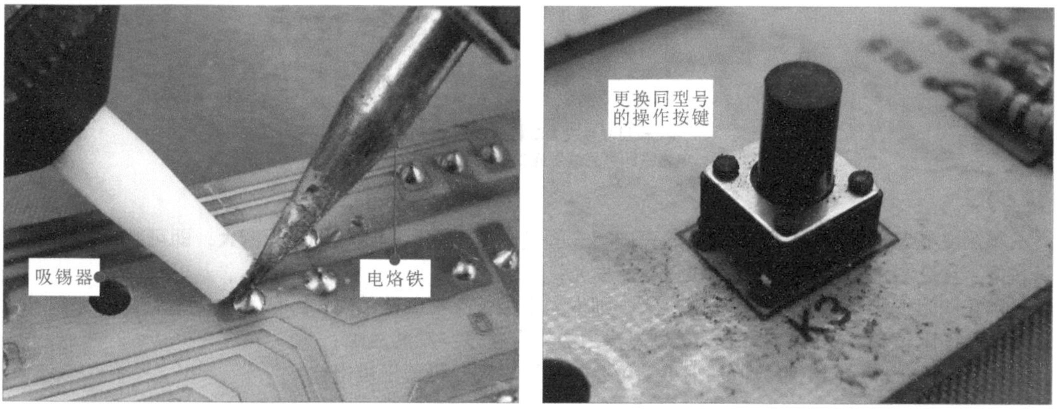

吸锡器
电烙铁
更换同型号的操作按键

③ 指示灯的检修方法

如图6-24所示，指示灯通常采用发光二极管。可通过检测相应发光二极管的正反向阻值进行判断。一旦发现损坏，可选择同类型发光二极管替换。

图6-24 指示灯的检测与代换方法

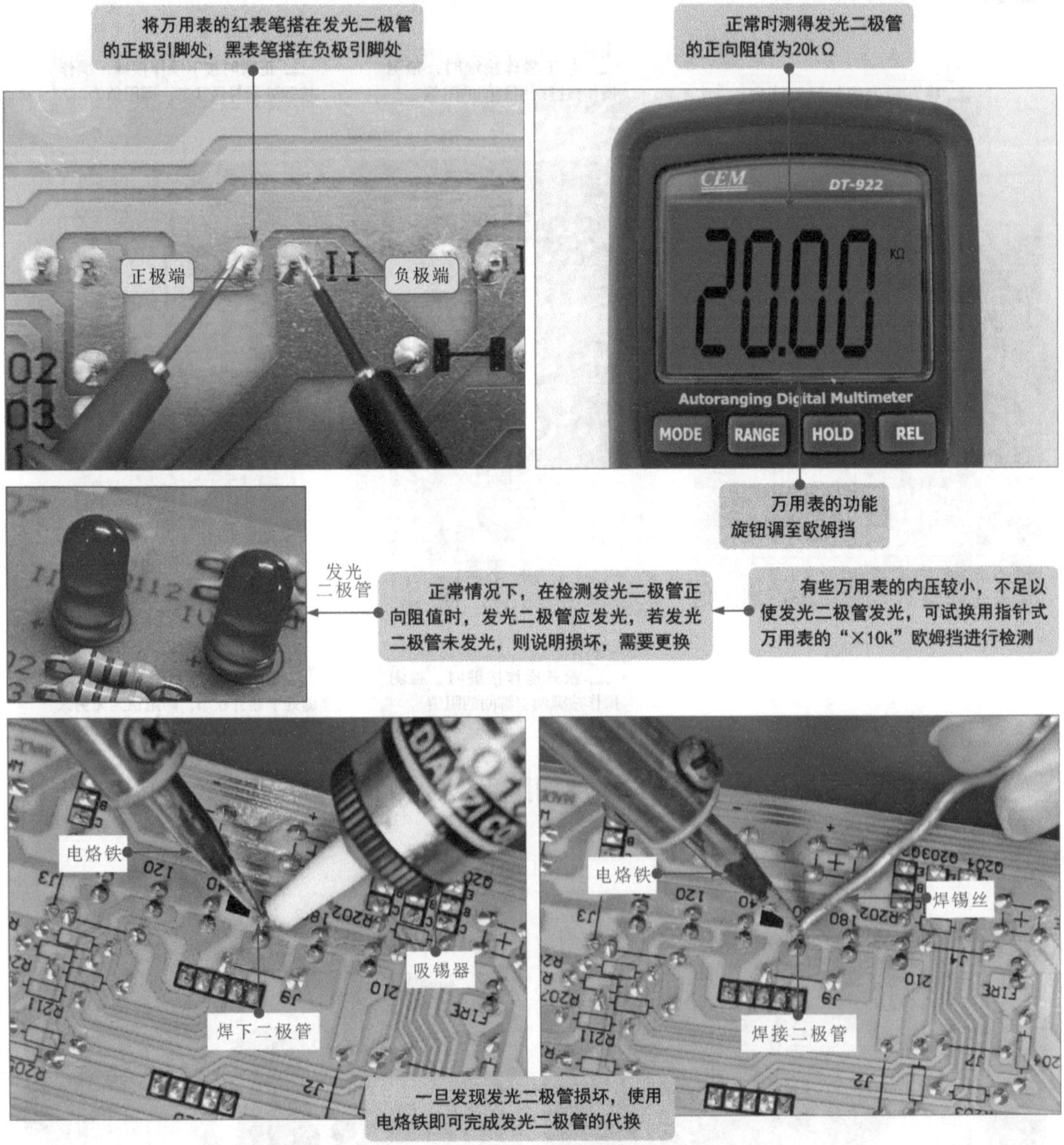
将万用表的红表笔搭在发光二极管的正极引脚处，黑表笔搭在负极引脚处
正极端
负极端
正常时测得发光二极管的正向阻值为20kΩ
CEM
DT-922
20.00
KΩ
Autoranging Digital Multimeter
MODE
RANGE
HOLD
REL
万用表的功能旋钮调至欧姆挡
发光二极管
正常情况下，在检测发光二极管正向阻值时，发光二极管应发光，若发光二极管未发光，则说明损坏，需要更换
有些万用表的内压较小，不足以使发光二极管发光，可试换用指针式万用表的“×10k”欧姆挡进行检测
电烙铁
吸锡器
焊下二极管
电烙铁
焊锡丝
焊接二极管
一旦发现发光二极管损坏，使用电烙铁即可完成发光二极管的代换

检测发光二极管正反向阻值时，若正向有一固定阻值，而反向阻值趋于无穷大，即可判定发光二极管良好，且检测正向阻值时发光二极管应能发光；

若正向阻值和反向电阻都趋于无穷大，则发光二极管存在断路故障；

若正向阻值和反向电阻都趋于0，则发光二极管存在击穿短路故障；

若正向阻值和反向电阻数值都很小，可以断定该发光二极管已被击穿。

4 数码显示管的检测方法

如图6-25所示，数码显示管实际是由数十个发光二极管组合构成的，每个二极管相当于一个笔画，若这些二极管出现异常，将导致数码显示管某个笔画不亮或亮度低等情况。

图6-25 数码显示管的检测方法

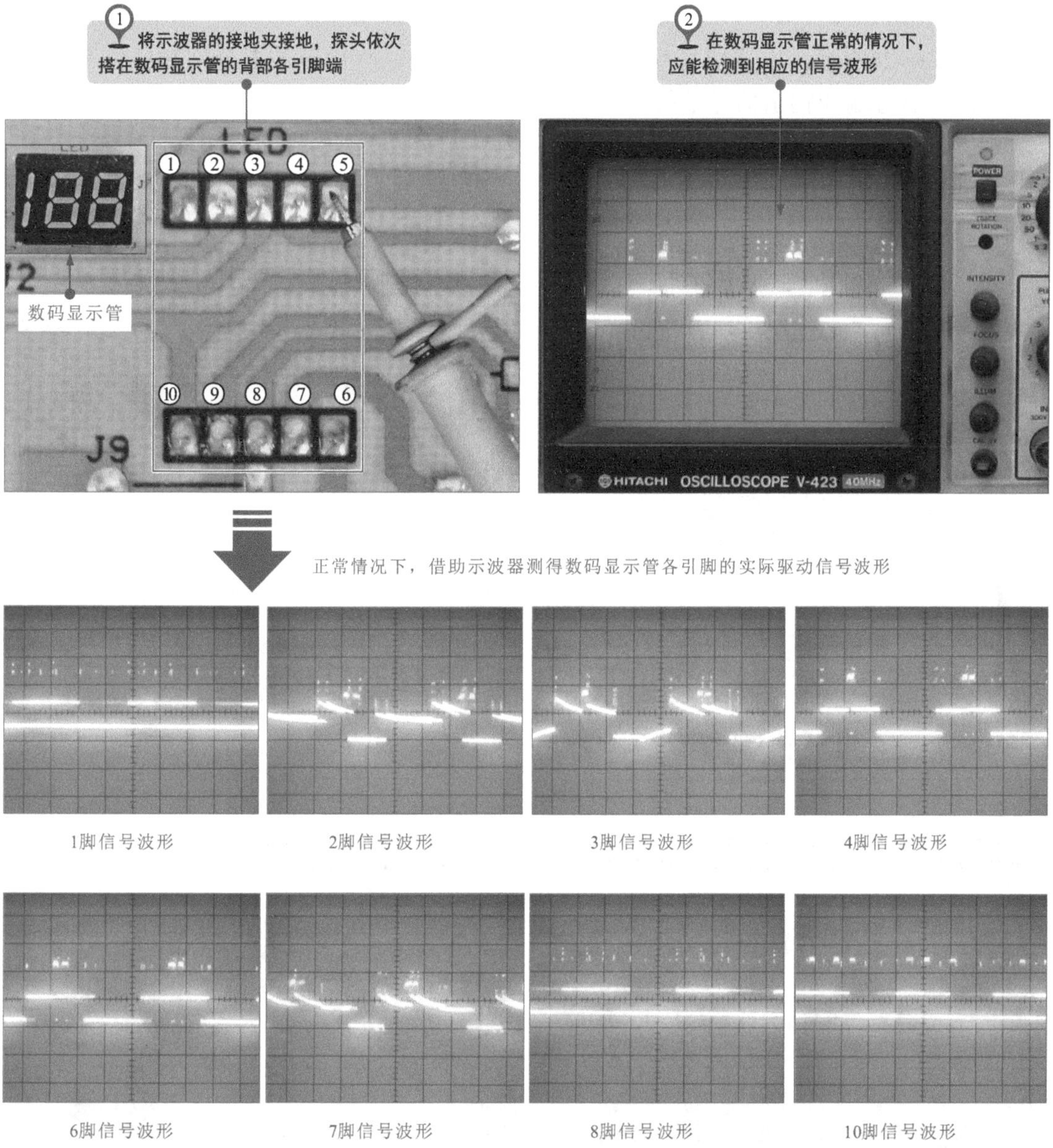

① 将示波器的接地夹接地，探头依次搭在数码显示管的背部各引脚端
② 在数码显示管正常的情况下，应能检测到相应的信号波形
LED
① ② ③ ④ ⑤
⑩ ⑨ ⑧ ⑦ ⑥
J9
数码显示管
HITACHI OSCILLOSCOPE V-423 40MHz
POWER
INTENSITY
正常情况下，借助示波器测得数码显示管各引脚的实际驱动信号波形
1脚信号波形
2脚信号波形
3脚信号波形
4脚信号波形
6脚信号波形
7脚信号波形
8脚信号波形
10脚信号波形

判断数码显示管是否正常时，可借助示波器测试其驱动信号是否正常。若驱动信号正常而相应的笔画不亮或亮度异常，则说明其内部发光二极管损坏，需要对整个数码显示管进行更换。

5 移位寄存器的检测方法

移位寄存器的主要功能是将微处理器送来的显示信号进行译码，控制指示灯、显示部件进行显示，若损坏，将引起电磁炉显示错乱、指示灯或显示管光暗、操作按键控制失灵等故障。检测移位寄存器通常有两种方法：一种是在工作状态下使用示波器对移位寄存器各引脚的信号波形进行检测；另一种是使用万用表检测移位寄存器各引脚的对地阻值。

如图6-26所示，以移位寄存器SN74LS164N为例，使用示波器分别对移位寄存器串行输入信号端和输出信号端的信号波形进行检测。

图6-26 移位寄存器串行输入信号的检测方法

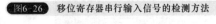

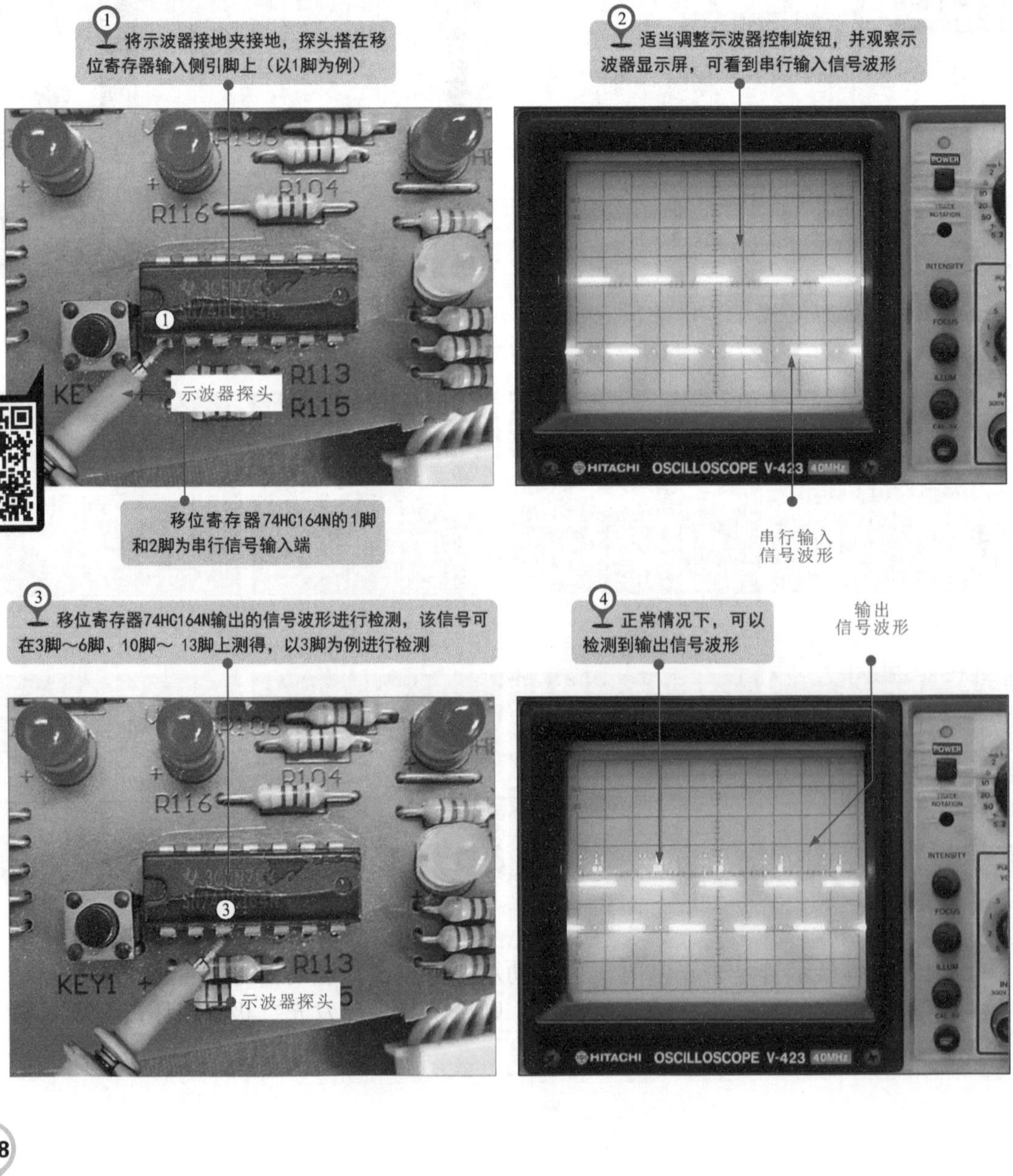

① 将示波器接地夹接地，探头搭在移位寄存器输入侧引脚上（以1脚为例）
② 适当调整示波器控制旋钮，并观察示波器显示屏，可看到串行输入信号波形
示波器探头
移位寄存器74HC164N的1脚和2脚为串行信号输入端
串行输入信号波形
③ 移位寄存器74HC164N输出的信号波形进行检测，该信号可在3脚～6脚、10脚～13脚上测得，以3脚为例进行检测
④ 正常情况下，可以检测到输出信号波形
输出信号波形
示波器探头
HITACHI OSCILLOSCOPE V-423 40MHz

图6-27为移位寄存器SN74LS164N其他引脚的检测波形。

图6-27 移位寄存器其他引脚信号的检测方法

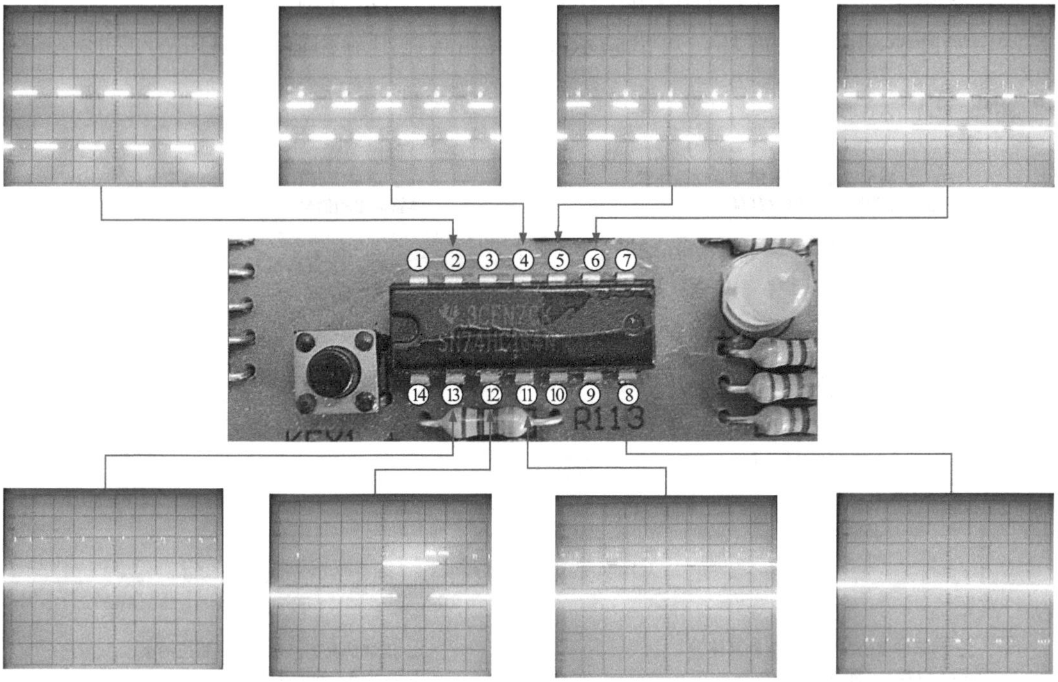

如图6-28所示，使用万用表对移位寄存器各引脚的对地阻值进行测量。将实测结果与标称值进行比对，即可判别待测的移位寄存器是否存在故障。

图6-28 移位寄存器各引脚对地阻值的检测方法

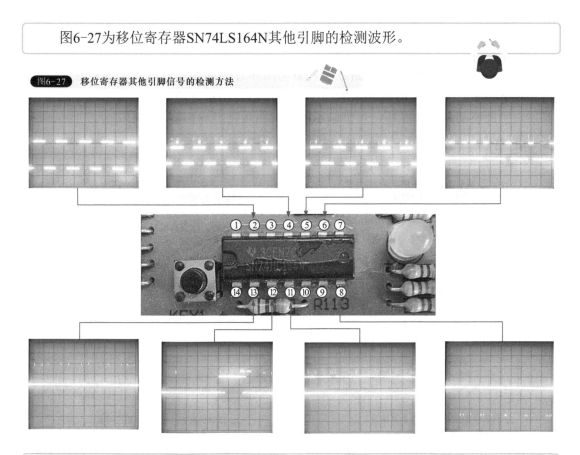

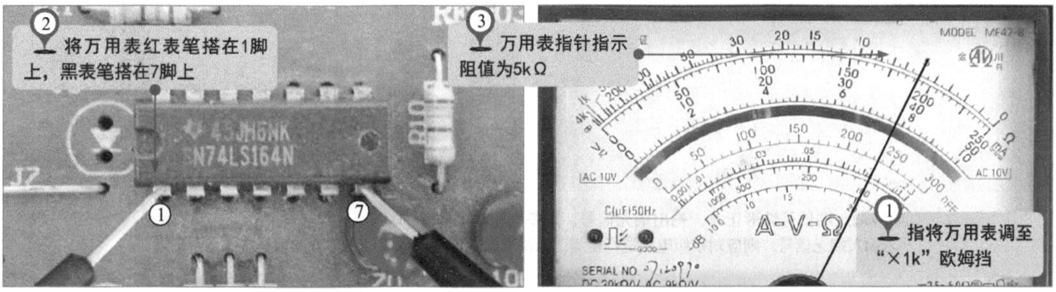

正常情况下，在路测得移位寄存器（SN74LS164N）各引脚的对地阻值

引脚	对地阻值/Ω	引脚	对地阻值/Ω	引脚	对地阻值/Ω
1	5×1k	6	7.5×1k	11	7.5×1k
2	5×1k	7	0	12	7.5×1k
3	7.5×1k	8	5.5×1k	13	7.5×1k
4	7.5×1k	9	5.5×1k	14	5.3×1k
5	7.5×1k	10	7.5×1k	—	—

6 驱动晶体管的检测方法

图6-29为驱动晶体管的检测方法。驱动晶体管驱动指示灯或数码显示管发光，若该晶体管异常，即使前级送来的控制信号正常，指示灯数码显示管也将无法正常显示。判断驱动晶体管好坏，可借助示波器检测其输出端和输入端的信号波形。

图6-29 驱动晶体管的检测方法

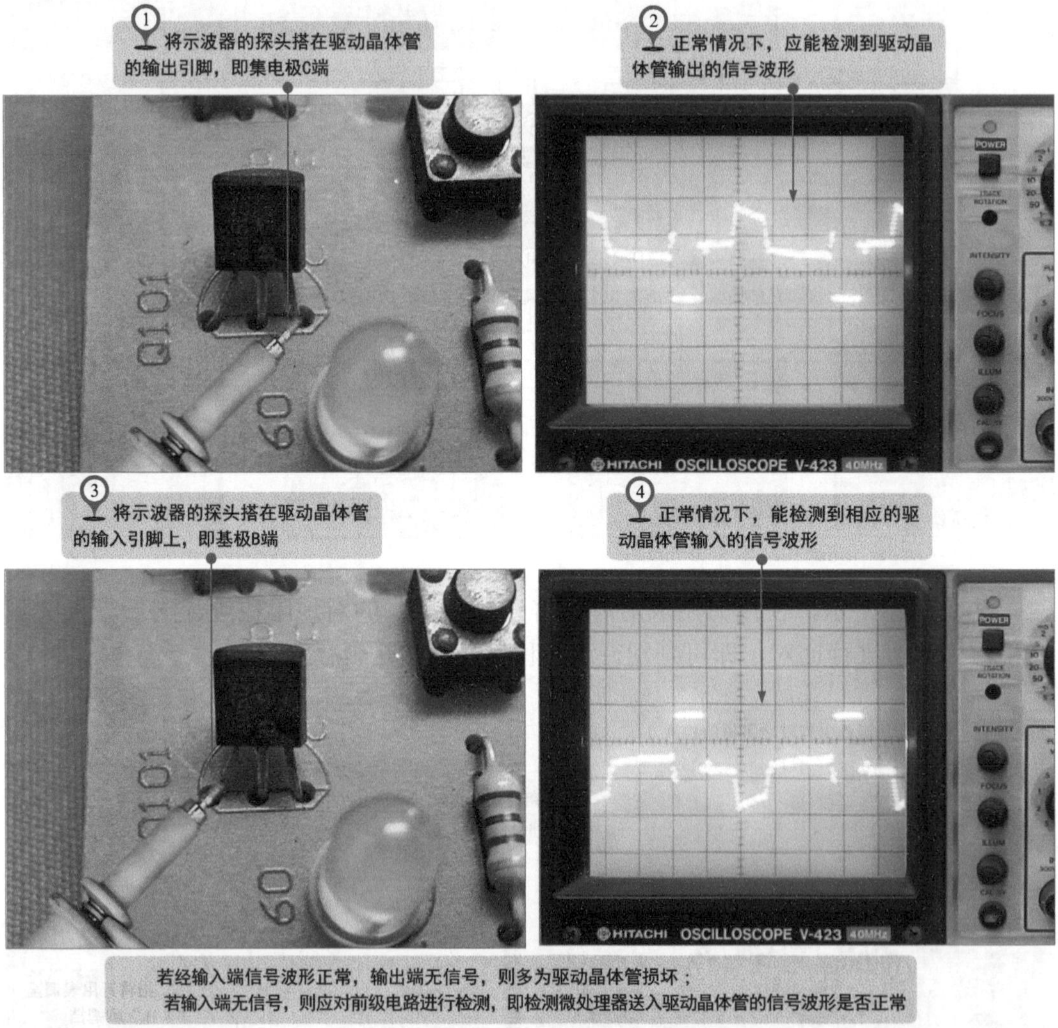

① 将示波器的探头搭在驱动晶体管的输出引脚，即集电极C端
② 正常情况下，应能检测到驱动晶体管输出的信号波形
Q101
HITACHI OSCILLOSCOPE V-423 40MHz
③ 将示波器的探头搭在驱动晶体管的输入引脚上，即基极B端
④ 正常情况下，能检测到相应的驱动晶体管输入的信号波形
若经输入端信号波形正常，输出端无信号，则多为驱动晶体管损坏；
若输入端无信号，则应对前级电路进行检测，即检测微处理器送入驱动晶体管的信号波形是否正常

驱动晶体管实际是一个三极管，在无法满足设备条件时，可在断电状态下用万用表测三极管引脚间的通断状态来判断好坏。

正常情况下，三极管基极（B）与集电极（C）、基极（B）与发射极（E）之间有一定的阻值，其他引脚间阻值均为无穷大。

若万用表测得三极管任意两引脚间阻值均为0，则说明三极管已经击穿损坏。

若万用表测得三极管任意两引脚间均有一定的阻值（排除外围元件影响），则说明三极管存在漏电情况。

若万用表测得三极管任意两引脚间阻值均为无穷大，则说明三极管存在断路情况。

第7章 电磁炉常见故障的检修案例

7.1 电磁炉不工作的故障检修

7.1.1 美的MC-PF16JA型电磁炉通电无反应的故障

美的MC-PF16JA型电磁炉通电开机后，电磁炉整机无反应，风扇不转、指示灯也无显示，不能进行加热。【美的MC-PF16JA型电磁炉整机电路图见附录1】

造成电磁炉整机无任何反应的故障通常是由电磁炉供电部分存在异常引起的，检修时，排除电源线、电路板中易损部件的故障后，应重点对电磁炉的直流电源电路部分进行检测来排除故障。

该电磁炉的基本供电过程为：电磁炉通电后，由降压变压器的次级输出交流低压，该电压经整流二极管D2～D4整流、滤波电容器滤波后，送入三端稳压器U3、稳压二极管Z2、Z3中进行稳压，最终输出直流低压，为电磁炉的其他单元电路或功能部件进行供电。

通过上述电路分析可知，该电磁炉开机无反应，首先应检查直流电源电路输出的电压是否正常，若该电压正常，则表明供电部分正常。若输出的电压不正常，则应顺电路对前级电路中的电压、重要元器件进行检查。

如图7-1所示，检测三端稳压器输出的直流低压。

图7-1 检测三端稳压器输出的直流低压

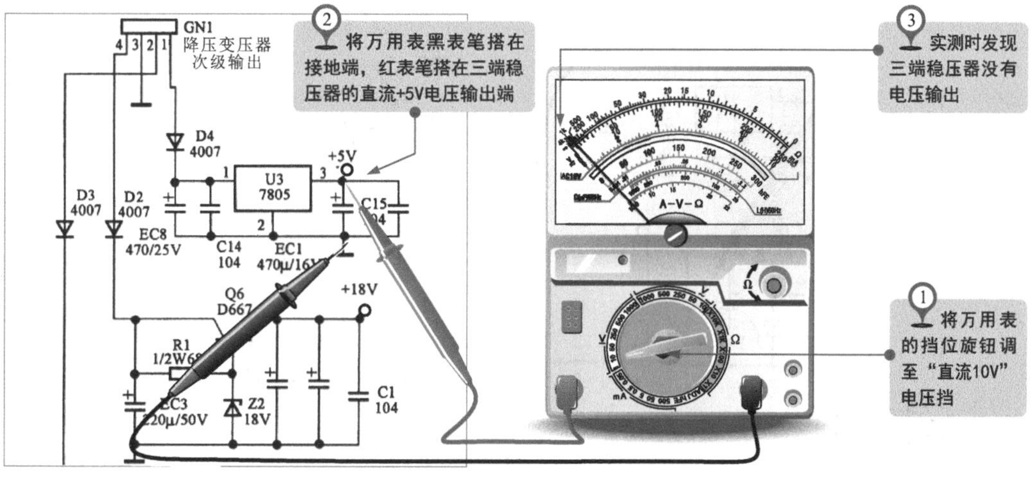

将该电磁炉通电后，检查三端稳压器（U3）输出的直流低压，经检测没有电压值输出。此时，需要对三端稳压器前级的供电电压进行检测。

图7-2 检测三端稳压器输入的直流低压

如图7-2所示，检测三端稳压器输入的直流低压。

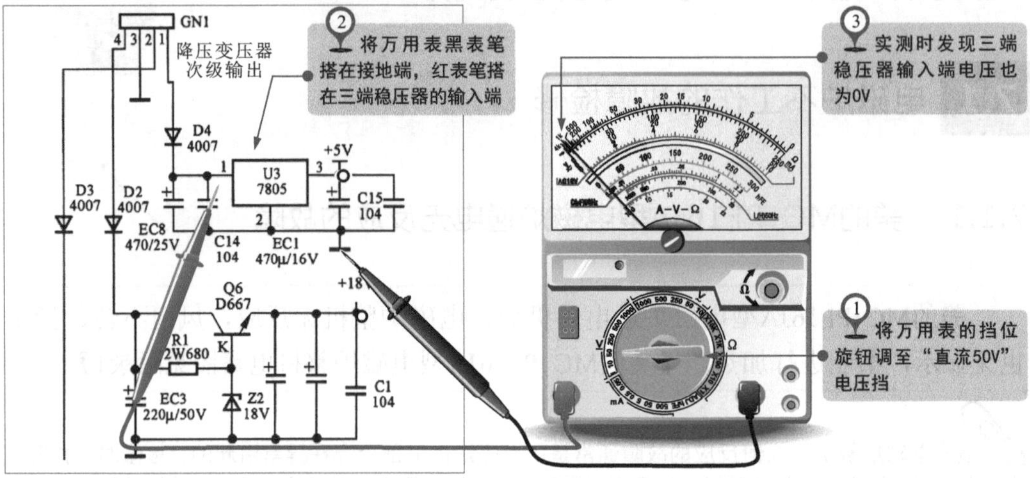

经查，输入电压为0V，根据供电电路对前级电路中的重要元器件进行检测。将电磁炉断电，检测整流二极管（D4）的性能是否良好。

图7-3 检测整流二极管

如图7-3所示，检测整流二极管。

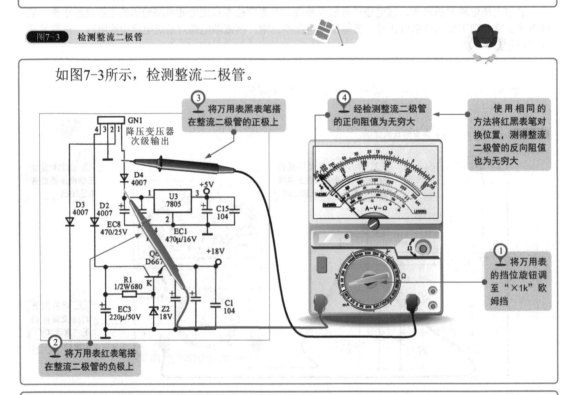

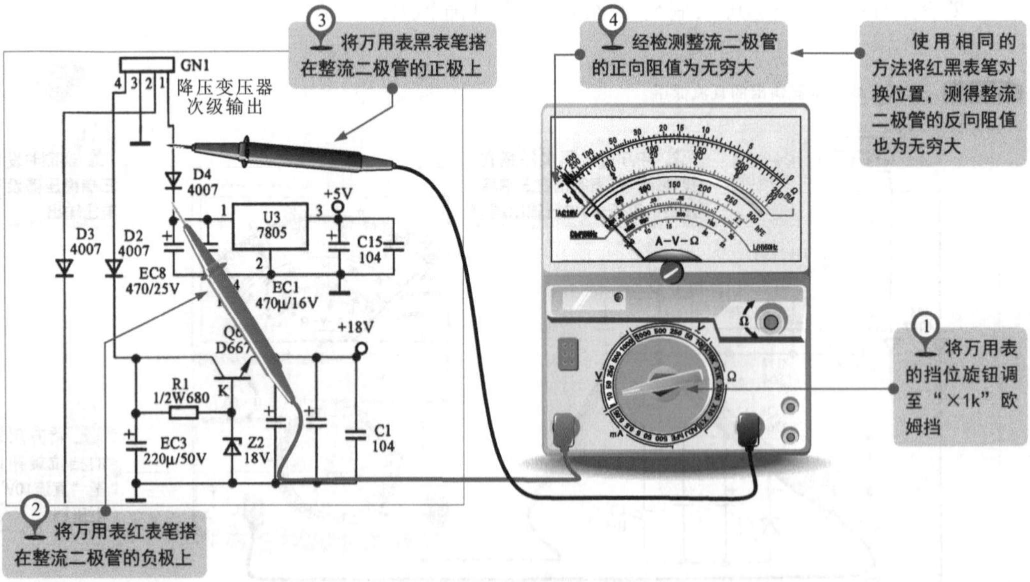

经检测，整流二极管的正反向阻值均为无穷大，表明该器件损坏，以同型号的整流二极管进行更换后，对电磁炉重新开机，故障排除。

7.1.2 美的MC-SY195型电磁炉通电不开机的故障

美的MC-SY195型电磁炉通电后按下电源开关，指示灯不亮。执行加热操作，电磁炉不加热、风扇不运转。【美的MC-SY195型电磁炉整机电路图见附录2】

电磁炉出现不开机的故障时，通常是由供电部分或控制部分失常造成的，检测时，应先对供电部分进行判断，然后再对控制部分进行检测。

电磁炉的整机工作时，需要直流电源电路输出直流低压为其提供工作条件；同时主控电路需要正常的供电、复位信号等。

该电磁炉整机不工作，应先对直流电源电路输出的直流低压进行检测，排除供电的故障后，再重点对主控电路中的关键部件进行检查。

根据故障分析，首先使用万用表对电磁炉直流电源电路输出的+5V直流低压进行检测。检测位置可选在三端稳压器的输出引脚端。

图7-4 检测直流电源电路输出的直流低压

如图7-4所示，检测直流电源电路输出的直流低压。将万用表的检测量程设置在“直流10V”挡。黑表笔接地，红表笔接三端稳压器的输出引脚端。

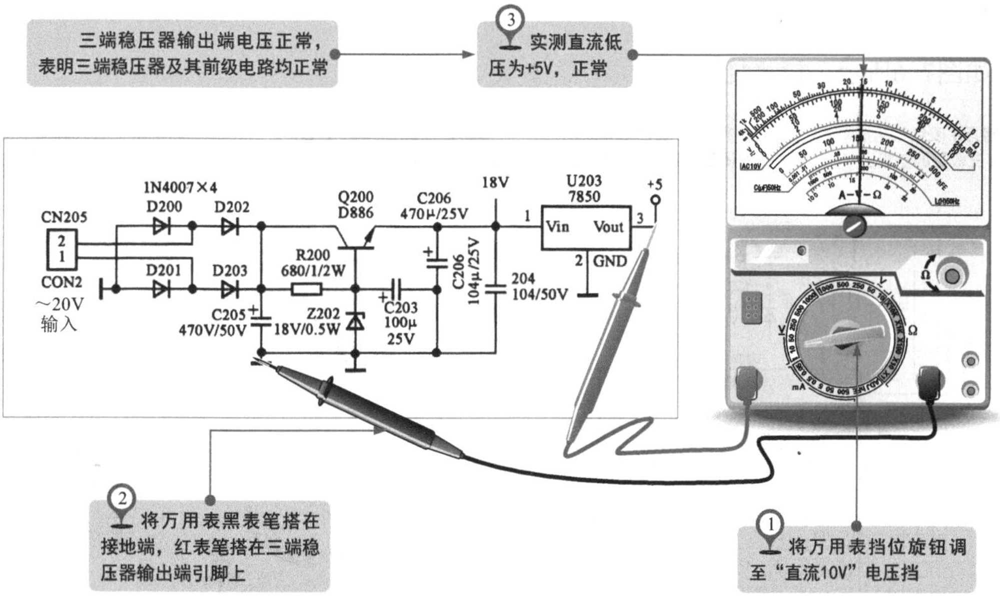

经检测直流电源电路输出的+5V电压正常，此时，则需要对主控电路中微处理器的复位电压进行检测。

图7-5 检测微处理器的复位电压

如图7-5所示，检测微处理器的复位电压。

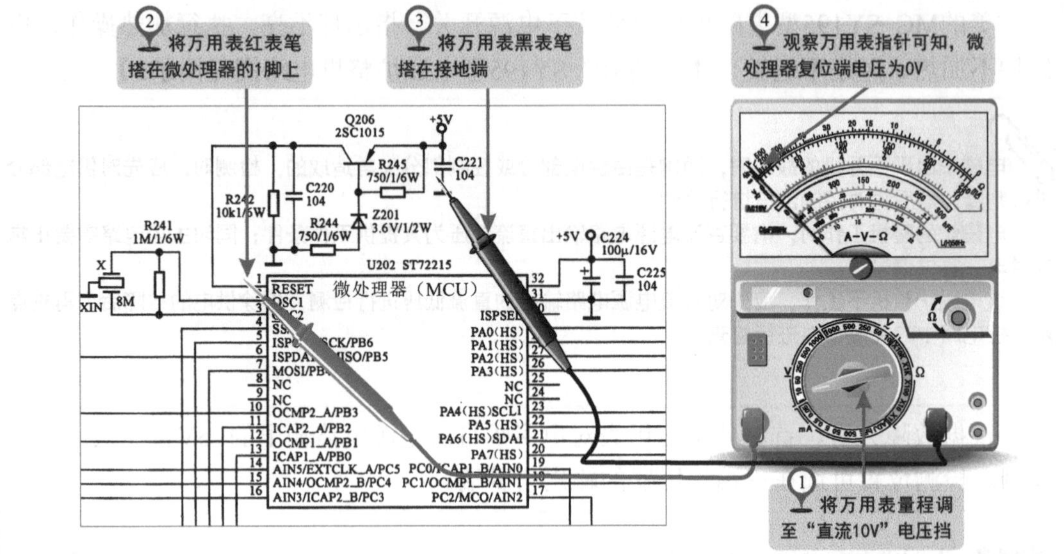
② 将万用表红表笔搭在微处理器的1脚上
③ 将万用表黑表笔搭在接地端
④ 观察万用表指针可知，微处理器复位端电压为0V
① 将万用表量程调至“直流10V”电压挡
Q206
2SC1015
U202 ST72215
微处理器（MCU）

检测微处理器1脚的复位电压为0V，表明复位电路工作失常，接下来则需要对复位电路中主要的元器件（如晶体三极管Q206）进行检测。

图7-6 检测复位电路中的晶体三极管

如图7-6所示，检测复位电路中的晶体三极管。

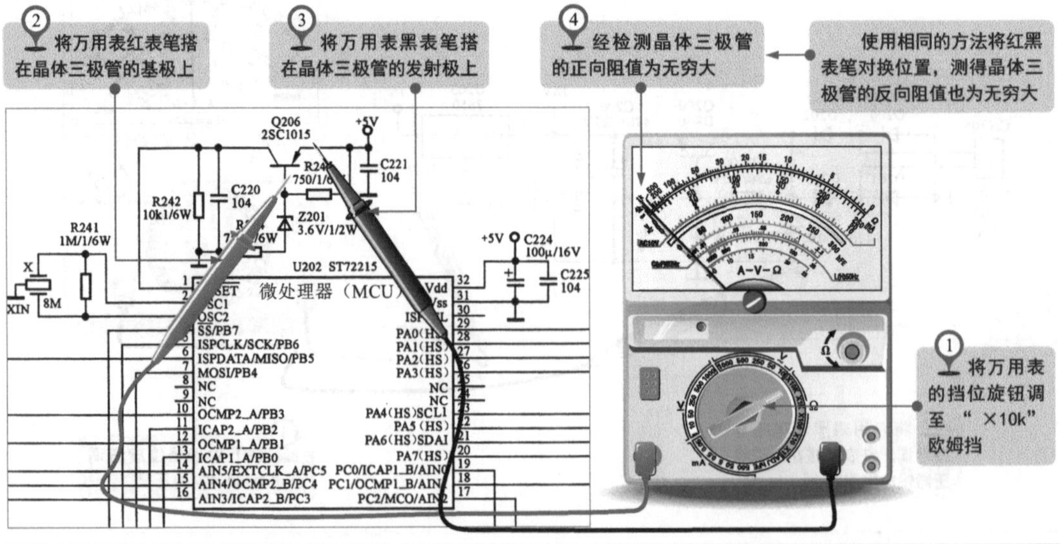
② 将万用表红表笔搭在晶体三极管的基极上
③ 将万用表黑表笔搭在晶体三极管的发射极上
④ 经检测晶体三极管的正向阻值为无穷大
使用相同的方法将红黑表笔对换位置，测得晶体三极管的反向阻值也为无穷大
① 将万用表的挡位旋钮调至“×10k”欧姆挡
Q206
2SC1015
U202 ST72215
微处理器（MCU）

经检测，晶体三极管Q206的正反向阻值均为无穷大，表明该器件可能损坏，以同型号的晶体三极管进行更换后，再次试机操作，故障排除。

7.1.3 富士宝IH-P260型电磁炉通电无反应的故障

富士宝IH-P260电磁炉通电无反应，按下开机按键无显示，整机没有任何反应。【富士宝IH-P260型电磁炉整机电路图见附录3】

当电磁炉出现此种故障，主要是由于电源供电电路、微处理器主控电路损坏所导致的，检测时，应先对电源供电电路输出的直流低压进行检测，若输出正常，则可排除电源供电电路的故障，可进一步对微处理器主控电路进行排查；若输出电压不正常，则应进一步对电源供电电路进行排查。

图7-7 检测电源供电电路的输出电压

如图7-7所示，首先检测电源供电电路的输出电压。

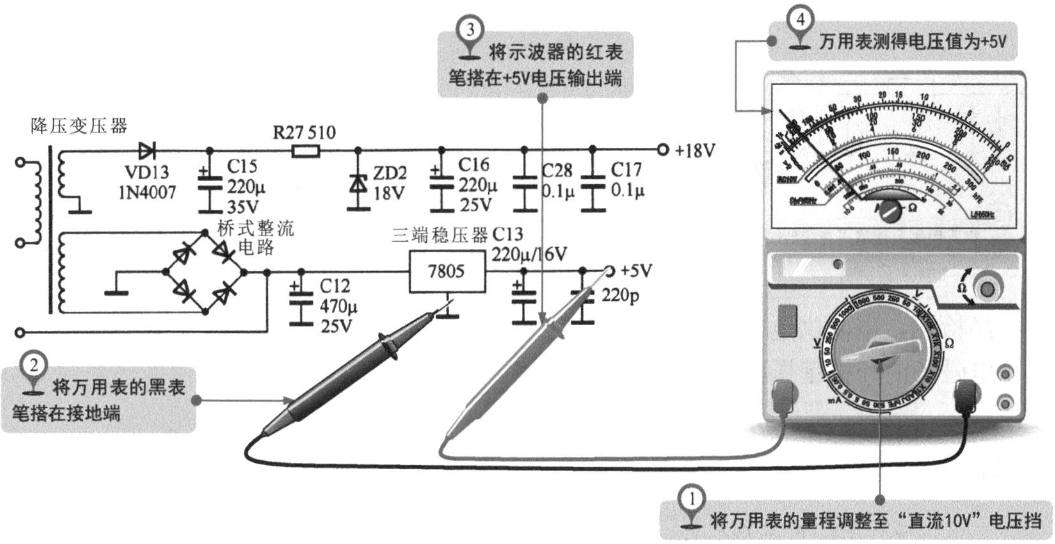

将电磁炉通电，检测电源供电电路输出的+5V电压，实测后无电压输出，表明电源供电电路有故障，进一步对主要元器件进行检测。

将电磁炉处于待机状态下，检测三端稳压器的输入端电压，实测三端稳压器的输入端电压正常（12V），再检测输出电压时，发现该三端稳压器无输出电压，因此，可判断三端稳压器已损坏，更换损坏的三端稳压器（7805）后，开机试运行，故障排除。

7.1.4 三洋HY-185型电磁炉不开机的故障

三洋HY-185型电磁炉通电后，按下开机键，电磁炉无反应，无法开机工作。【三洋HY-185型电磁炉整机电路图见附录4】

当电磁炉出现不开机的故障时，通常是由于电源供电电路、微处理器主控电路和操作显示电路损坏所导致的。

检测时可先检测电源供电电路输出的+5V电压是否正常；若输出的电压值不正常，则电源供电电路出现故障；若该电压值正常，应对微处理器主控电路的晶振信号进行检测；若均正常时，则还需要对操作显示电路中的操作按键进行检测。

图7-8 检测电源供电电路的输出电压

如图7-8所示，检测电源供电电路的输出电压。

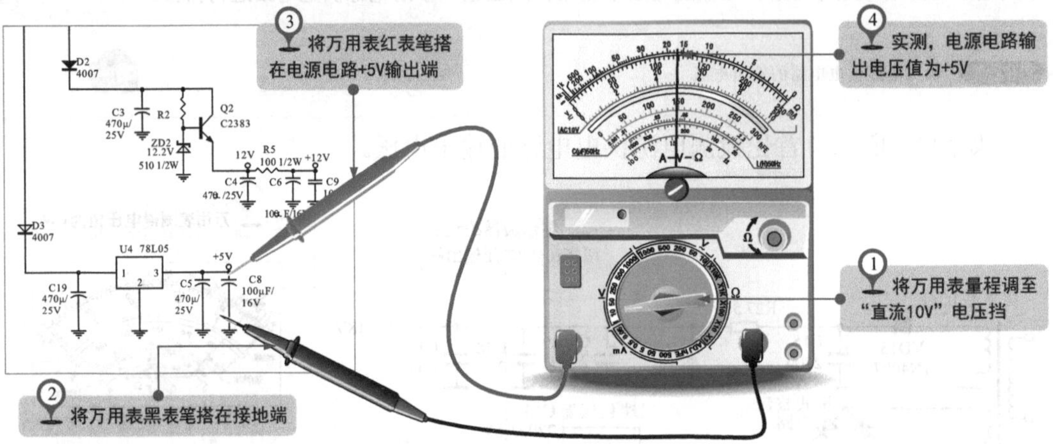

经检测，电源供电电路输出的+5V电压正常，进一步检测晶振信号也无异常，怀疑是电磁炉的开机键损坏，使用万用表对按键进行检测。

图7-9 检测开机键

如图7-9所示，检测操作显示电路中的开机键。

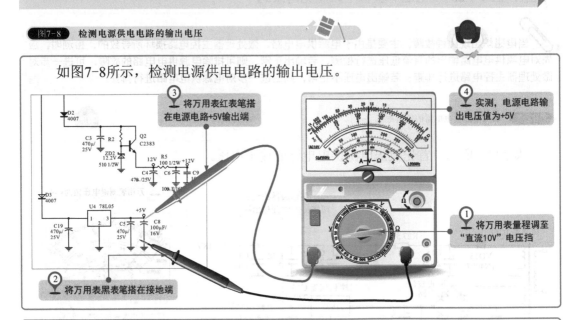

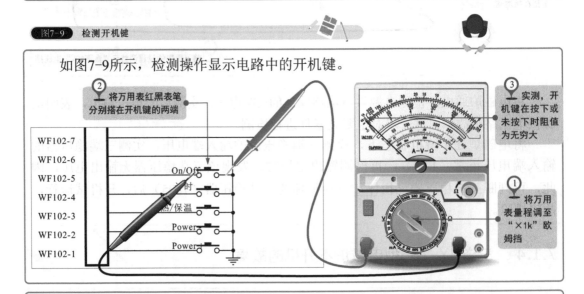

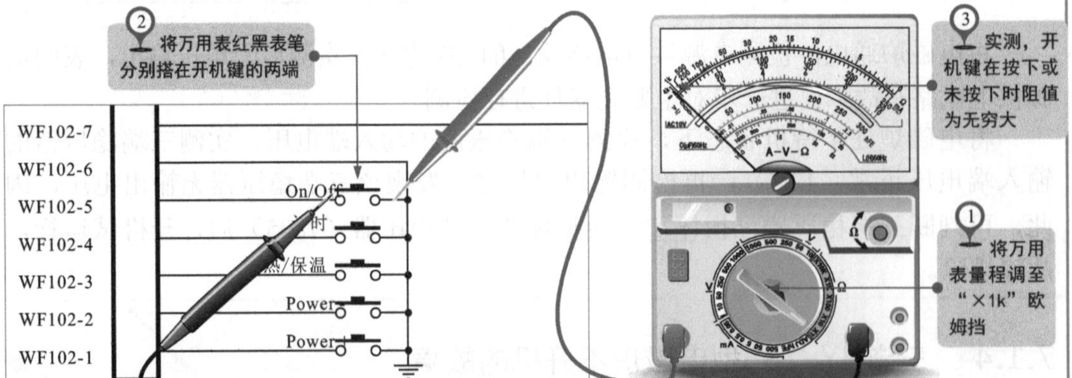

检测开机键时，测得开机键在按下或未按下的状态时，阻值均为无穷大，根据结果判断开机键已经损坏，将开机键更换后，对电磁炉开机试机操作，故障排除。

7.1.5 富士宝IH-P190B型电磁炉通电无反应的故障

富士宝IH-P190B电磁炉无开机后，数码显示屏无显示，蜂鸣器无响声，风扇不运转，各按键均不起作用。【富士宝IH-P190B型电磁炉整机电路图见第8章图8-8】

当电磁炉整机不工作时，主要是由于电源供电电路、微处理器主控电路损坏所导致的，检测时，可先对电源供电电路输出的直流低压进行检测，若输出正常，则可排除电源供电电路的故障。可进一步对微处理器主控电路中微处理器的工作状态进行排查，若输出电压不正常，则应进一步对电源供电电路进行排查。

首先检测电源供电电路输出的电压，经检测电源供电电路输出的+5V电压正常，此时，应对微处理器主控电路进行检测，可先对微处理器的工作条件进行检测，如晶振信号。

图7-10 检测微处理器的晶振信号

图7-10为微处理器晶振信号的检测方法。

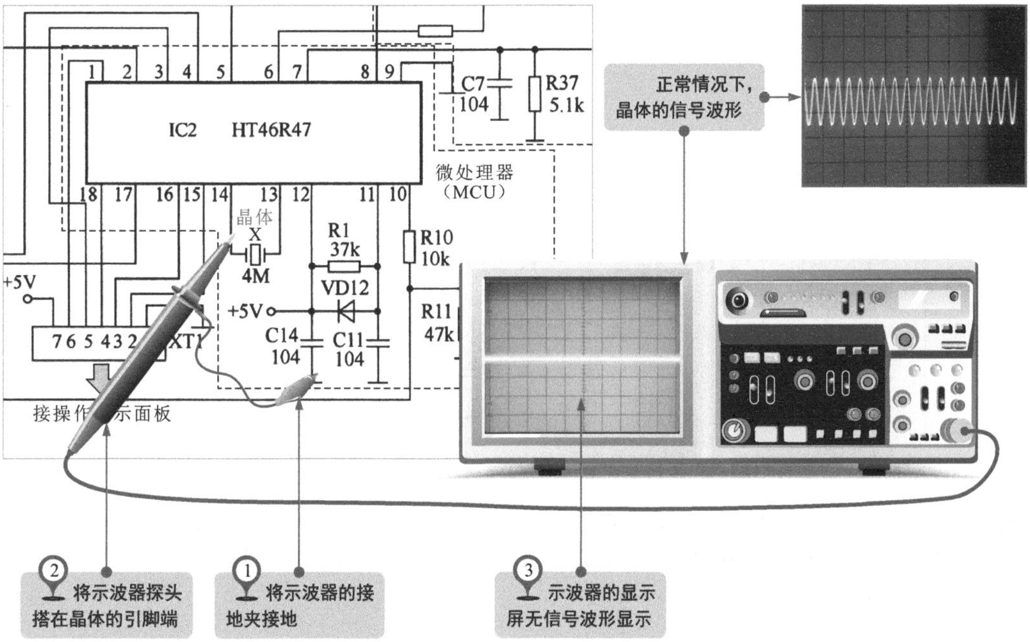
IC2 HT46R47
C7 104
R37 5.1k
微处理器（MCU）
晶体 X 4M
R1 37k
R10 10k
VD12
+5V
C14 104
C11 104
R11 47k
XT1
接操作显示面板
正常情况下，晶体的信号波形
②将示波器探头搭在晶体的引脚端
①将示波器的接地夹接地
③示波器的显示屏无信号波形显示

经检测，未检测出晶振信号（4MHz的正弦波），怀疑是晶振损坏，将其更换后，开机试运行，故障排除。

7.1.6 尚朋堂SR-1606型电磁炉通电无反应的故障

尚朋堂SR-1606型电磁炉按下电源开关，电磁炉无任何反应，指示灯不亮，按下按键后，也无提示声，不能进入正常工作状态。

图7-11 尚朋堂SR-1606型电磁炉的操作控制电路

图7-11为尚朋堂SR-1606型电磁炉的操作控制电路。

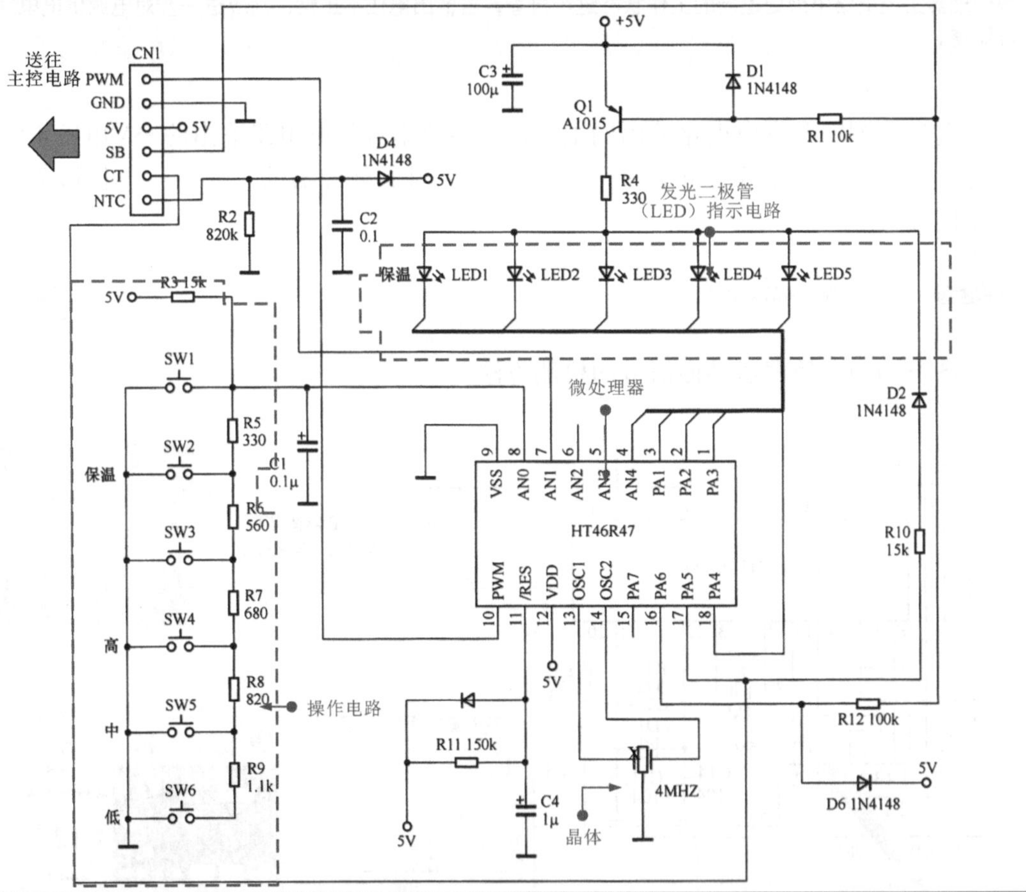

该电路以微处理器HT46R47为控制核心，正常工作时其10脚输出PWM信号。因此对该电路进行检测，可首先检查微处理器HT46R47的10脚有无输出，若输出正常，则说明该电路工作正常；若无输出，则可能是微处理器HT46R47未工作或损坏。

判断微处理器HT46R47好坏，可通过检测其外围条件的方法判断，即当检测其10脚无输出时，进一步检测其供电、时钟等基本条件是否正常。若外围条件正常，仍无输出则多为微处理器内部损坏。

图7-12 检测微处理器输出的PWM信号

如图7-12所示，设置电磁炉为开机状态，检测微处理器10脚输出的PWM信号。

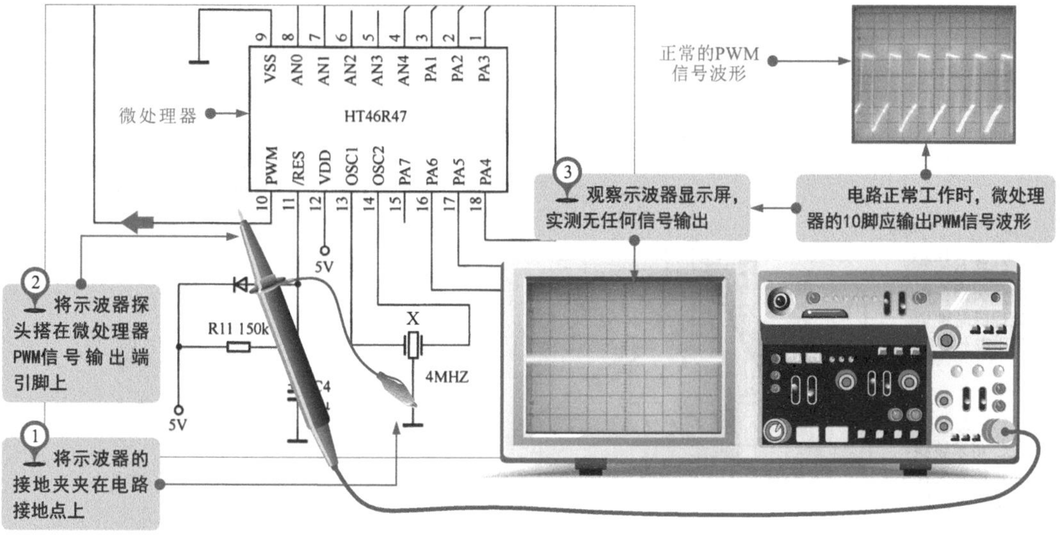
正常的PWM
信号波形
微处理器
HT46R47
VSS AN0 AN1 AN2 AN3 AN4 PA1 PA2 PA3
PWM /RES VDD OSC1 OSC2 PA7 PA6 PA5 PA4
③ 观察示波器显示屏，实测无任何信号输出
电路正常工作时，微处理器的10脚应输出PWM信号波形
② 将示波器探头搭在微处理器PWM信号输出端引脚上
R11 150k
X
4MHZ
C4
5V
① 将示波器的接地夹夹在电路接地点上

经检测后，该芯片的10脚无波形信号输出，由此怀疑微处理器HT46R47损坏。进一步确认是微处理器本身损坏，还是微处理器工作条件异常使其无法进入工作状态，接下来检测微处理器的基本供电条件，如直流供电电压、时钟信号等。

图7-13 检测微处理器的供电条件

图7-13为微处理器供电条件的检测方法。

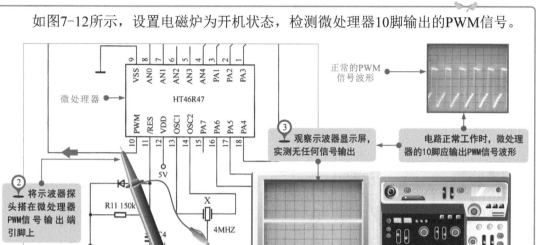

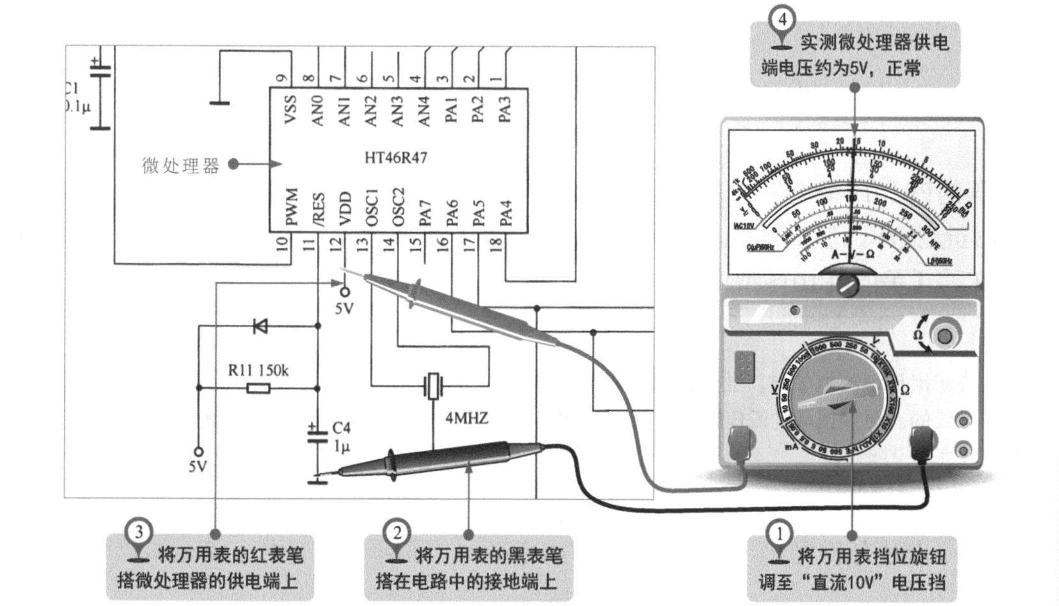

图7-14为微处理器时钟信号的检测方法。

图7-14 检测微处理器的时钟信号

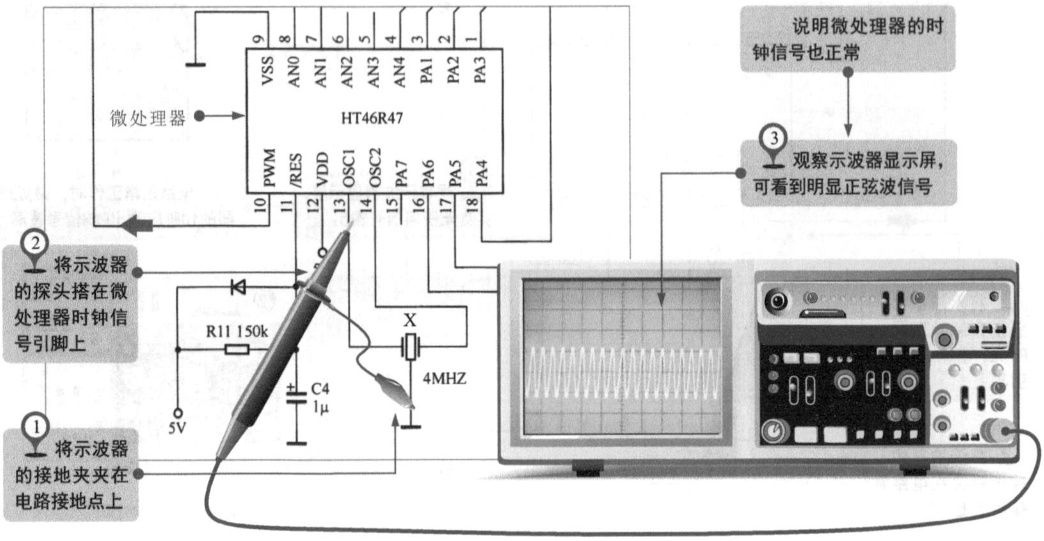
说明微处理器的时钟信号也正常
③ 观察示波器显示屏，可看到明显正弦波信号
② 将示波器的探头搭在微处理器时钟信号引脚上
① 将示波器的接地夹夹在电路接地点上
微处理器
HT46R47
VSS
AN0
AN1
AN2
AN3
AN4
PA1
PA2
PA3
PWM
/RES
VDD
OSC1
OSC2
PA7
PA6
PA5
PA4
R11 150k
C4
1μ
5V
X
4MHZ

经检测微处理器HT46R47的12脚+5V供电正常，13、14脚的时钟信号也正常，说明微处理器外围电路均正常。然而，该微处理器各工作条件均正常的情况下，输出端无任何输出，怀疑微处理器（MCU）HT46R47已经损坏，将其更换为同一规格的芯片后，对该电磁炉通电开机试运行，故障排除。

7.2 电磁炉屡烧IGBT的故障检修

7.2.1 美的PF101E型电磁炉屡烧IGBT的故障

美的PF101E型电磁炉开机后不能加热，将电磁炉断电后，对IGBT进行检测，发现IGBT已损坏，但更换后，再次开机，电磁炉仍不能加热，再次检测，发现IGBT再次损坏。【美的PF101E型电磁炉整机电路图见附录5】

电磁炉出现该类故障时，通常是由PWM驱动电路、供电电路、同步振荡电路或过压保护电路出现故障所导致的。更换损坏的IGBT后，则应进一步对该电路中的主要元器件进行检测，排除造成IGBT屡损的故障点。

根据上述分析可知，更换完损坏的IGBT后，还应对电路中主要元器件的性能进行检测。

图7-15 检测电路中主要元器件（电阻器R11）

图7-15为电路中电阻器R11的检测方法。

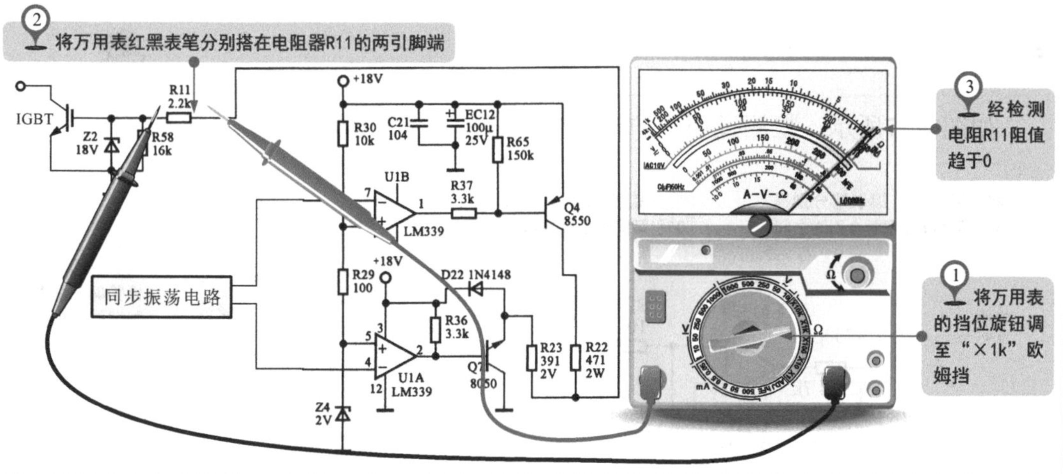

经检测，电阻器R11阻值为0Ω，出现短路故障，以同型号电阻器进行更换后，开机试运行，故障排除。

7.2.2 尚朋堂SR-26/28型电磁炉屡烧IGBT的故障

尚朋堂SR-26/28型电磁炉加热一段时间后故障。打开外壳发现IGBT被击穿，将其更换后，故障现象依旧。【尚朋堂SR-26/28型电磁炉整机电路图见附录6】

根据该电磁炉的故障现象，怀疑为电磁炉的IGBT过压保护电路出现故障。应逐一检测该电路中的关键元件，如图R22、R24、Q6等。

图7-16 检测过压保护电路中的电阻器（R22、R24）

图7-16为过压保护电路中电阻器R24的检测方法。

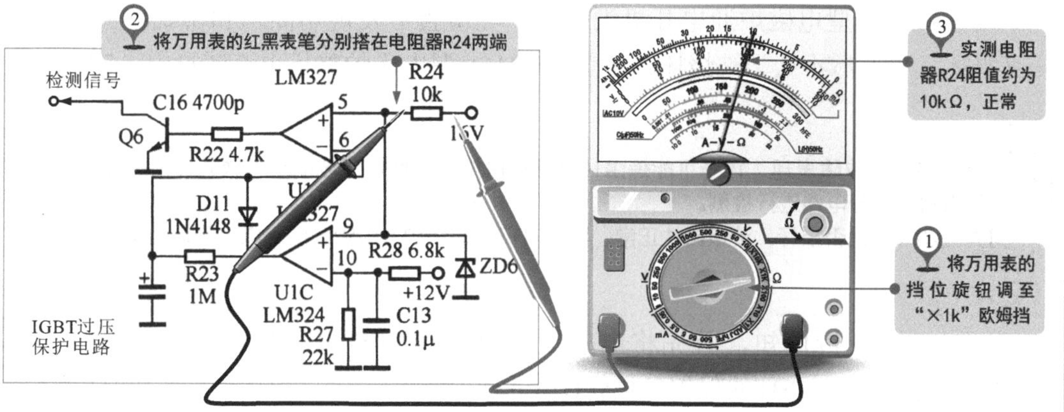

经检测可知，电阻器R22、R24的实际阻值与标称阻值相近，说明电阻器正常。进一步检测晶体三极管Q6，判断Q6有无击穿短路或断路故障。

图7-17 检测过压保护电路中的晶体三极管（Q6）

如图7-17所示，检测过压保护电路中的晶体三极管Q6。

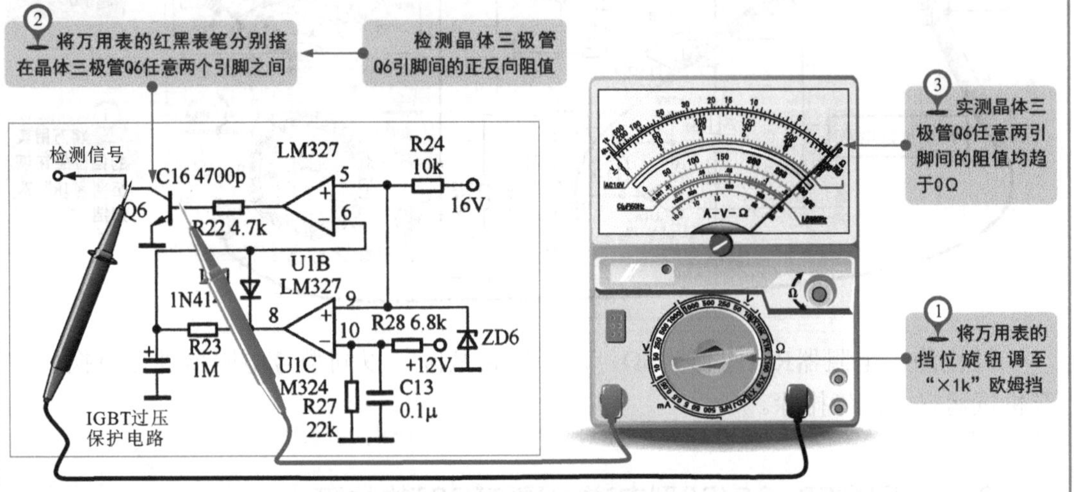
② 将万用表的红黑表笔分别搭在晶体三极管Q6任意两个引脚之间
检测晶体三极管Q6引脚间的正反向阻值
③ 实测晶体三极管Q6任意两引脚间的阻值均趋于0Ω
① 将万用表的挡位旋钮调至“×1k”欧姆挡
检测信号
C16 4700p
LM327
R24
10k
16V
Q6
R22 4.7k
U1B
LM327
R28 6.8k
ZD6
R23
1M
U1C
+12V
C13
0.1μ
R27
22k
IGBT过压保护电路
A-V-Ω

经检测该晶体三极管的正反向阻值均为0Ω，表明其已损坏。用同型号的晶体管将损坏的晶体三极管Q6代换后，开机试运行，故障排除。

7.3 电磁炉屡烧熔断器的故障检修

7.3.1 美的PD16Y型电磁炉屡烧熔断器和桥式整流堆的故障

美的PD16Y型电磁炉通电开机无反应。经检查后发现熔断器和桥式整流堆均被击穿损坏，更换后不久又被烧坏。【美的PD16Y型电磁炉整机电路图见附录7】

根据电磁炉的故障表现，怀疑可能是由IGBT及其保护元器件、滤波电容、微处理器等损坏所导致的，应重点对该部分电路进行检测。

可先检测IGBT是否损坏，若该器件正常，则应对IGBT的保护二极管、滤波电容等进行检测。

根据上述分析可知，首先将电磁炉断电后对IGBT进行检测，经检测，测得IGBT无异常，再对IGBT的保护二极管D14进行检测。

图7-18 检测保护二极管（D14）

图7-18为保护二极管D14的检测方法。

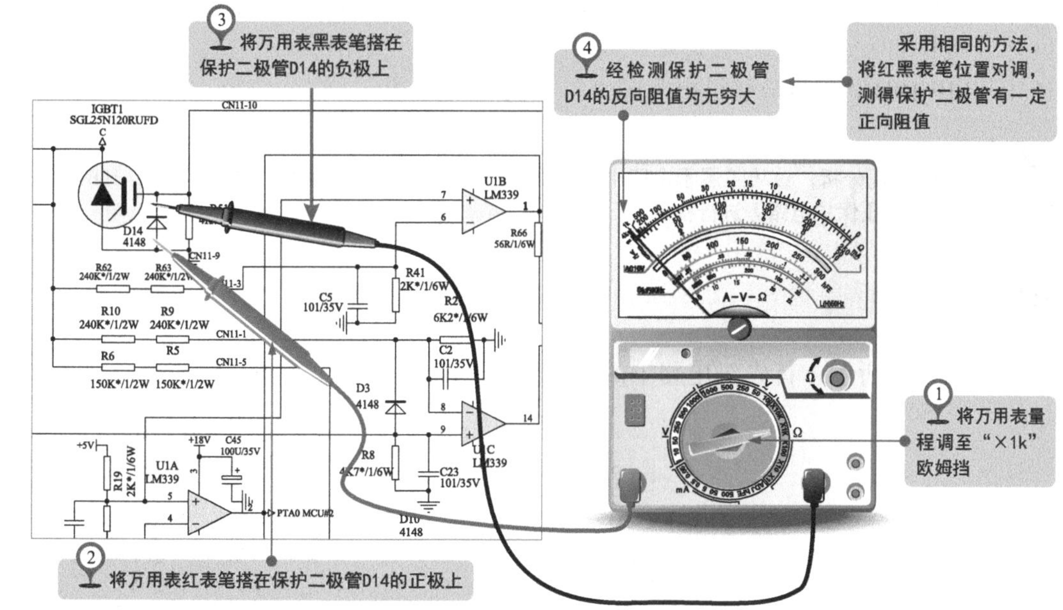
③ 将万用表黑表笔搭在保护二极管D14的负极上
④ 经检测保护二极管D14的反向阻值为无穷大
采用相同的方法，将红黑表笔位置对调，测得保护二极管有一定正向阻值
① 将万用表量程调至“×1k”欧姆挡
② 将万用表红表笔搭在保护二极管D14的正极上
IGBT1
SGL25N120RUFD
D14
4148
U1B
LM339
U1A
LM339
D3
4148
D10
4148

经检测，测得保护二极管D14的正反向阻值均正常，此时，将滤波电容C1取下后，检测其充放电过程是否正常。

图7-19 检测滤波电容（C1）

图7-19为滤波电容C1的检测方法。

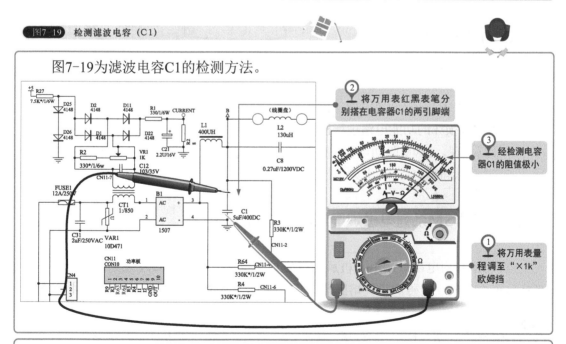

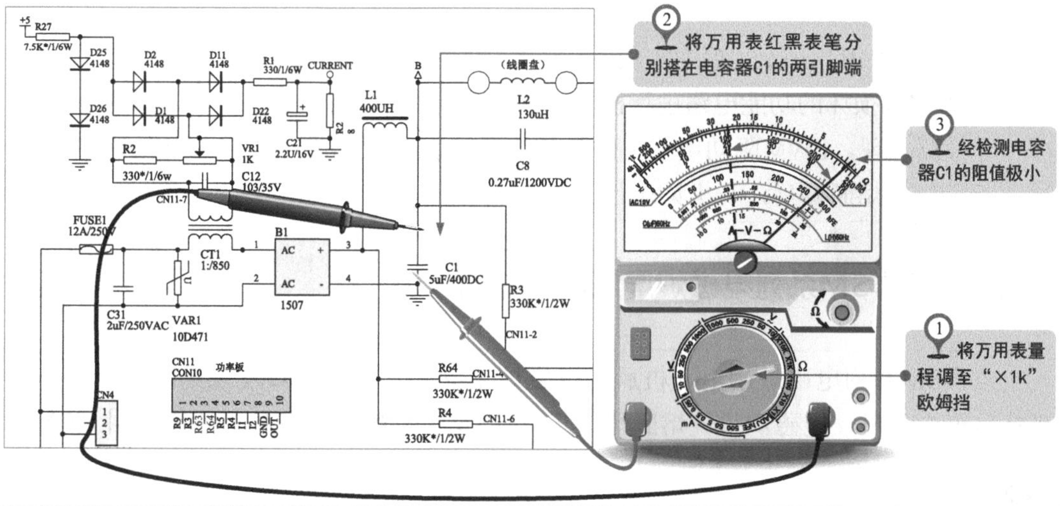
② 将万用表红黑表笔分别搭在电容器C1的两引脚端
③ 经检测电容器C1的阻值极小
① 将万用表量程调至“×1k”欧姆挡
C1
5uF/400DC
L1
400UH
L2
130uH
C8
0.27uF/1200VDC
FUSE1
12A/250V
B1
1507

经检测滤波电容C1的阻值很小，表明漏电严重，更换后试机运行，故障排除。

7.3.2 乐邦LB-19D型电磁炉屡烧熔断器的故障

乐邦LB-19D型电磁炉通电开机后，操作面板无显示，按键无反应，将电磁炉断电，开机检查发现熔断器已烧坏，更换后试机，故障依旧存在，熔断器仍被烧坏。【乐邦LB-19D型电磁炉整机电路图见附录8】

根据故障表现分析，该故障属于电路中有短路性故障，应重点对IGBT、桥式整流堆、IGBT相关的PWM驱动电路、过压保护电路等进行检测。

图7-20 检测IGBT

如图7-20所示，首先对电路中的IGBT进行检测。

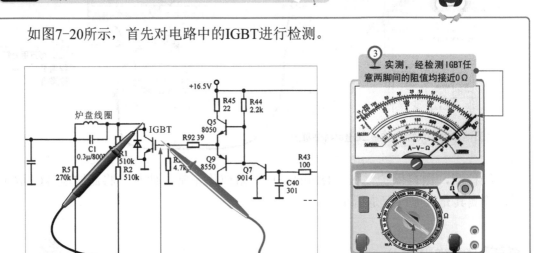

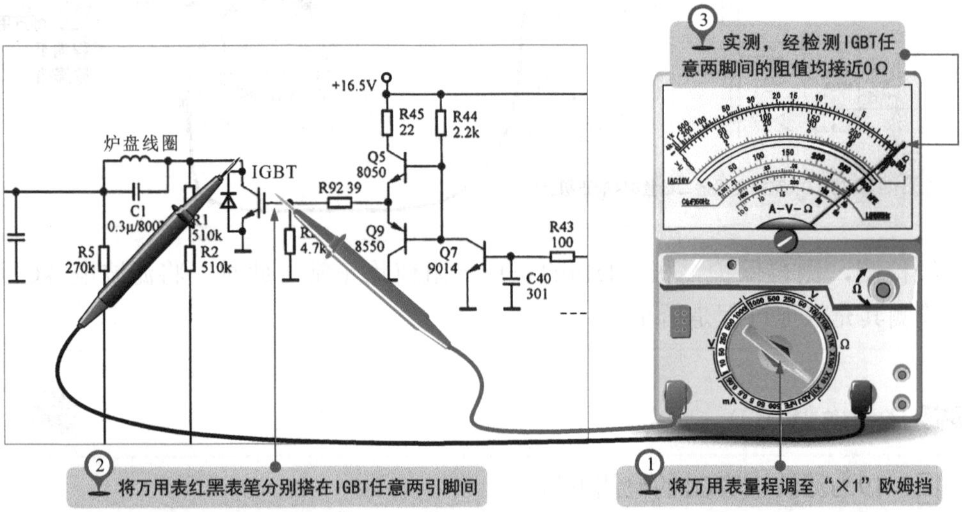

经检测，IGBT任意两脚之间的阻值均接近0，因此，可判断IGBT已损坏。此时，需对引起IGBT损坏的功能电路进行检测，如PWM驱动电路、IGBT过压保护电路等。

经检测发现，PWM驱动电路中的晶体三极管Q5击穿短路，更换损坏的IGBT和晶体三极管Q5及熔断器后，开机试运行，故障排除。

7.3.3 三洋SM系列电磁炉屡烧熔断器的故障

三洋SM系列电磁炉通电开机后，电磁炉无反应，开机检查发现熔断器被烧坏。更换后再次开机，电磁炉仍烧熔断器。【三洋SM系列电磁炉整机电路图见附录9】

根据故障表现，怀疑是由过压保护器、滤波电容、桥式整流堆、IGBT损坏所导致的该类故障，在检测时，可重点对这些元器件进行检测。

图7-21 检测过压保护器

图7-21为过压保护器的检测方法。

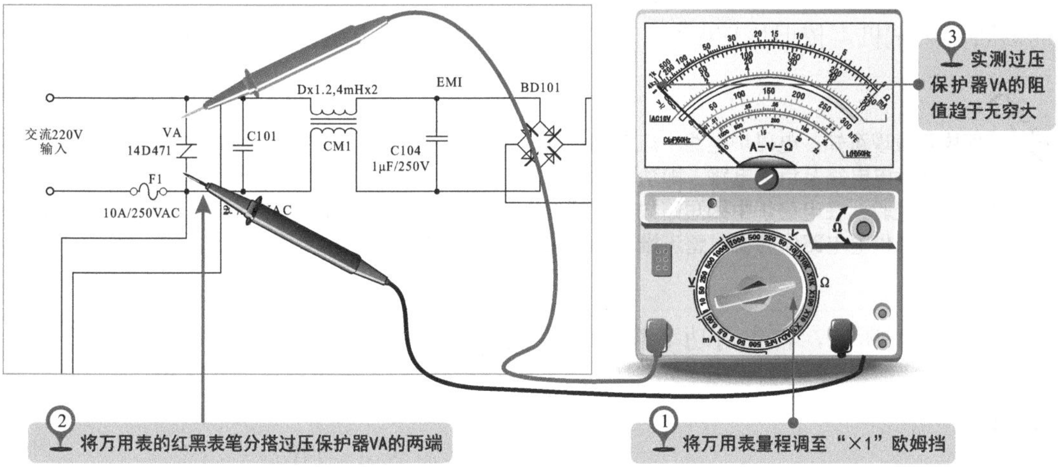

经检测，测得过压保护器正常，此时，应进一步对桥式整流堆、滤波电容等进行检测。

图7-22 检测桥式整流堆

图7-22为桥式整流堆的检测方法。

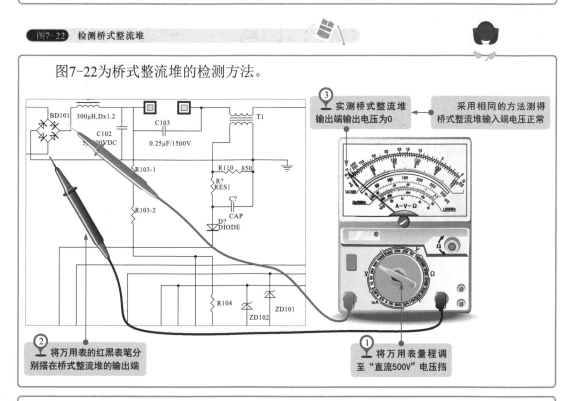

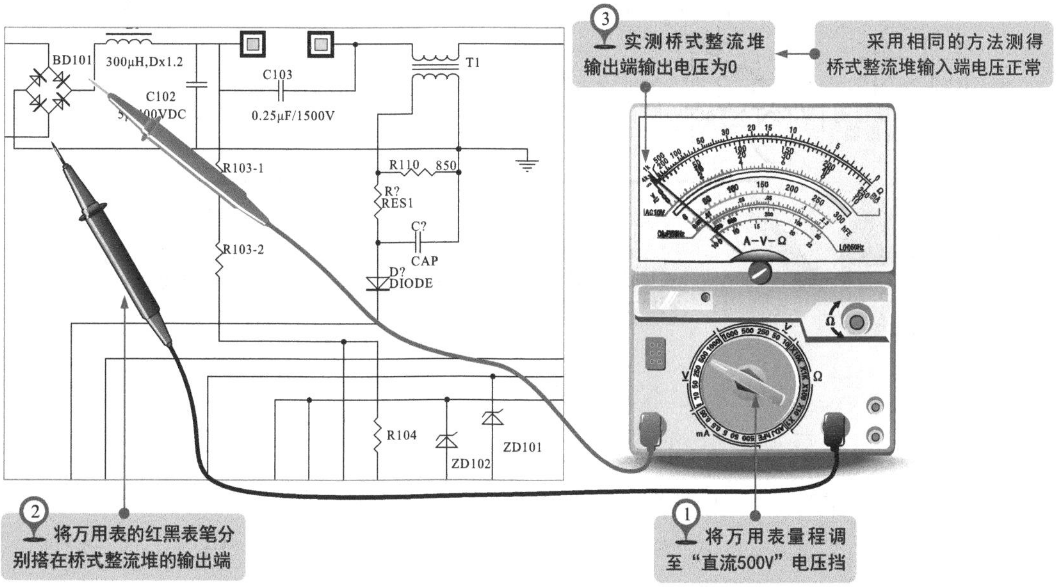

经检测，发现桥式整流堆BD101的输入电压正常，输出电压无+300V，由此，判断桥式整流堆BD101损坏，将其更换后，对电磁炉开机试机操作，故障排除。

7.3.4 尚朋堂SR-1336型电磁炉屡烧熔断器的故障

尚朋堂SR-1336型电磁炉开机后整机不工作。开机检查发现熔断器烧损，更换新的熔断器后试机，依旧烧熔断器。【尚朋堂SR-1336型电磁炉整机电路图见附录10】

根据故障表现可知，电磁炉电路中应存在严重短路故障，导致屡烧熔断器故障。检修该类故障，应重点检查电源供电电路及负载电路（即功率输出电路）。

根据维修经验，在电磁炉中因短路故障引起屡烧熔断器时，多为电路中的一些核心元件短路所致，应重点检测电源供电电路中的桥式整流堆和功率输出电路中的IGBT等。

如图7-23所示，首先对功率输出电路中的IGBT进行检测。

图7-23 检测IGBT

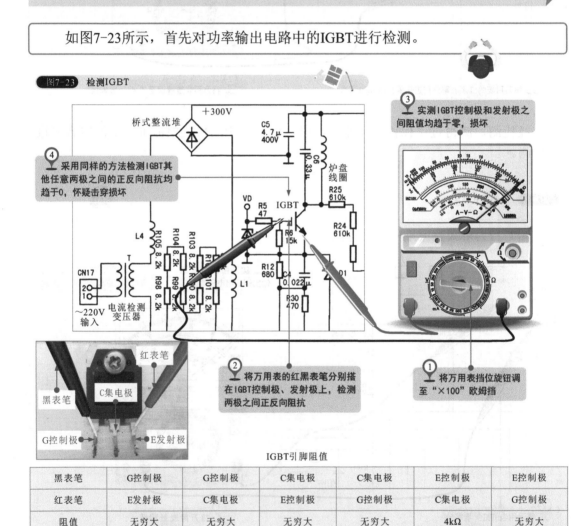

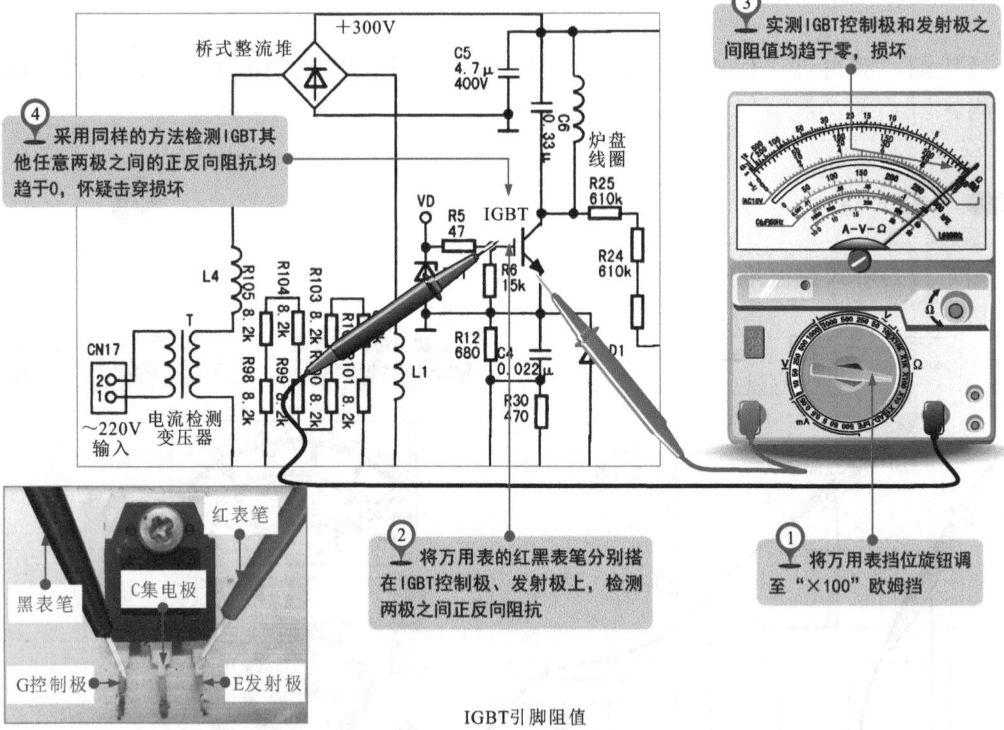

IGBT引脚阻值

黑表笔	G控制极	G控制极	C集电极	C集电极	E控制极	E控制极
红表笔	E发射极	C集电极	E控制极	G控制极	C集电极	G控制极
阻值	无穷大	无穷大	无穷大	无穷大	4kΩ	无穷大

经检测发现，IGBT的正反向阻值均为0 Ω，说明IGBT出现严重击穿短路故障。为防止代换IGBT后再次烧坏，还需要对电路中其他可能与IGBT击穿故障相关的元件进行排查。接下来，可检测电源供电电路中的桥式整流堆。

图7-24 检测桥式整流堆

如图7-24所示，对电源供电电路中的桥式整流堆进行检测。

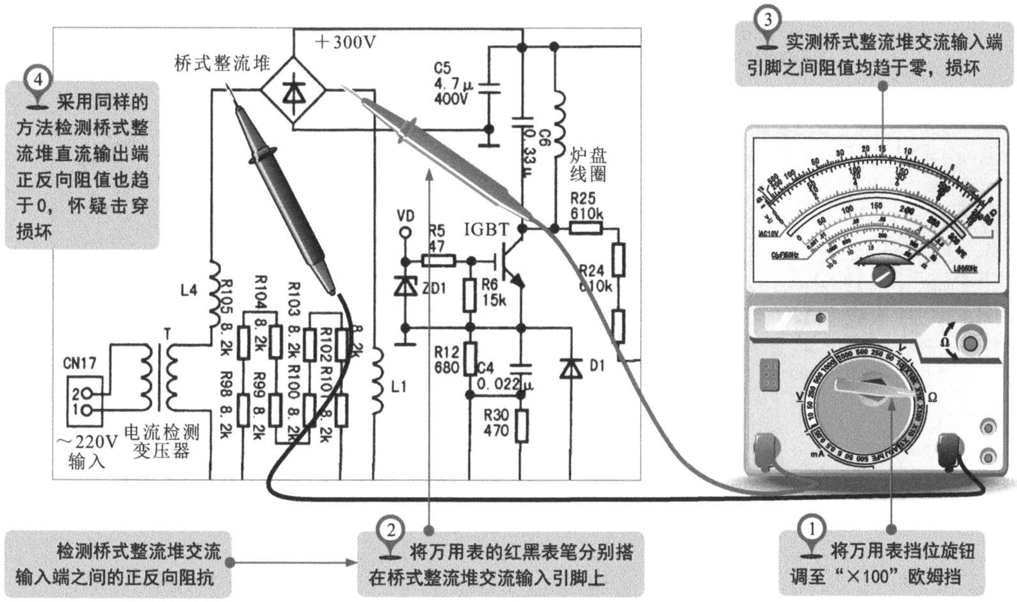

实测得桥式整流堆交流输入和整流输出端的阻值均也为0 Ω。将损坏的桥式整流堆、IGBT、熔断器更换后，对电磁炉开机试机操作，故障排除。

7.4 电磁炉加热功能异常的故障检修

7.4.1 美的MC-EF197型电磁炉开机不加热的故障

美的MC-EF197型电磁炉通电开机后，按动加热键，电磁炉不加热，也无报警提示声。【美的MC-EF197型电磁炉整机电路图见附录11】

根据故障现象，初步怀疑电磁炉的低压供电异常。

根据电路分析，交流220V送入电磁炉后，分为两路，其中一路经降压变压器降压，再经桥式整流堆进行整流、滤波电容滤波，将直流低压送至稳压二极管ZD203、三端稳压器U2中，最终输出+18V、+5V的直流低压。另一路经桥式整流堆整流、滤波电容滤波后，输出+300V电压为炉盘线圈供电。

根据以上分析可知，该电磁炉开机不加热，应重点检查电源部分输出的电压是否正常。

根据分析，该电磁炉开机不加热，应重点检查电源部分输出的电压是否正常。

图7-25 检测电源供电电路的直流低压

如图7-25所示，使用万用表检测电源供电电路输出的直流低压。

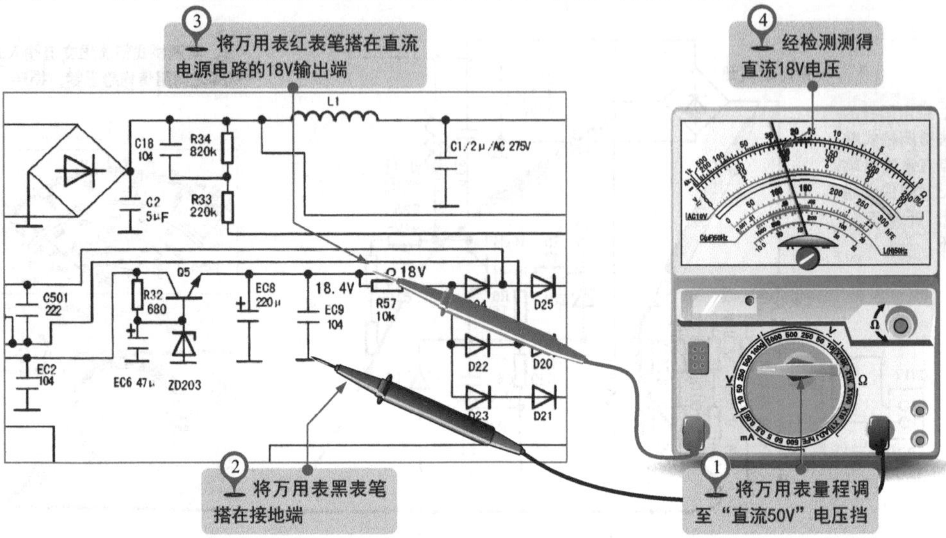

经检测，直流电源电路输出的电压均正常，接下来进一步查PWM产生电路的主要芯片，以及功率输出电路中的主要器件，经检测LM339的各引脚的电压也正常。

接下来，应检测为炉盘线圈供电的桥式整流堆输出的电压是否正常。

图7-26 检测桥式整流堆输出的电压

如图7-26所示，检测桥式整流堆输出的电压就是为炉盘线圈供电的电压。

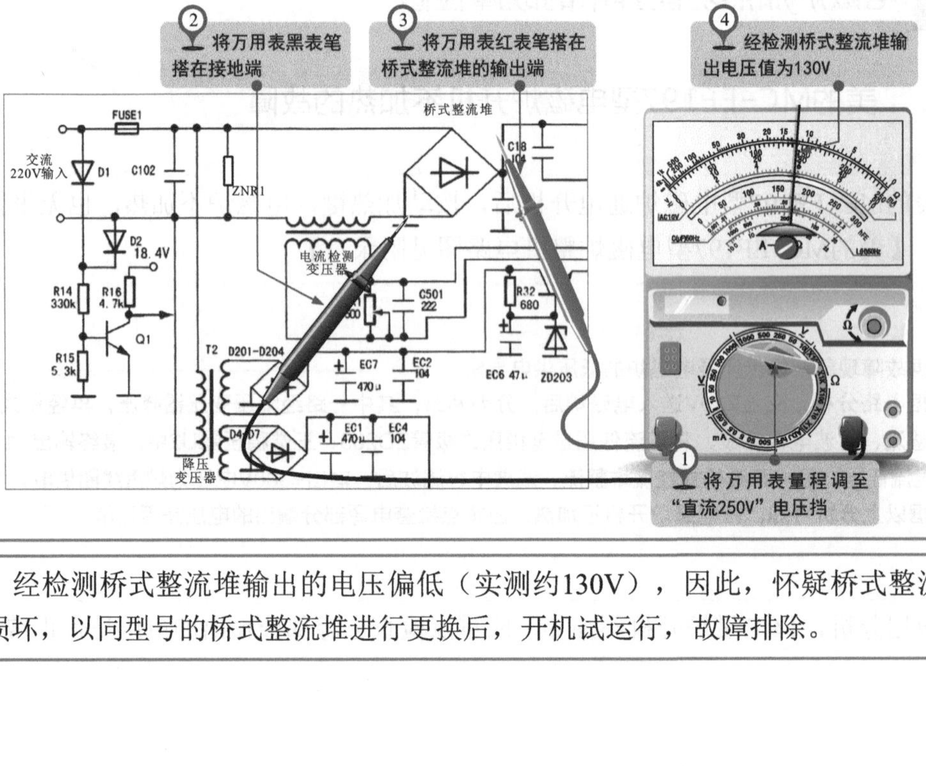

经检测桥式整流堆输出的电压偏低（实测约130V），因此，怀疑桥式整流堆本身损坏，以同型号的桥式整流堆进行更换后，开机试运行，故障排除。

7.4.2 万利达MC-2057型电磁炉检锅不加热的故障

万利达MC-2057型电磁炉通电开机后，按动加热键，电磁炉能检锅，但不加热，无报警提示。【万利达MC-2057型电磁炉整机电路图见附录12】

根据故障表现分析，电磁炉能进行检锅操作，说明其内部的供电、微处理器控制等公共电路部分正常；电磁炉不加热，应重点检查与加热功能直接关联的电路，如PWM驱动电路、功率输出电路等。

图7-27 检测PWM驱动电路中的晶体三极管（VT201）

图7-27为PWM驱动电路中晶体三极管VT201的检测方法。

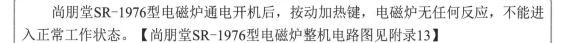

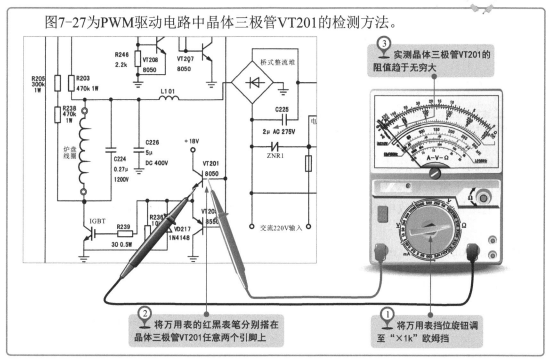

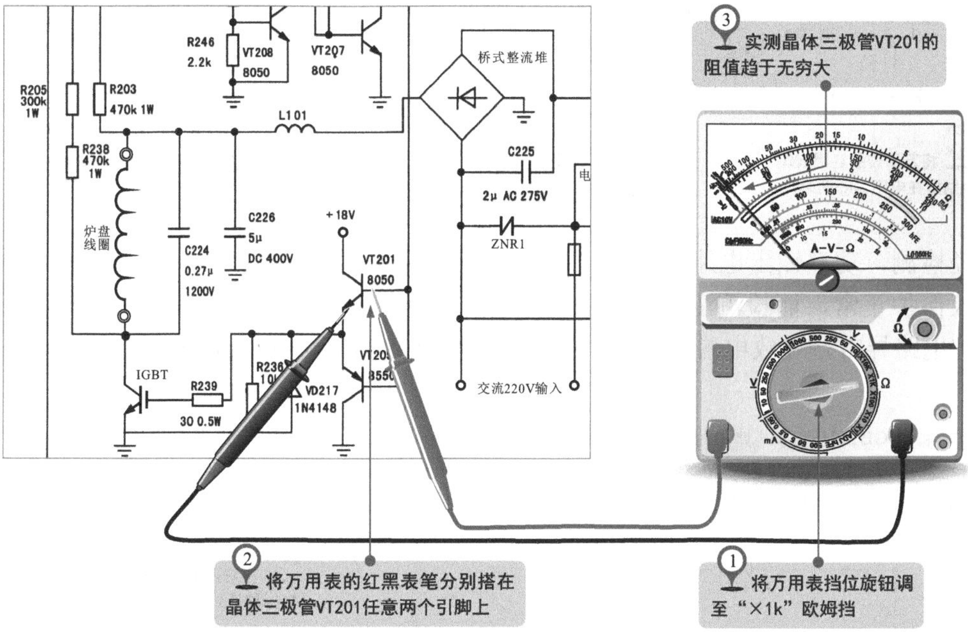

经检测发现晶体三极管V201被击穿断路，用同型号的晶体三极管代替VT201后，对电磁炉开机操作，电磁炉加热正常，故障排除。

7.4.3 尚朋堂SR-1976型电磁炉检锅不加热的故障

尚朋堂SR-1976型电磁炉通电开机后，按动加热键，电磁炉无任何反应，不能进入正常工作状态。【尚朋堂SR-1976型电磁炉整机电路图见附录13】

根据故障表现，可推断为该电磁炉进入到保护状态，或功率输出电路出现问题，应重点对功率输出电路和保护电路进行检查。

图7-28 检测功率输出电路中的主要元件（电阻器R5）

图7-28为功率输出电路中主要元件（电阻器R5）的检测方法。

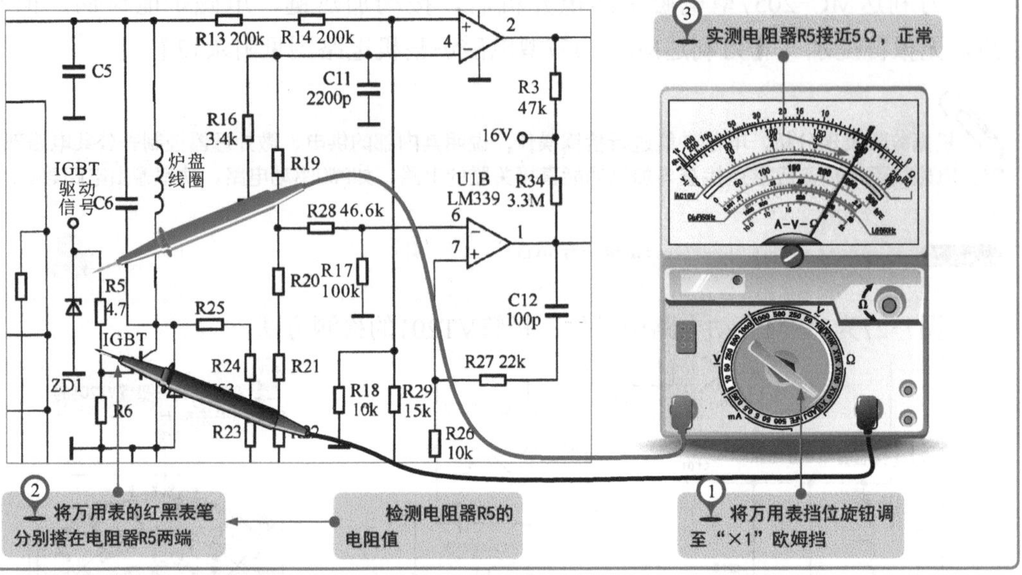

经检测，功率输出电路中的电阻器R5、IGBT正常。根据故障分析，该电磁炉属于进入保护正常，而检测受保护电路无异常，则应对保护电路进行检测，判断是否因保护电路异常，导致电磁炉"假"保护。即检测该电磁炉的IGBT过压保护电路。

图7-29 检测IGBT过压保护电路中的主要元件（电阻器R28）

图7-29为IGBT过压保护电路中主要元件（电阻器R28）的检测方法。

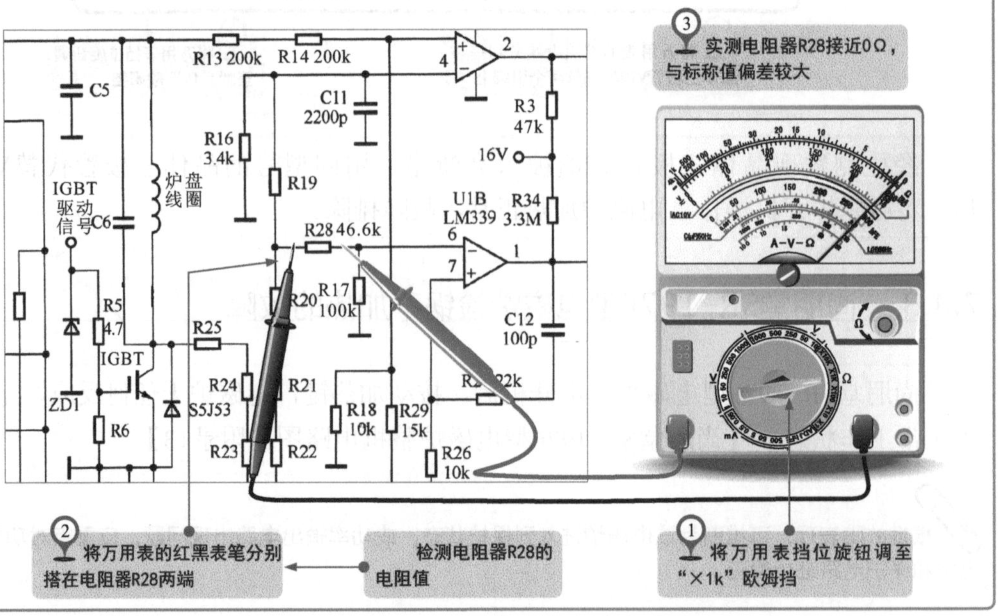

经检测发现，IGBT过压保护电路中的电阻器R28阻值为0Ω，正常应为46.6 kΩ，由此说明该电阻器损坏，导致IGBT过压保护电路动作，进而出现上述故障，将损坏的电阻R28更换后，对电磁炉重新通电试机操作，故障排除。

由于IGBT过压保护电路中电阻器R28损坏阻值变为零，因此该电阻器与R20～R25构成的分压电路中，R28与R20之间取样点的电压上升，从而U1B（LM339）的6脚检测到一个高电平信号，信号使U1B（LM339）“以为”是IGBT过压，从而进行保护，进而导致上述故障。

7.4.4 百合花DCL-1型电磁炉热度不够的故障

百合花DCL-1型电磁炉开机后热度不够，输出功率偏低，加大加热功率，热度微量上升，但仍达不到功率要求。【百合花DCL-1型电磁炉整机电路图见附录14】

根据该电磁炉的故障现象分析，该电磁炉属于功率偏低，热量达不到设定要求的故障，怀疑该电磁炉的操作控制电路、功率输出电路和PWM调制电路出现异常。

根据分析，首先检查操作控制电路中的功率调整操作按键K2，未发现异常。怀疑操作控制电路输出部分的电阻器R66或R108异常。

图7-30 检测操作显示电路输出侧电阻器（R66）

图7-30为操作显示电路输出侧电阻器（R66）的检测方法。

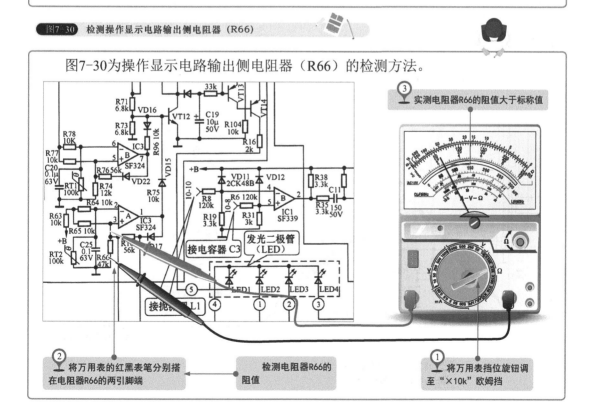

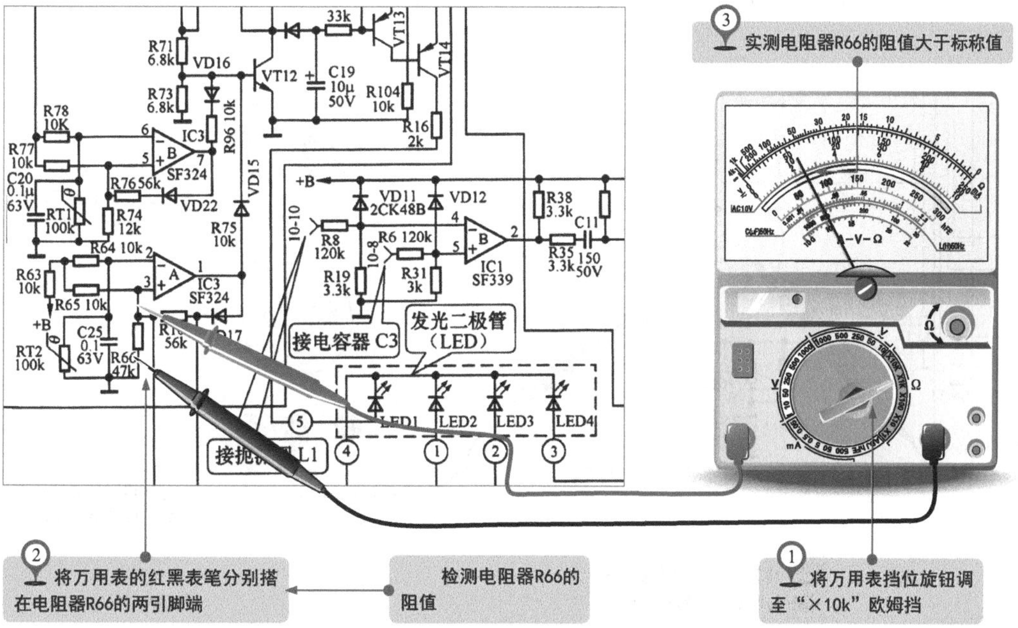
③ 实测电阻器R66的阻值大于标称值
接电容器 C3
发光二极管（LED）
LED1 LED2 LED3 LED4
R66 47k
② 将万用表的红黑表笔分别搭在电阻器R66的两引脚端
检测电阻器R66的阻值
① 将万用表挡位旋钮调至“×10k”欧姆挡

经检测发现，电阻器R66的阻值偏大，表明该电阻已经老化，将电阻R66更换后，对电磁炉开机试机操作，故障排除。

上述案例属于操作控制部分的功率调整按键输出侧元件异常，导致调整按键的指令无法正确送达主控电路中，因而使功率输出电路输出功率达不到要求。

在实际维修过程中，电磁炉输出功率不足的故障还有一个重要原因，即PWM调制电路异常，导致PWM脉冲信号宽度不够，引起功率输出电路输出功率不足，该类故障除体现功率输出不足表现外，还会伴随加热速度缓慢的情况。

7.4.5 TCL-PC20N型电磁炉断续加热的故障

TCL-PC20N型电磁炉开机加热一段时间后，电磁炉停机不工作，过5分钟左右，又开始自动加热工作。【TCL-PC20N型电磁炉整机电路图见图8-3】

根据该电磁炉的故障现象分析，怀疑该电磁炉的过压保护电路出现故障，且故障多是因器件变质引起的，可逐一检测过压保护电路中各元件，从元件性能参数的检测判断好坏。

根据分析，首先检查过压保护电路。对电阻器R408、R522、R306等检测均未发现异常。接着，检测电路中电容器C402的电容量，检查电容器有无漏电情况。

图7-31 检测电容器C402

图7-31为电容器C402的检测方法。

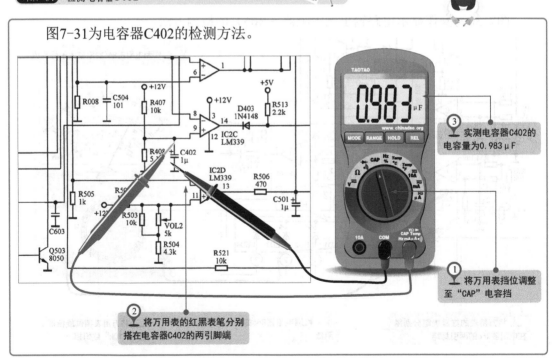

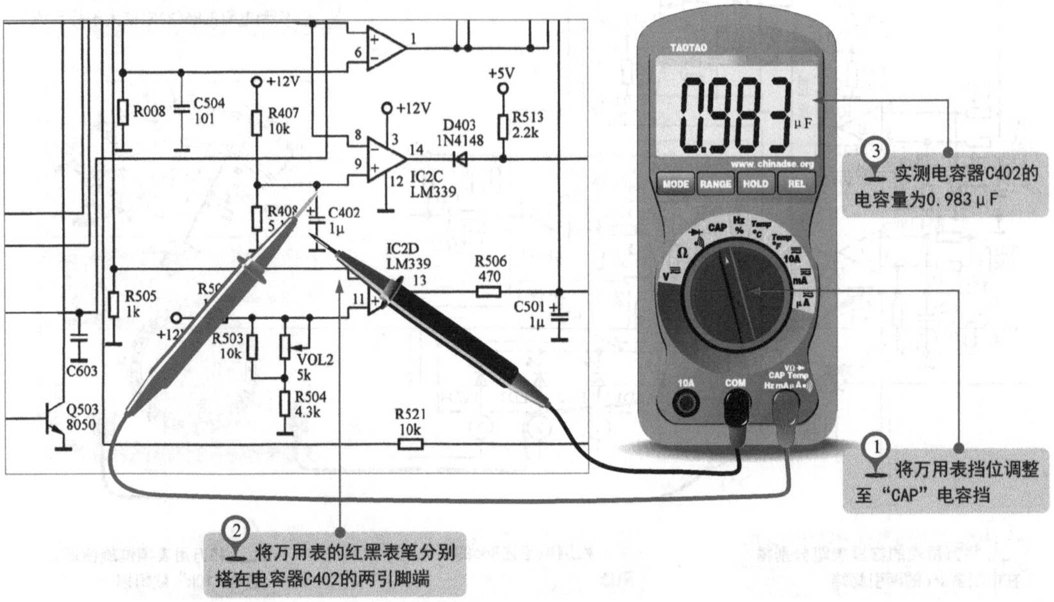

经检测，电容器C402电容量约为1μF，也正常。此时，仔细观察和检测电路其他相关元件均未发现异常。由此，怀疑该电路本身正常，可能是电路存在虚焊情况。将电磁炉的电路板取下后，检查R306附近的焊点，果然发现电阻器R306附近有焊点虚焊，将虚焊的焊点重新补焊后，通电试机，故障排除。

7.5 电磁炉工作状态失常的故障检修

7.5.1 美的MC-PF101型电磁炉自动复位的故障

美的MC-PF101型电磁炉通电开机后，蜂鸣器一声长鸣，电磁炉自动复位，不能进入正常工作状态。【美的MC-PF101型电磁炉整机电路图见附录5】

电磁炉出现自动复位的故障时，可能是由于IGBT的温度检测异常、IGBT过压保护电路损坏或过零检测电路损坏所导致的，应重点对该部分电路进行检测。

检测时，可通过检测微处理器15脚的电压值判断IGBT温度检测部分是否正常，若该电压值正常，可对怀疑的其他电路进行检修；若该电压不正常，则可以将故障点锁定在IGBT的温度检测部分，然后再进一步对该部分的主要元器件进行检测。

图7-32 检测微处理器15脚的电压

如图7-32所示，检测微处理器15脚的电压是否正常。

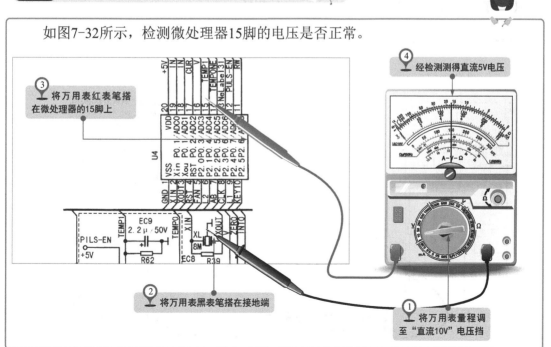

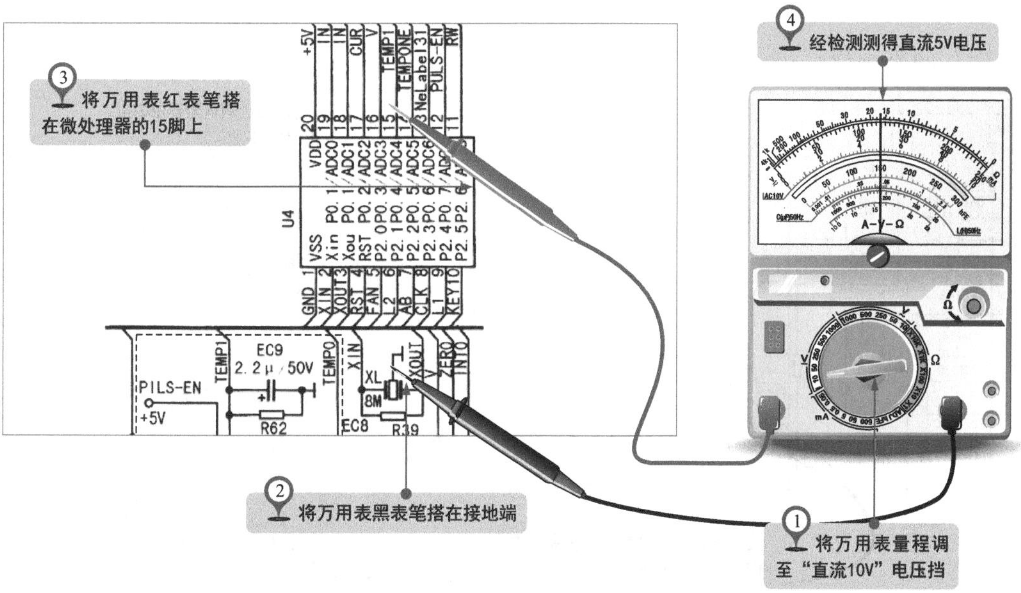
③ 将万用表红表笔搭在微处理器的15脚上
② 将万用表黑表笔搭在接地端
④ 经检测测得直流5V电压
① 将万用表量程调至“直流10V”电压挡
U4
EC9
2.2μ/50V
R62
R39
PILS-EN
+5V
TEMP1
TEMP0
XIN
XL
8M
EC8
A-V-Ω

经检测，微处理器（MCU）的15脚电压为高电平，正常情况下该引脚的电压为低电平，怀疑是IGBT的热敏电阻损坏，应对热敏电阻进行检测，如图7-33所示。

图7-33 检测IGBT的热敏电阻器

如图7-33所示，短路检测IGBT的热敏电阻器。

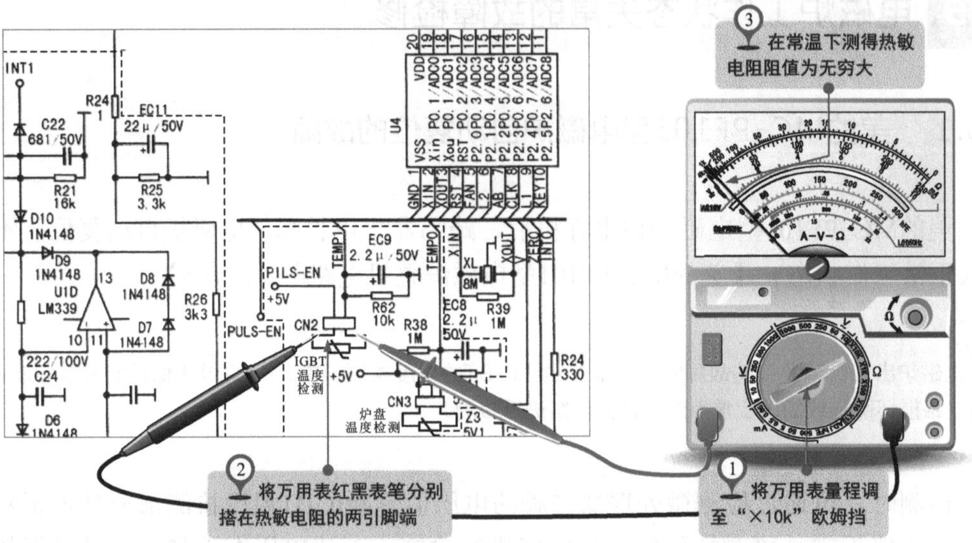
在常温下测得热敏电阻阻值为无穷大
将万用表红黑表笔分别搭在热敏电阻的两引脚端
将万用表量程调至“×10k”欧姆挡
IGBT温度检测
炉盘温度检测

检测发现，热敏电阻器常温下的阻值为无穷大，表明该热敏电阻已损坏，将热敏电阻更换后，开机试运行，故障依旧。再次检测微处理器（MCU）的15脚电压依然不正常，说明温度检测电路中还有元器件损坏。

图7-34 检测温度检测电路中的主要元器件（电阻器R62）

图7-34为温度检测电路中电阻器R62的检测方法。

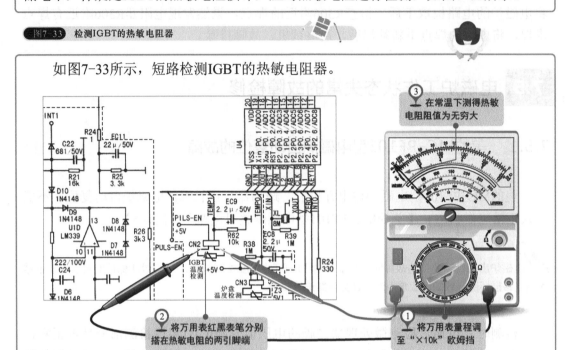

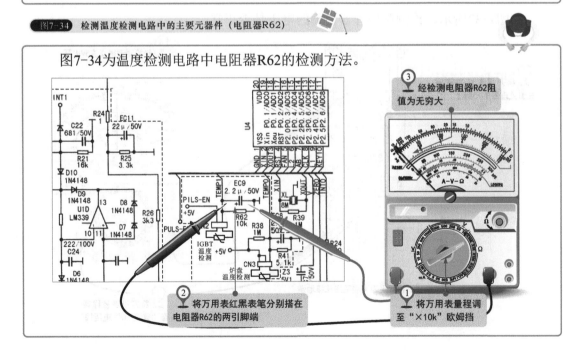

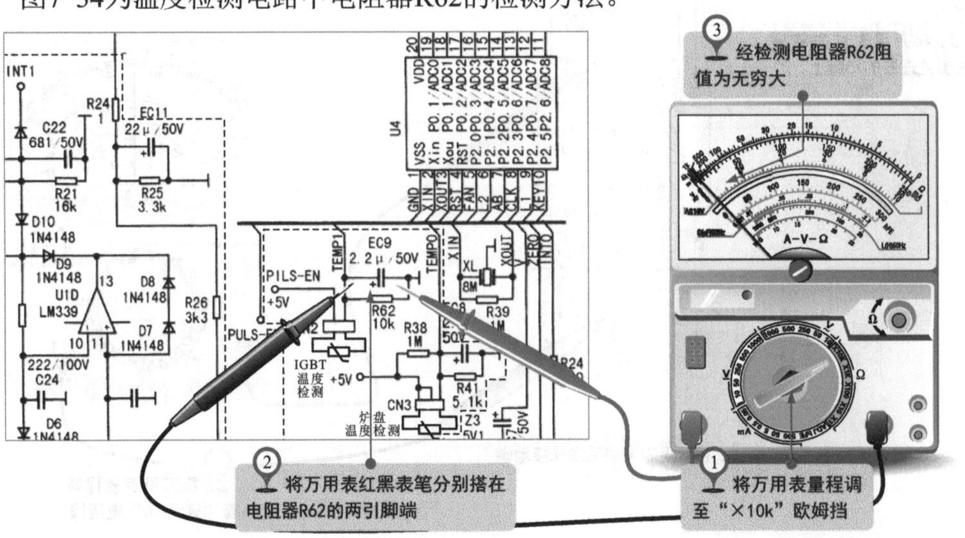
经检测电阻器R62阻值为无穷大
将万用表红黑表笔分别搭在电阻器R62的两引脚端
将万用表量程调至“×10k”欧姆挡
IGBT温度检测
炉盘温度检测

经检测发现电阻器R62的阻值为无穷大，说明R62已损坏。将损坏元器件代换后，开机试运行，故障排除。

7.5.2 尚朋堂SR-1336型电磁炉开机报警的故障

尚朋堂SR-1336型电磁炉通电后，电源指示灯亮，当按下开关键时，电磁炉出现报警提示，不加热。重新更换炊具后，电磁炉故障依旧。

图7-35 尚朋堂SR-1336型电磁炉的主控电路

图7-35为尚朋堂SR-1336型电磁炉的主控电路。

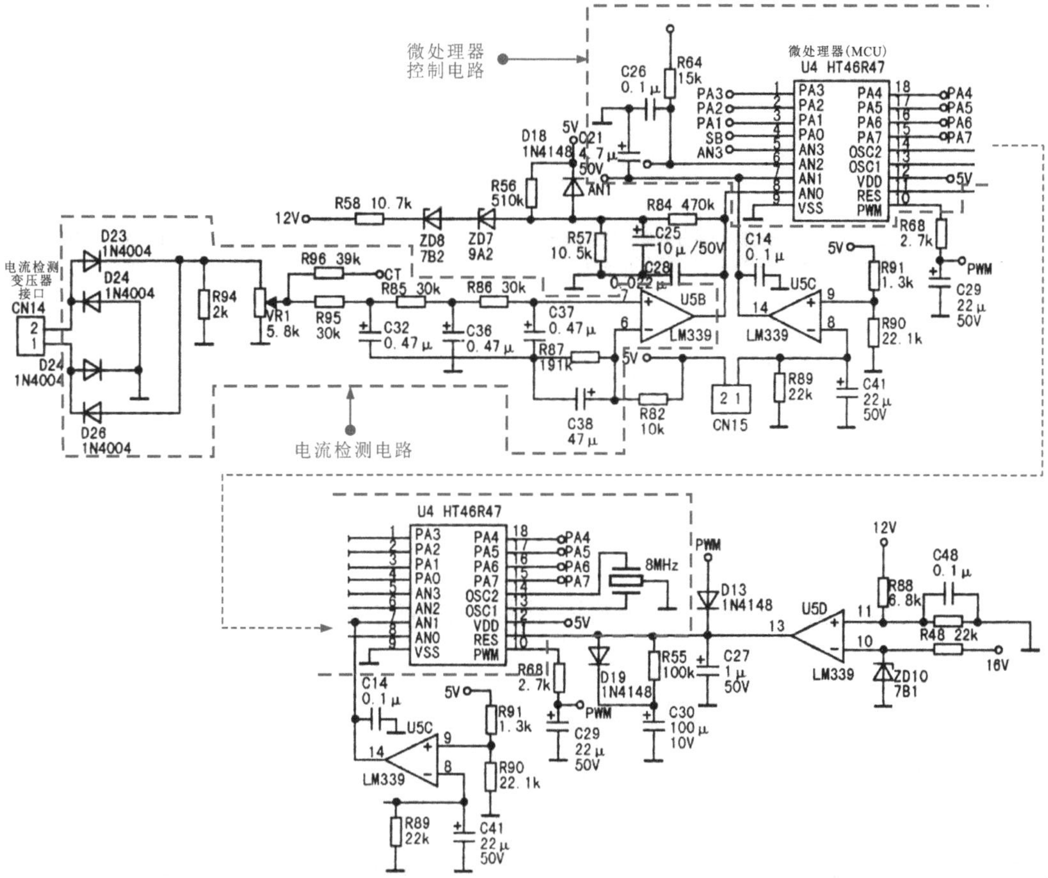

根据该电磁炉的故障现象，说明该电磁炉进入到保护状态。对于这种故障，通常是电路中的电流检测电路、电压检测电路等出现故障从而检测到所保护电路中异常进而实施的保护动作；或者是这些检测或保护电路本身异常导致的开机保护。

图7-36 检测电流检测电路中的整流二极管（D23~D26）

如图7-36所示，对电流检测电路中的整流二极管（D23~D26）进行检测。

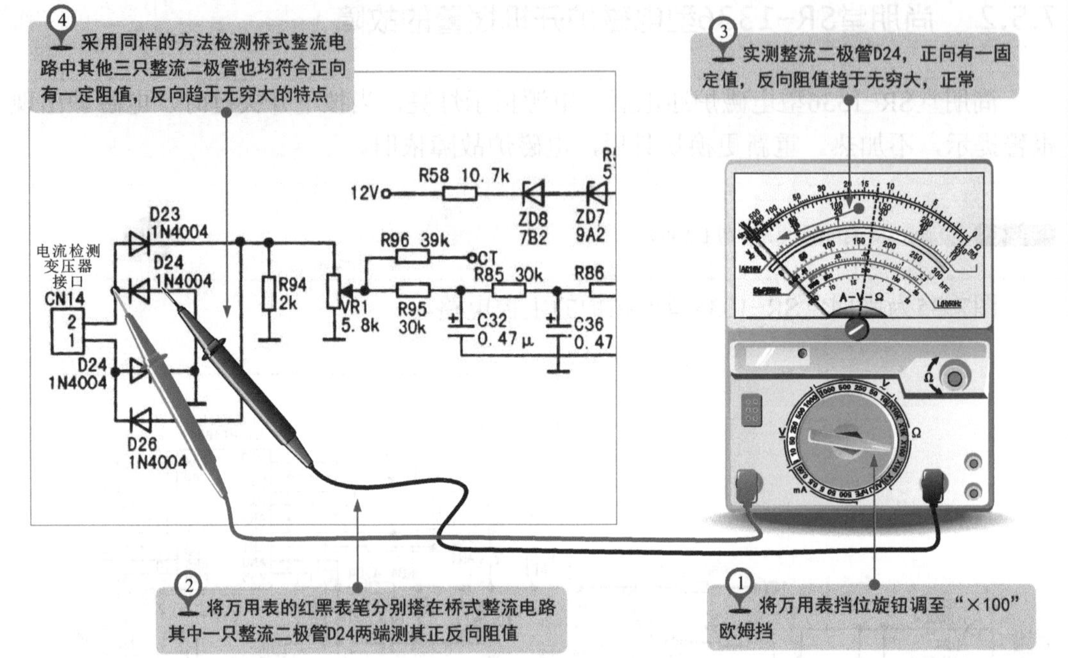
④ 采用同样的方法检测桥式整流电路中其他三只整流二极管也均符合正向有一定阻值，反向趋于无穷大的特点
③ 实测整流二极管D24，正向有一固定值，反向阻值趋于无穷大，正常
② 将万用表的红黑表笔分别搭在桥式整流电路其中一只整流二极管D24两端测其正反向阻值
① 将万用表挡位旋钮调至“×100”欧姆挡
电流检测变压器接口
CN14
D23
1N4004
D24
1N4004
D26
1N4004
12V
R58 10.7k
ZD8
7B2
ZD7
9A2
R96 39k
CT
R94
2k
VR1
5.8k
R95
30k
R85 30k
R86
C32
0.47μ
C36
0.47

经检测D23～D26均正常。进一步检测该电路中的其他元件，即检测电位器VR1及相关元件是否损坏。

经检测，发现电位器VR1调整失常，重新微调该电位器后，对电磁炉重新通电开机，电磁炉的故障排除。

7.5.3 尚朋堂SR-26型电磁炉开机瞬间反应的故障

尚朋堂SR-26型电磁炉通电开机的瞬间有反应，但开机之后，整机不能工作。【尚朋堂SR-26型电磁炉整机电路图见附录6】

根据故障表现分析，该电磁炉通电瞬间有反应，说明这一时刻，电磁炉中的主控电路达到工作条件，但瞬间之后又停止工作，说明开机后主控电路停止输出。因此要重点检查整机的工作条件电路，即电源供电电路部分。

根据检修分析，首先检查电源供电电路低压直流输出部分，重点排查整流二极管及相关电路。

图7-37 检测整流二极管（D7、D8）

如图7-37所示，将电磁炉断电后，检测其电源供电电路中的整流二极管D7、D8。

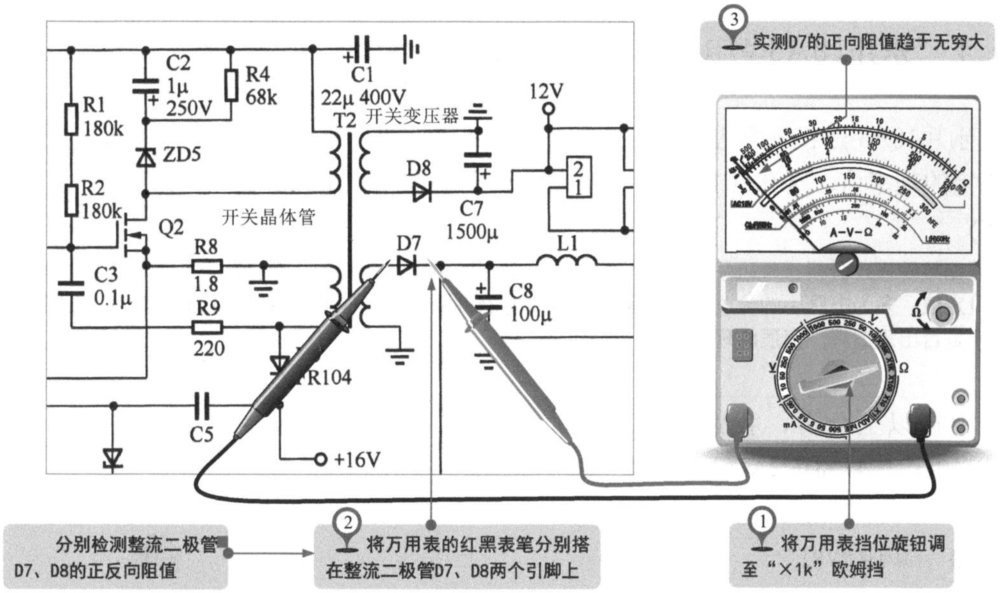

经检测发现，整流二极管D7的正反向阻值均为无穷大，表明已损坏。由于该二极管损坏，通常导致该二极管损坏的还会有其他元器件。可继续检测该电路中的滤波电容及稳压二极管ZD2等元件。

图7-38 检测稳压二极管（ZD2）

如图7-38所示，检测稳压二极管ZD2。

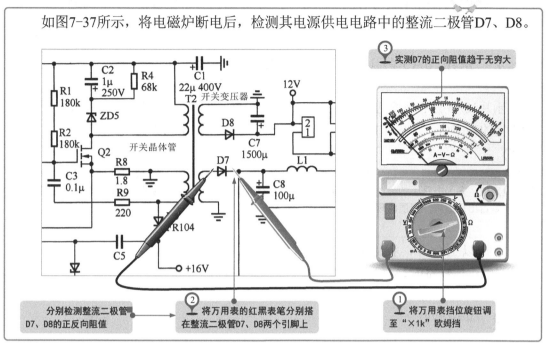

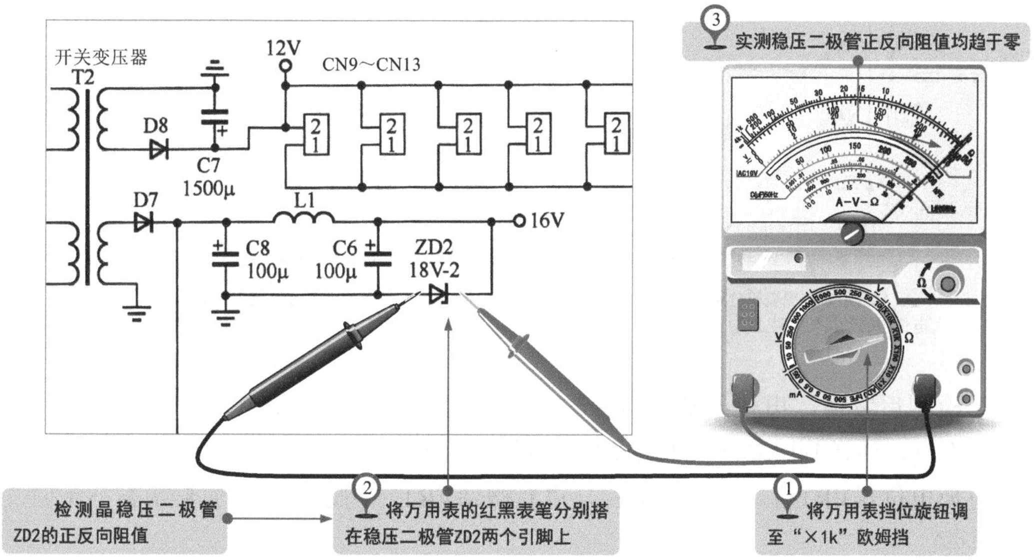

经检测后发现，稳压二极管ZD2的正反向阻值均为0Ω，表明该元器件已经损坏。将损坏的二极管D7、ZD2更换后，对电磁炉重新开机试机操作，故障排除。

7.5.4 乐邦18A3型电磁炉功率低的故障

乐邦18A3型电磁炉通电后，电磁炉虽然能够正常工作，但加热速度很慢，达不到设定的功率值。【乐邦18A3型电磁炉整机电路图见附录15】

根据故障表现分析，电磁炉能够加热，则说明基本的供电、控制和功率输出电路能够工作；加热达不到设定值，多为电路中的检测电路异常，重点对电流检测、电压检测电路进行检查，查看电路中的各元器件是否出现虚焊，变质的现象。

根据以上分析，我们首先检查故障机中的电流检测电路部分，例如电位器VR1、电压比较器IC2A（LM339）等。

图7-39 检测电位器VR1

图7-39为电位器VR1的检测方法。

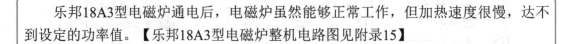

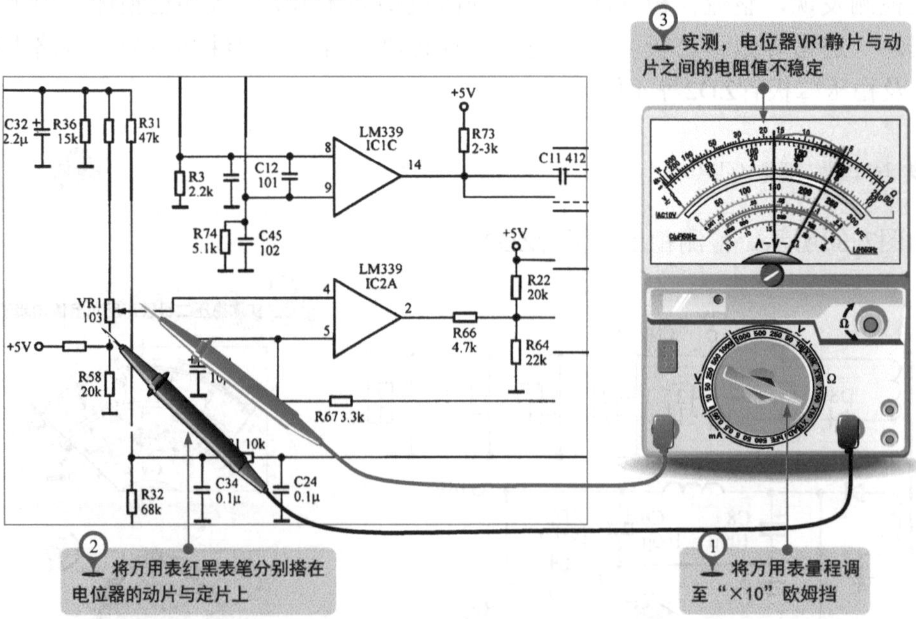

经检测后发现，电位器VR1静片与动片之间的电阻值不稳定，怀疑该器件的动片接触不良，使送到LM339的4脚的电压不稳定而导致故障。

更换电位器VR1后，开机试运行，重新微调VR1，使之在正常加热状态不保护，故障排除。

7.5.5 乐邦VF-1800型电磁炉不能检锅的故障

乐邦VF-1800型电磁炉通电后，发出无锅报警提示声，放上符合要求的锅具后，仍然检测无锅。【乐邦VF-1800型电磁炉整机电路图见附录16】

根据故障表现分析，电磁炉出现检测无锅的故障主要由两个原因，一种是锅具不符合要求，一种是电磁炉中的锅质检测电路或电流检测电路等损坏。而由于更换符合要求的锅具后故障依旧情况，可将故障范围锁定在电磁炉内部电路中，重点检测该故障的锅质检测电路或电流检测电路等部分。

如图7-40所示，使用万用表的直流电压挡检测锅质检测电路的+20V供电电压。

图7-40 检测锅质检测电路的供电电压

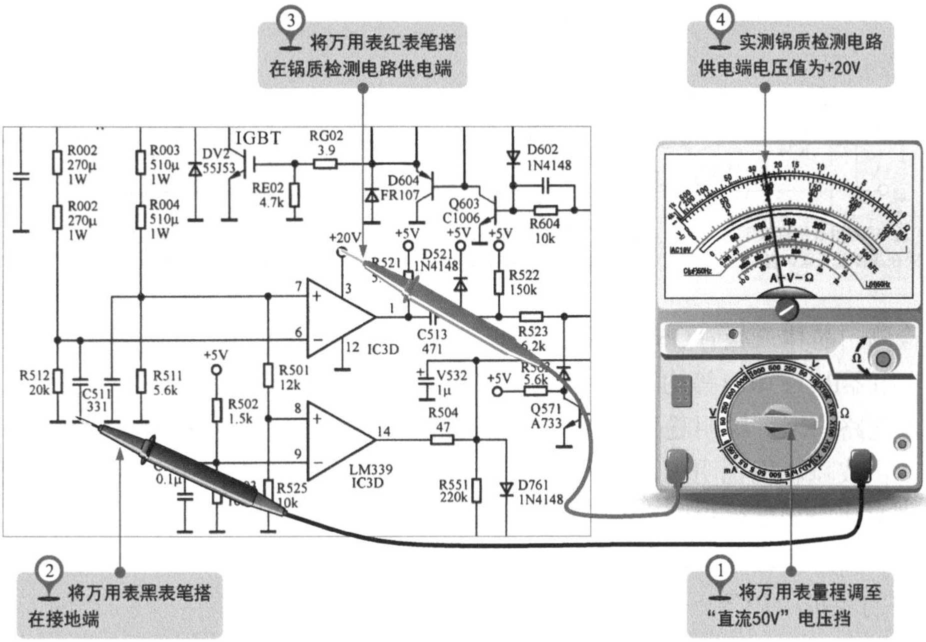

③ 将万用表红表笔搭在锅质检测电路供电端
④ 实测锅质检测电路供电端电压值为+20V
② 将万用表黑表笔搭在接地端
① 将万用表量程调至“直流50V”电压挡

经检测，锅质检测电路的+20V的供电电压正常，由此，排除供电电路故障。

将电磁炉断电，使用万用表分别对锅质检测电路中的元器件进行检测，经检测电阻R511短路损坏，更换故障电阻R511后，开机试运行，故障排除。

7.5.6 尚朋堂SR-197型电磁炉工作不稳定的故障

尚朋堂SR-197型通电开机，有时可以正常工作，并加热一段时间。但有时电磁炉开机后，加热并不稳定。【尚朋堂SR-197型电磁炉整机电路图见附录17】

根据该电磁炉的故障现象，怀疑为电磁炉的电源稳压电路部分出现异常，且以其故障不规律特点，故障元件并未完全损坏，多为虚焊、元件变质等不稳定性因素引起的故障。重点检测该电磁炉中的稳压电路，排查有无虚焊、元件变质等情况。

图7-41 检测电源稳压电路中晶体三极管Q6基极电压

如图7-41所示，检测电源稳压电路中晶体三极管Q6基极电压是否正常。

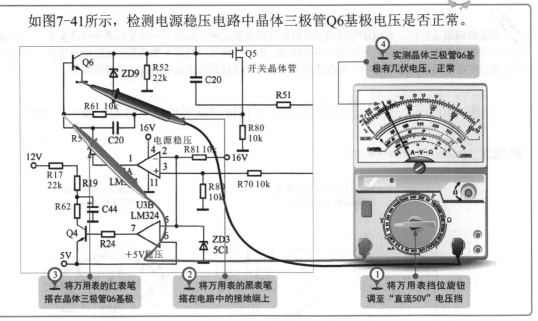

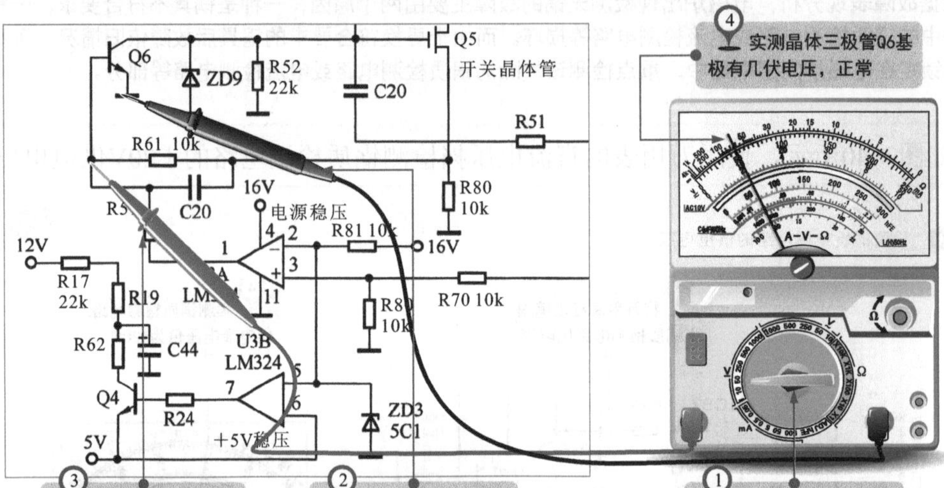

经检测，晶体三极管Q6的基极电压正常。断开电磁炉供电，进一步检查稳压电路中的电阻器R51、R81等均正常。

根据电路原理，说明稳压电路本身基本正常，那么稳压功能由开关晶体管Q5实现，但结合故障表现说明电源部分有电压输出，只是输出电压不稳，因此，开关晶体管Q5本身应该正常，否则电源将无输出。

分析至此，怀疑多为开关晶体管Q5外围元件异常，逐一检测Q5外围元件时发现开关管Q5的源极电阻器R80的阻值比标称值偏大，怀疑其已变质。将损坏的电阻器R80更换后，对电磁炉重新开机试机，故障排除。

7.5.7 尚朋堂SR-1607C型电磁炉检锅报警的故障

尚朋堂SR-1607C型电磁炉开机工作后，电磁炉有报警提示，更换炊具后，电磁炉的现象依旧。【尚朋堂SR-1607C型电磁炉整机电路图见附录18】

根据该电磁炉的故障现象，电磁炉报警，更换炊具后故障依旧，说明当前使用炊具符号要求，排除锅质检测电路问题，其他可能引起报警的主要有电流检测电路和电压检测电路等，应重点对这些电路进行检查。

图7-42 检测电流检测变压器

如图7-42所示，将该电磁炉断电后，检测该电磁炉的电流检测变压器。

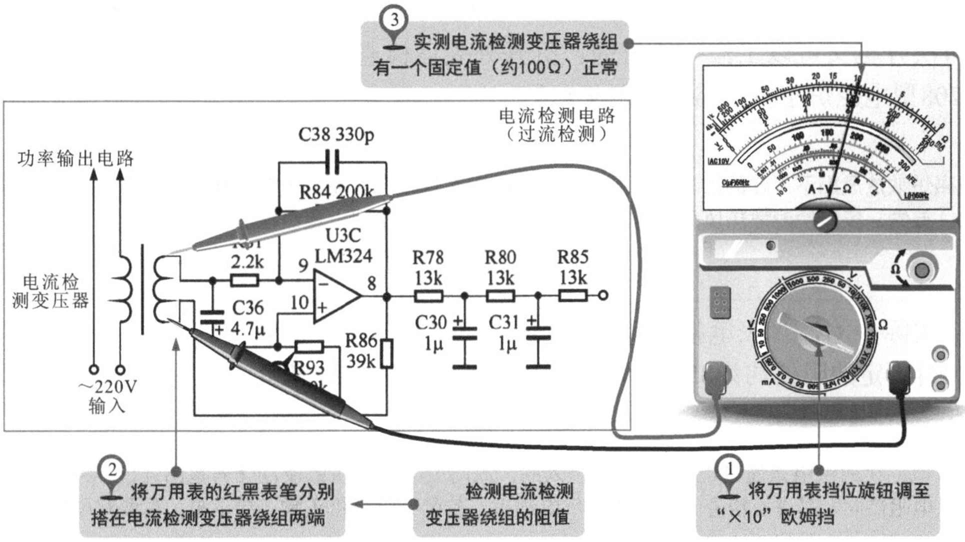

经检测，电流检测变压器绕组阻值约100Ω，正常。继续检测电路中其他元件。

图7-43 检测电流检测电路中的电阻器R93

如图7-43所示，检测电流检测电路中的电阻器R93。

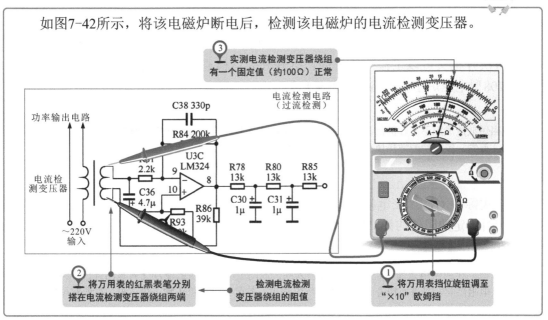

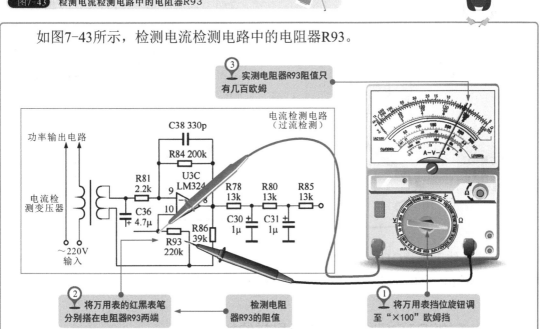

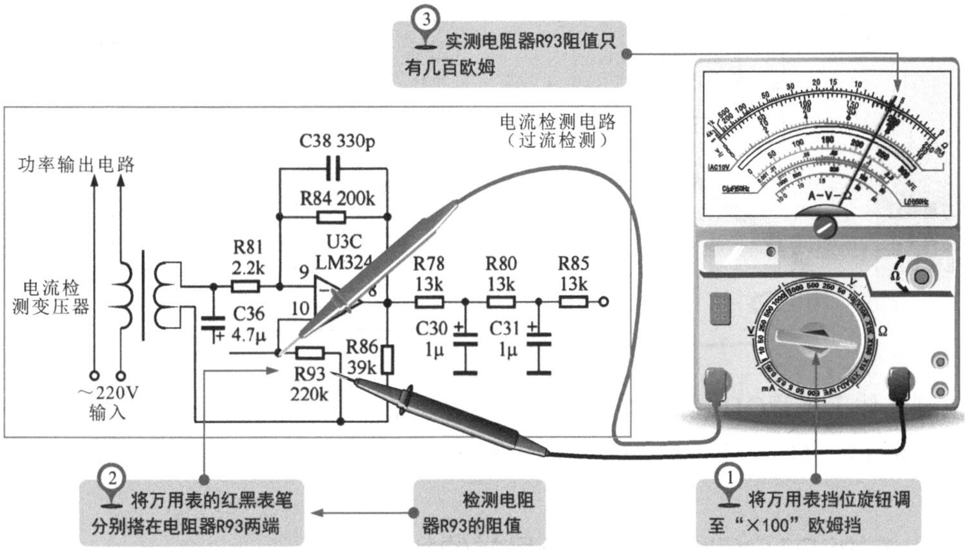

实测得电阻器R93的阻值只有几百欧姆，与标称阻值220kΩ偏差较大，说明该电阻已经变质，将电阻器R39更换后，对电磁炉开机试机操作，故障排除。

7.5.8 美的SH208型电磁炉风扇不转引发停机的故障

美的SH208型电磁炉通电开机工作一段时间后，便停机不工作。停机一段时间后，再次开机又可以工作一段时间。拆开外壳后检查，发现散热风扇不运转。【美的SH208型电磁炉整机电路图见附录19】

电磁炉散热风扇不工作的故障通常是由于散热风扇本身损坏、驱动电路损坏或供电电路出现故障所导致的。首先，应该检测散热风扇是否正常，然后再依据信号流程，逐级检测。

经实际检测，当表笔接触风扇电动机引线时，风扇电动机会自行运转，并同时可以测得一定的阻值约为85Ω左右，因此，可判断风扇电动机正常。

风扇电动机的供电是通过连接插件CN2送入的，同时风扇电动机的驱动信号是由连接插件CN1的8脚送入，经电阻器R4、晶体三极管Q1后送入风扇电动机。若风扇电动机正常，接下来，需要对风扇驱动电路中的晶体三极管进行检测。

如图7-44所示，检测风扇驱动电路中的晶体三极管Q1。

图7-44 检测风扇驱动电路中的晶体三极管Q1

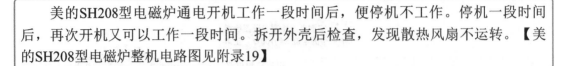

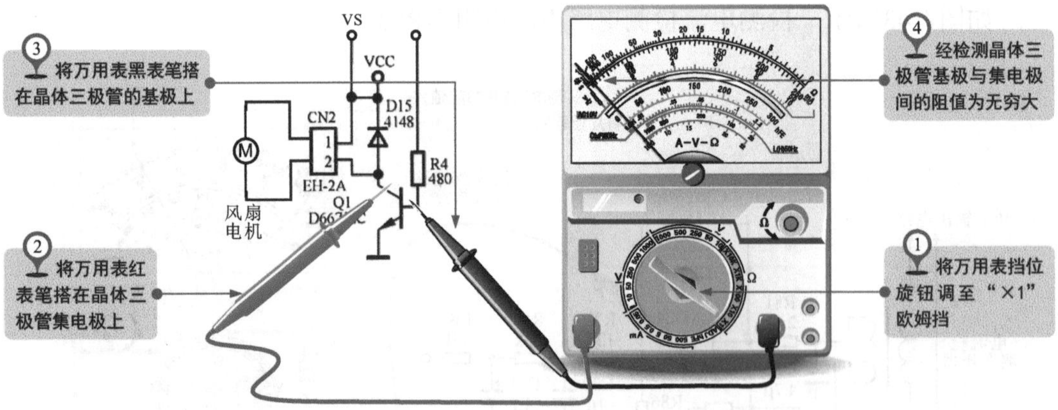
③ 将万用表黑表笔搭在晶体三极管的基极上
② 将万用表红表笔搭在晶体三极管集电极上
④ 经检测晶体三极管基极与集电极间的阻值为无穷大
① 将万用表挡位旋钮调至“×1”欧姆挡
VS
VCC
CN2
D15
4148
R4
480
EH-2A
Q1
风扇
电机
A-V-Ω

检测晶体三极管Q1引脚间的阻值时，万用表指针的读数为无穷大，表明晶体三极管击穿断路，更换晶体三极管Q1后，开机试运行，故障排除。

7.5.9 美的PD16Y型电磁炉指示异常的故障

美的PD16Y型电磁炉通电后，开机正常，加热也无异常，但指示灯指示异常。

图7-45 美的PD16Y型电磁炉的显示电路

图7-45为美的PD16Y型电磁炉的显示电路。

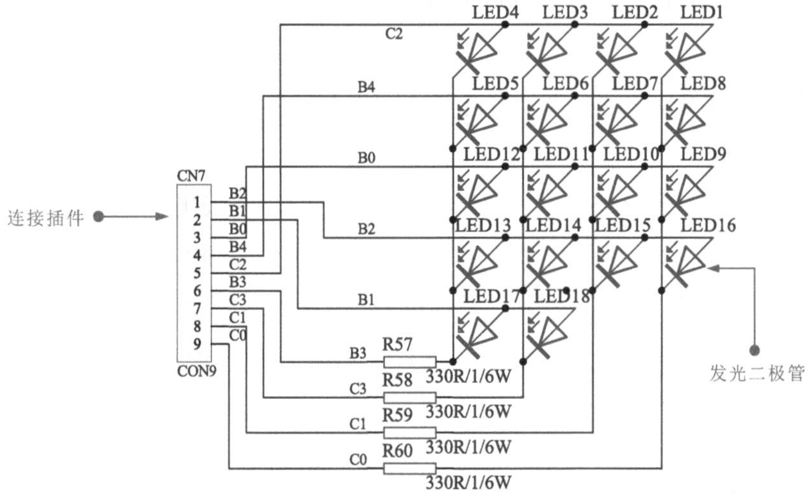

根据电磁炉的故障表现判断，可能是由显示电路或微处理器部分出现故障导致的，检测时，可先对显示电路中发光二极管进行检测，若均正常，则需要对电阻进行检测。

图7-46 检测电阻器R57~R60

如图7-46所示，检测显示电路中的电阻器R57～R60。

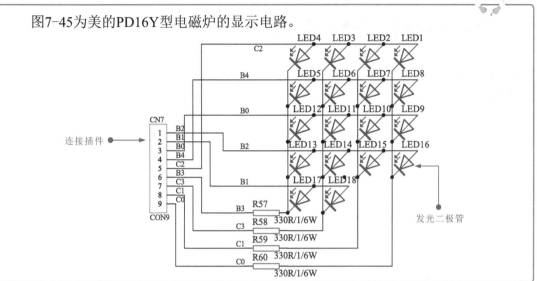

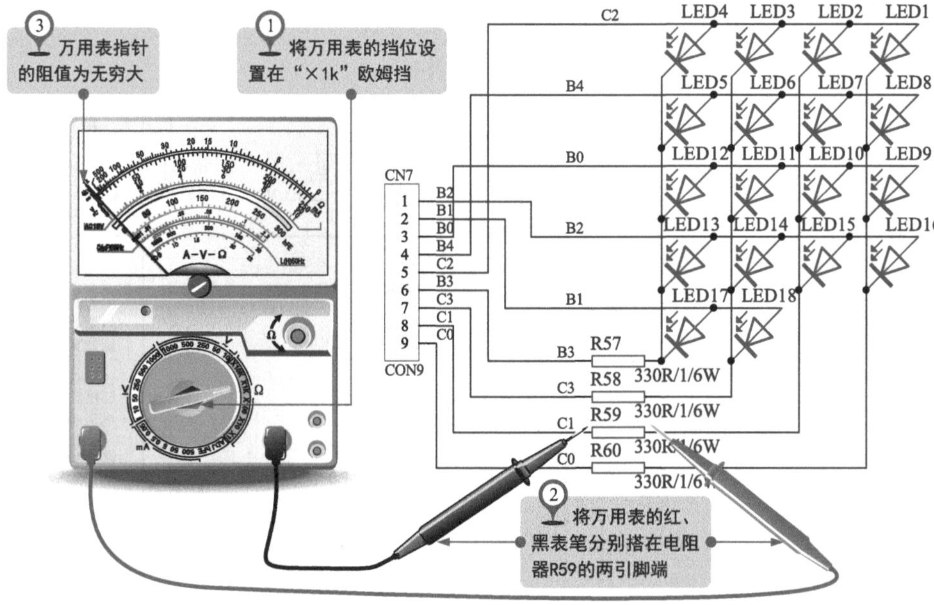

经检测，发现电阻器R59的阻值为无穷大。由此，可以断定为电阻器R59损坏。将其更换后，对电磁炉重新开机试机操作，故障排除。

第8章
电磁炉的综合维修技能

8.1 格兰仕F8Y型电磁炉电路故障的检修

如图8-1所示，格兰仕F8Y型电磁炉主控电路中，开关电源电路由开关振荡电路IC1为开关变压器提供脉冲信号使其工作，并由三端稳压器对输出的电压进行稳压处理输出+5V电压，由CN3为操作控制电路提供工作电压。

图8-1 格兰仕F8Y型电磁炉电路故障的检修

② 电流检测电路中，LM339的13脚过流检测输出（5V），电压值不正常，应检测LM339的10脚基准电压端电压值（0.3V），11脚电流检测取样电压（1.9V），若经检测基准电压端的电压值偏低或电流检测信号输入端电压值偏高，则会引起电磁炉加热停机故障。应重点检查电流检测电路中的电阻R28、R30、C14等元件

⑥ 电流检测电路损坏，通常导致电磁炉开机报警故障。应先检测电流检测变压器CT1的感应信号，来判断CT1是否良好

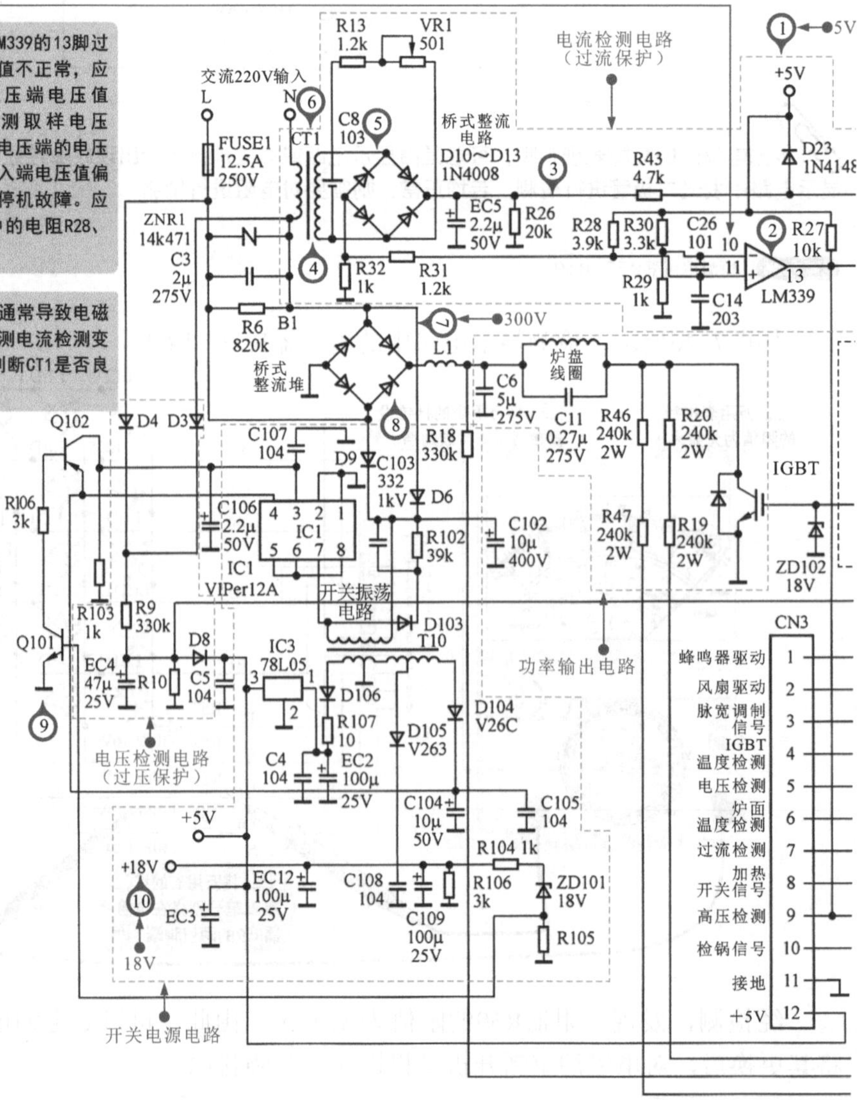

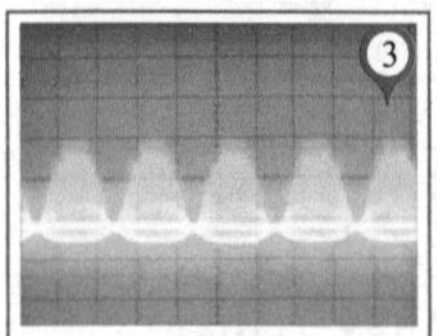

电流检测取样电压

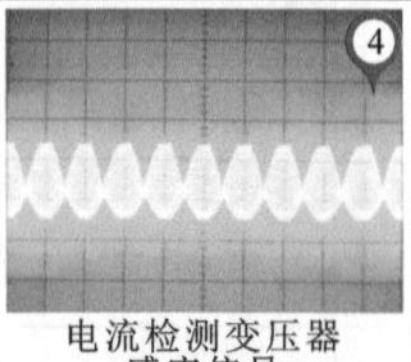

电流检测变压器感应信号

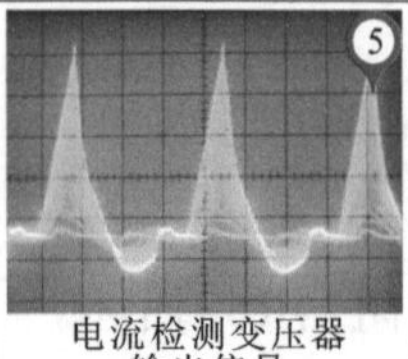

电流检测变压器输出信号

⑨ 开关电源电路中，晶体管Q101、Q102击穿，会导致IC1开关振荡电路损坏，进而引起开关电源电路无+5V、+18V电压输出，造成电磁炉通电无反应故障

⑪ IGBT驱动电路中，Q5、Q6为保护晶体管击穿会引起IGBT驱动电路中的Q4、击穿损坏，造成电磁炉不加热故障。而Q5、Q6断路后，则引起Q4不导通，引起IGBT不工作故障

⑧ 桥式整流堆损坏，常导致击穿IGBT，并同时烧断熔断器故障。检测时，可通过检测桥式整流堆的输出电压或其阻值判断

⑭ IGBT过压保护电路中，LM339为核心器件判断IGBT是否过压。应先检测LM339的2脚IGBT集电极（C）过压检测信号（1.2V），若电压值不正常，需检测其5脚基准电压（4.2V）、4脚IGBT集电极（C）取样电压（1.2V），电压值正常则应更换LM339；若电压值不正常，则需对该电路中的外围器件进行检测

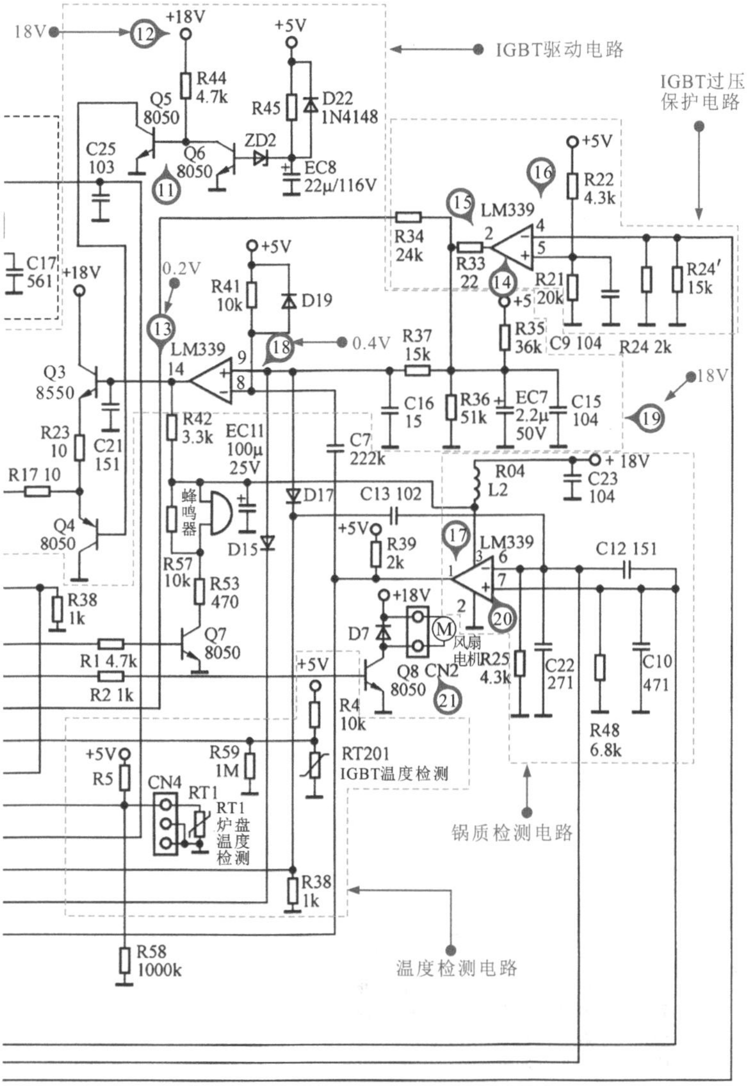

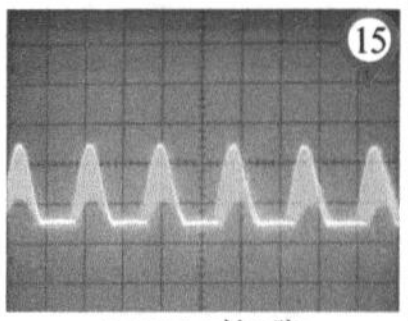

易损器件	阻值不正常	引起故障
Q3	∞	IGBT不工作
	0 Ω	IGBT一直工作
Q4	∞	IGBT击穿
	0 Ω	IGBT不工作

⑮
LM339的2脚
过压保护信号

⑯
LM339的4脚IGBT集电极（C）取样电压信号

⑰ 锅质检测电路（同步振荡电路）损坏，将导致电磁炉不加热报警、断续加热故障。应重点检测LM339的1、3、6、7脚的电压值。若电压值正常，则需检测其外围电路元件

⑳ LM339的1脚同步控制/锅质检测输出电压（5.3V），正常应检测其他电路；不正常应检测其他引脚电压。测其3脚+18V电源电压、6脚炉盘线圈侧取样电压（4.3V）、7脚IGBT集电极（C）取样电压（4.6V），进而判断该电磁炉的故障部位

㉑ 风扇驱动电路由开关电源电路为其提供+18V工作电压，无电压风扇不运转。风扇不运转会导致炉内温度过高，引起电磁炉开机报警故障。应重点检测风扇电机驱动电路中的Q8、D7，Q8击穿则会引起风扇电机始终运转，而若Q8断路则将导致风扇电机不运转故障

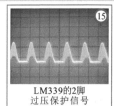

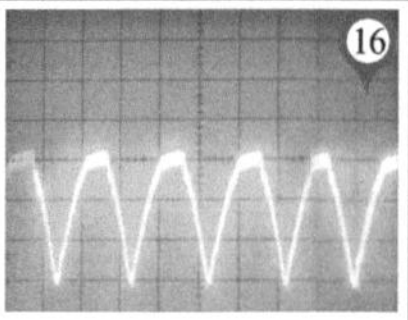

8.2 尚朋堂SR-1607L型电磁炉电路故障的检修

如图8-2所示，尚朋堂SR-1607L型电磁炉主要由交流输入电路、功率输出电路、同步振荡电路、IGBT过压保护电路、电流检测电路、PWM调制电路、IGBT驱动电路和温度检测电路等构成。

图8-2 尚朋堂SR-1607L型电磁炉电路故障的检修

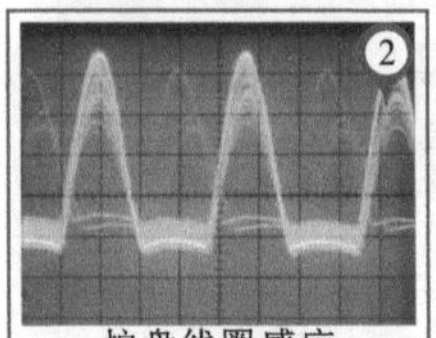

炉盘线圈感应信号波形

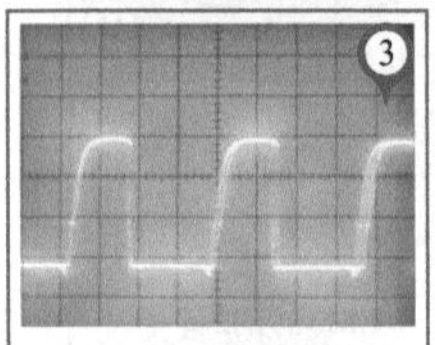

IGBT驱动信号波形

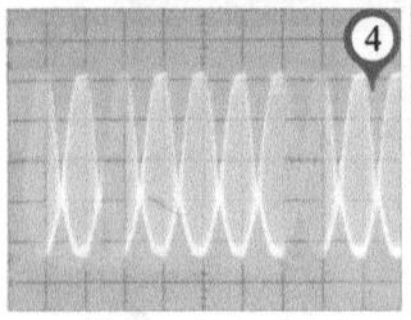

IGBT感应信号波形

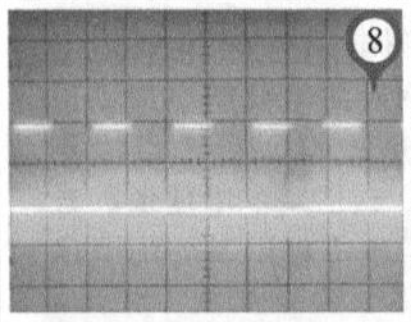

1 功率输出电路由炉盘线圈、C5、IGBT、阻尼二极管S5J53、R16、R5等元件组成。该电路损坏，常导致电磁炉通电掉闸、不加热、烧熔断器故障。应重点检测高频谐振电容C5、IGBT、R5、R16、阻尼二极管S5J53

6 电阻R20～R25为检测电阻，阻值变大会引起电磁炉不加热、开机报警，或显示故障代码的故障

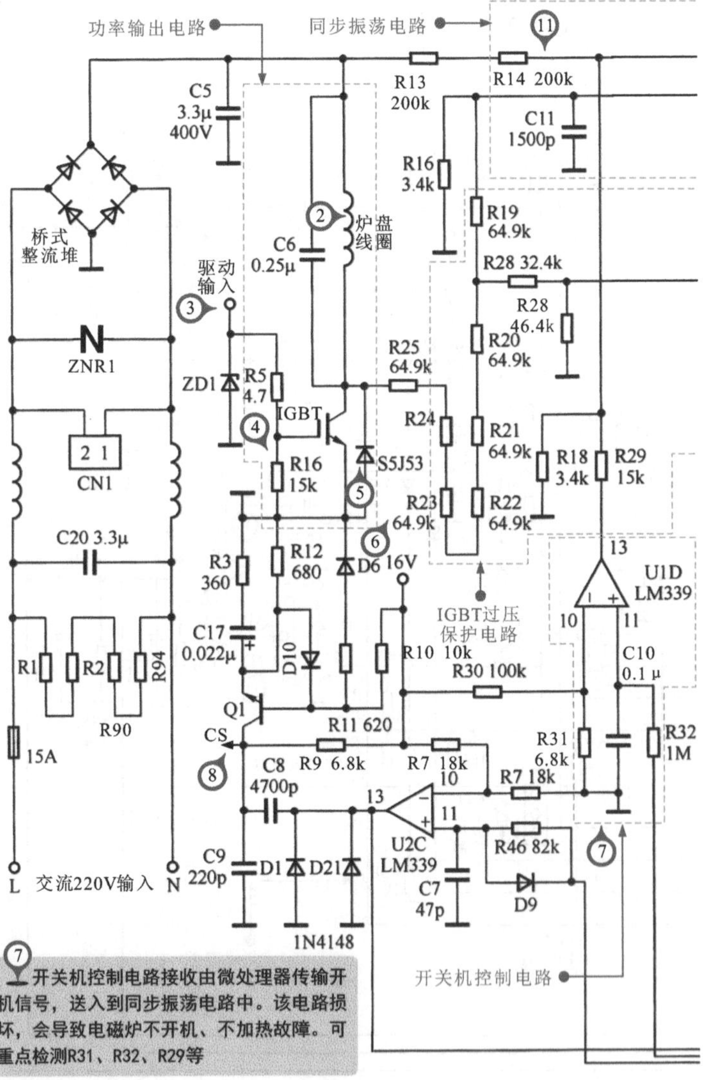

5 阻尼二极管S5J53是电磁炉中常用的二极管型号，主要用于保护IGBT不被击穿。阻尼二极管击穿后，会导致电磁炉通电掉闸的故障。更换时，应选择与其规格相同的进行更换，如5J53型阻尼二极管

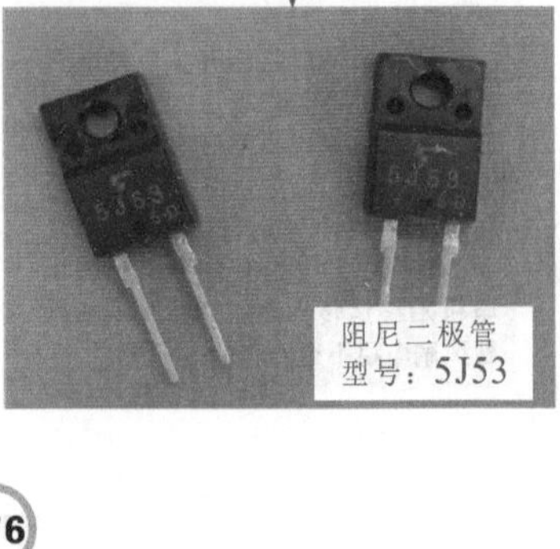

7 开关机控制电路接收由微处理器传输开机信号，送入到同步振荡电路中。该电路损坏，会导致电磁炉不开机、不加热故障。可重点检测R31、R32、R29等

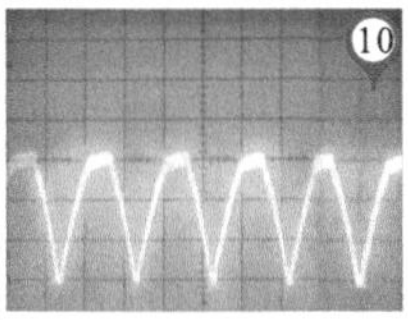

U1的4脚炉盘线圈控制端取样电压信号波形

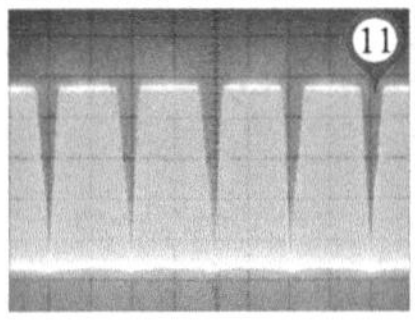

炉盘线圈供电端取样电压信号波形

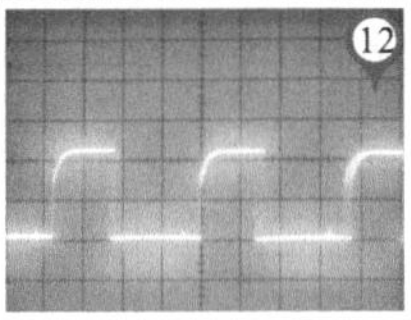

U1的2脚同步振荡电路输出信号波形

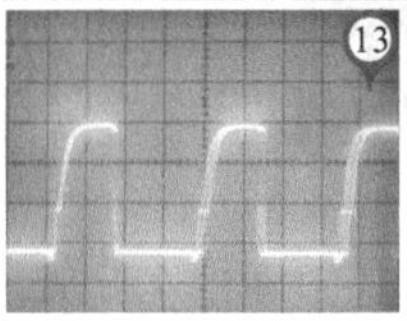

IGBT驱动信号波形

9 电压比较器LM339的3脚供电电压为16V

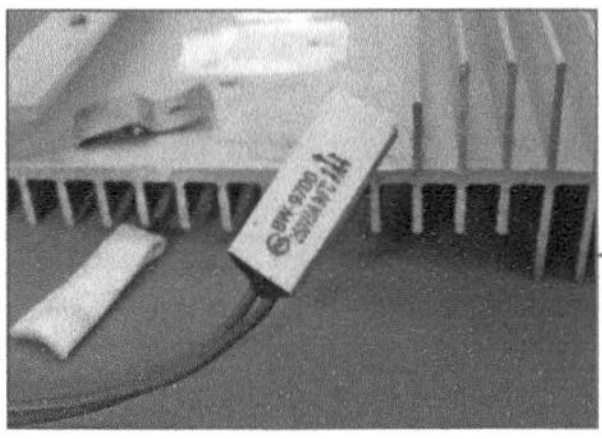

18 温度检测电路损坏，常导致电磁炉断续加热、烧IGBT的故障。应重点检测RT1、R63、R47、ZD2、R34、Q2等元件

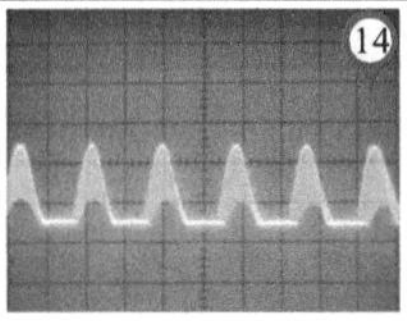

U1的6脚过压检测信号波形

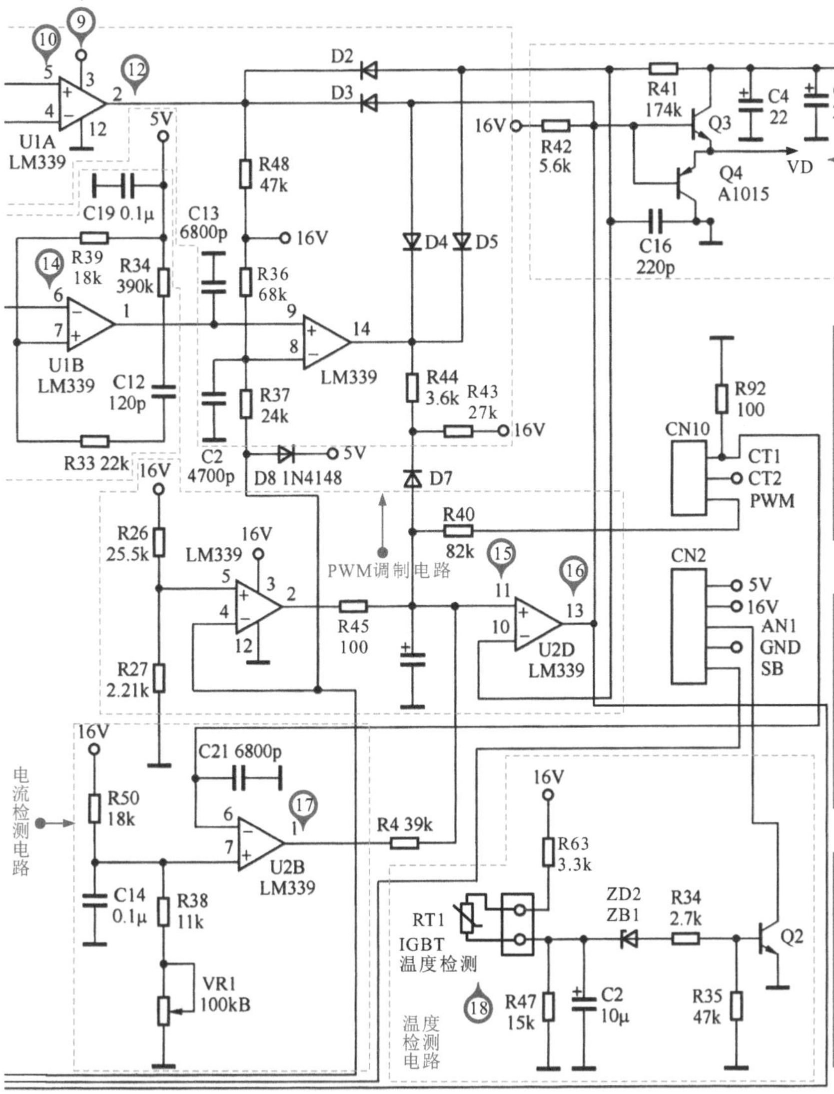

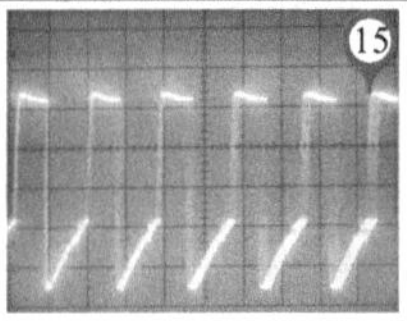

U2的11脚锯齿波信号波形

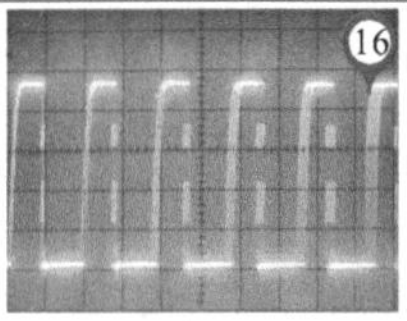

U2的13脚PWM调制输出信号波形

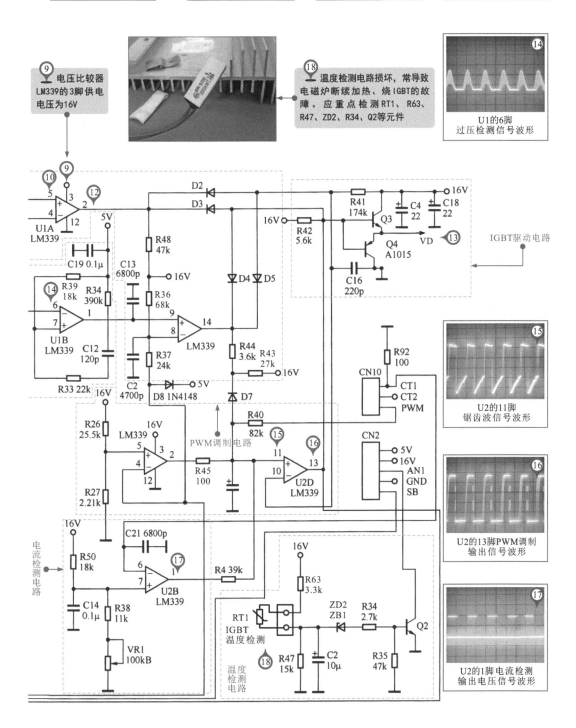

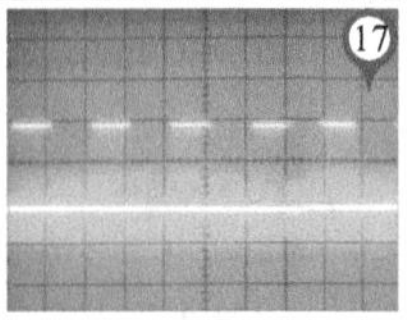

U2的1脚电流检测输出电压信号波形

8.3 美的MC-SY191型电磁炉电路故障的检修

如图8-3所示，在美的MC-SY191型电磁炉电路中，由LM339电压比较器对同步振荡电路、浪涌保护电路、IGBT过压保护电路等检测电路进行控制。在维修过程中，其相关的外围元器件故障率较高，应重点进行检测。

图8-3 美的MC-SY191型电磁炉电路故障的检修

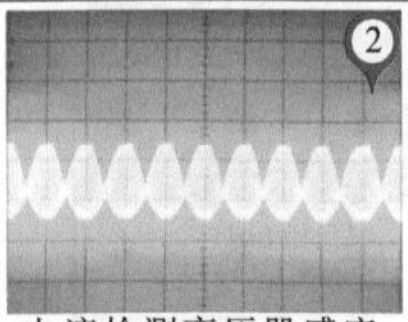

电流检测变压器感应信号波形

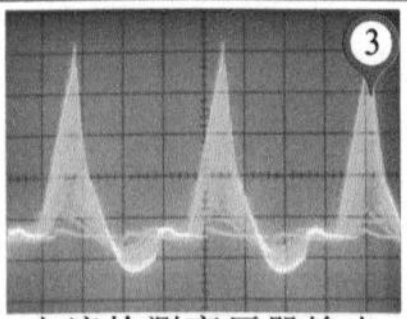

电流检测变压器输出信号波形

4 电流检测变压器损坏，会导致电磁炉断续加热，开机报警不加热等故障

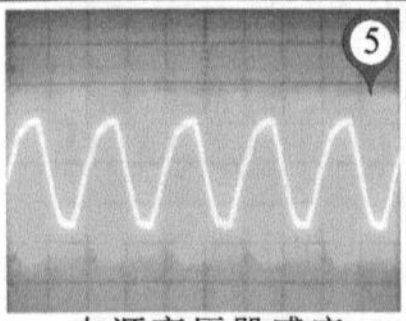

电源变压器感应信号波形

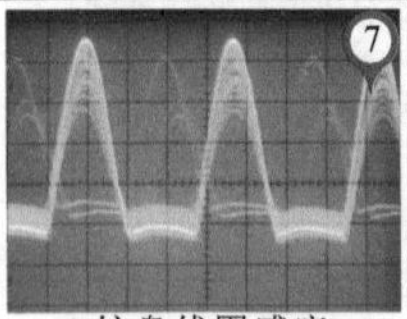

炉盘线圈感应信号波形

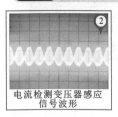

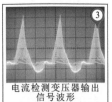

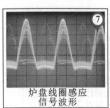

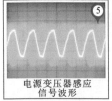

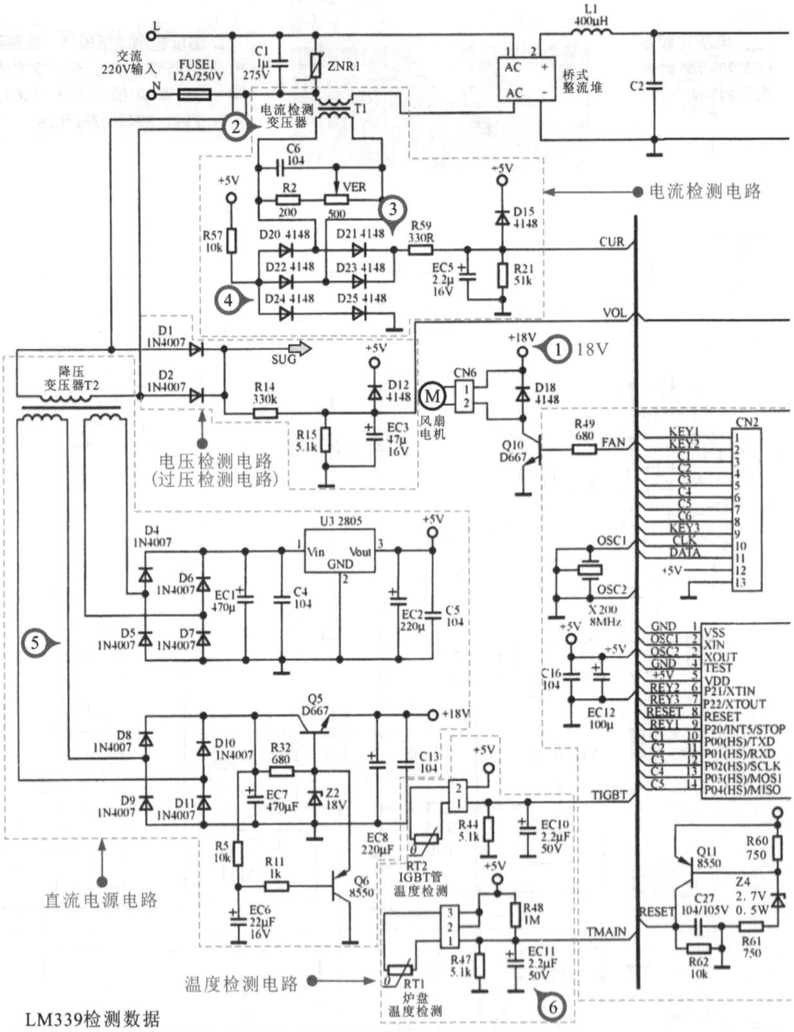

LM339检测数据

引脚	功能	电压（V）
1	IGBTC极过压保护	平时高电平，过压0 V
2	浪涌电压检测输出	平时＞4.75 V，有浪涌时0 V
3	+18 V电源	+16 V～+20 V
4	浪涌电压取样	平时＜5脚电压，有浪涌时＞5脚电压
5	基准电压	平时＞4脚电压，有浪涌时＜4脚电压
6	IGBTC极电压取	平时＜7脚电压，IGBTC极过压时＞7脚电压
7	基准电压	平时＞6脚电压

6 电磁炉显示故障代码E1、E2、E3、E4、E5、E6、EA和ED时，需要对温度检测电路中的元器件进行检测

⑩ 电压比较器LM339损坏，将导致电磁炉不检锅、加热慢。击穿IGBT管等故障。要确定其好坏，一般通过检测其引脚电压值来判断。检测其良好后，还需要对其外围元器件进行检测。LM339检测数据可参见图中的表所列

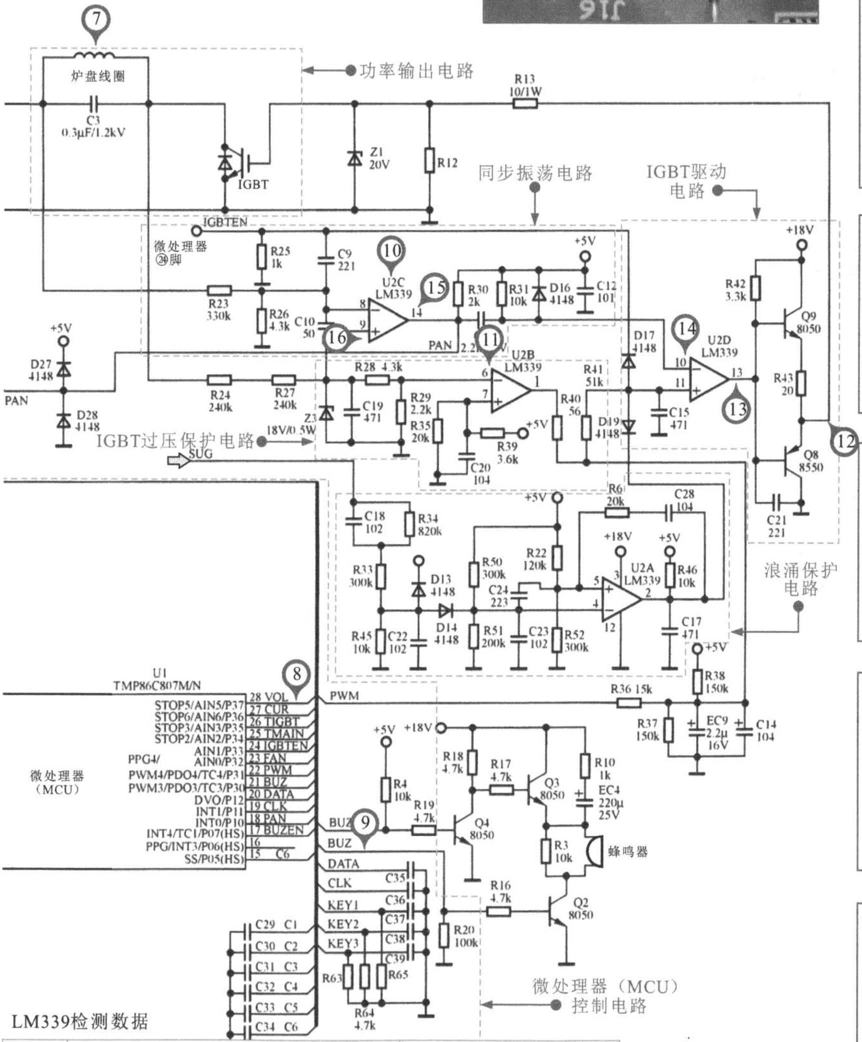

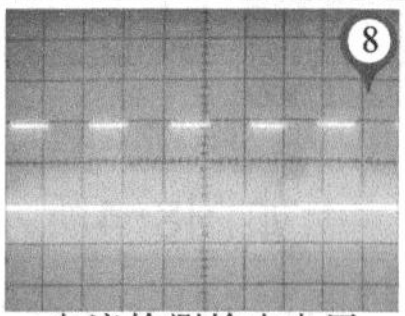
电流检测输出电压信号波形

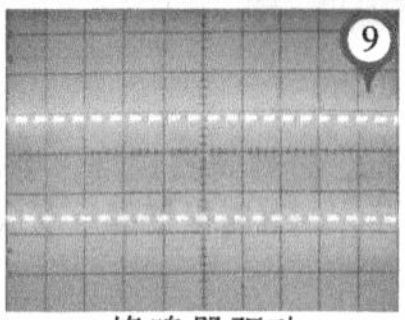
蜂鸣器驱动信号波形

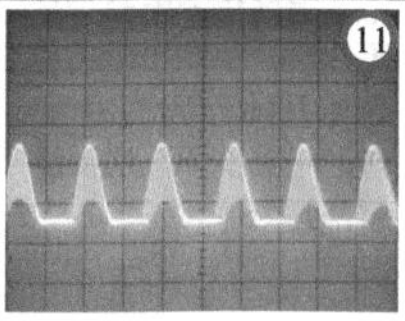
过压检测信号波形

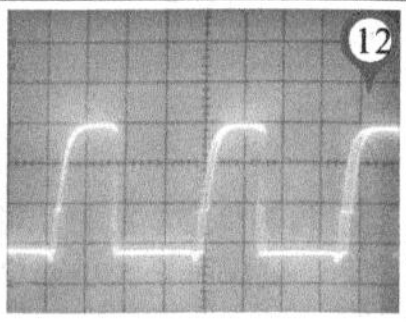
IGBT驱动信号波形

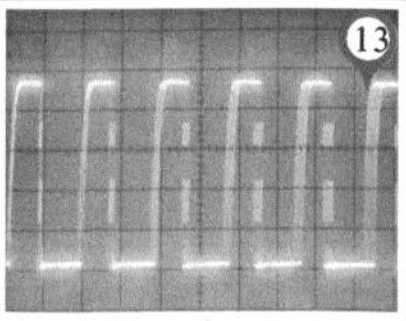
PWM调制输出信号波形

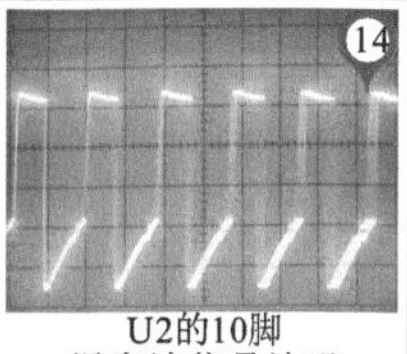
U2的10脚锯齿波信号波形

LM339检测数据

引脚	功能	电压（V）
8	炉盘线圈+300V侧电压取样	待机3.9V左右
9	炉盘线圈IGBT侧电压取样	待机4.1V左右
10	锯齿波形成	待机＞4.75V
11	PWM控制	待机＜0.7V
12	接地	0V
13	驱动脉冲输出	待机、检锅时0V
14	同步控制/检锅信号输出	待机、检锅时＞4.75V

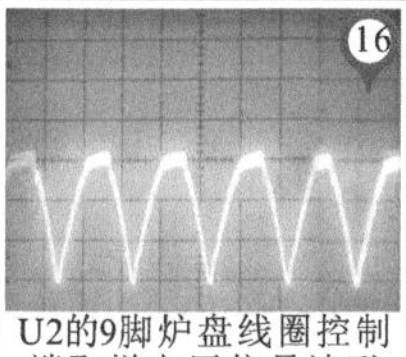
U2的9脚炉盘线圈控制端取样电压信号波形

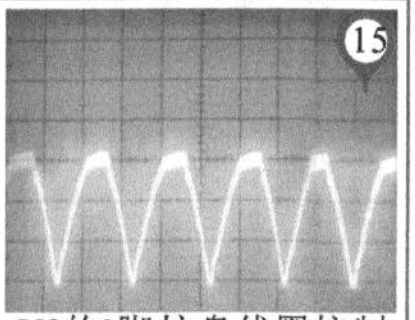
U2的9脚炉盘线圈控制端取样电压信号波形

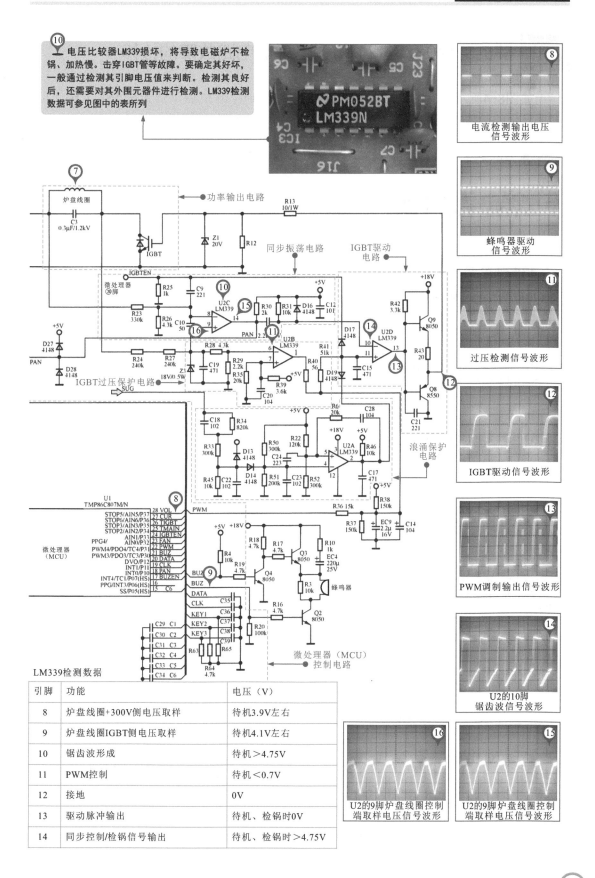

8.4 美的SH208/SH2115型电磁炉电路故障的检修

如图8-4所示，美的SH208/SH2115型电磁炉通电开机后，若无法正常工作，可根据显示的故障代码来确定电路中的故障部位，排除故障。

图8-4 美的SH208/SH2115型电磁炉电路故障的检修

② 过蜂鸣器损坏，会出现无报警提示，一直有报警提示或报警提示异常的故障

① 温度检测电路损坏，会引起电磁炉不加热，加热自动停机，烧IGBT，报警显示故障代码的故障。检测RT1、RT2时，可在不同环境温度下，其阻值的变化来判断

③ 过蜂鸣器损坏，会出现无报警提示，一直有报警提示或报警提示异常的故障

④ 检测风扇电机时，可通过倾听运行噪音，试探风量大小或更换风扇电机来判断

⑤ 电流检测变压器损坏，会导致电磁炉开机报警不加热，断续加热等故障

⑥ 开关电源电路出现故障，会使电磁炉开机无反应。可重点检测三端稳压器U90、Z90、开关振荡集成电路U92等元器件

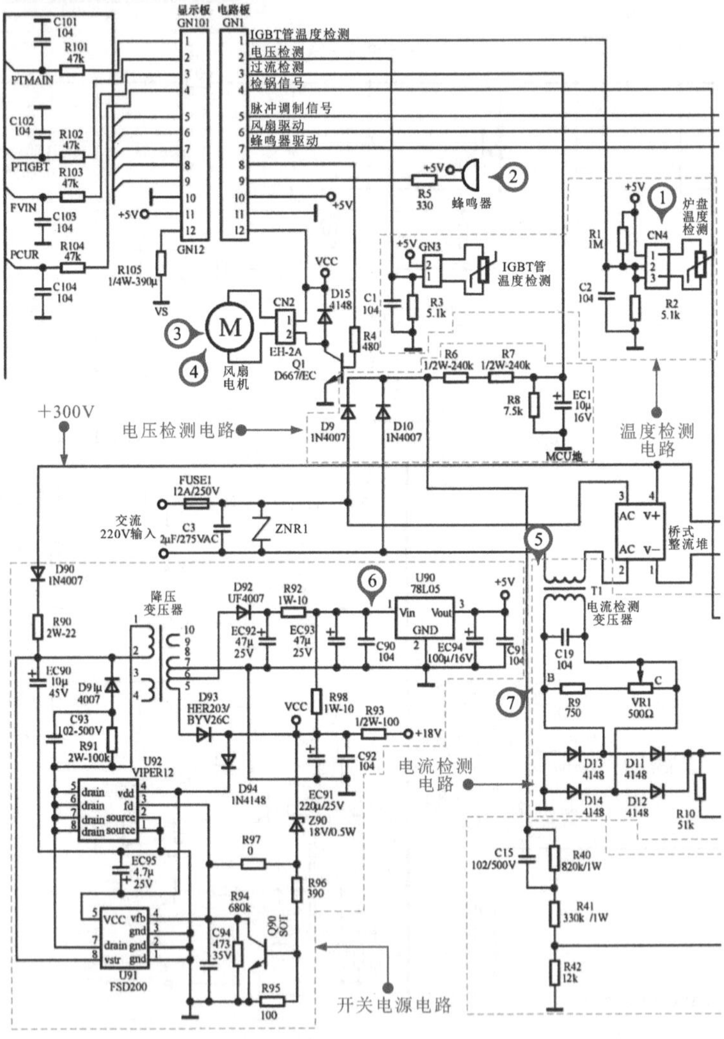

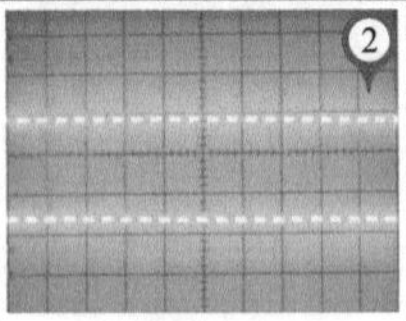
蜂鸣器信号波形

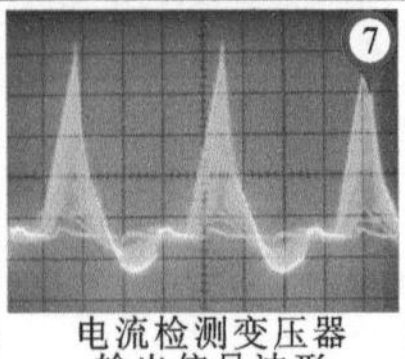
电流检测变压器输出信号波形

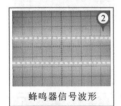

故障代码

故障代码	故障内容	检查部位
E0	检测无锅	R11、R15、R16、CR1、D11~D14、EC2及+300V、+18V、+5V电源
E01	炉面（主）温度	传感器开路传感器及插头、C2、电脑板上C101和R101
E02或E03	炉面温度传感器短路或炉面超温	传感器短路或炉面超温传感器、R2
E04	IGBT功率管温度传感器开路	传感器及插头、C1、电脑板上C102和R102
E05	IGBT功率管温度传感器短路	传感器、R3

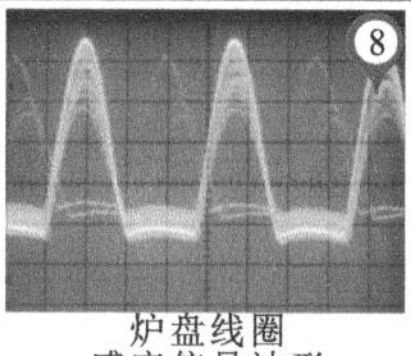

炉盘线圈
感应信号波形

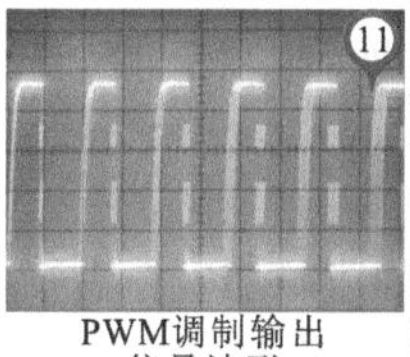

PWM调制输出
信号波形

13 同步振荡电路损坏会导致电磁炉不加热、断续加热等故障。检测LM339的7脚电压偏低，应检测R11、R15、R16、C9等外围元器件

	阻值不正常	引起故障
Q3	∞	导致IGBT不工作
	0Ω	导致IGBT一直工作
Q4	∞	导致IGBT击穿
	0Ω	导致IGBT不工作

9 炉盘线圈由IGBT驱动工作，损坏后，会导致电磁炉不加热

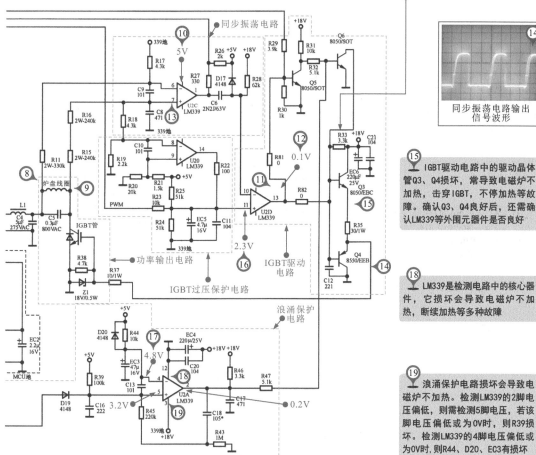

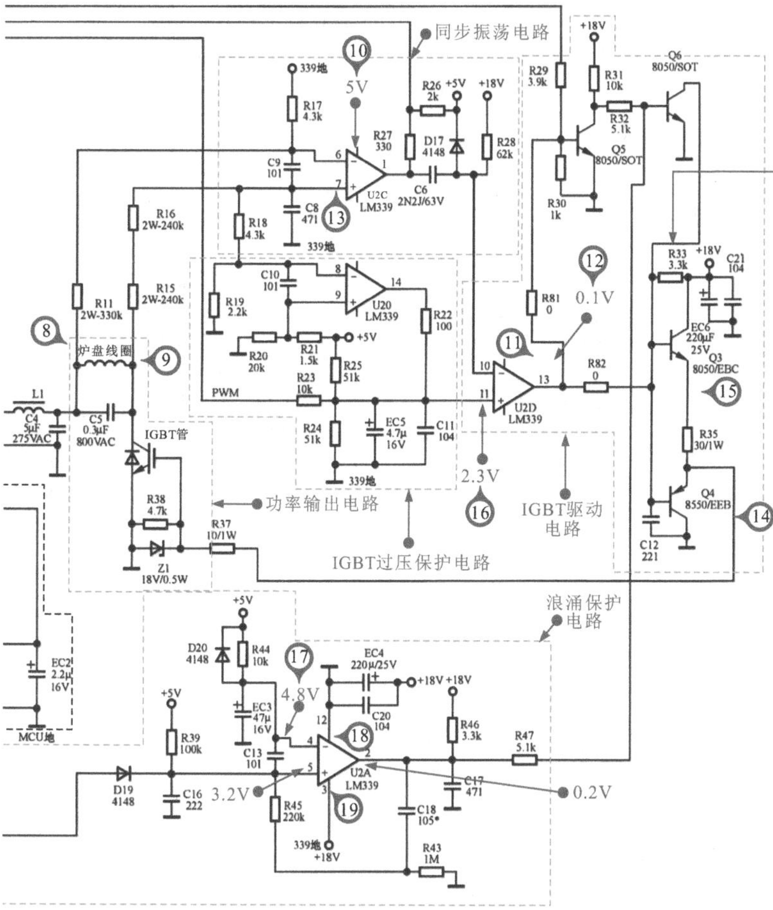

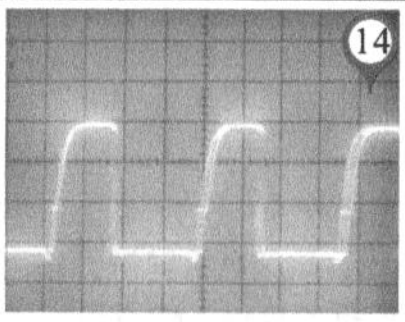

同步振荡电路输出
信号波形

15 IGBT驱动电路中的驱动晶体管Q3、Q4损坏，常导致电磁炉不加热，击穿IGBT，不停加热等故障。确认Q3、Q4良好后，还需确认LM339等外围元器件是否良好

18 LM339是检测电路中的核心器件，它损坏会导致电磁炉不加热，断续加热等多种故障

19 浪涌保护电路损坏会导致电磁炉不加热。检测LM339的2脚电压偏低，则需检测5脚电压，若该脚电压偏低或为0V时，则R39损坏。检测LM339的4脚电压偏低或为0V时，则R44、D20、EC3有损坏

故障代码

故障代码	故障内容	检查部位
E06	IGBT功率管过热（>110℃）	传感器、R3
E07	电网电压过低保护	D9、D10、R6、R7、EC1、电脑板上C103和R103
E08	电网电压过高保护	R8
EA	锅具干烧保护	炉面温度传感器、R2
ED	功率管温度传感器失效	传感器

8.5 奔腾PC18D型电磁炉电路故障的检修

如图8-5所示，奔腾PC18D型电磁炉通电开机后，若无法正常工作，可根据相应的故障代码含义，对应找到电路中的故障点，排除故障。

图8-5 奔腾PC18D型电磁炉电路故障的检修

	阻值不正常	引起故障
Q1	∞	风扇不运转
	0Ω	风扇始终运转
R3	阻值偏大	风扇运转缓慢

③ 风扇电机异常，将引起电磁炉加热缓慢，加热停机的故障。检查风扇电机时，可由风扇转速，运转噪声来确定。确认风扇电机良好后，应再确定D1、Q1、R3是否良好

⑤ D4～D7击穿，漏电，则引起电磁炉加热缓慢和无锅报警

⑥ 电流检测电路中电流检测变压器感应信号正常，重点检测R24、R5、R30若这几个电阻阻值变大，会引起电磁炉开机报警故障

⑧ 电流检测电路中电流检测变压器感应信号正常，重点检测R24、R5、R30若这几个电阻阻值变大，会引起电磁炉开机报警故障

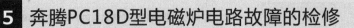

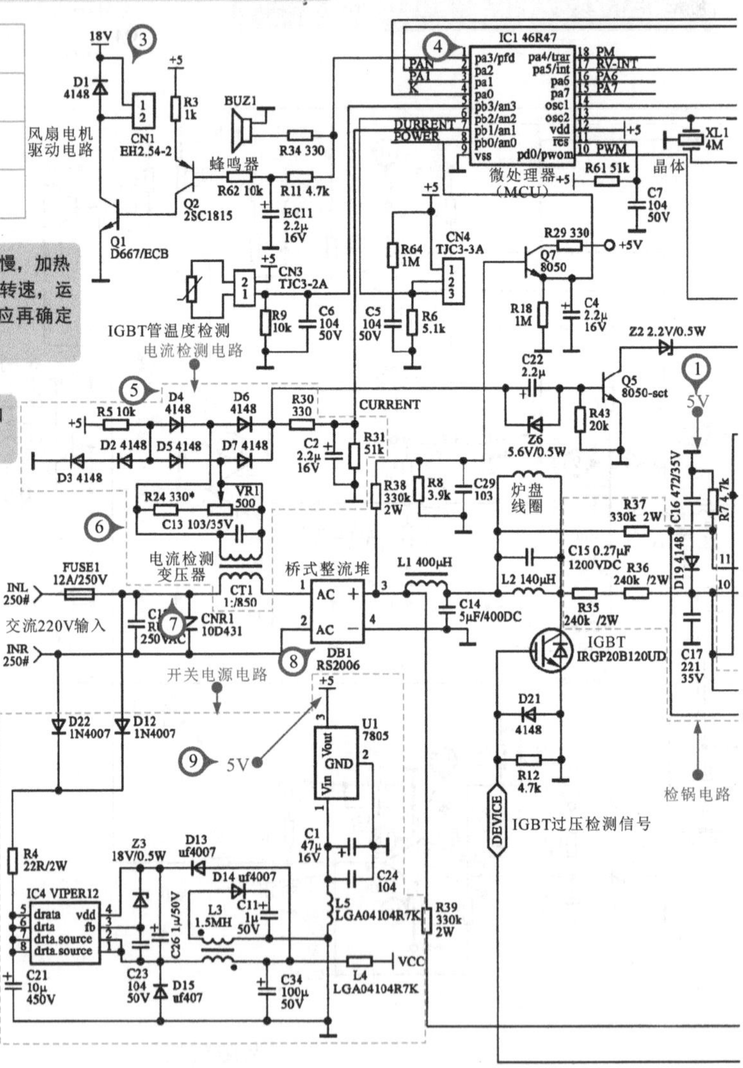

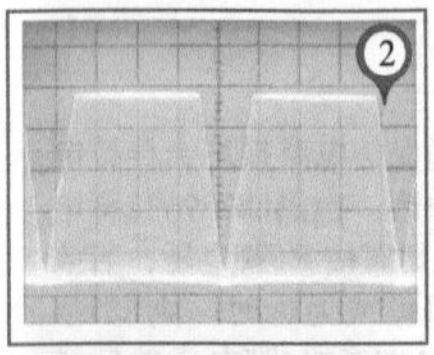

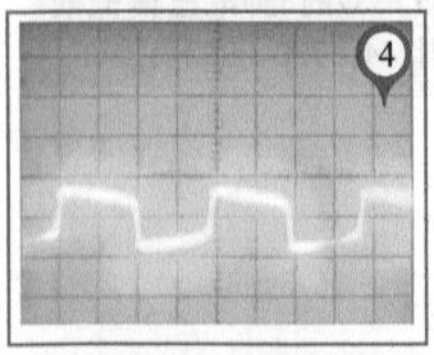

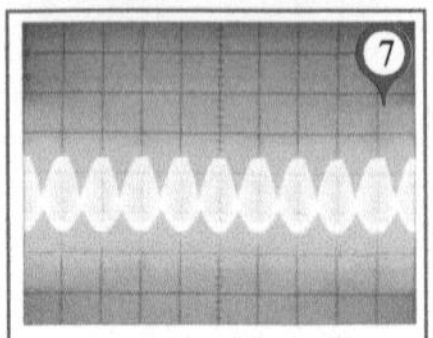

电流检测变压器感应信号

故障代码表

故障代码	故障内容	检查部位
E0	按钮短路或漏电	+300V、+18V、+5V电源，电流检测CT1、D4～D6、C2、R5，PAN脉冲检测R35～R37、R7、R42、C17、C31，驱动电路Q9、Q8、R58、Z5，开/关机控制Q6
E1	具热敏电阻开路	锅具热敏电阻及插头CN4、C5
E2	锅具热敏电阻短路	锅具热敏电阻、R6

⑩ IGBT高压保护电路异常，常引起击穿IGBT、不加热、断续加热等故障。检测IC2的6脚波形，若正常，更换LM339；若异常，检测R42、R20、R35、R36和C31

⑪ 加热控制电路损坏，会导致击穿IGBT、不加热无报警故障

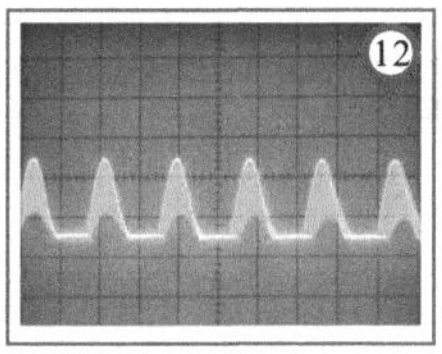

	阻值不正常	引起故障
R42、R20	∞	不加热
	0Ω	烧IGBT
	偏大	断续加热
C31	0（击穿）	烧IGBT

	阻值不正常	引起故障
R19、R22	∞	不加热，无报警
	0Ω	击穿Q6、IC3损坏
	偏大	加热功率小（加热缓慢）
Q6	∞	不加热、无报警
	0Ω	一直加热

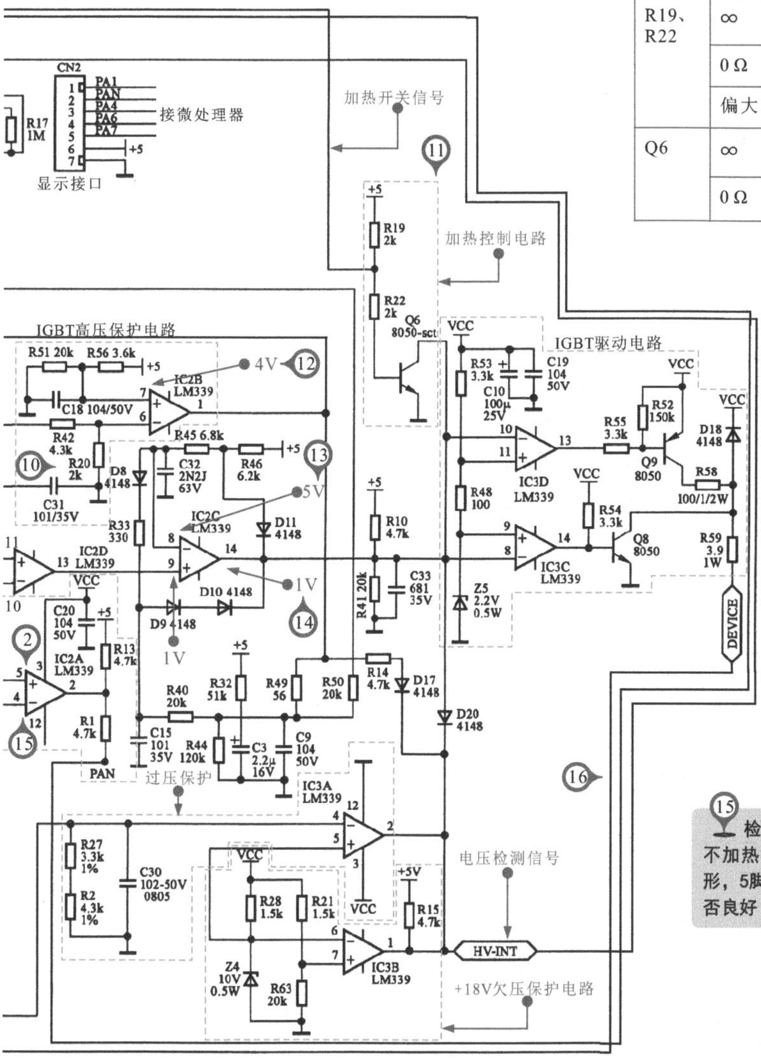

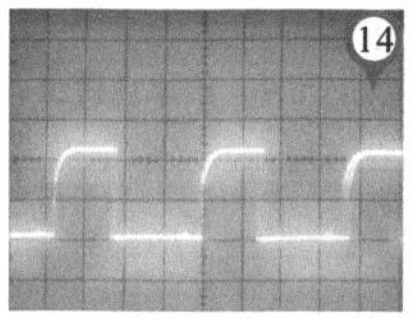

同步振荡电路输出信号

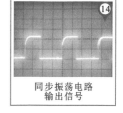

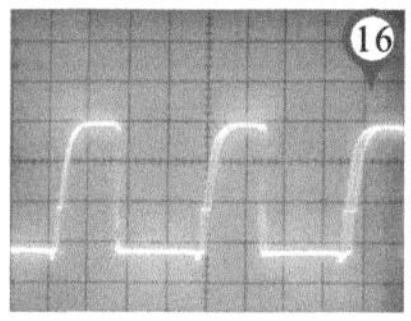

IGBT驱动信号

⑮ 检锅电路异常，会导致电磁炉开机报警，不加热故障，主要检测IC2的5脚、2脚信号波形，5脚信号异常，则需检测R35、R36、C17是否良好

故障代码表

故障代码	故障内容	检查部位
E3	IGBT热敏电阻开路	IGBT热敏电阻及插头CN3、C6
E4	IGBT过热或热敏电阻短路	IGBT热敏电阻、R9
E5	电网电压过低（低于170V）	R38、R29、C29、C4、Q7
E6	电网电压过高（高于260V）	R8、R18、Q7
E7	面板超温或锅具干烧	锅具热敏电阻、R6

8.6 格力GC18-20BL型电磁炉电路故障的检修

如图8-6所示，格力GC18-20BL型电磁炉主控电路主要由电流检测电路、直流电源电路、IGBT驱动电路、功率输出电路、同步振荡电路、IGBT过压保护电路、+18V保护电路等构成。该电磁炉异常，应重点检修这些电路部分。

图8-6 格力GC18-20BL型电磁炉电路故障的检修

② 电流检测电路中，用来判别是否有过载的情况，即电流是否超过正常值，如有过载情况，立即实施保护，防止损坏电磁炉内的元件

① 电流检测电路中，电流检测变压器T2、D2、D8、Z6、Z2、R24为易损元件，应重点检测

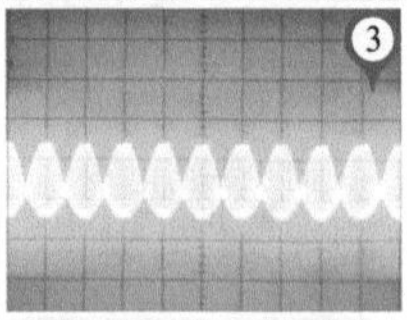
③ 电流检测变压器感应信号波形

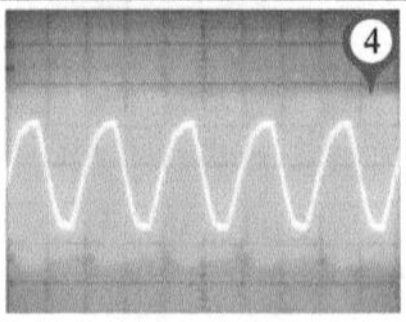
④ 电源变压器感应信号波形

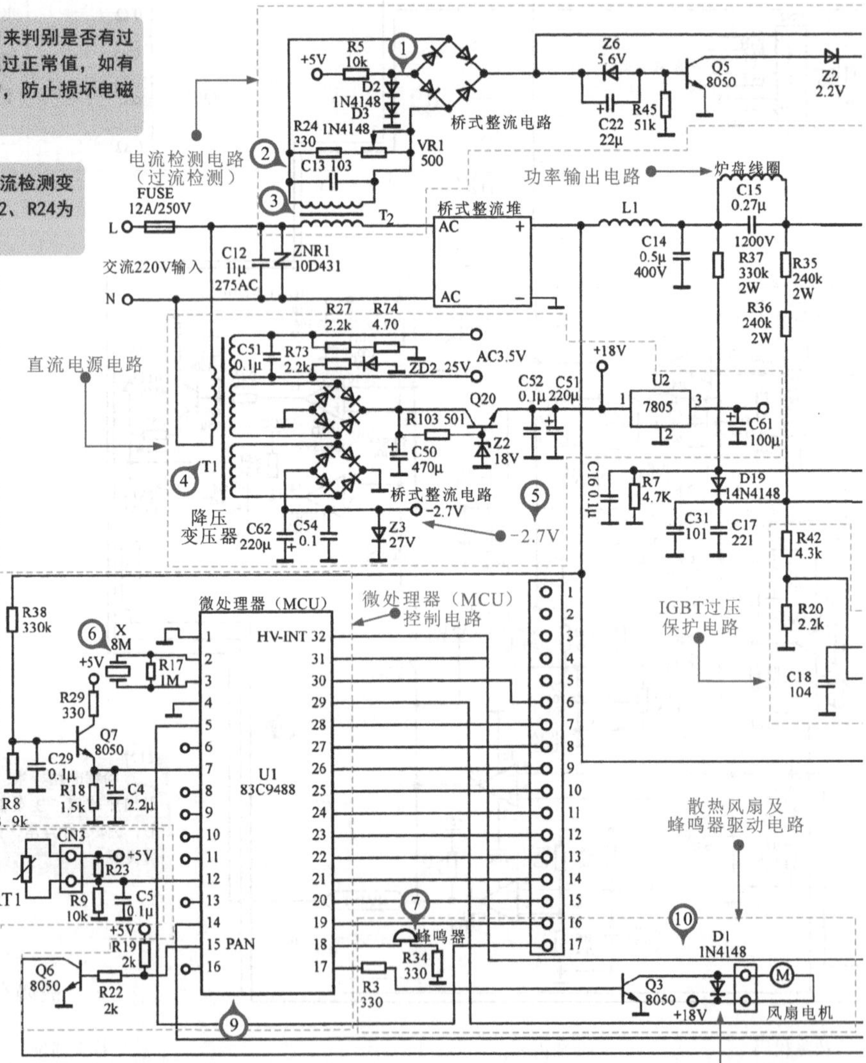

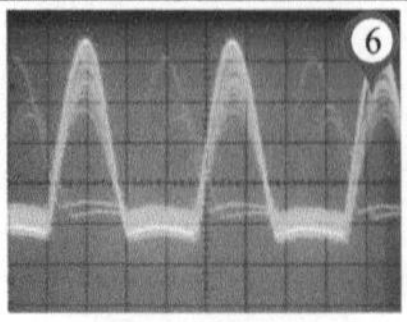
⑥ 电源变压器感应信号波形

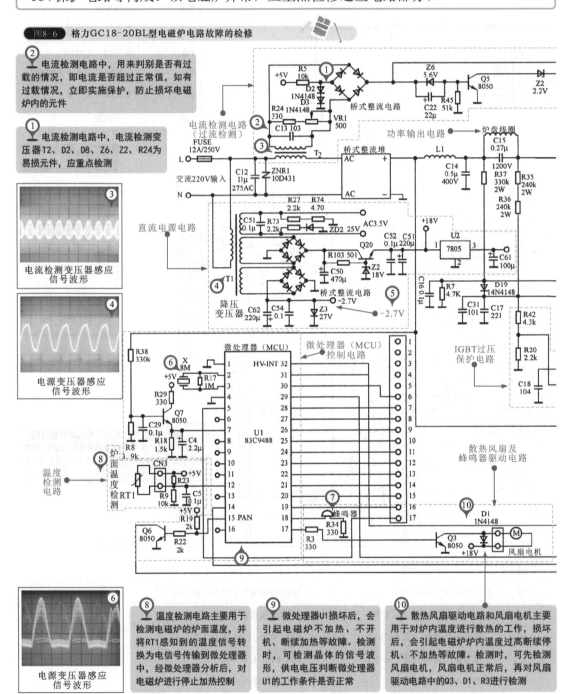

⑧ 温度检测电路主要用于检测电磁炉的炉面温度，并将RT1感知到的温度信号转换为电信号传输到微处理器中，经微处理器分析后，对电磁炉进行停止加热控制

⑨ 微处理器U1损坏后，会引起电磁炉不加热、不开机、断续加热等故障。检测时，可检测晶体的信号波形，供电电压判断微处理器U1的工作条件是否正常

⑩ 散热风扇驱动电路和风扇电机主要用于对炉内温度进行散热的工作，损坏后，会引起电磁炉炉内温度过高断续停机、不加热等故障。检测时，可先检测风扇电机，风扇电机正常后，再对风扇驱动电路中的Q3、D1、R3进行检测

⑪ IGBT损坏，通常是由电磁炉中的其他元件损坏所引起的。IGBT击穿后，应确认R12、DZ1良好后再检测晶体管Q8、Q9是否有击穿现象，逐步排查IGBT击穿的原因

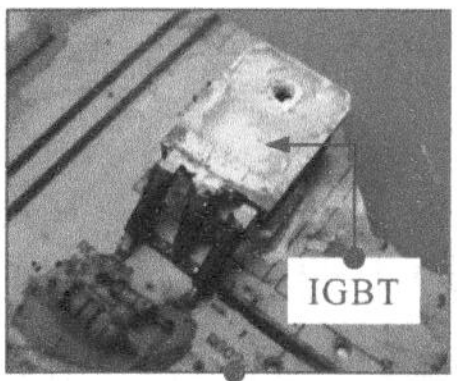

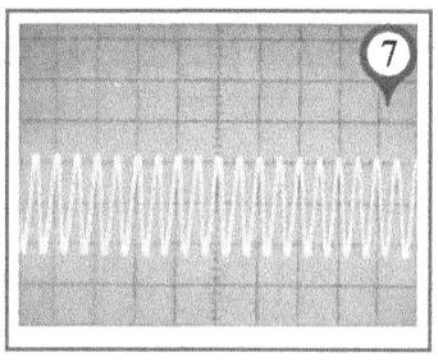

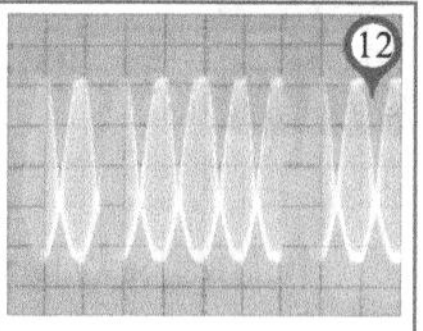

IGBT感应信号波形

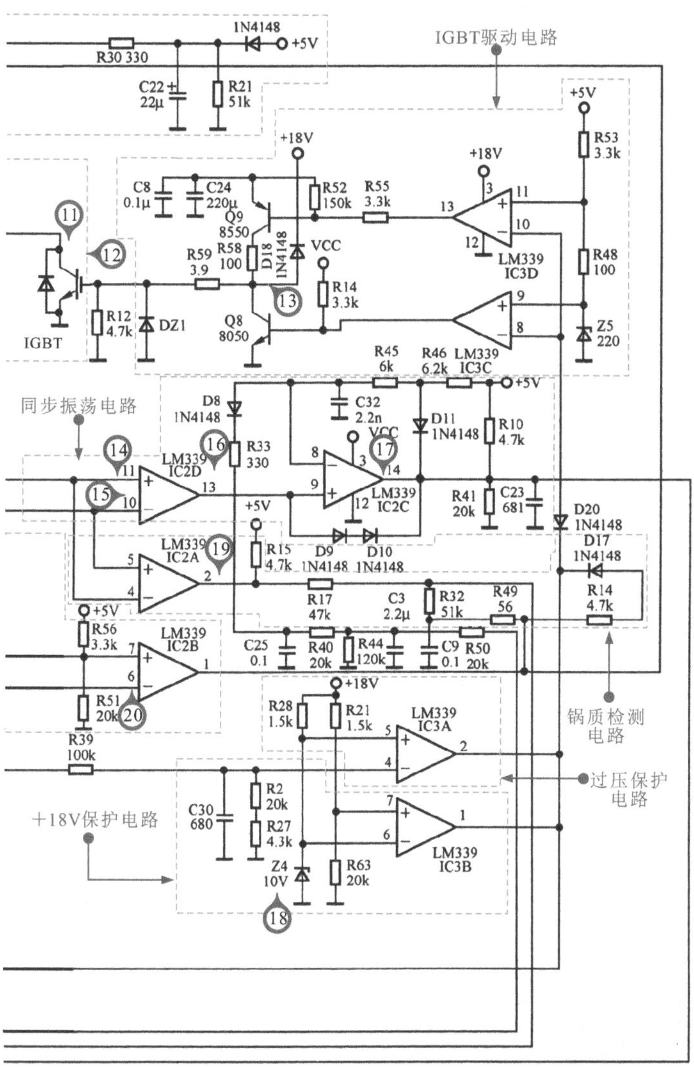

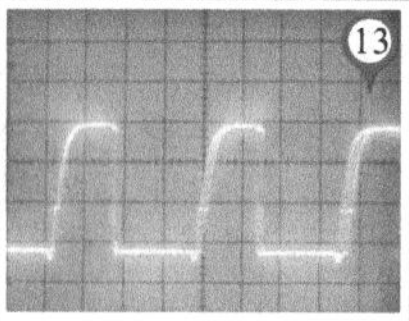

IGBT驱动信号波形

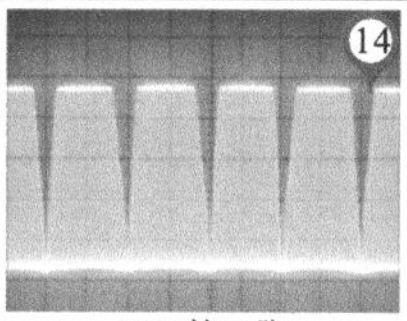

IC2的11脚
炉盘线圈供电端
取样电压信号波形

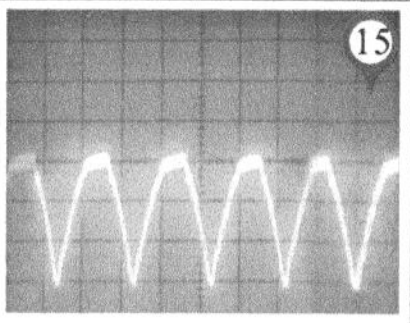

IC2的10脚
炉盘线圈控制端
取样电压信号波形

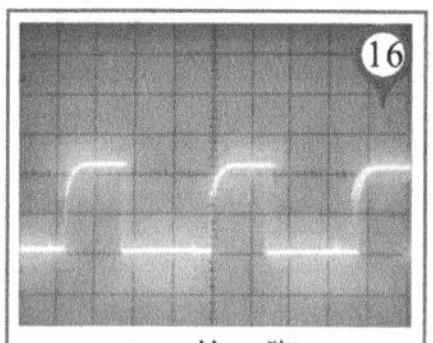

IC2的13脚
同步振荡电路输出
信号波形

⑱ +18V保护电路主要用于检测电磁炉的+18V电压值，若过高时，便将检测信号传输到微处理器中，经微处理器处理后，对电磁炉进行保护停机控制。该电路损坏后，会引起电磁炉停机故障，应重点检测R28、R21、R2、Z4等元件

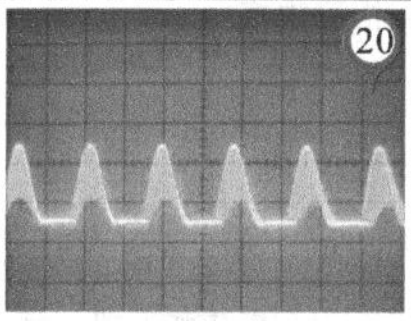

IC2的6脚
过压检测信号波形

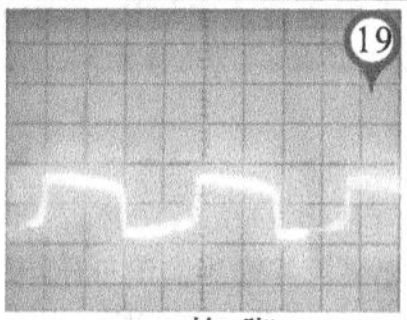

IC2的2脚
检锅信号波形

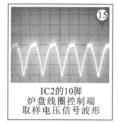

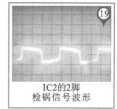

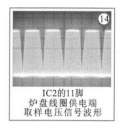

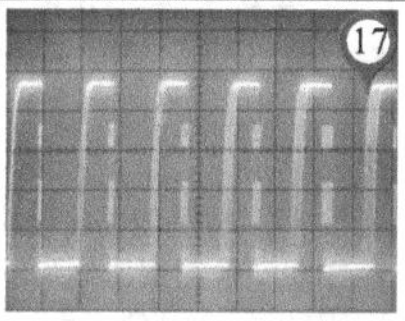

IC2的14脚PWM调制
输出信号波形

8.7 乐邦LB-18型电磁炉电路故障的检修

如图8-7所示，乐邦LB-18型电磁炉主要由电压检测电路、功率输出电路、直流电源电路、电流检测电路、同步振荡电路、浪涌保护电路、IGBT驱动电路等构成。

图8-7 乐邦LB-18型电磁炉电路故障的检修

② 交流输入电路将交流220V电压输入到电磁炉整机电路中，分为两路为电磁炉的功能电路供电。一路送入整流电路，由其输出+300V电压为炉盘线圈供电；另一路输出直流低压电，为整机低压电路提供工作电压。损坏后，常引起电磁炉通电无反应，不开机故障。应重点检查熔断器、过压保护器ZNR1、C001

① 整流电路中，桥式整流堆、滤波电容C003为易损器件。损坏后，会引起击穿IGBT、烧坏熔断器 故障

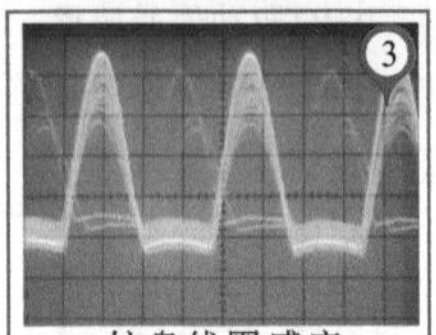

炉盘线圈感应信号波形

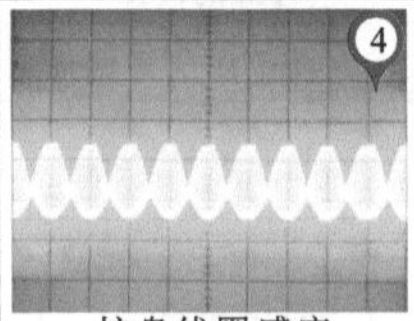

炉盘线圈感应信号波形

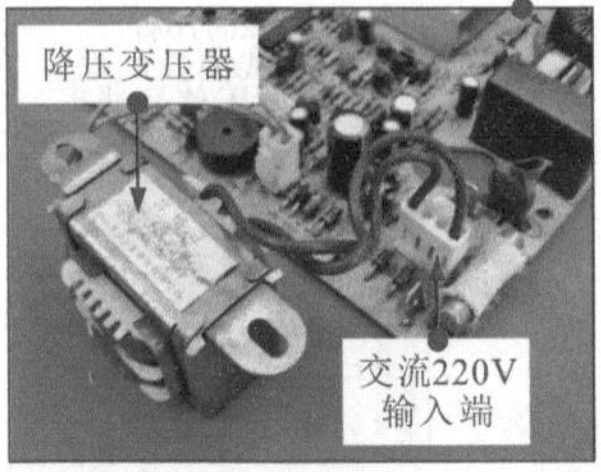

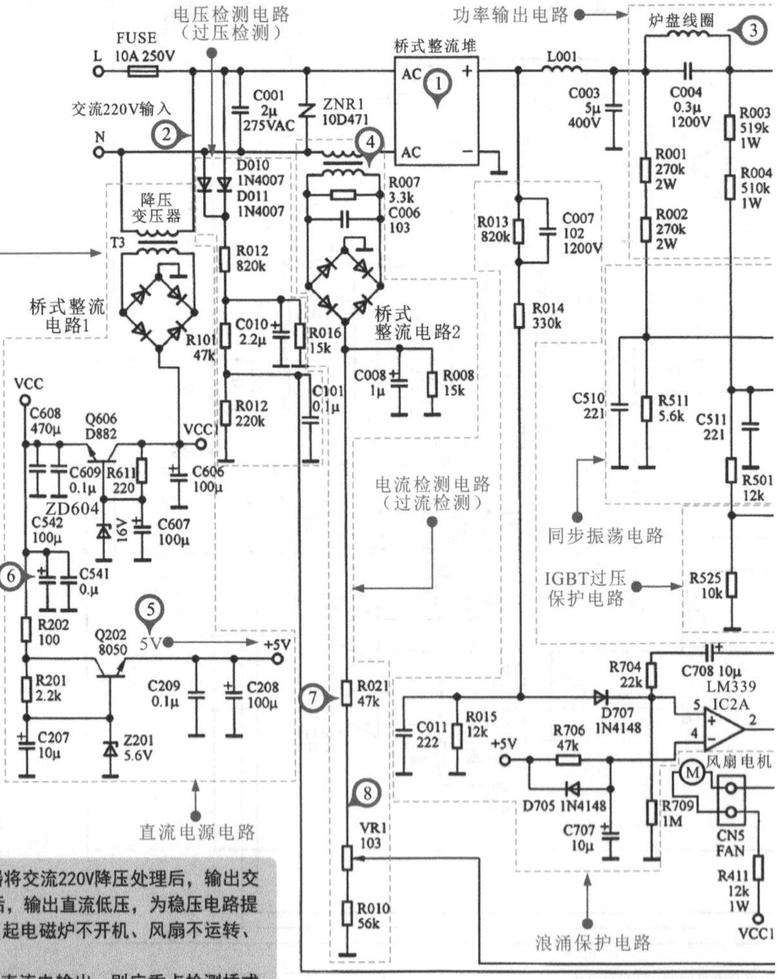

⑥ 直流电源供电电路经降压变压器将交流220V降压处理后，输出交流低压电，再经桥式整流电路1整流后，输出直流低压，为稳压电路提供工作电压。该电路损坏后，常会引起电磁炉不开机、风扇不运转、无显示故障。

先检测+5V输出电压，若无低压直流电输出，则应重点检测桥式整流电路、Q606、ZD604、Q202、C606、C208等元件

⑦ 电流检测电路主要由电流变压器、R007、C006、C008、R021、VR1等元件组成。该电路由电流检测变压器检测整机电流，并输出交流低压电，经桥式整流电路2整流后，再经电阻R021、VR1分压后，送入到微处理器IC1的2脚。损坏后，会引起电磁炉开机报警、加热缓慢故障

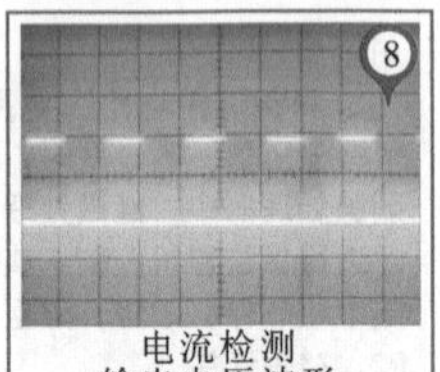

电流检测输出电压波形

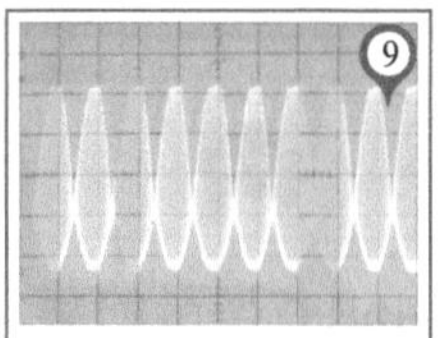

IGBT感应信号波形

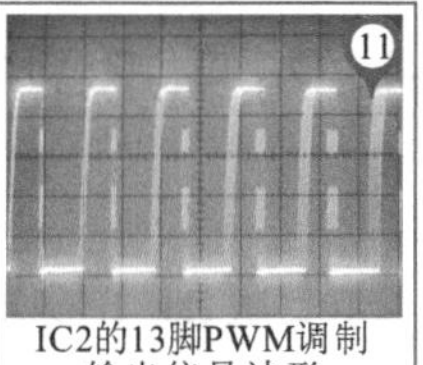

IC2的13脚PWM调制
输出信号波形

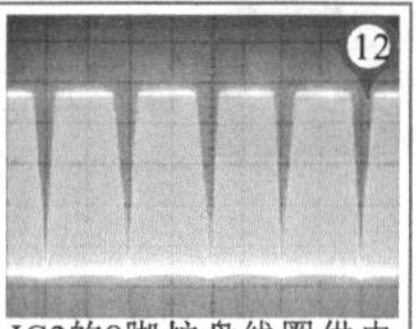

IC2的8脚炉盘线圈供电
端取样电压信号波形

⑩ IGBT是电磁炉中常损坏的元件，该元件损坏，常导致电磁炉不加热、熔断器熔断故障。而该元件损坏，通常是由于IGBT驱动电路、同步振荡电路、功率输出电路中有损坏所引起的

⑬ IGBT驱动电路中由IC2LM339的13脚输出PWM调制信号，接通IGBT驱动电路，由驱动电路为IGBT管提供驱动信号，使其工作。该电路损坏，常导致IGBT管击穿、不工作故障。应重点检测Q601、Q607、Q602、Q601、RG01等元件

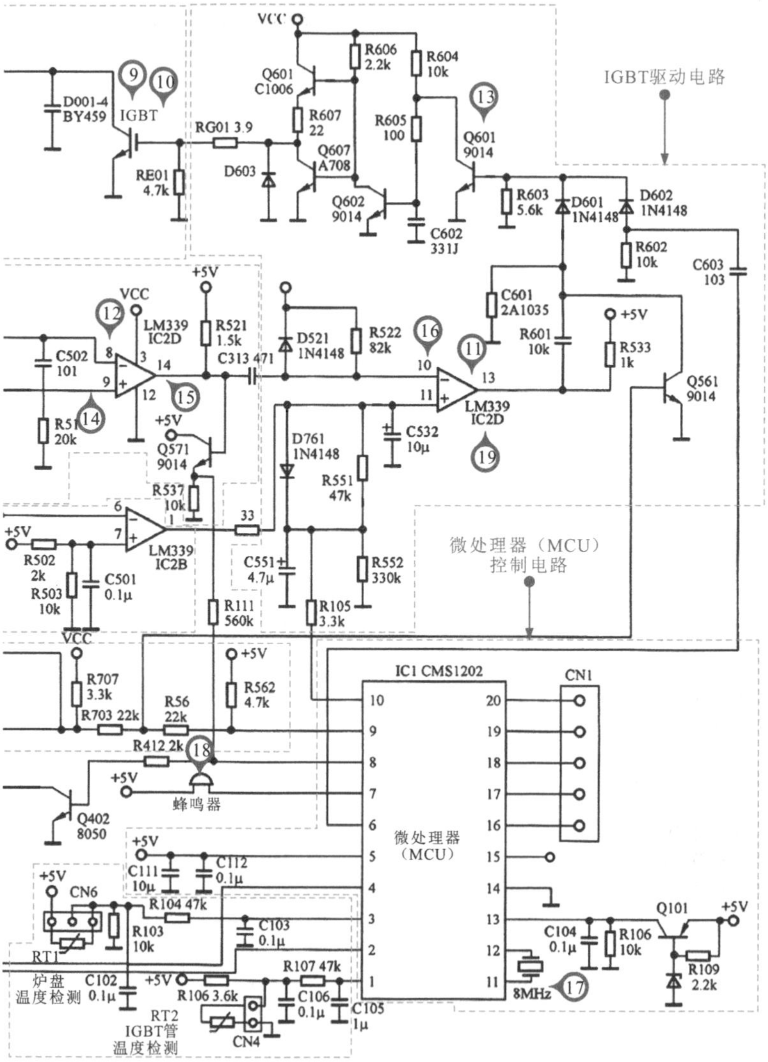

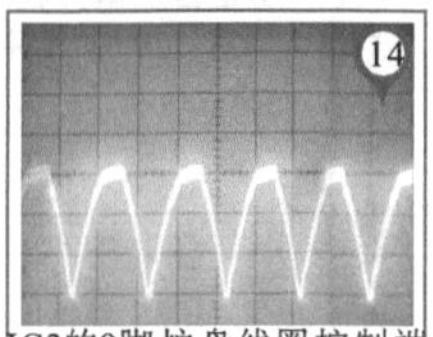

IC2的9脚炉盘线圈控制端
取样电压信号波形

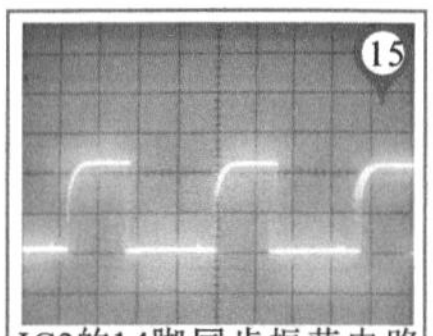

IC2的14脚同步振荡电路
输出信号波形

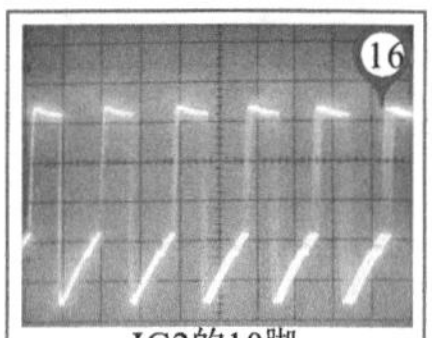

IC2的10脚
锯齿波信号波形

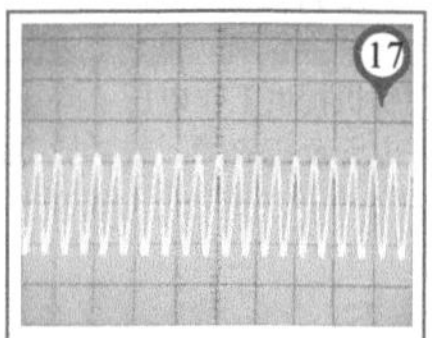

晶振信号波形

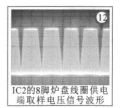

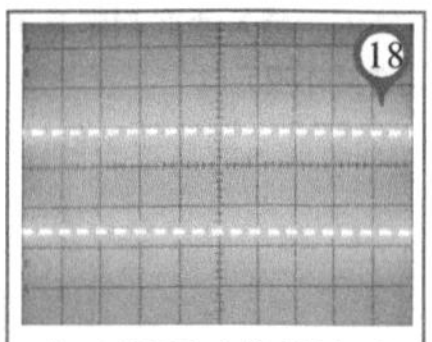

蜂鸣器驱动信号波形

⑲ LM339主要用于同步振荡电路、IGBT过压保护电路、IGBT驱动电路中。损坏后，会引起电磁炉开机报警、不加热等故障，可通过检测其引脚波形判断大致故障范围

8.8 富士宝IH-P190B型电磁炉电路故障的检修

如图8-8所示，富士宝IH-P190B型电磁炉的微处理器IC2采用HT46R47型号的集成电路芯片，该电磁炉控制功能失常时，可重点围绕该芯片及外围元器件检修。

图8-8 富士宝IH-P190B型电磁炉电路故障的检修

④ 电磁炉的直流电源电路为该电磁炉提供直流供电电压.该电路损坏后，会导致电磁炉不开机、通电无反应故障。应先检测该电路的输出电压值+18V、+5V是否正常。若电压值不正常，则重点检测VD13、R27、ZD2等元件；若只是+5V输出电压不正常，则重点检测三端稳压器IC3

③ 电电磁炉通电无反应故障，应先检查熔断器是否被烧坏。若熔断器熔断，说明该电磁炉的电路中有短路性故障，应重点检测桥式整流堆（电路）、IGBT、电容C21等元件

① 过压检测电路主要由R17、R26、R29、C25等构成。将电压检测信号送入到微处理器IC2的5脚，经微处理器分析处理后，对电磁炉进行保护停机控制。当电阻R17、R26阻值偏小时，会引起电磁炉开机报警故障

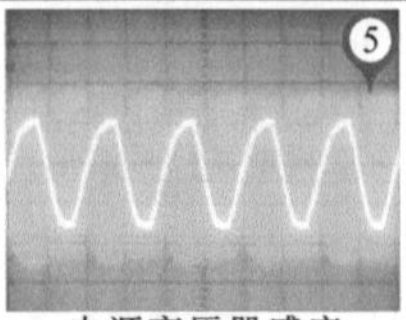
电源变压器感应信号波形

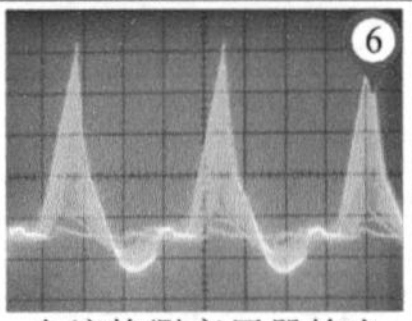
电流检测变压器输出信号波形

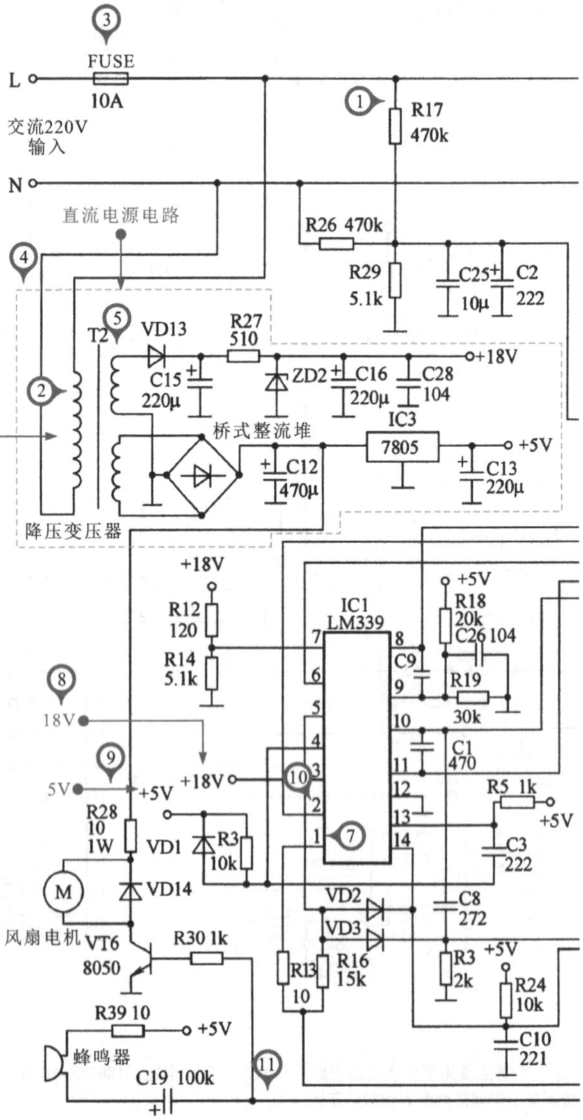

② 降压变压器将输入的220V交流电降压后输出交流低压，经整流、滤波、稳压处理后输出+5V、+18V电压，为整机提供工作电压。降压变压器损坏后，将导致电磁炉通电无反应故障，或导致直流电源电路输出电压值不正常

⑦ IC1（LM339）电压比较器的2脚输出PWM调制信号为IGBT驱动提供驱动信号。可通过测量IC1（LM339）的引脚输出、输入波形判断是否为IC1损坏。若其正常，则需检测其外围元件

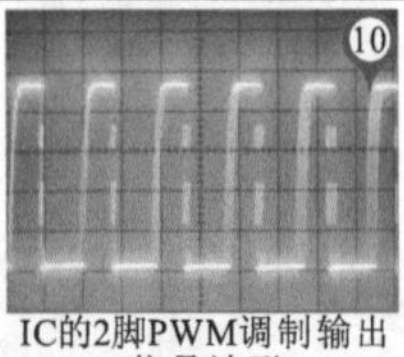
IC的2脚PWM调制输出信号波形

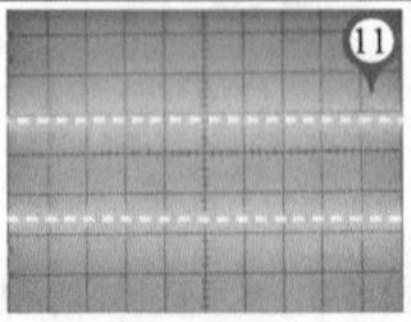
蜂鸣器信号波形

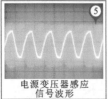

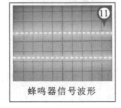

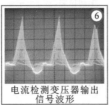

12 桥式整流堆将交流220V电压整流后，输出直流+300V电压为炉盘线圈供电。损坏后，会引起电磁炉烧熔断器、击穿IGBT故障。可通过测量其输出电压是否为直流+300V判断桥式整流堆是否损坏

13 炉盘线圈极少损坏，当遇到检测电磁炉的各相关电路均正常，但电磁炉就是无法正常工作的情况，如有报警“嘀嘀”声或显示故障代码，此种情况时，可通过将炉盘线圈垫高1cm左右，再开机试机查看故障是否排除

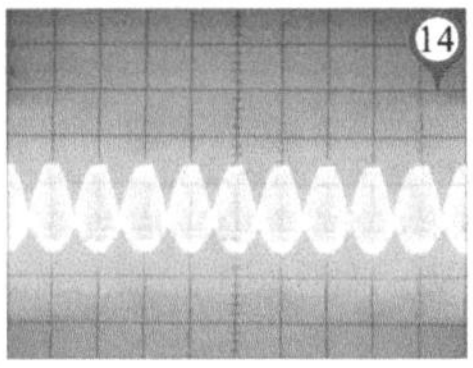

电流检测变压器感应信号波形

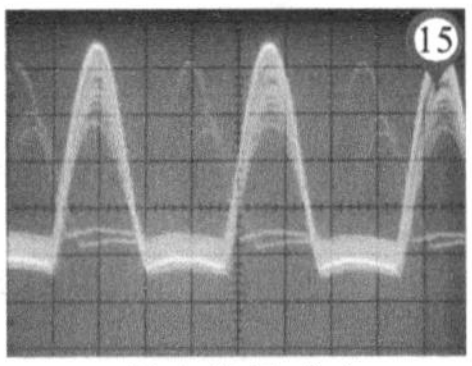

炉盘线圈感应信号波形

16 C23是高频谐振电容与炉盘线圈常在高温高压下使用，易出现变质的故障。如IGBT发生击穿故障时，可将其与IGBT一同更换

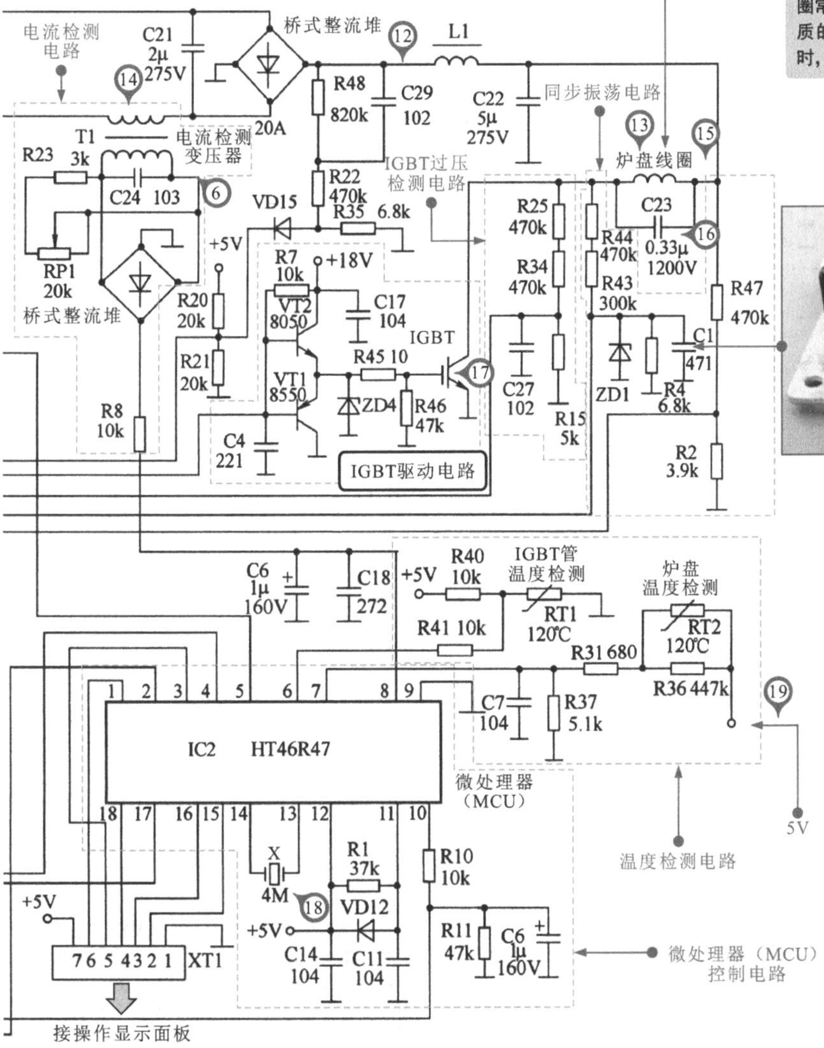

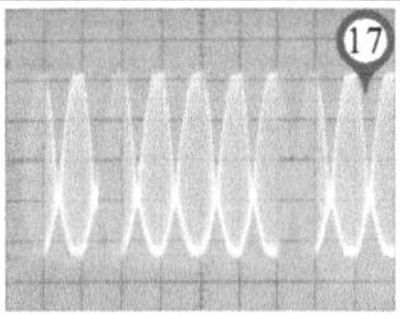

IGBT感应信号波形

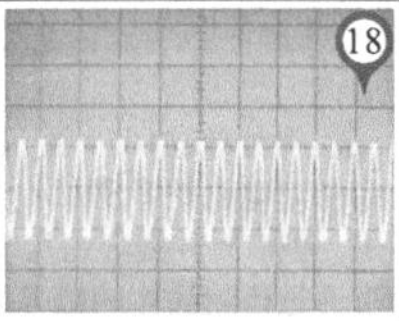

晶振信号波形

8.9 苏泊尔S21S04-A型电磁炉电路故障的检修

如图8-9所示，苏泊尔S21S04-A型电磁炉主要由微处理器控制电路、开关电源供电电路、IGBT驱动电路、功率输出电路、整流滤波电路、锅质检测电路等构成。

图8-9 苏泊尔S21S04-A型电磁炉电路故障的检修

② 电磁炉出现开机无反应的故障时，先检查熔断器，熔断器熔断说明该电磁炉中有短路性故障，重点检测开关电源供电电路、整流滤波电路和功率输出电路

① 交流输入电路中过压保护器ZNR裂开或有焦炭点，说明已经损坏，这种情况同时会引起熔断器熔断或通电掉闸的故障。更换时，应用同型号的器件进行更换

③ 开关电源供电电路中，应重点检测开关振荡电路、Q1、D4、Z1的元件。损坏后，将导致直流电压输出不稳定或无直流电压输出故障

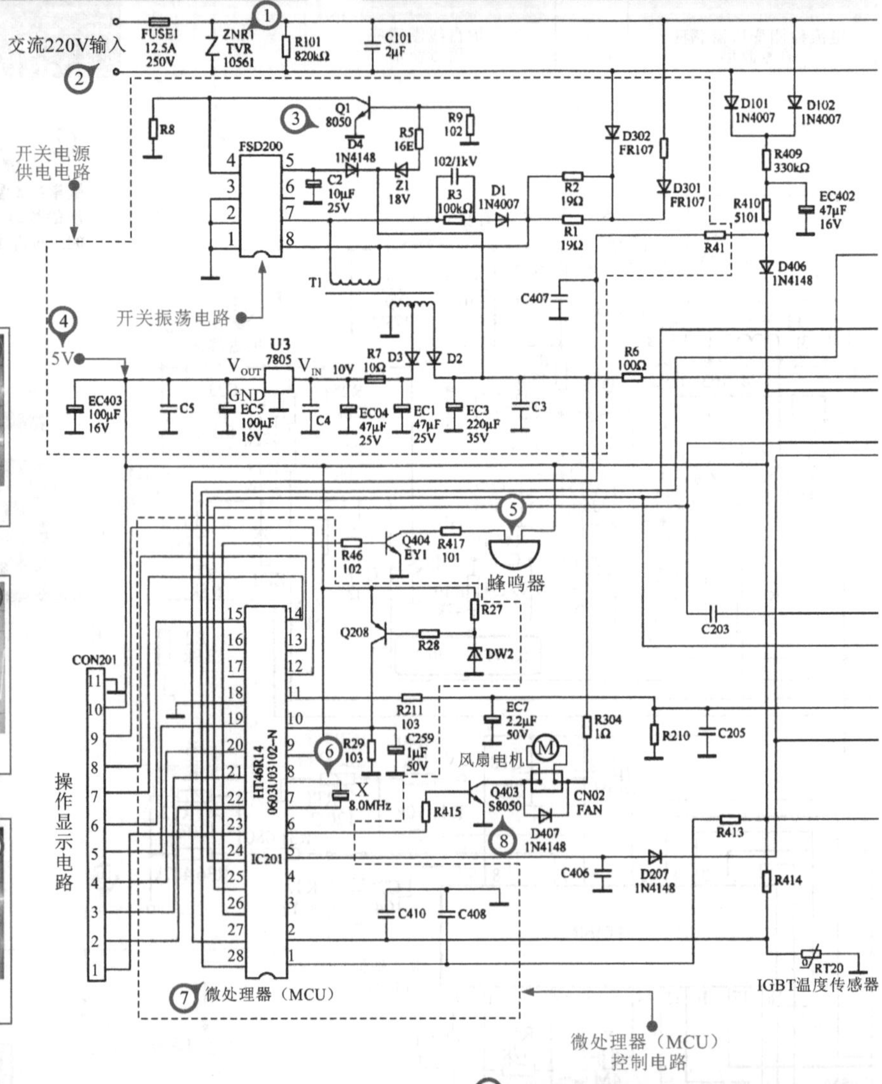

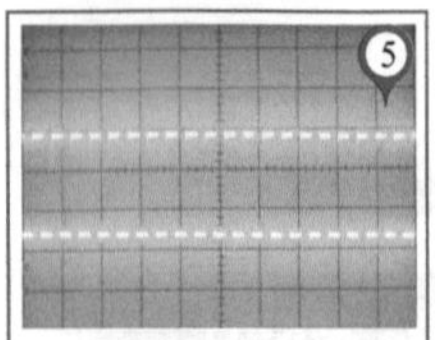

蜂鸣器信号波形

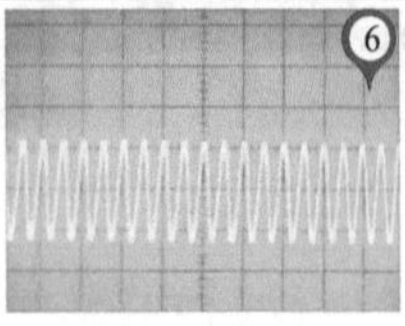

晶振信号波形

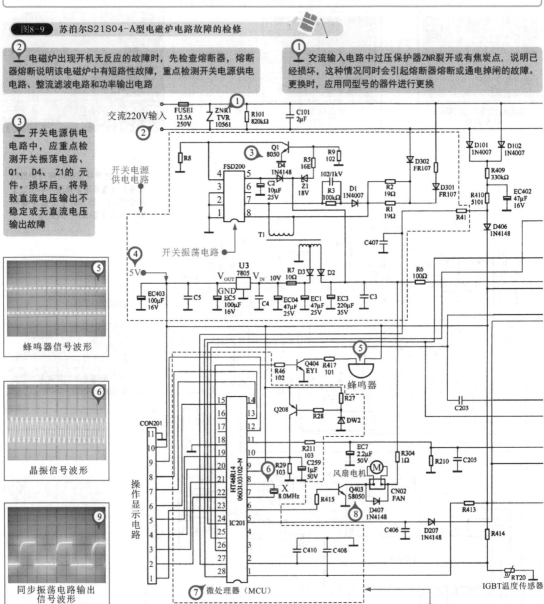

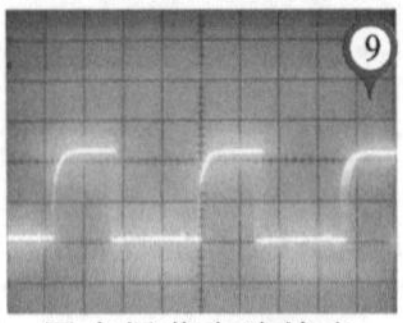

同步振荡电路输出信号波形

⑦ 微处理器IC201是该电磁炉的核心器件，损坏后，会引起电磁炉不开机、加热不正常、显示不正常等故障，但该元件损坏的几率很小。电磁炉通电不开机时，可通过检测晶体的信号波形，判断微处理器IC201是否损坏

⑧ 风扇电机驱动电路由微处理器直接提供驱动信号，使其工作。风扇电机不运转，常导致电磁炉炉内温度过高进而引起电磁炉开机不加热故障，检测时，可重点检测晶体管Q403、R415、D407等元件

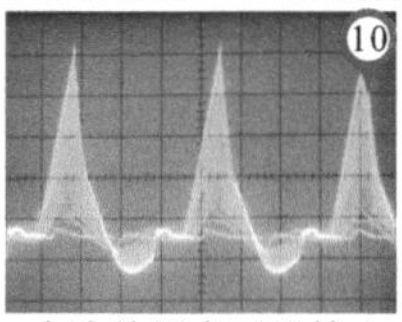

电流检测变压器输出信号波形

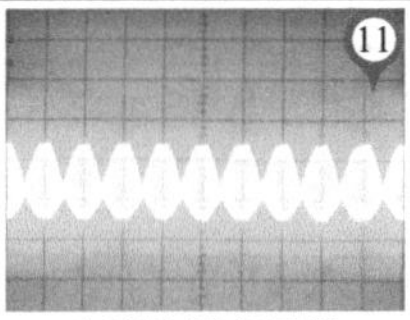

电流检测变压器感应信号波形

12 桥式整流电路损坏，常伴随电磁炉通电烧熔断器故障。检测时，应重点检测桥式整流堆的输出电压DC+300V，若无输出电压，需将桥式整流堆取下，检测其各引脚的阻值

13 扼流圈与电容C102构成滤波电路，电容C102损坏会引起电磁炉不工作、发出“嘀嘀”报警声故障

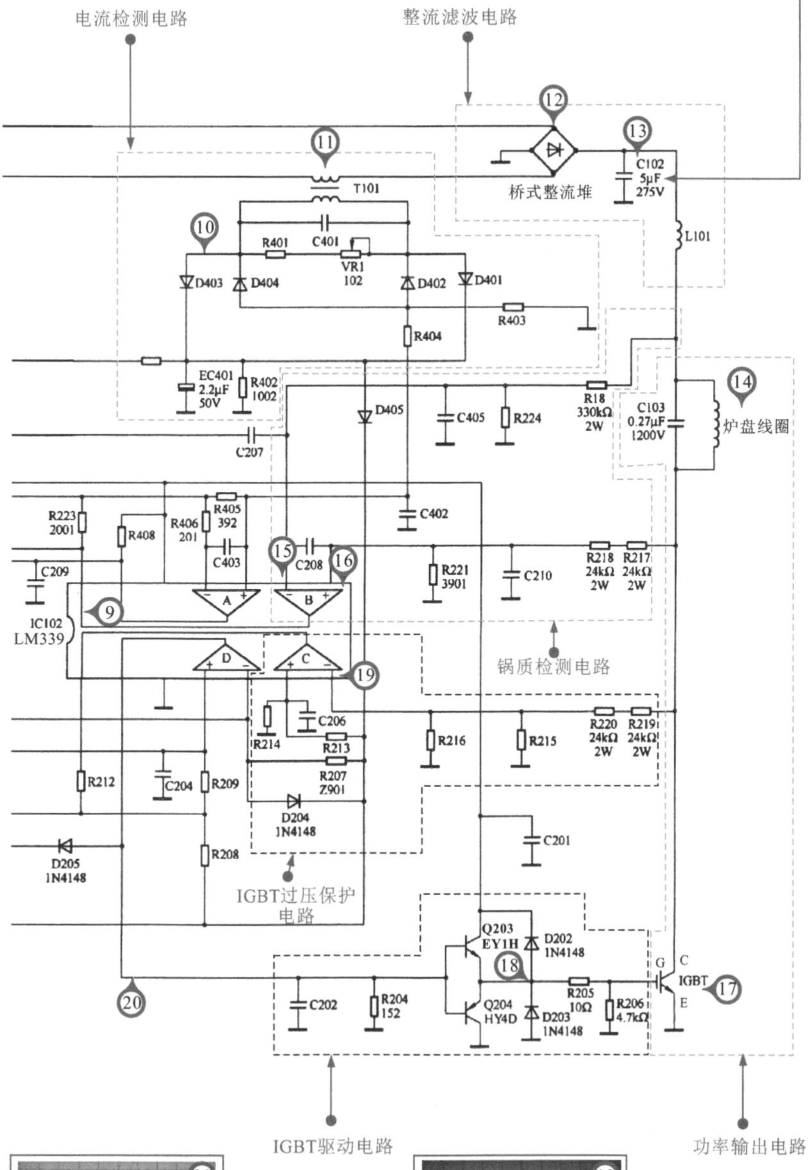

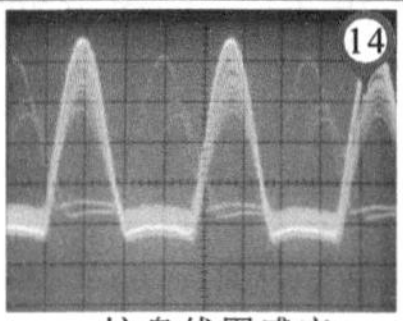

炉盘线圈感应信号波形

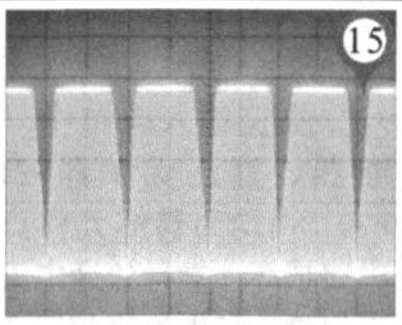

炉盘线圈供电端取样电压信号波形

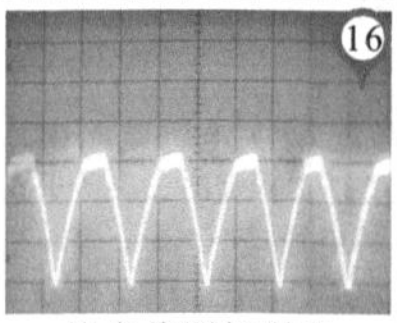

炉盘线圈控制端取样电压信号波形

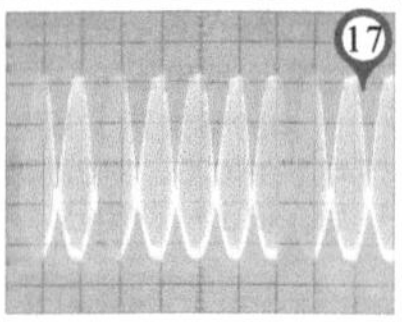

IGBT感应信号波形

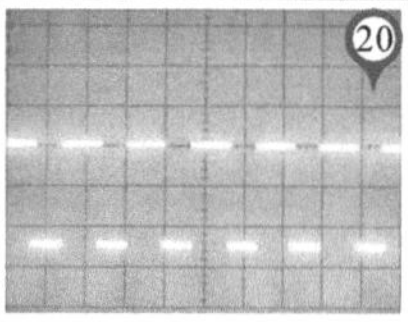

PWM信号波形

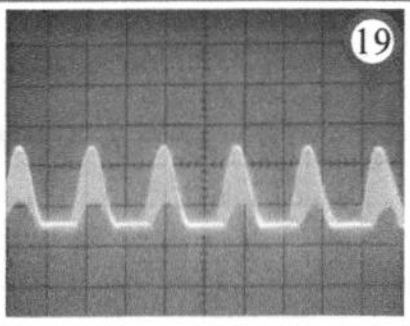

高压保护信号波形

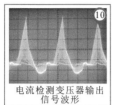

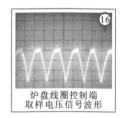

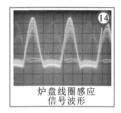

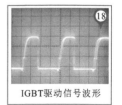

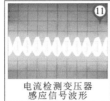

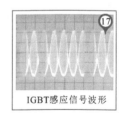

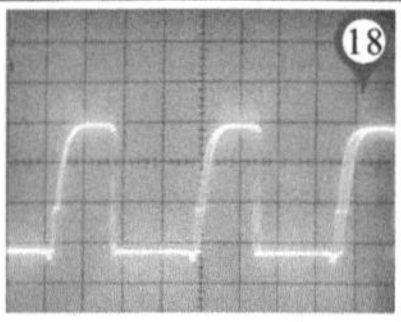

IGBT驱动信号波形

8.10 海尔CH2010型电磁炉电路故障的检修

如图8-10所示，海尔CH2010型电磁炉由交流输入电路为电磁炉整机提供电源电压，一路经整流电路中的桥式整流堆整流输出直流+300V，为炉盘线圈供电。另一路经二极管D1、D2整流输出直流低压电，为开关电源电路提供工作电压。开关电源电路中，由开关振荡电路控制，为各个功能电路提供+5V、+18V直流低压电。

若该电磁炉工作异常，可重点顺两个供电支路逐一检测排查故障。

图8-10 海尔CH2010型电磁炉电路故障的检修

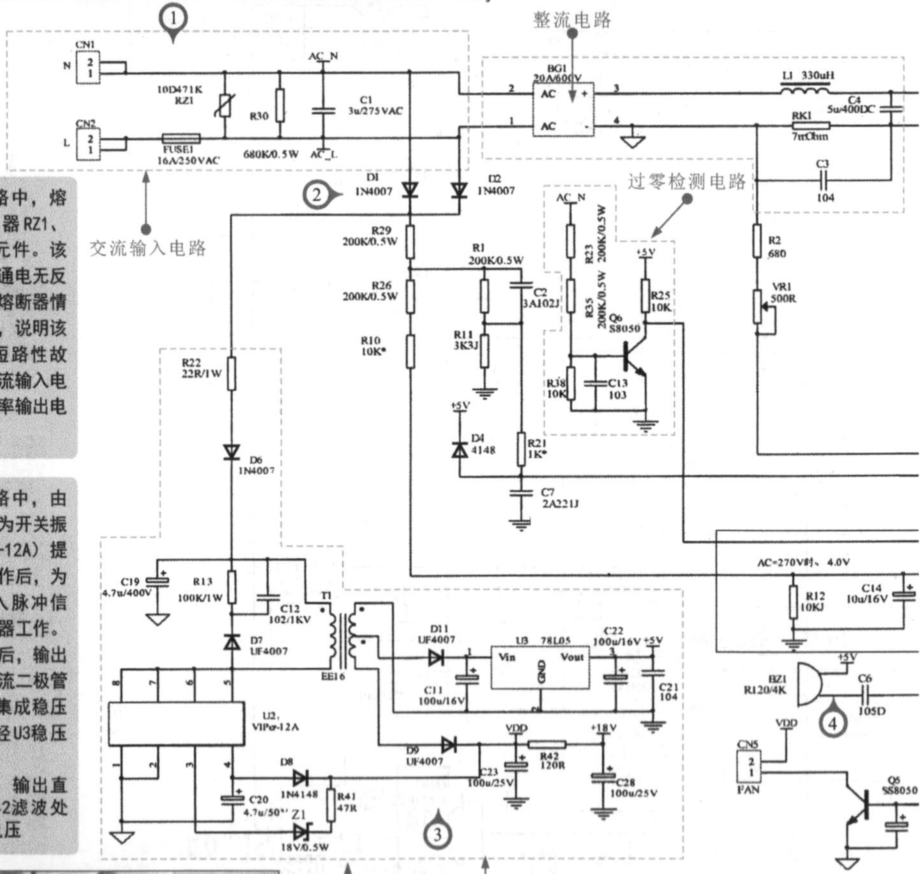

① 交流输入电路中，熔断器、过压保护器RZ1、R30、C1均为易损元件。该电路损坏，常导致通电无反应故障。可先检查熔断器情况。若熔断器熔断，说明该电磁炉电路中有短路性故障，应重点检测交流输入电路、整流电路、功率输出电路

② 开关电源电路中，由整流二极管D1、D2为开关振荡电路U2（VIPer-12A）提供工作电压。U2工作后，为开关变压器T1输入脉冲信号，驱动开关变压器工作。开关变压器T1工作后，输出交流低压电，经整流二极管D11后，送入三端集成稳压器U3的输入端。经U3稳压后，输出+5V电压。

由D9整流后，输出直流电，由C23、R42滤波处理后，输出+18V电压

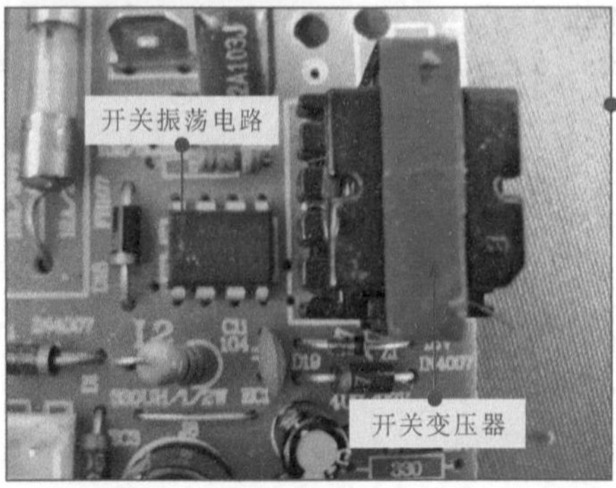

③ 开关电源电路损坏，会引起电磁炉不开机、通电无反应故障。应先检测该电路的输出电压+5V、+18V。电压值不正常，应重点检测三端集成稳压器U3、C22、D19、开关振荡电路U2、D8、Z1及开关变压器T1等

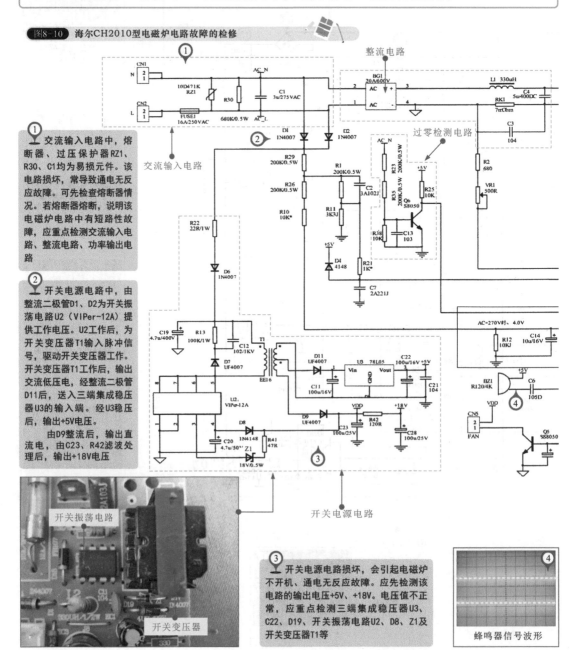

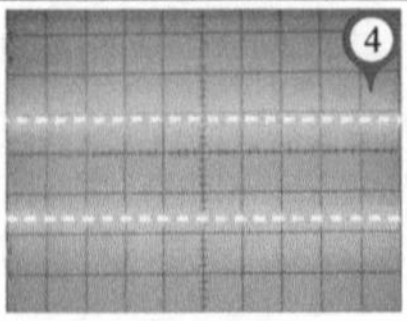

蜂鸣器信号波形

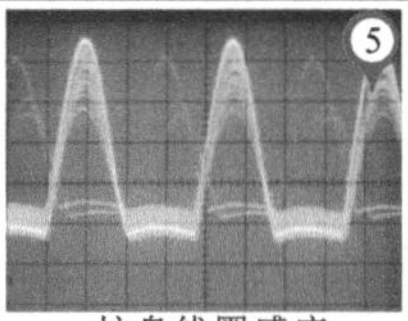

炉盘线圈感应信号波形

⑥ 电阻R3、R19、R17、R4、R5、R32、R37为检测电阻，常会因阻值变大或断路而导致电磁炉不工作，同时显示故障代码或出现“嘀嘀”声

⑦ IGBT损坏，往往都是由于其他电路出现故障所引起的。击穿后，会导致电磁炉掉闸、不加热、熔断器熔断故障。可重点检测C5、DW1、R6、IGBT驱动电路、同步振荡电路

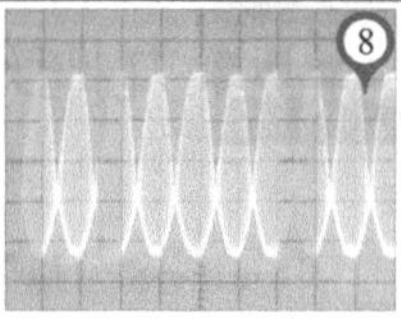

IGBT感应信号波形

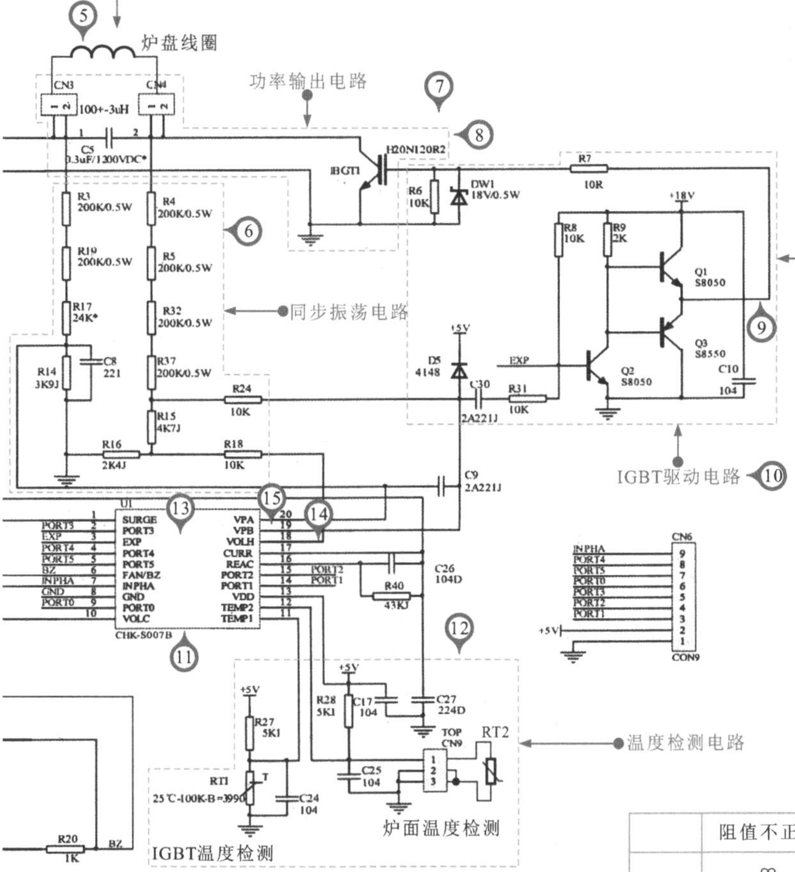

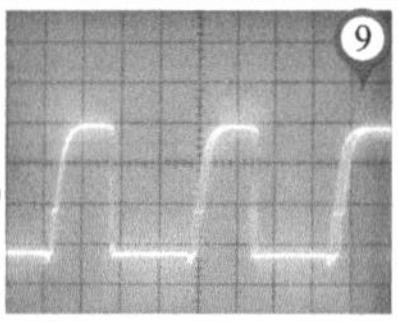

IGBT驱动信号波形

⑩ IGBT驱动电路是由Q2、Q1、Q3、R8等元件构成的。其中，Q1、Q3的损坏程度不同，会造成IGBT的不同故障现象，可见下表所列

	阻值不正常	引起故障
Q1	∞	IGBT不工作
	0Ω	IGBT可能被击穿
Q2	∞	IGBT有击穿危险
	0Ω	IGBT不工作

⑫ 温度检测电路损坏，会导致电磁炉加热功能失常、烧断IGBT的故障。可重点检测RT1、RT2、C24、R28等元件

⑪ 微处理器U1（CHK-S0078）是电磁炉的核心器件，电磁炉出现故障时，可根据该元件的引脚标识找出与其连接的相关电路，判断出功能信号。

微处理器U1损坏，常导致电磁炉不开机、开机无反应、不加热等故障。

检测微处理器U1时，可通过检测U1的引脚信号波形判断故障点

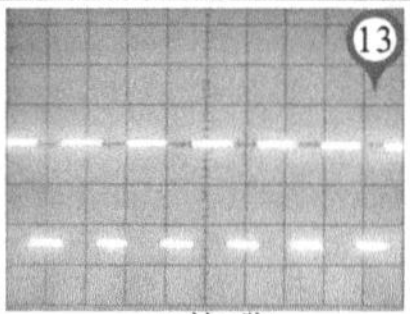

U1的3脚PWM信号波形

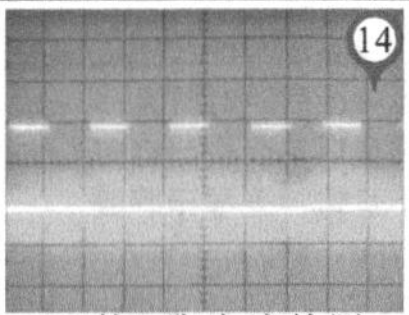

U1的17脚电流检测输出电压信号波形

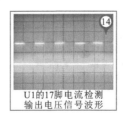

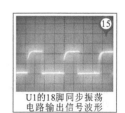

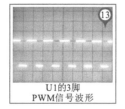

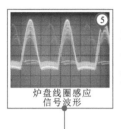

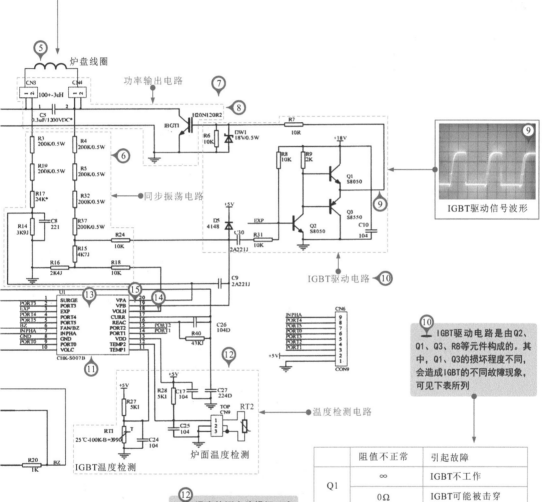

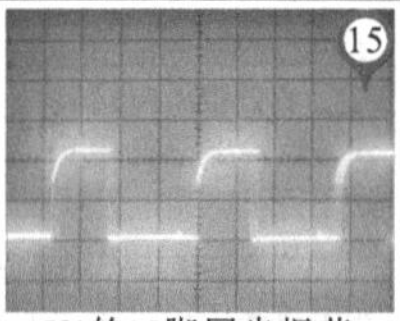

U1的18脚同步振荡电路输出信号波形

8.11 九阳JYC-22F型电磁炉电路故障的检修

如图8-11所示，九阳JYC-22F型电磁炉主要由功率输出电路、直流供电电路、温度检测电路、IGBT过压保护电路、指示灯电路、IGBT驱动电路等构成。该电磁炉工作异常应重点检测这些功能电路。

图8-11 九阳JYC-22F型电磁炉电路故障的检修

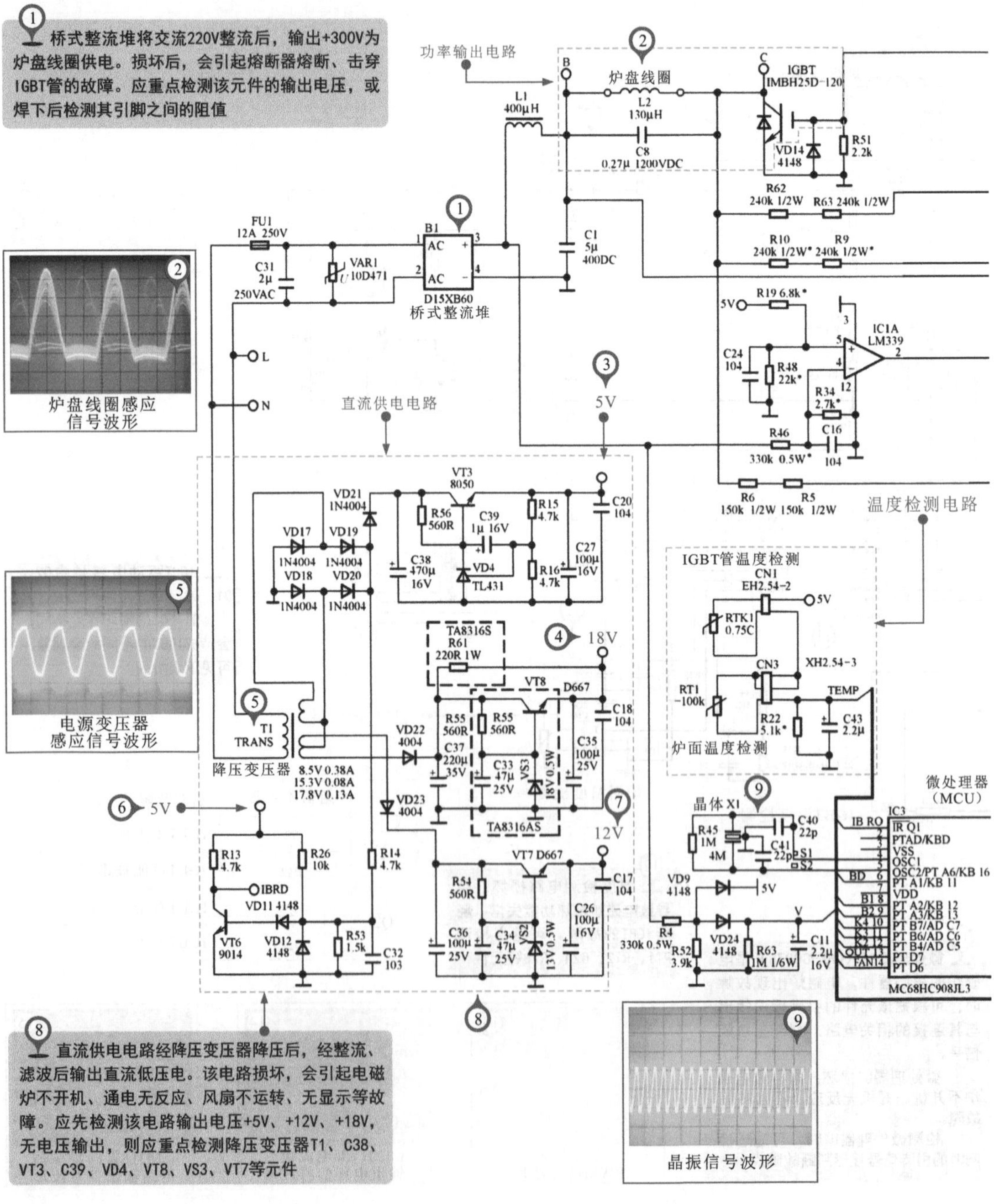

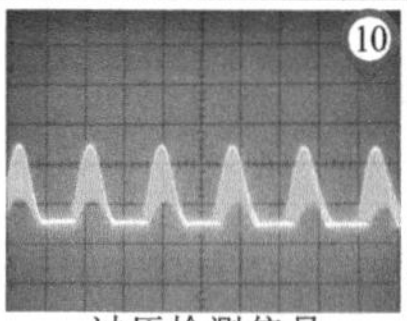

过压检测信号
波形IC1的1脚

11 IGBT驱动电路使用驱动放大器IC2（TA8316AS）对该电路进行控制，IC2的1脚接收PWM调制信号，经其内部放大处理后，为IGBT提供驱动信号。该电路损坏后，会引起不加热、击穿IGBT的故障。应重点检查VD16、C7、R32、R33、IC2等元件

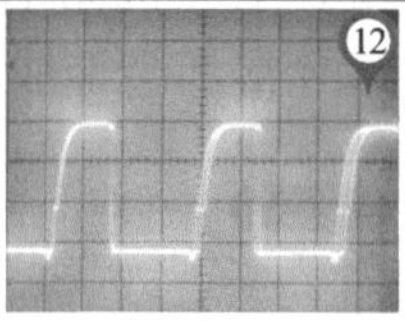

IGBT驱动信号波形

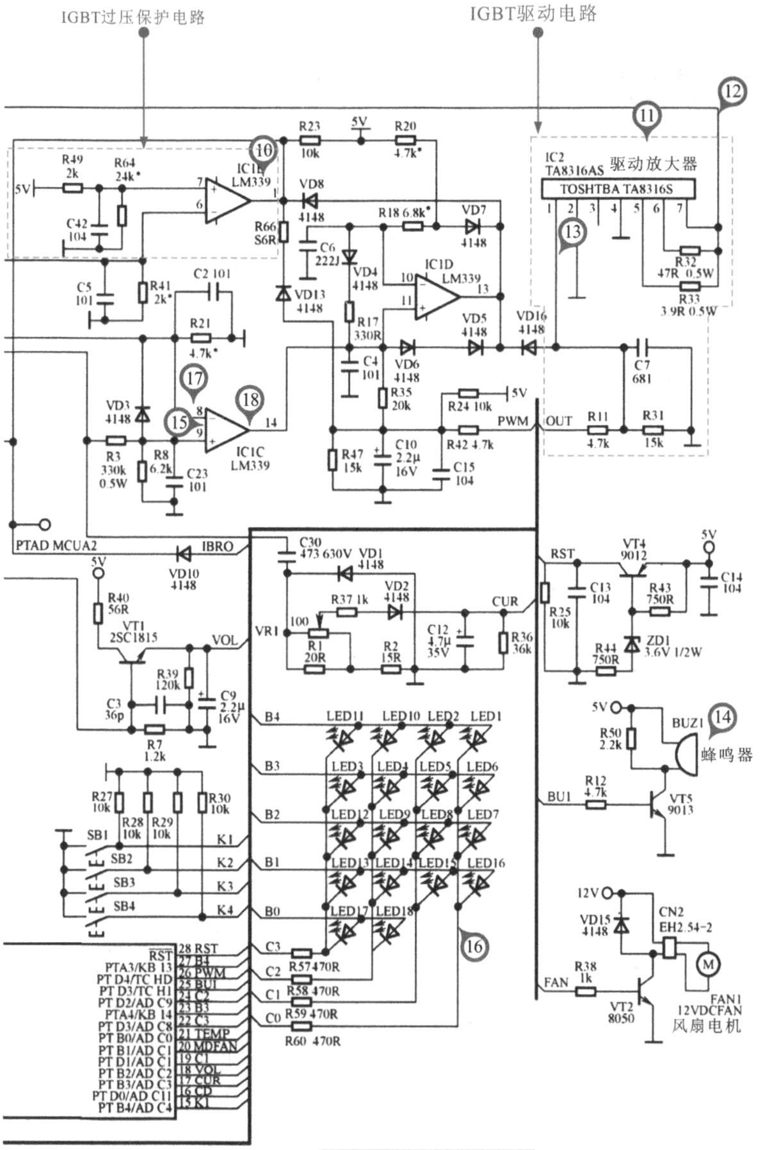

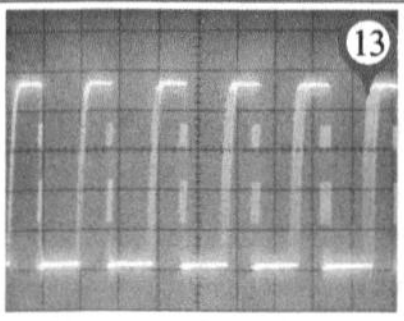

PWM调制信号波形

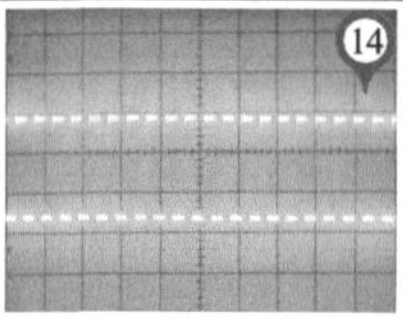

蜂鸣器信号波形

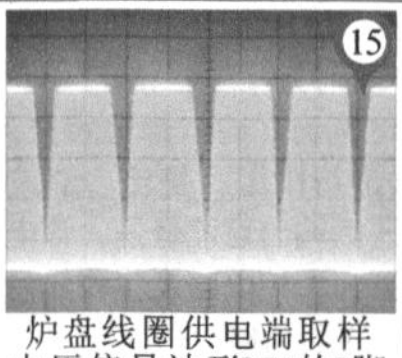

炉盘线圈供电端取样
电压信号波形IC1的9脚

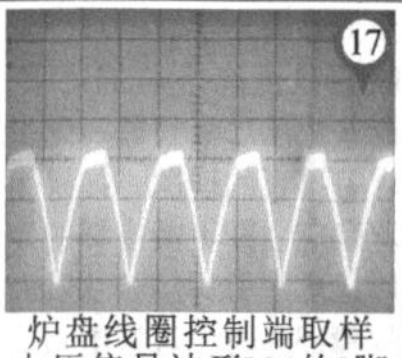

炉盘线圈控制端取样
电压信号波形IC1的8脚

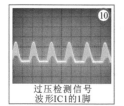

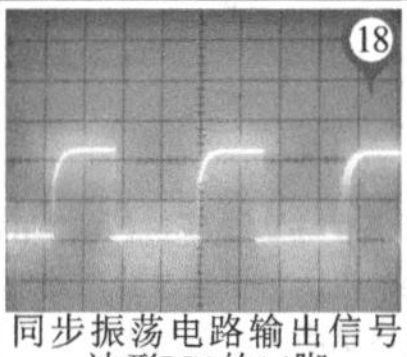

同步振荡电路输出信号
波形IC1的14脚

16 指示灯电路由微处理器直接进行驱动，用于显示电磁炉当前的工作状态。该电路损坏后，会引起显示异常故障。应重点检测R57、R58、R60、LED1～LED18等元件

8.12 万宝DCZ-13/15/17型电磁炉电路故障的检修

如图8-12所示，万宝DCZ-13/15/17型电磁炉主要由电源供电电路、功率输出电路、电压检测电路、IGBT驱动电路、操作显示电路、主控电路等构成。任何一个电路异常都会造成电磁炉炊饭功能失常。

图8-12 万宝DCZ-13/15/17型电磁炉电路故障的检修

② 功率输出电路是利用IGBT输出的脉冲信号驱动炉盘线圈与谐振电容器构成的LC谐振电路进行高频谐振从而辐射电磁炉能，加热灶具。检修功率输出电路，可首先检测电路中的动态参数，如供电电压值、PWM驱动信号、IGBT输出信号等

若所测参数异常，说明相关的电路部件可能未进入工作状态或损坏，即可根据具体测试结果，首先排查外围电路部分，然后对所测电路范围内的主要部件进行检测，如炉盘线圈、高频谐振电容、IGBT、阻尼二极管，找出损坏元件，修复和替换后排除故障

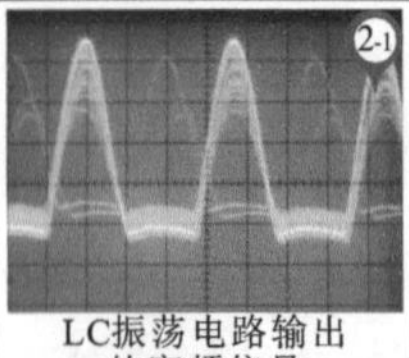

LC振荡电路输出的高频信号

在电磁炉中，电源供电电路通常分为两个部分：其中一部分通过桥式整流堆将220 V交流电压变成300 V直流电压，为功率输出电路进行供电；另一部分则经降压变压器与整流、滤波部分将交流220 V进行降压、整流、滤波和稳压后输出直流低压，该电压分别为主控电路及操作显示电路等进行供电

① 当电源供电电路出现故障时，可首先采用观察法检查电源电路的主要元件有无明显损坏迹象，如观察熔断器是否有烧焦的迹象，降压变压器、稳压二极管等有无引脚虚焊、连焊等不良的现象。如果出现上述的情况则应立即更换损坏的元器件或重新焊接虚焊引脚。若从表面无法观测到故障部件时，可按电路信号流程检测电路中关键点信号（如+300V电压、+18V、+12V、+5V电压），并对电路中易损元件（如熔断器、桥式整流电路、降压变压器、稳压二极管）进行逐一排查

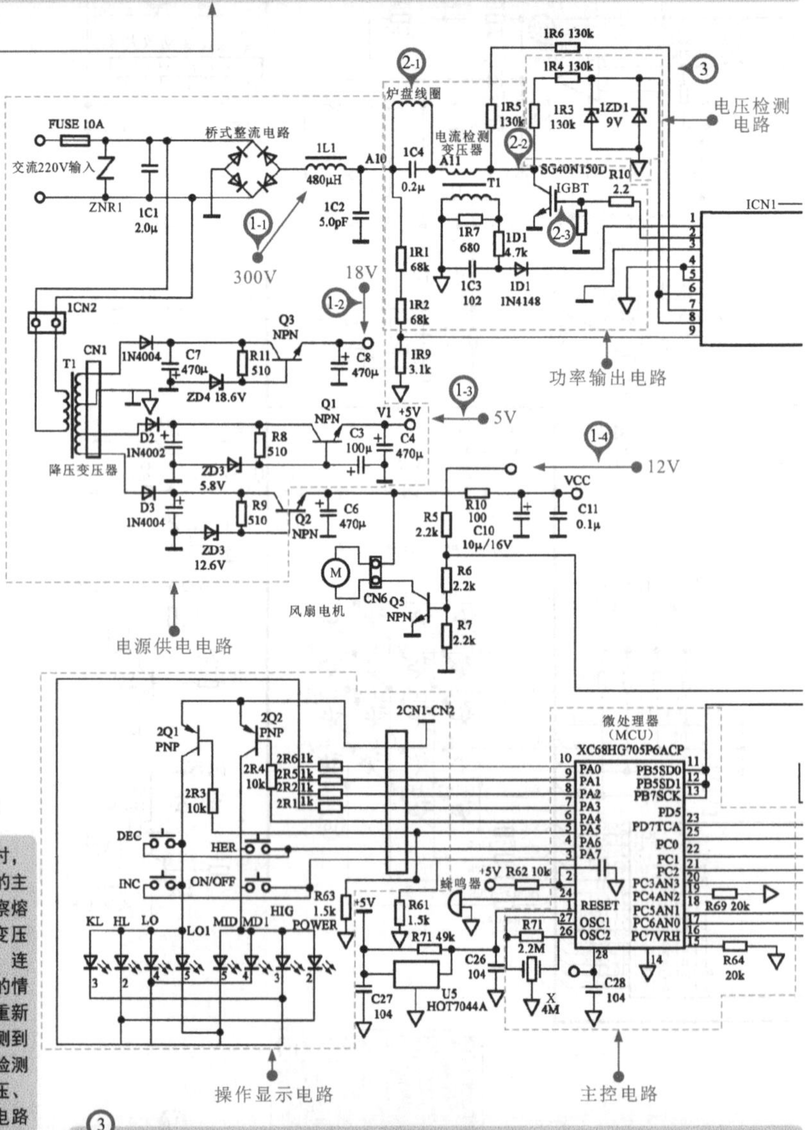

③ 电压检测电路是对输入的市电电压进行检测的，当输入的市电电压过高或过低时，电压检测电路均会将检测到的电压信号传送给微处理器，此时，微处理器会发出停机指令，来防止电磁炉在欠压或过压状态下产生的大电流损坏电磁炉上的元器件

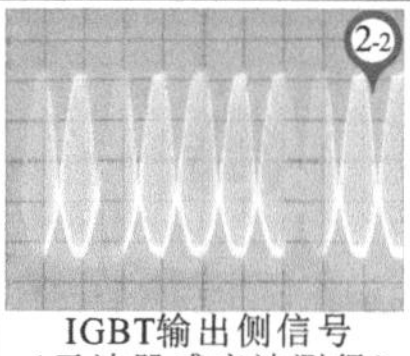

IGBT输出侧信号
（示波器感应法测得）

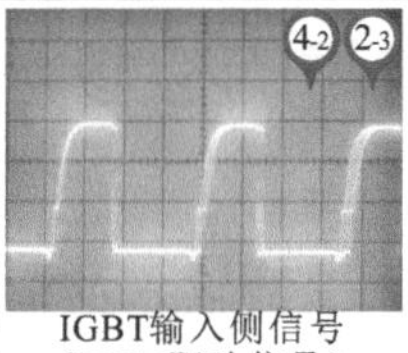

IGBT输入侧信号
（PWM驱动信号）

4 PWM驱动电路用于放大PWM信号，并将放大后的信号送到IGBT的控制极。该电路由门控管驱动放大器U6（TA8316S）和一些辅助元器件构成。该电路异常将直接导致电磁炉不能加热故障，一般可检测电路中输入输出部分关键信号波形

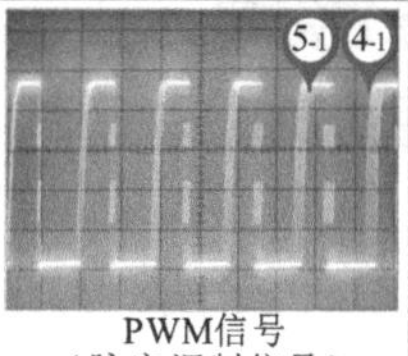

PWM信号
（脉宽调制信号）

5 U1（LM339）是主控电路中的关键器件。分别涉及到电磁炉的多个功能电路中，损坏后，会引起电磁炉不加热、开机报警、断续加热等故障。可通过检测该元件的引脚信号波形判断该元件是否损坏

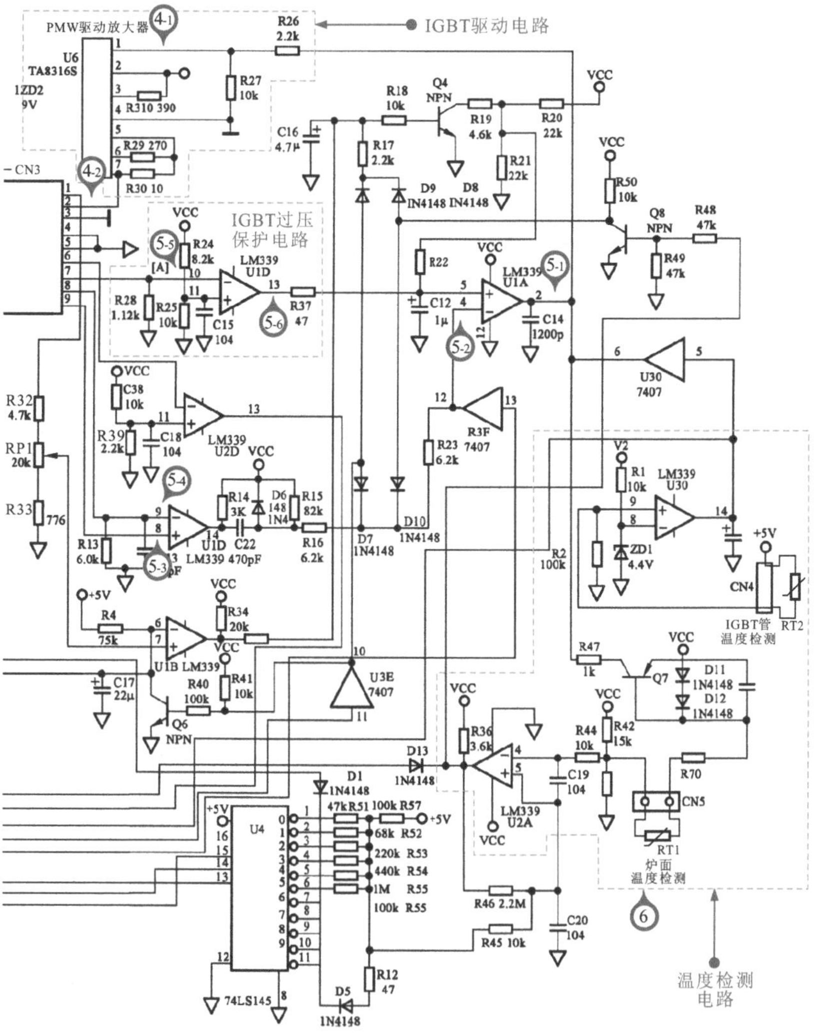

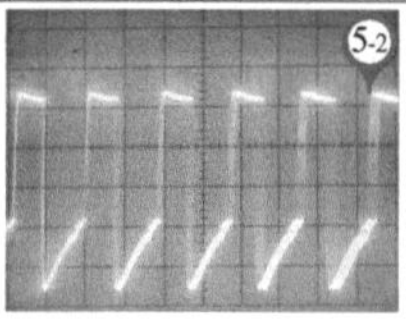

锯齿波信号波形U1的4脚

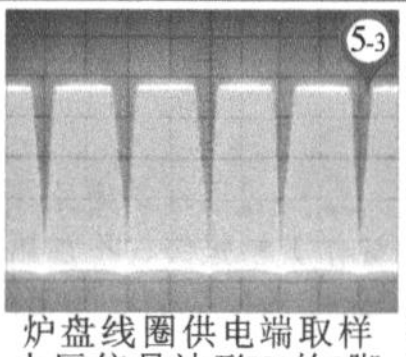

炉盘线圈供电端取样
电压信号波形U1的8脚

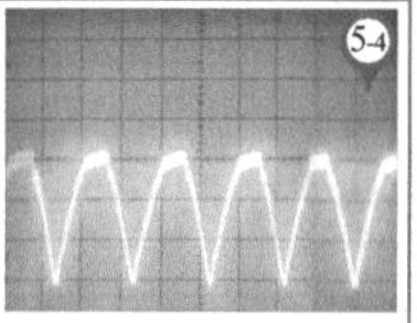

炉盘线圈控制端取样
电压信号波形U1的9脚

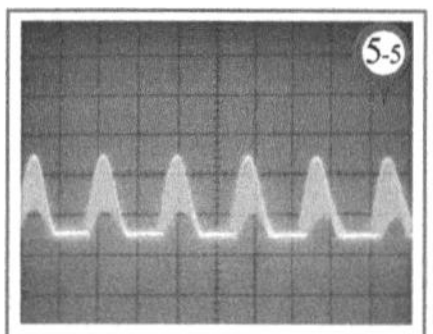

过压检测信号波形
U1的10脚

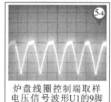

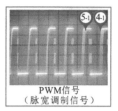

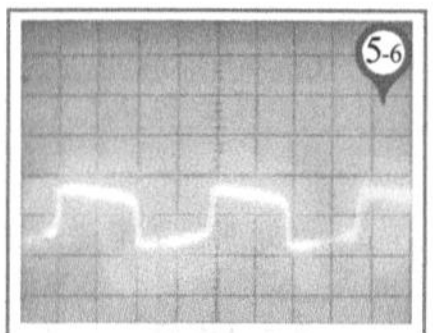

检锅信号波形
U1的13脚

6 温度检测电路主要由IGBT温度检测和炉面温度检测，将温度信号转换为电信号传输到微处理器中，经微处理器处理后，对电磁炉进行保护控制。该电路损坏后，会引起烧坏IGBT、不加热、显示故障代码等故障。应重点检测RT1、RT2、ZD1、Q7等元件

8.13 TCL-PC20N-G型电磁炉电路故障的检修

如图8-13所示，TCL-PC20N-G型电磁炉主要由交流输入及整流电路、过压保护电路、电流检测电路、直流供电电路、PWM驱动电路、同步振荡电路、蜂鸣器及风扇驱动电路等构成。

图8-13 TCL-PC20N-G型电磁炉电路故障的检修

①交流输入及整流电路损坏，会导致电磁炉不开机、通电无反应、无显示等故障。应重点检查熔断器、过压保护器ZR001、滤波电容C001、桥式整流堆等元件。

其中，熔断器熔断，说明该电磁炉电路中有短路性故障。应重点检查功率输出电路和交流输入及整流电路

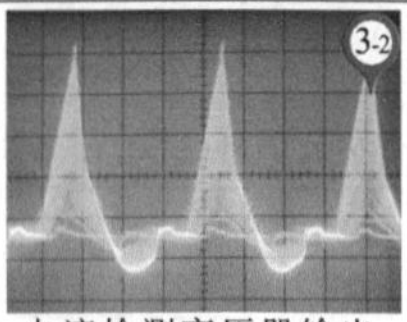

电流检测变压器输出信号波形

②交过压保护电路损坏，会引起电磁炉开机报警、不加热故障。应重点检测D002、D001、R005、C004等元件

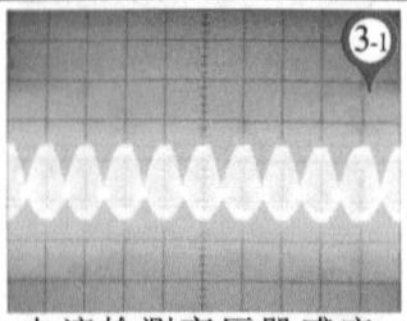

电流检测变压器感应信号波形

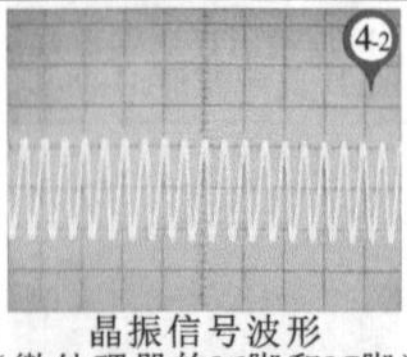

晶振信号波形（微处理器的26脚和27脚）

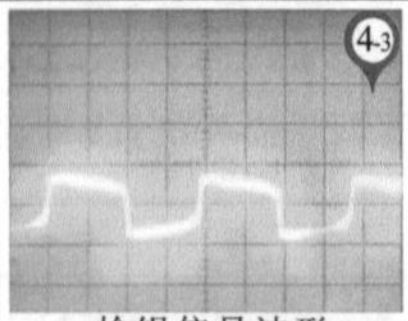

检锅信号波形（微处理器的28脚）

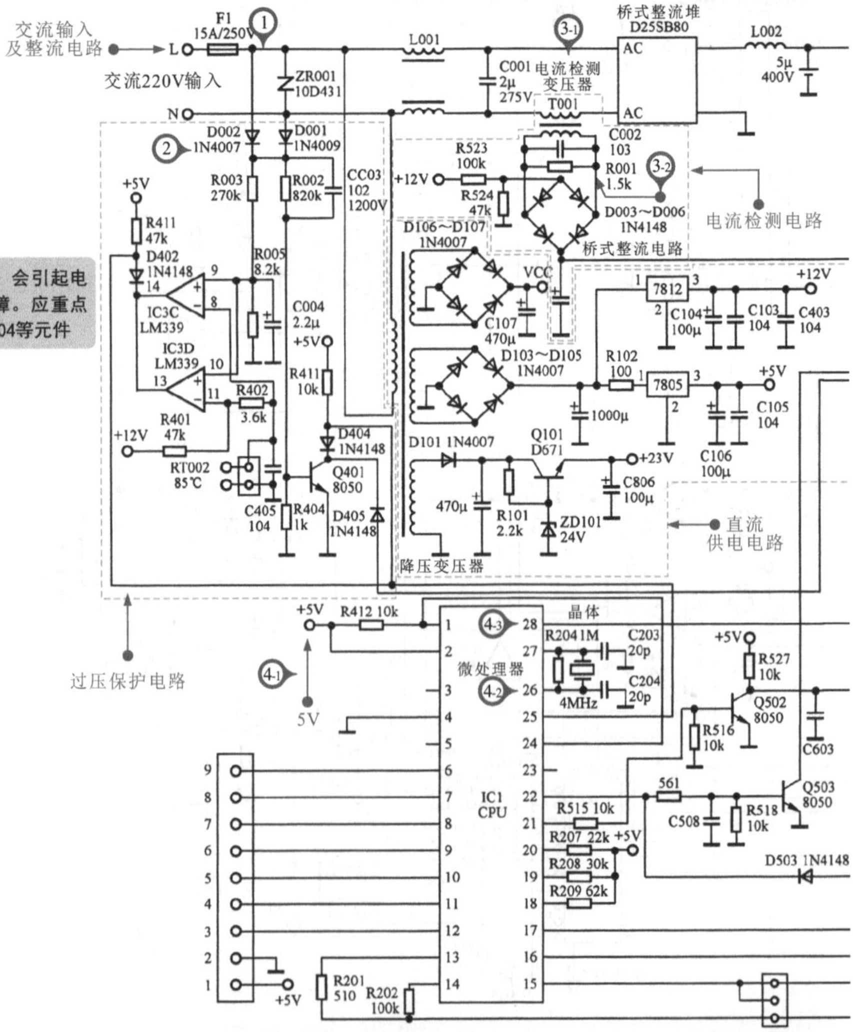

④微处理器是电磁炉主控电路中的核心器件，又称为CPU，内部集成有运算器、控制器、存储器和输入输出接口电路等，主要用来对人工指令信号、检测信号进行识别处理，并转换为相应的控制信号，实现对电磁炉整机功能的控制，同时还将电磁炉的工作状态信息传递给操作显示电路，进行显示。若微处理器损坏将直接导致电磁炉不开机、控制失常等故障，可先用万用表检测其三大工作条件测，即检测供电电压、复位电压和时钟信号，若工作条件满足前提下，微处理器不工作，多为微处理器本身损坏

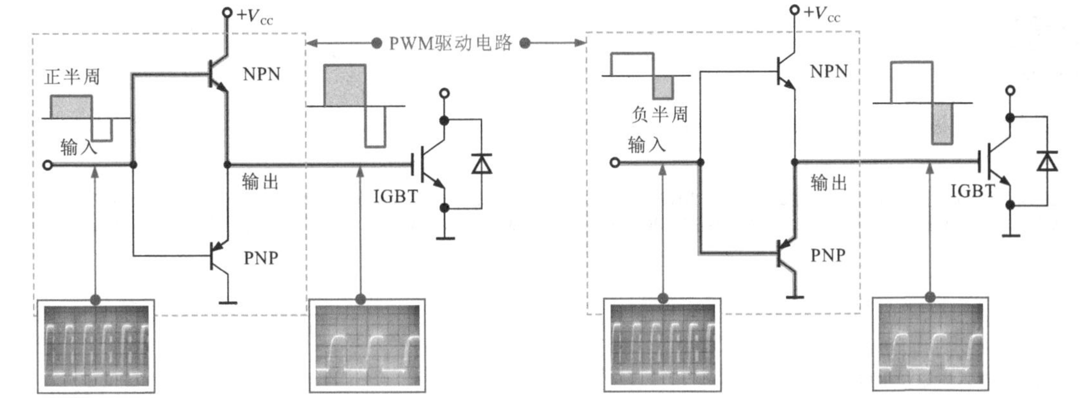

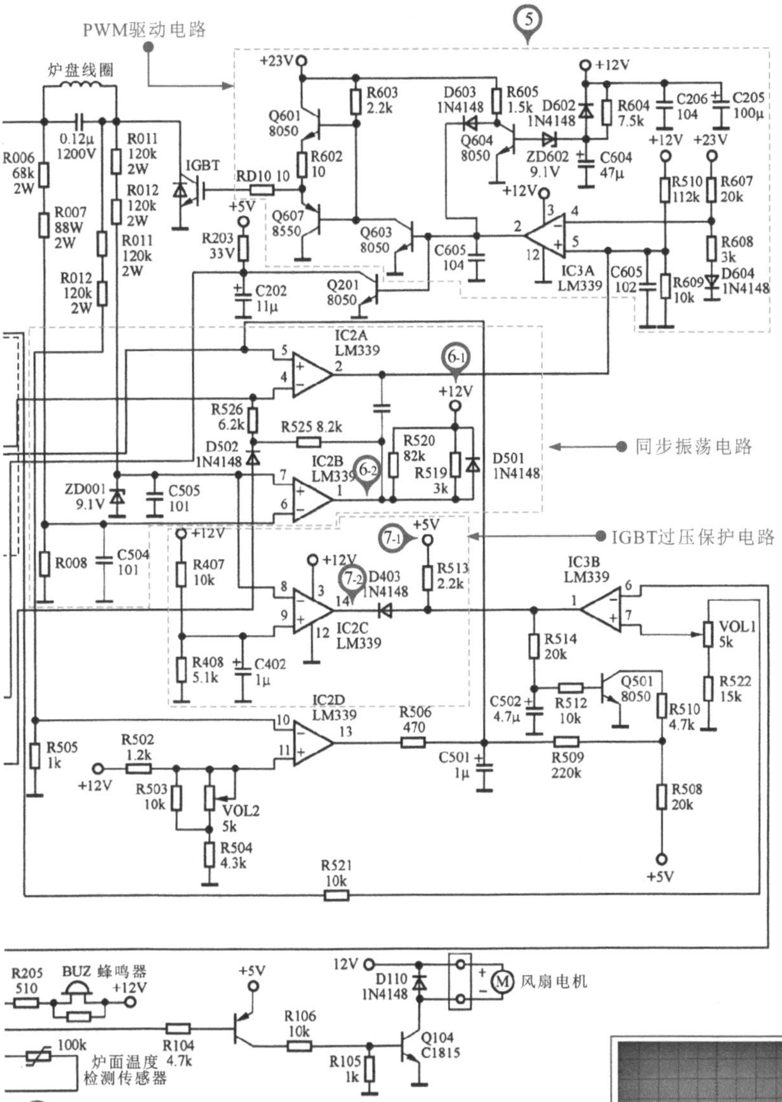

⑤ 电磁炉的PWM驱动电路在电磁炉中，用于放大PWM信号，并将放大后的信号送到IGBT的控制极。

该电磁炉中的PWM驱动电路是采用晶体管构成的互补推挽式放大器。

当前级电路送来的信号工作在正半周时，NPN晶体管处于导通状态，PNP晶体管处于截止状态，输出高电平，在负半周时，NPN晶体管处于截止状态，PNP晶体管处于导通状态，输出低电平。

PWM驱动电路异常，将引起IGBT击穿、不工作等故障。应重点检测Q604、D602、Q601、Q607、R602等元件

⑥ 电磁炉同步振荡电路是产生脉冲信号的重要电路，在电磁炉中用于保持PWM驱动信号和LC谐振电路的同步，使其能够稳定的工作。该电路主要由电压比较器和一些外围辅助元器件构成。

若该电路异常将导致电磁炉无法加热、开机不工作故障，应重点对电压比较器进行检测

⑦ 电磁炉的IGBT过压保护电路是在过压的情况对IGBT实施保护的电路，在电磁炉中，IGBT工作在高电压、大电流的条件下，需要进行实时监测和保护，使之安全工作，当IGBT集电极（C）电压过高时，其IGBT过压保护电路就会启动，使PWM驱动电路的输出关闭

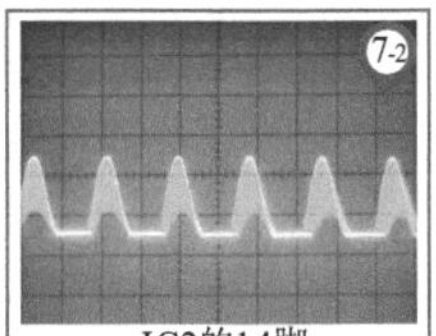

IC2的14脚
过压检测信号波形

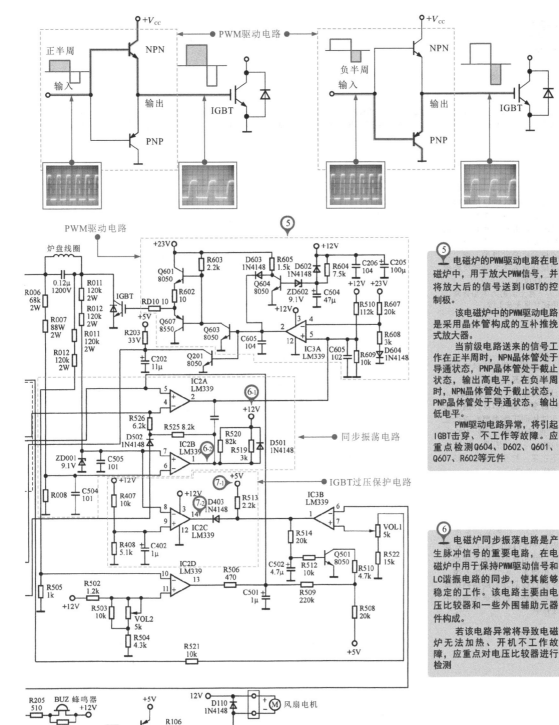

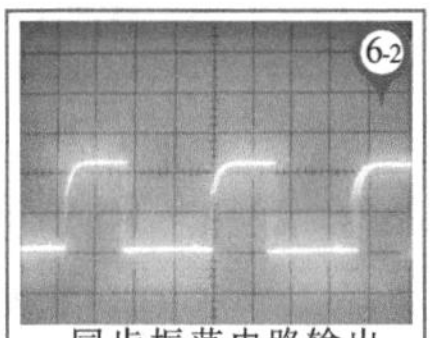

同步振荡电路输出
信号波形（IC2的1脚）

8.14 瑞德C19S06型电磁炉电路故障的检修

图8-14 瑞德C19S06型电磁炉电路故障的检修

③ 电流检测变压器T1的次级输出信号加到桥式整流电路（D11～D14）的输入端，桥式整流电路输出的直流电压经RC滤波后送到微处理器的电流检测端（IC201的6脚），若微处理器该脚的直流电压超过设定值，则表明功率输出电路过载，微处理器则输出保护信号

① 交流输入电路将交流220V电压送入电磁炉供电电路中，一路经桥式整流堆整流后，输出+300V电压为炉盘线圈供电；另一路由开关电源供电电路处理后，输出直流低压电为各个功能电路提供工作电压。

若交流输入电路异常，电磁炉将无法工作

② 交该电磁炉中的供电部分采用了开关电源形式，通过开关振荡集成电路IC301、电源变压器T301及外围电路元件协同工作为整机提供低压直流电源，如+18Va、+18Vb、+5V，任何一路输出不正常，都会引起电磁炉不工作的故障

③ IC202（LM339）是该电磁炉中的核心元件。若损坏，会引起电磁炉不加热、开机报警、断续加热故障。可通过检测其引脚值判断其是否损坏。检测数据参见下表所列

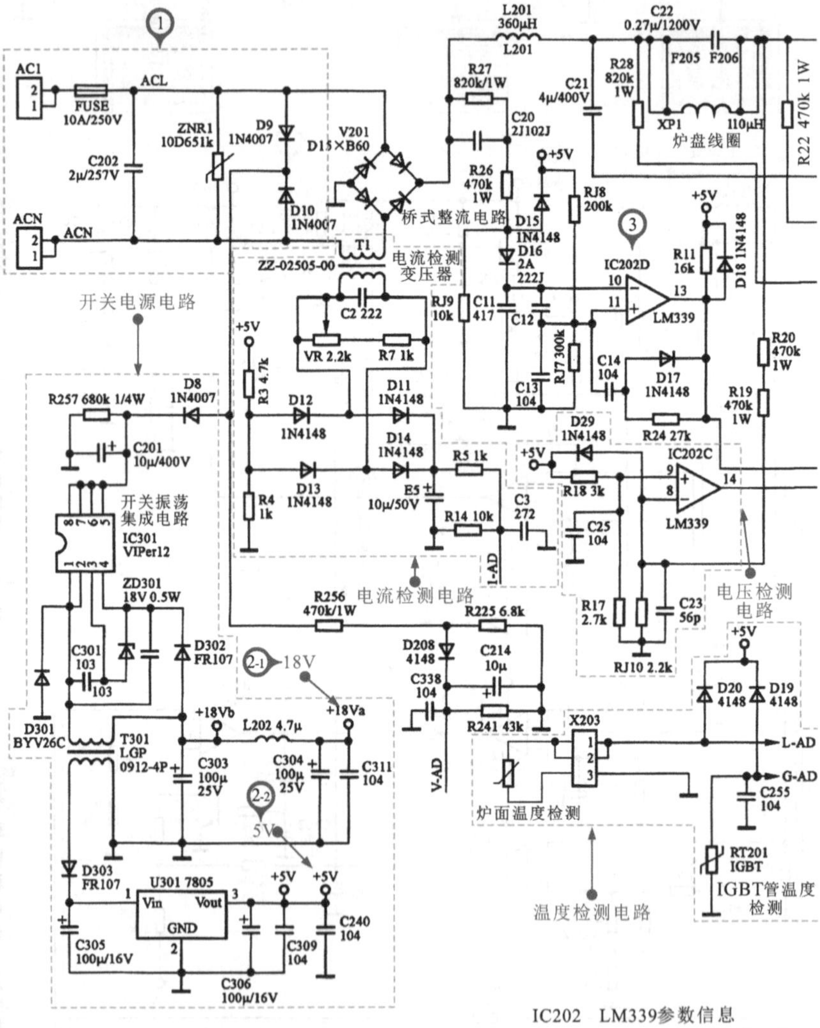

IC202 LM339参数信息

引脚	功能	电压(V) 待机	电压(V) 无锅开机	引脚	功能	电压(V) 待机	电压(V) 无锅开机
1	同步控制输出	4.9	5.1	8	IGBT的C极电压取样	0.2	—
2	驱动脉冲输出	0.7	5.1	9	基准电压	2.4	2.4
3	+18V电源	18.1	18.1	10	浪涌电压取样	2.1	2.1
4	基准电压	4.7	5	11	基准电压	3	3
5	振荡与PWM控制	4.9	5	12	接地	0	0
6	IGBT的C极电压取样	3.7	3.7	13	浪涌保护输出	5.1	5.1
7	+300电源取样	3.6	3.6	14	IGBT过压保护输出	5.1	5.1

如图8-14所示，瑞德C19S06型电磁炉主要由交流输入电路、开关电源电路、电流检测电路、电压检测电路、温度检测电路、功率输出电路、PWM驱动电路以及以微处理器IC201（46R47）为核心的主控电路等构成。

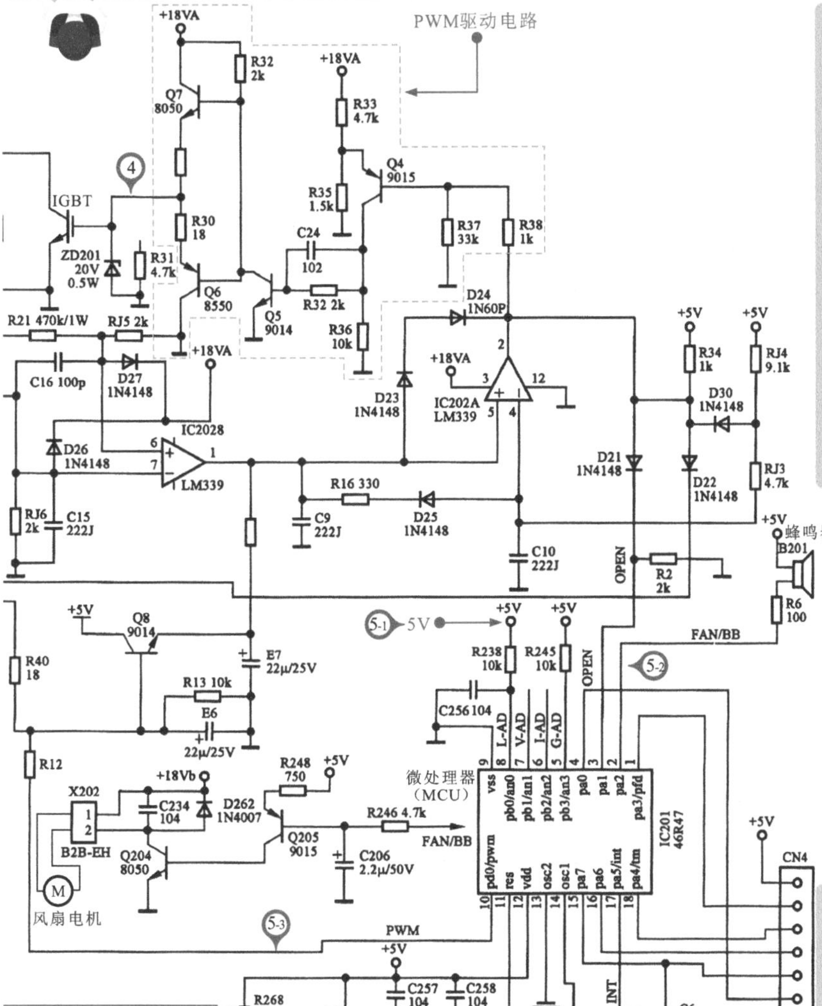

④ 该电磁炉中的PWM驱动电路采用互补推挽式放大器形式。它是由一个NPN晶体管Q7和一个PNP晶体管Q6构成的，该放大器的偏压设置在晶体管的截止点上，当PWM电路送来的信号工作在正半周时，Q7晶体管处于导通状态，Q6晶体管处于截止状态，输出高电平，在负半周时，Q7晶体管处于截止状态，Q6晶体管处于导通状态，输出低电平，由此输出PWM驱动脉冲（见图4波形）。

若检测无输出，排除前级电路故障前提下，重点检测Q6、Q7、Q4、Q5、C24、R32等元件

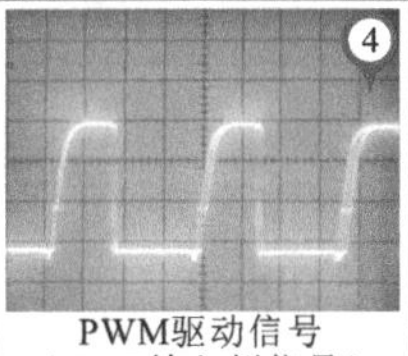

PWM驱动信号（IGBT输入侧信号）

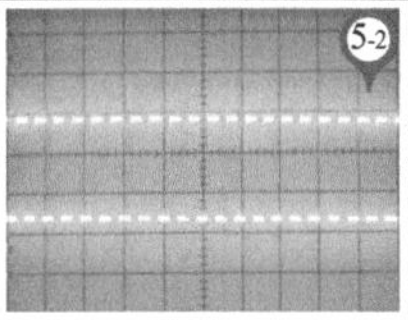

蜂鸣器驱动信号

⑤ 微处理器在主控电路中乃至电磁炉整机中，都是非常重要的器件。若微处理器损坏将直接导致电磁炉不开机、控制失常等故障。

可通过检测微处理器引脚电压值判断该芯片是否损坏，检测数据参见表2。

也可借助万用表和示波器通过检测关键引脚上的电压或信号波形来判断（见波形图5-2、5-3）

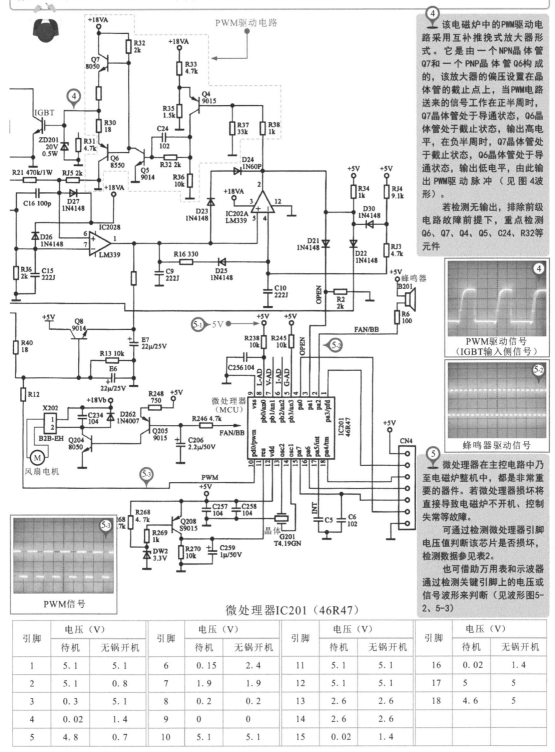

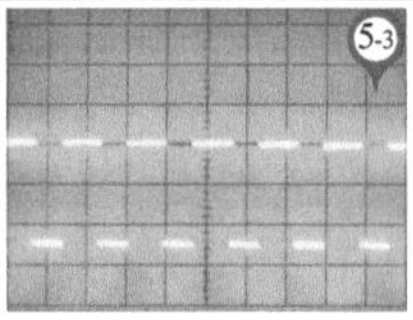

PWM信号

微处理器IC201（46R47）

引脚	电压（V）		引脚	电压（V）		引脚	电压（V）		引脚	电压（V）	
	待机	无锅开机		待机	无锅开机		待机	无锅开机		待机	无锅开机
1	5.1	5.1	6	0.15	2.4	11	5.1	5.1	16	0.02	1.4
2	5.1	0.8	7	1.9	1.9	12	5.1	5.1	17	5	5
3	0.3	5.1	8	0.2	0.2	13	2.6	2.6	18	4.6	5
4	0.02	1.4	9	0	0	14	2.6	2.6			
5	4.8	0.7	10	5.1	5.1	15	0.02	1.4			

【附录1】美的MC-PF16JA型电磁炉整机电路原理图

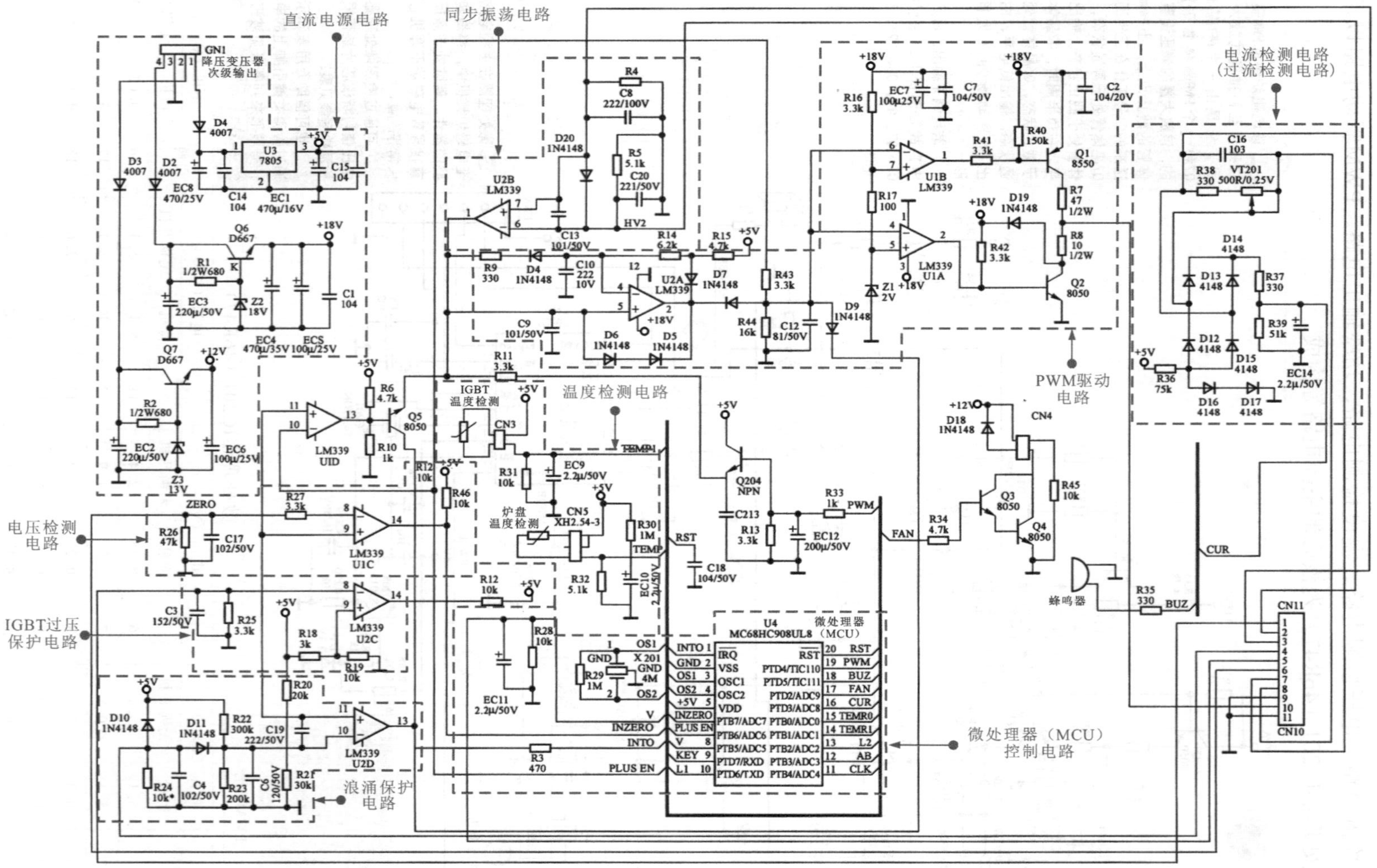

【附录2】美的MC-SY195型电磁炉整机电路原理图

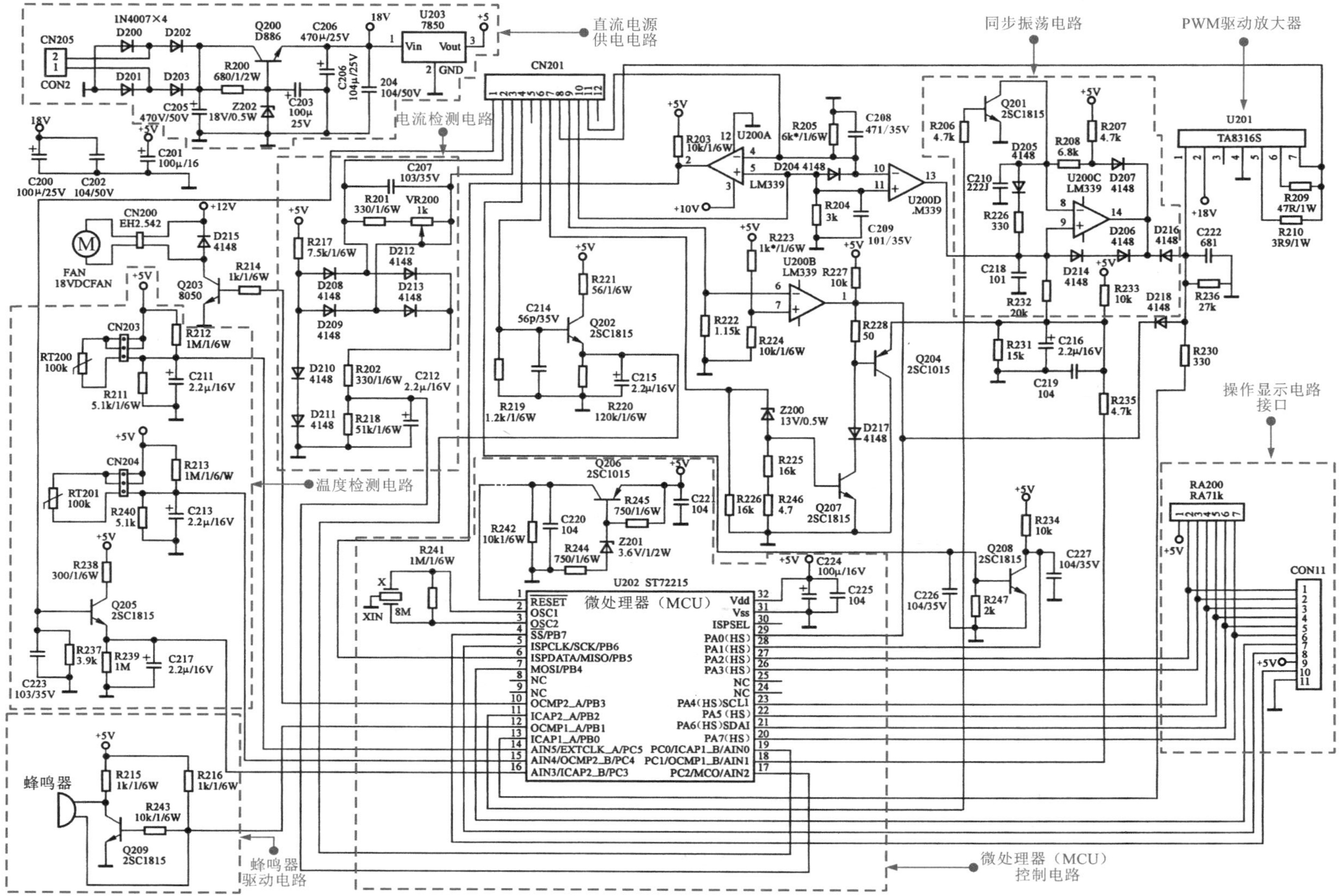

【附录3】富士宝IH-P260型电磁炉整机电路原理图

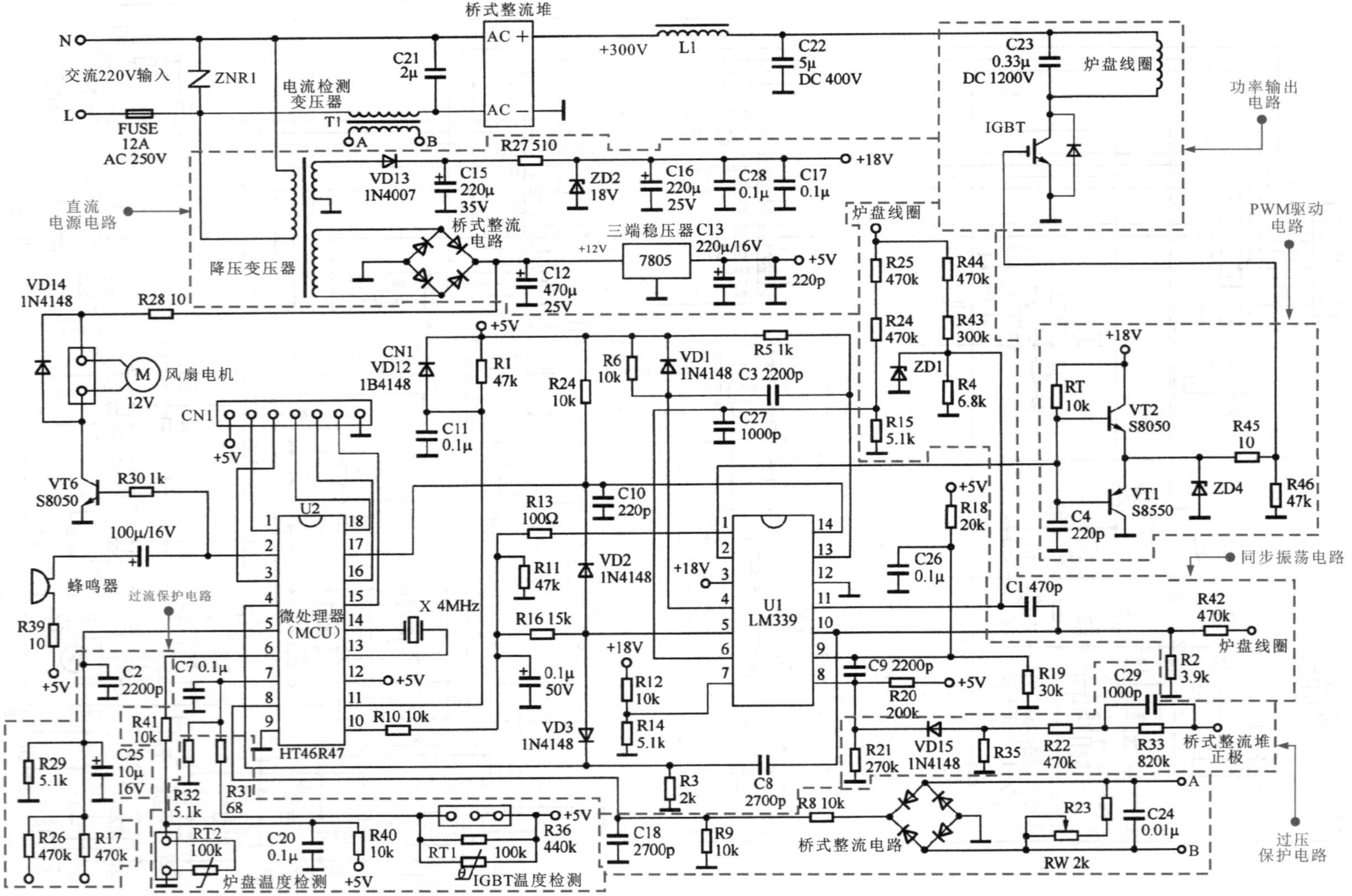

【附录4】三洋HY-185型电磁炉整机电路原理图

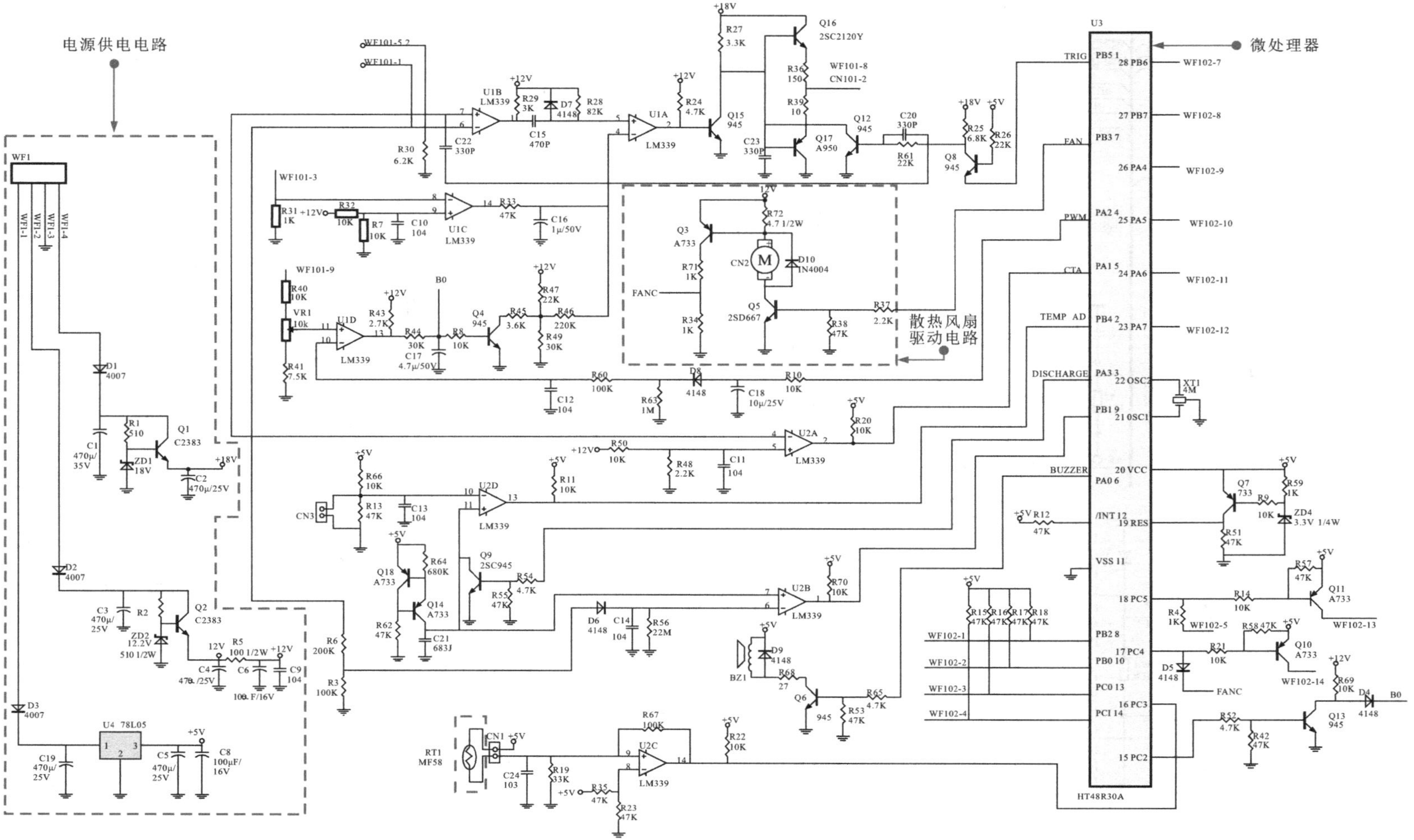

【附录5】美的PF101E型电磁炉整机电路原理图

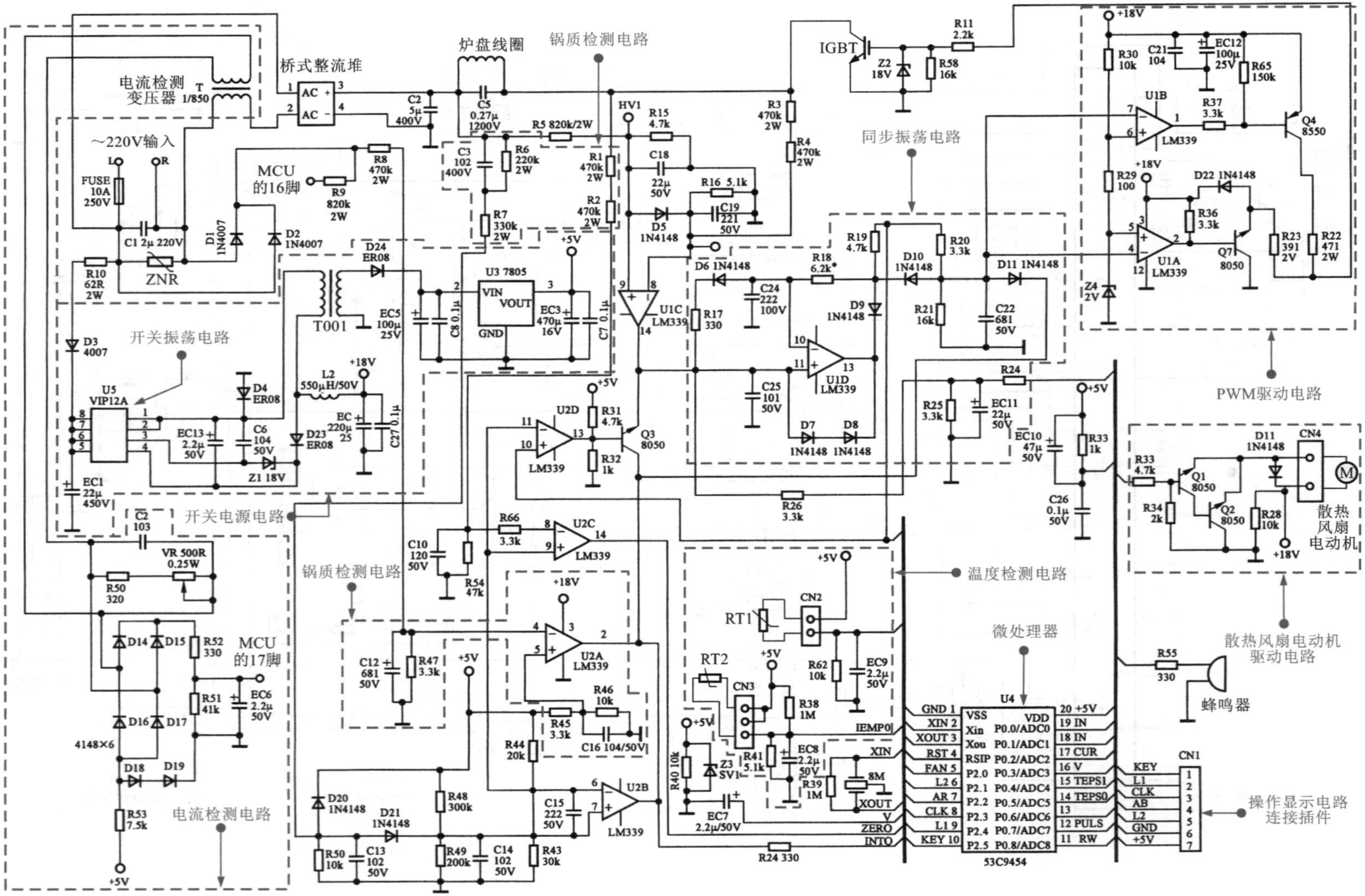

【附录6】尚朋堂SR-26/28型电磁炉整机电路原理图

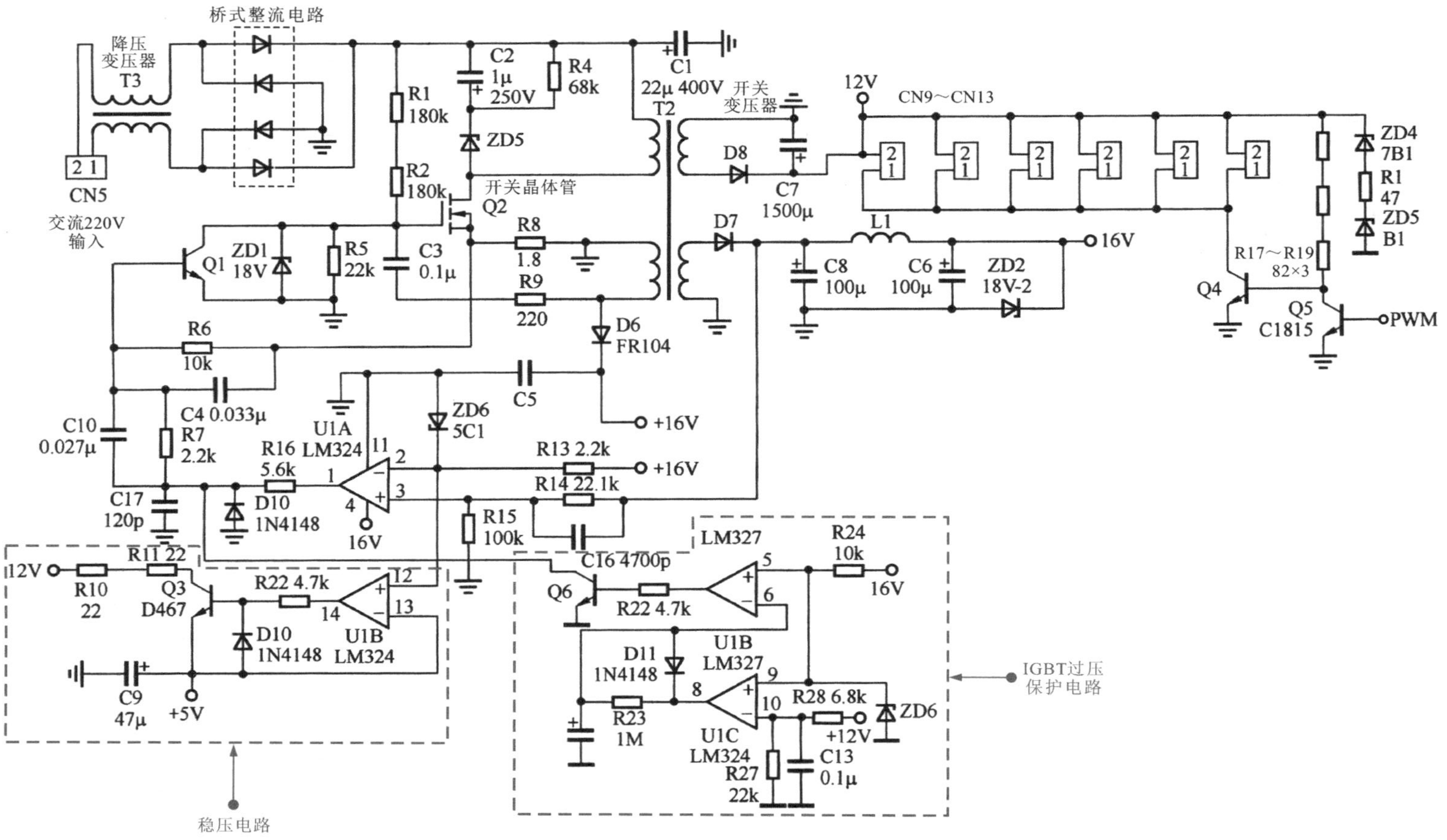

【附录7】美的PD16Y型电磁炉整机电路原理图

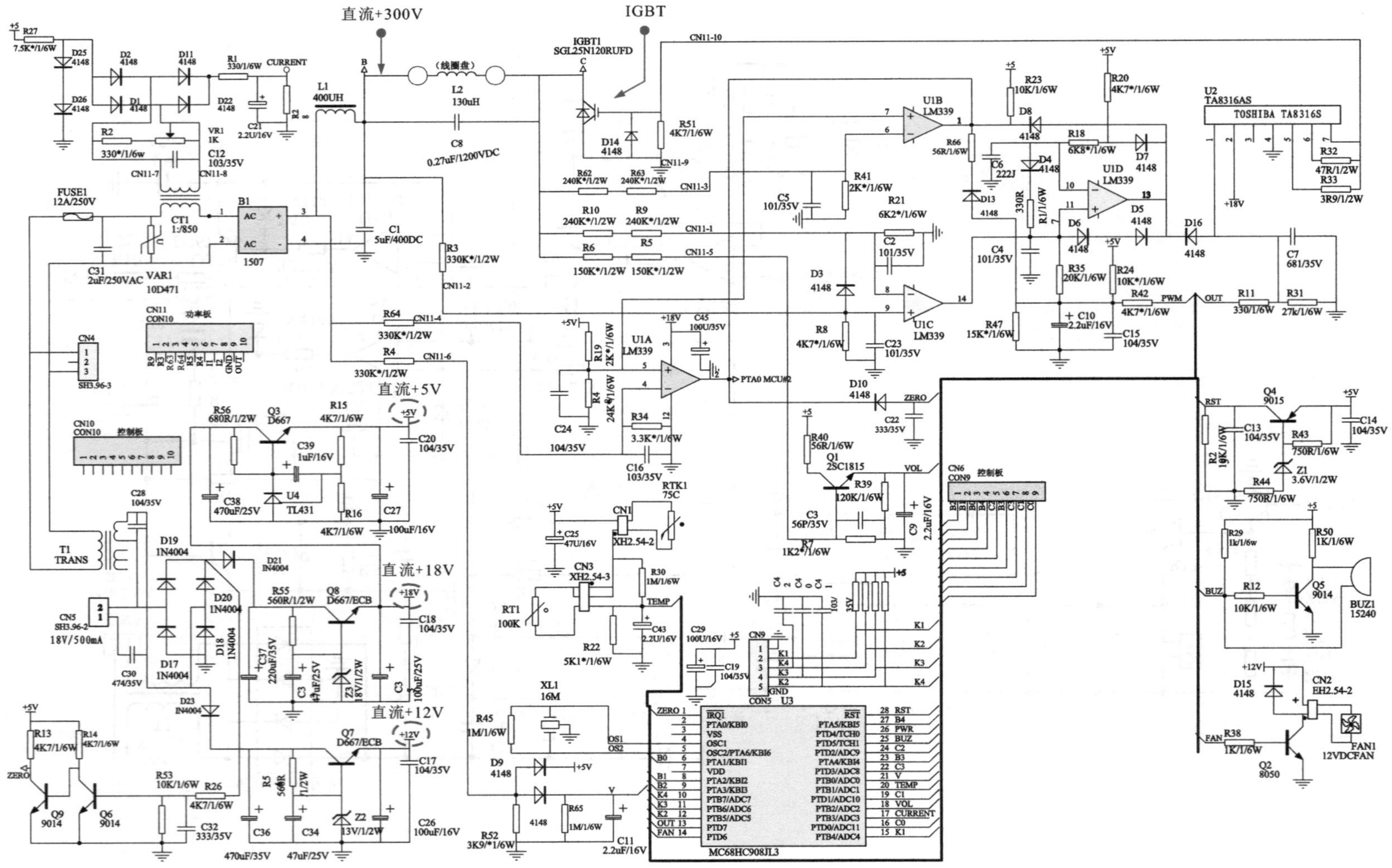

【附录8】乐邦LB-19D型电磁炉整机电路原理图

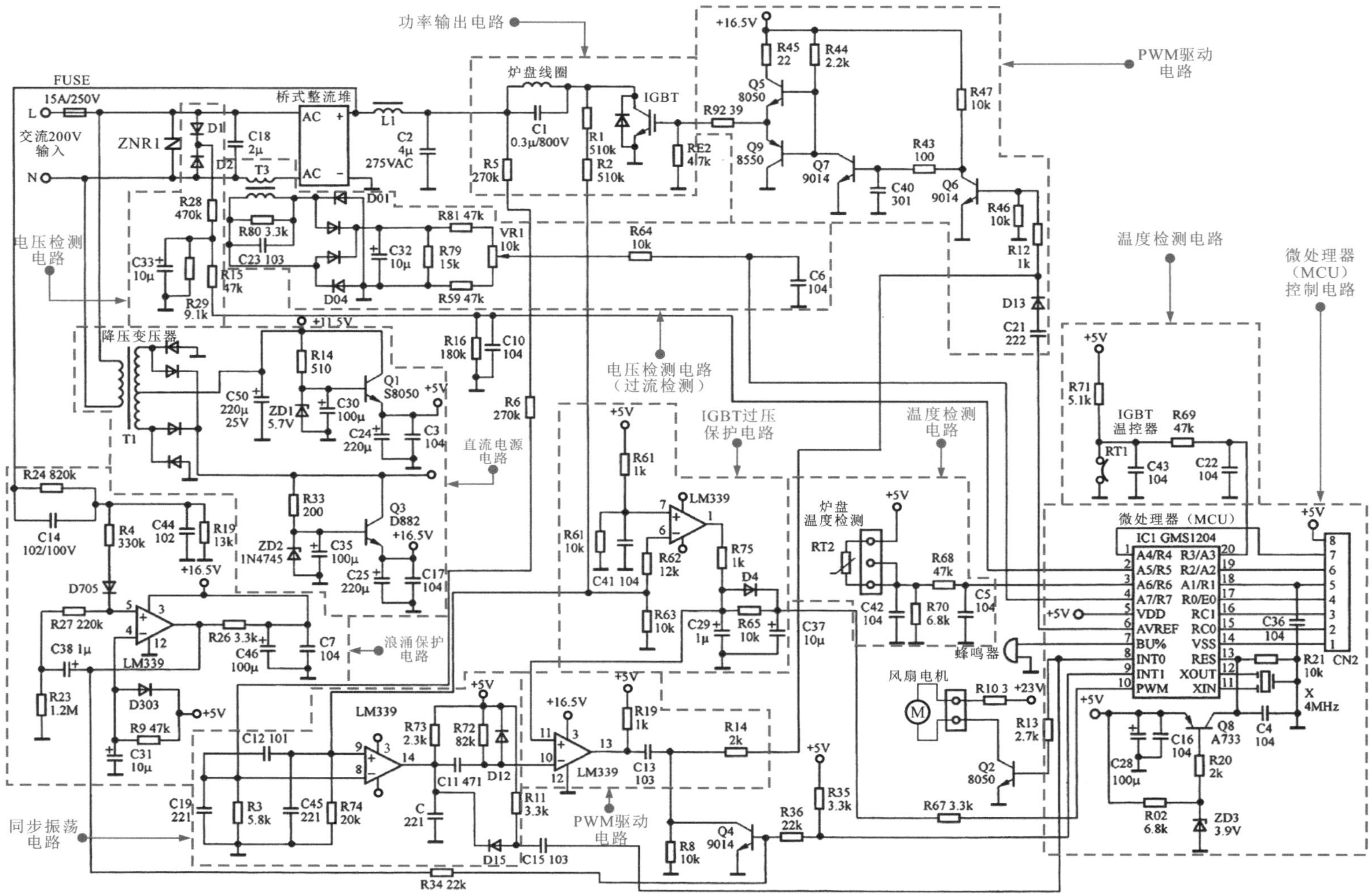

【附录9】三洋SM系列电磁炉整机电路原理图

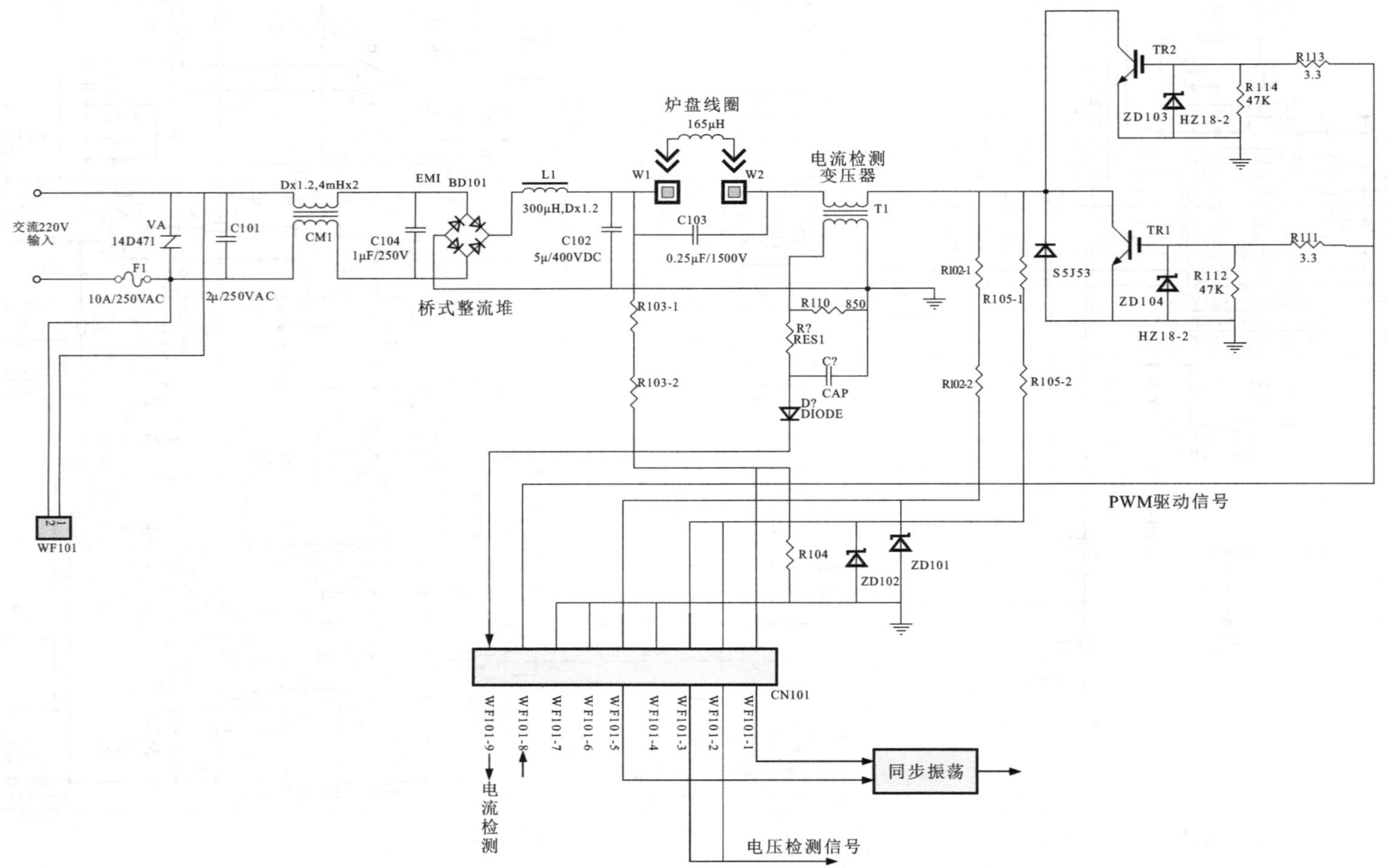

【附录10】尚朋堂SR-1336型电磁炉整机电路原理图

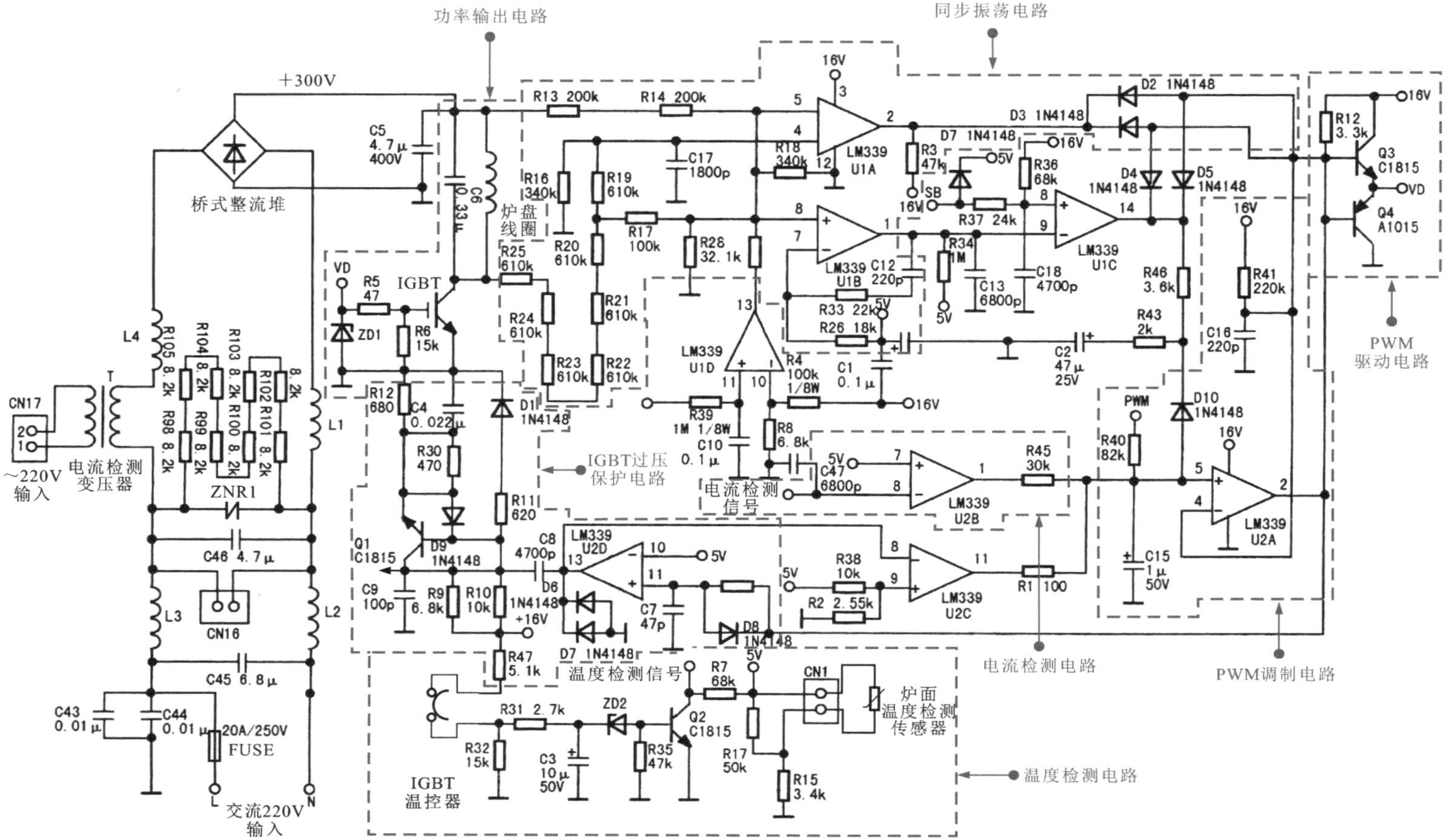

【附录11】美的MC-EF197型电磁炉整机电路原理图

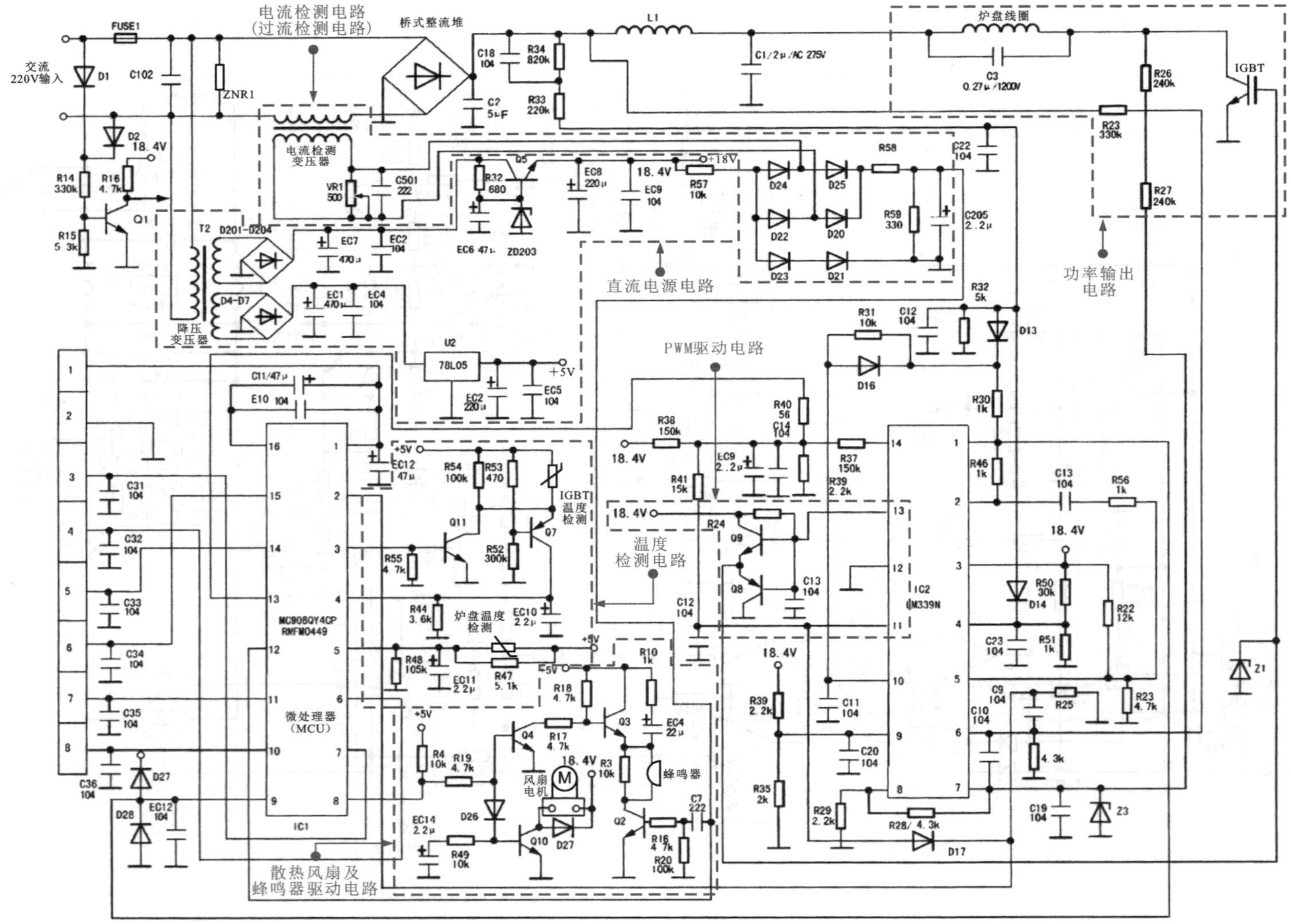

【附录12】万利达MC-2057型电磁炉整机电路原理图

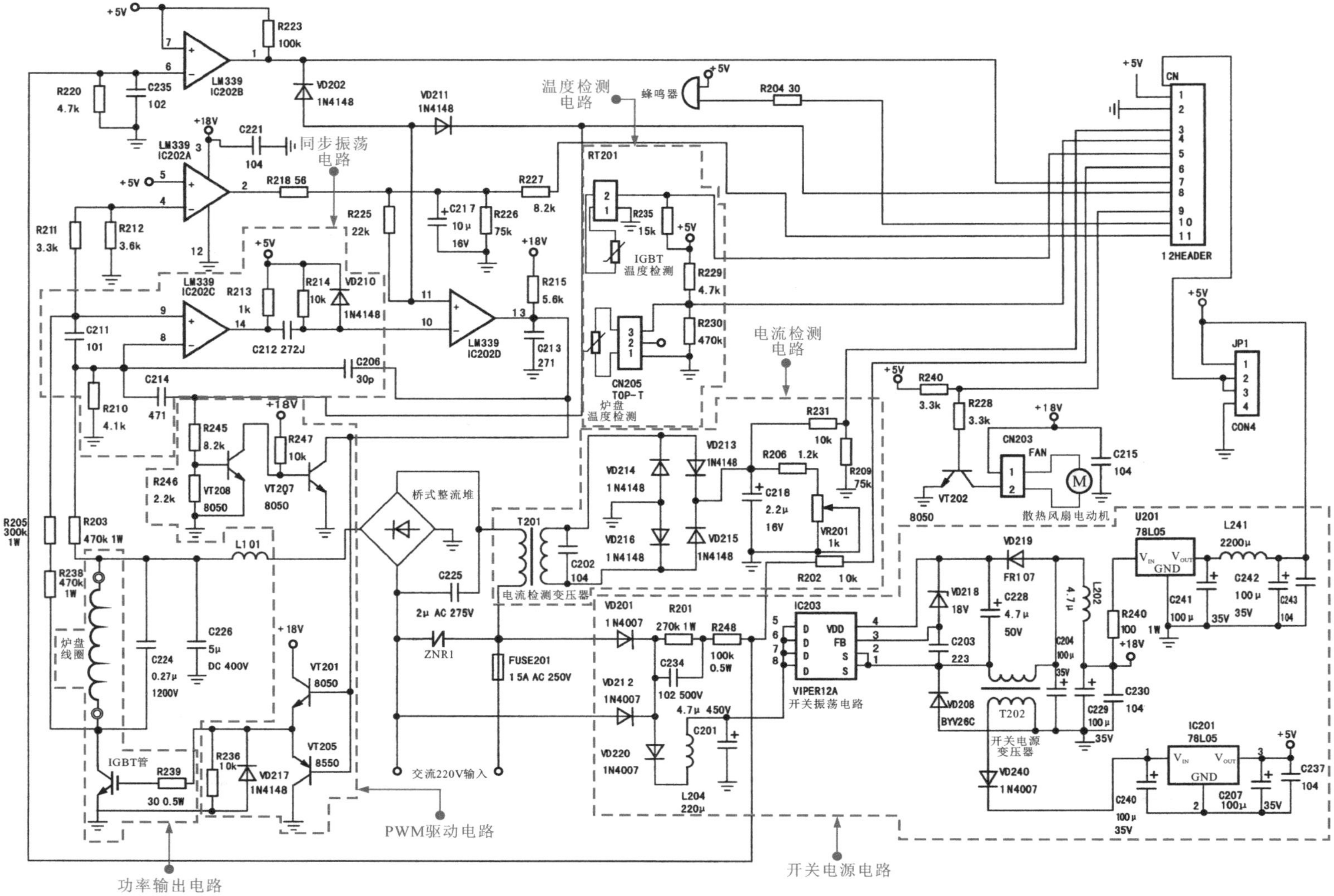

【附录13】尚朋堂SR-1976型电磁炉整机电路原理图

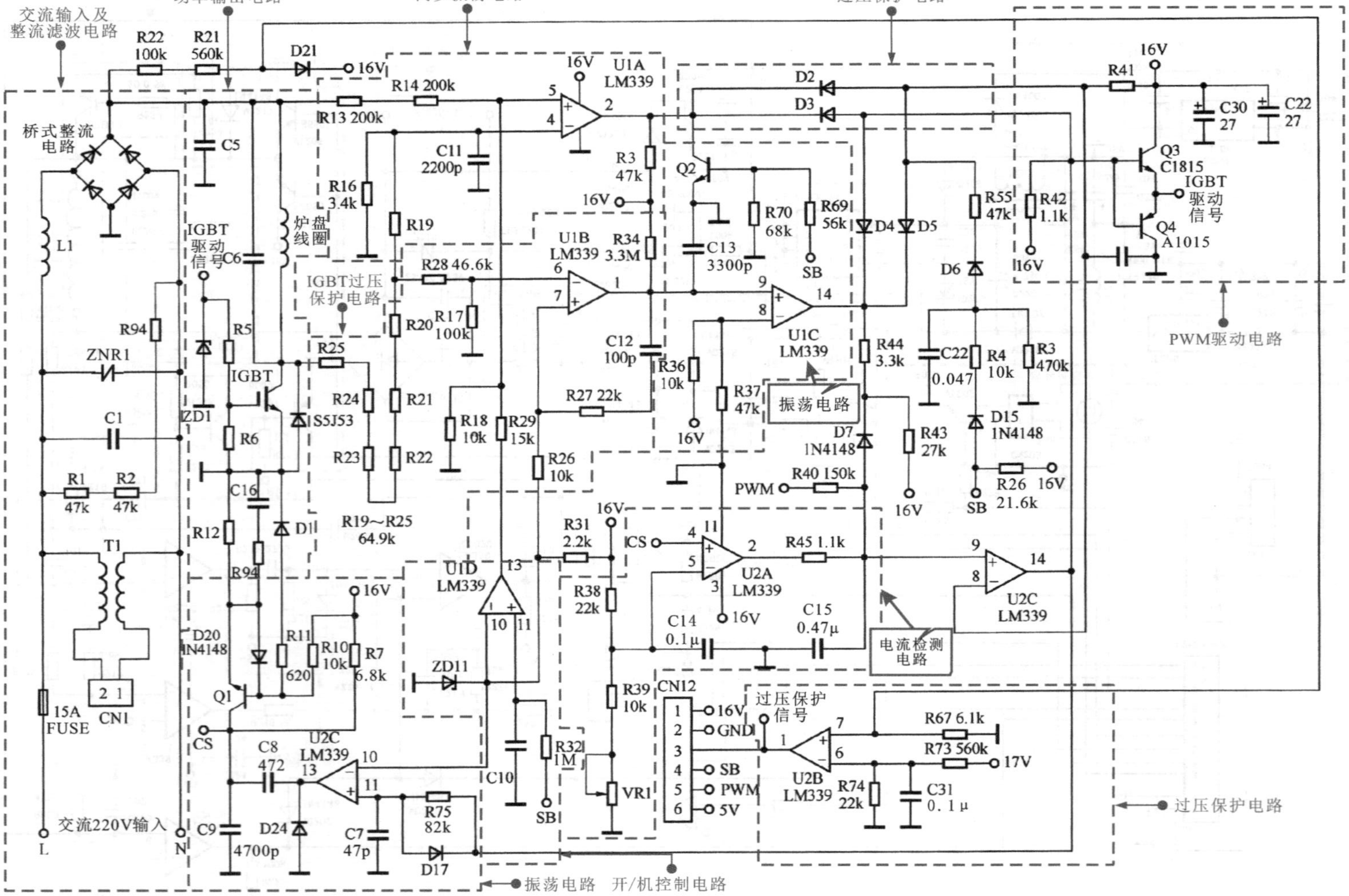
交流输入及
整流滤波电路
功率输出电路
同步振荡电路
过压保护电路
PWM驱动电路
桥式整流
电路
IGBT
驱动
信号
炉盘
线圈
IGBT过压
保护电路
振荡电路
电流检测
电路
过压保护
信号
交流220V输入
过压保护电路
振荡电路
开/机控制电路

【附录14】百合花DCL-1型电磁炉整机电路原理图

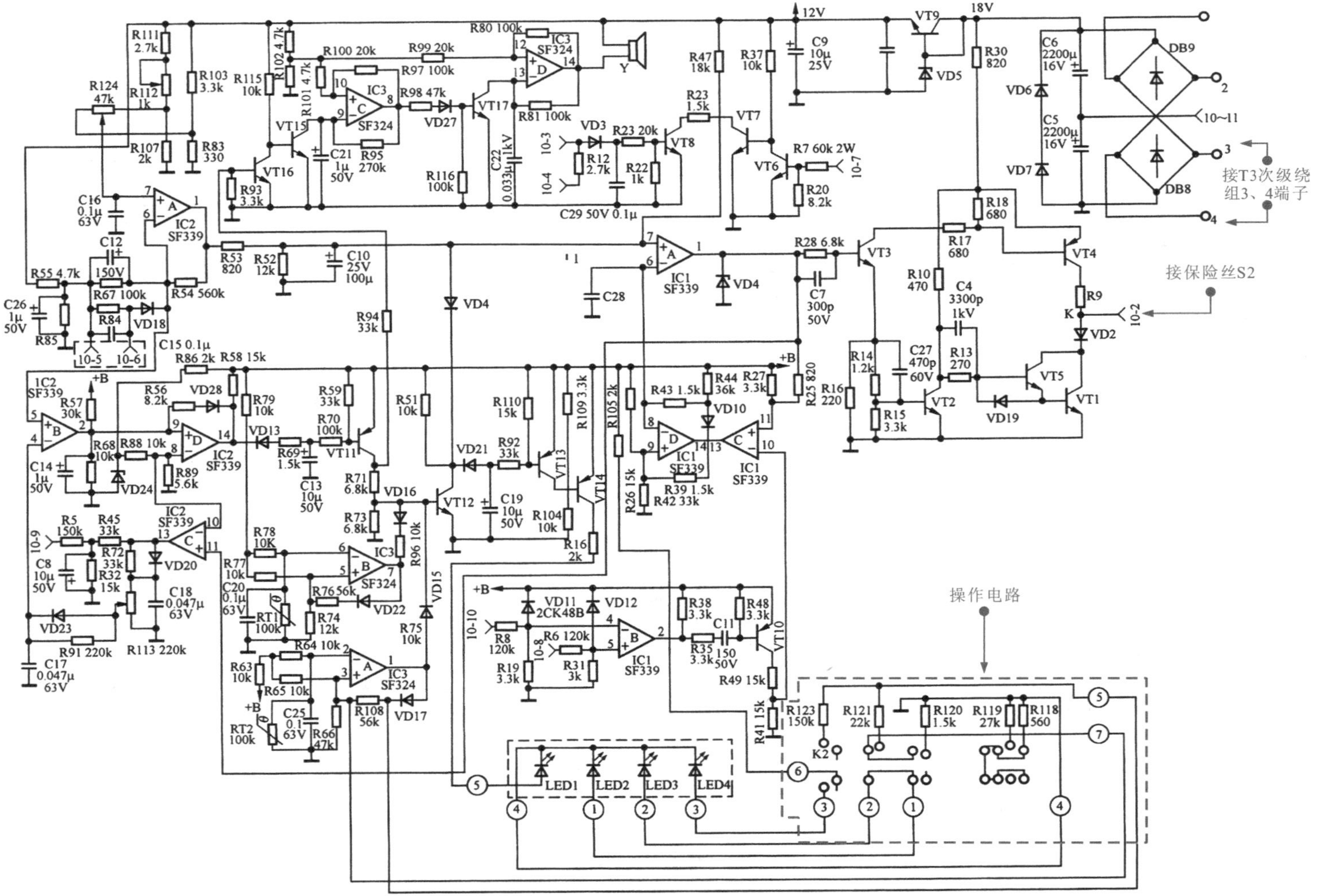

【附录15】乐邦18A3型电磁炉整机电路原理图

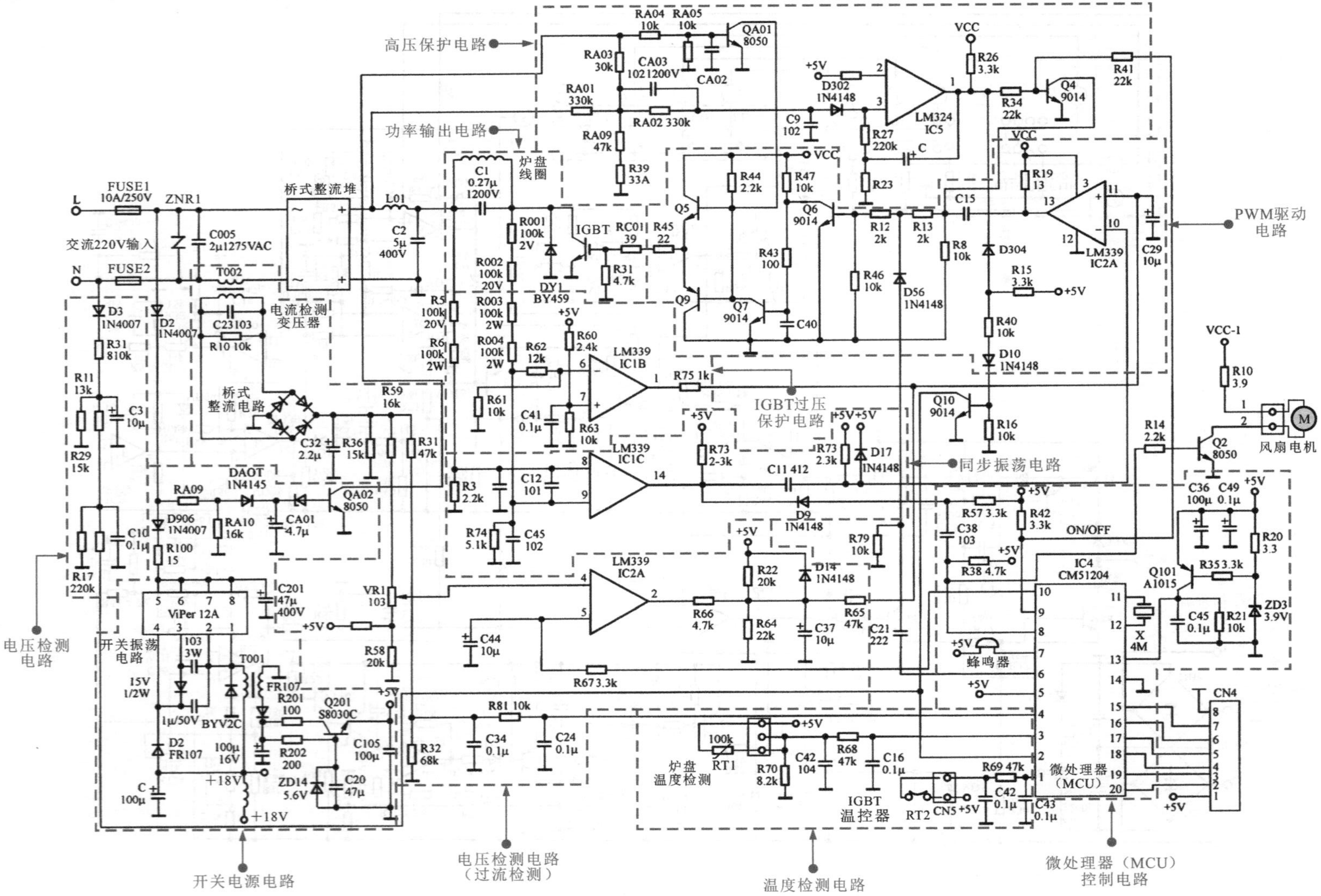

【附录16】乐邦VF-1800型电磁炉整机电路原理图

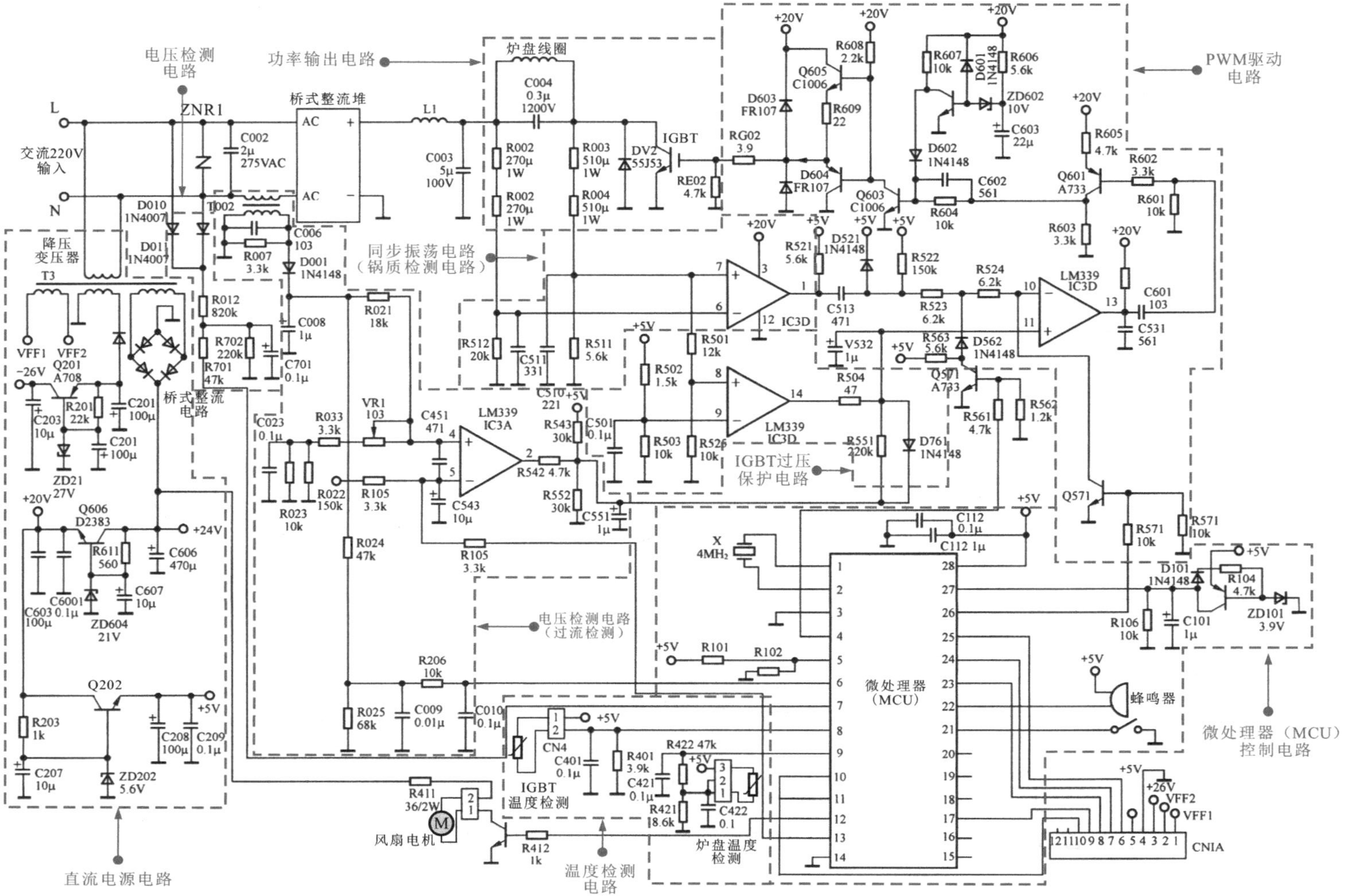

【附录17】尚朋堂SR-197型电磁炉整机电路原理图

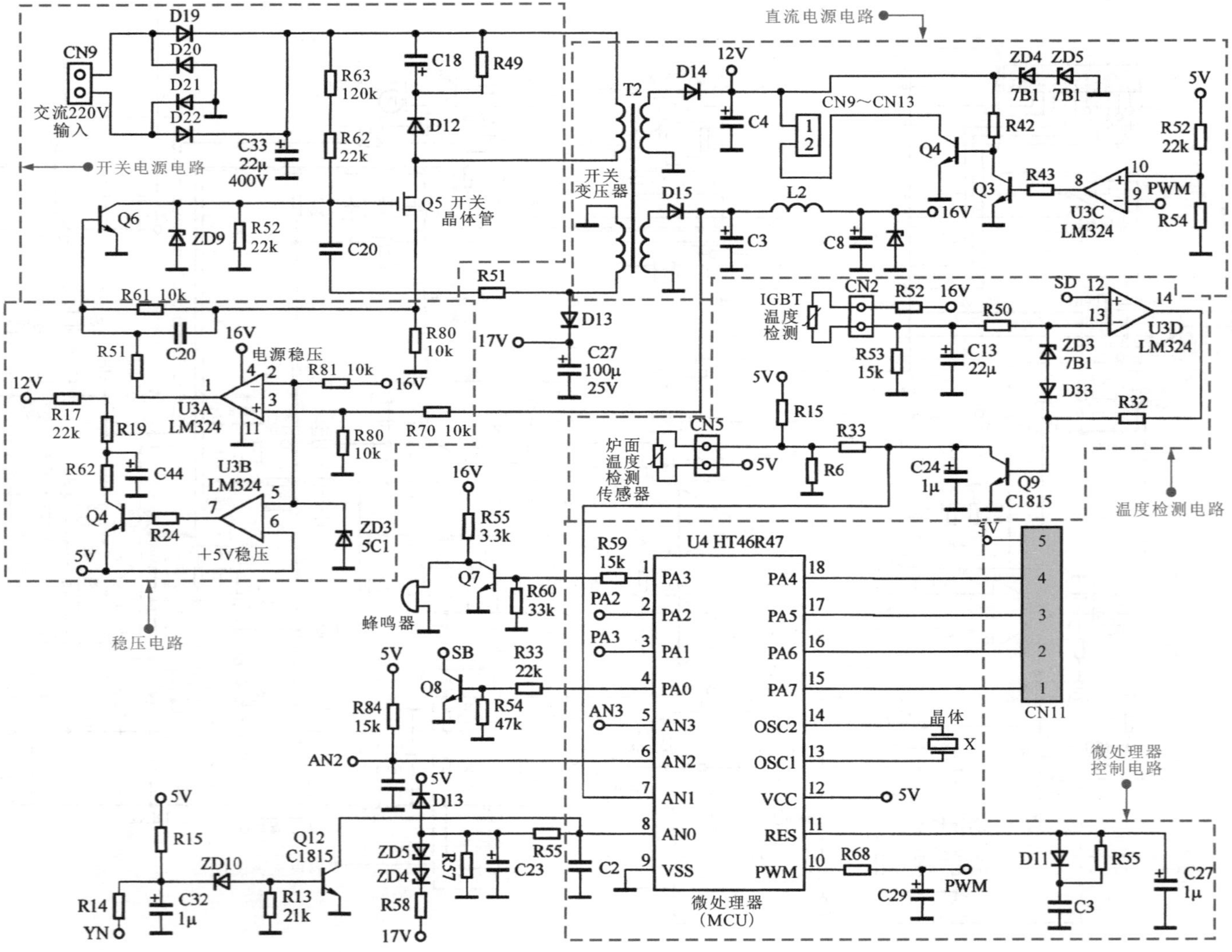

【附录18】尚朋堂SR-1607C型电磁炉整机电路原理图

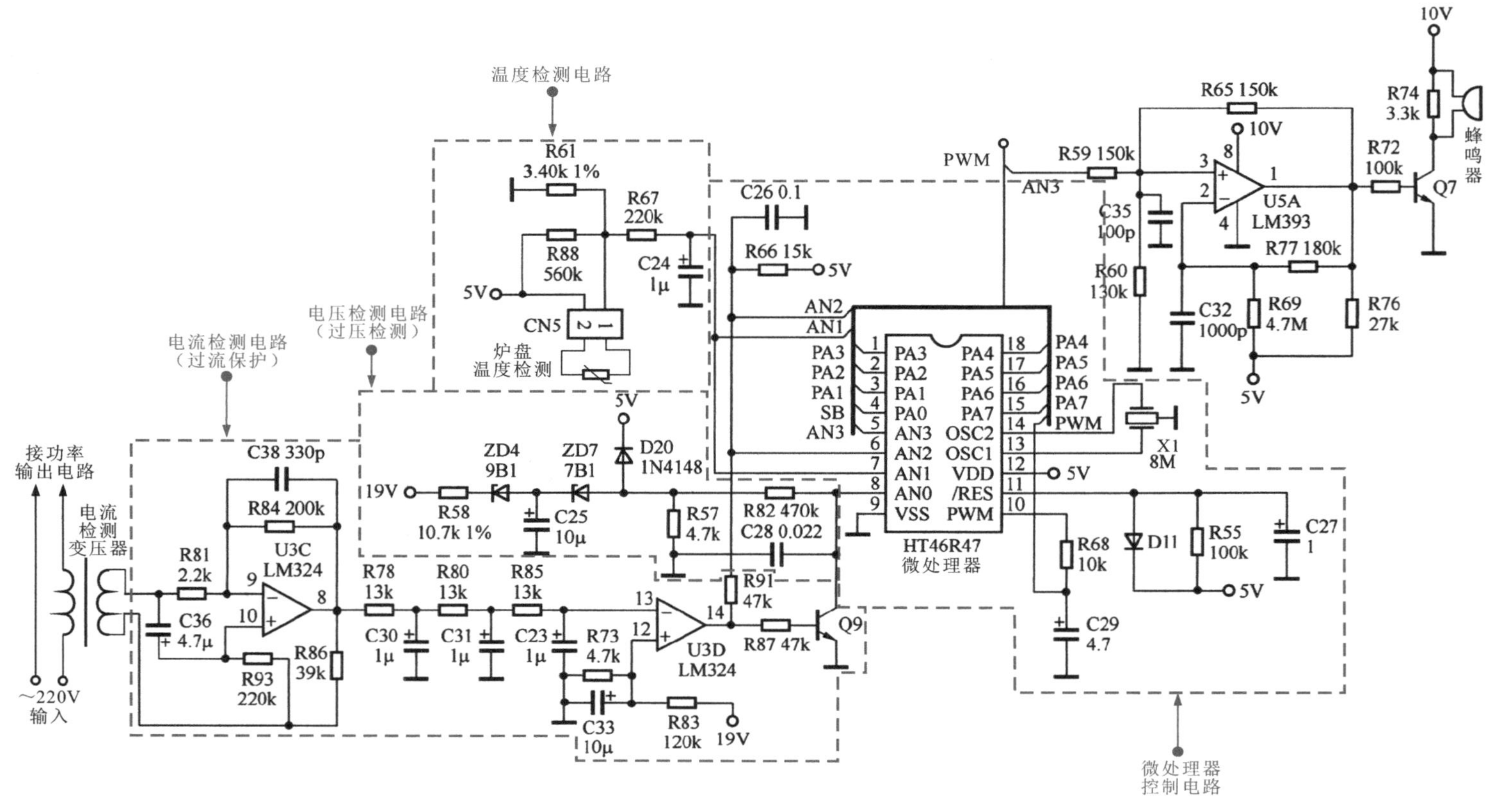

【附录19】美的SH208型电磁炉整机电路原理图

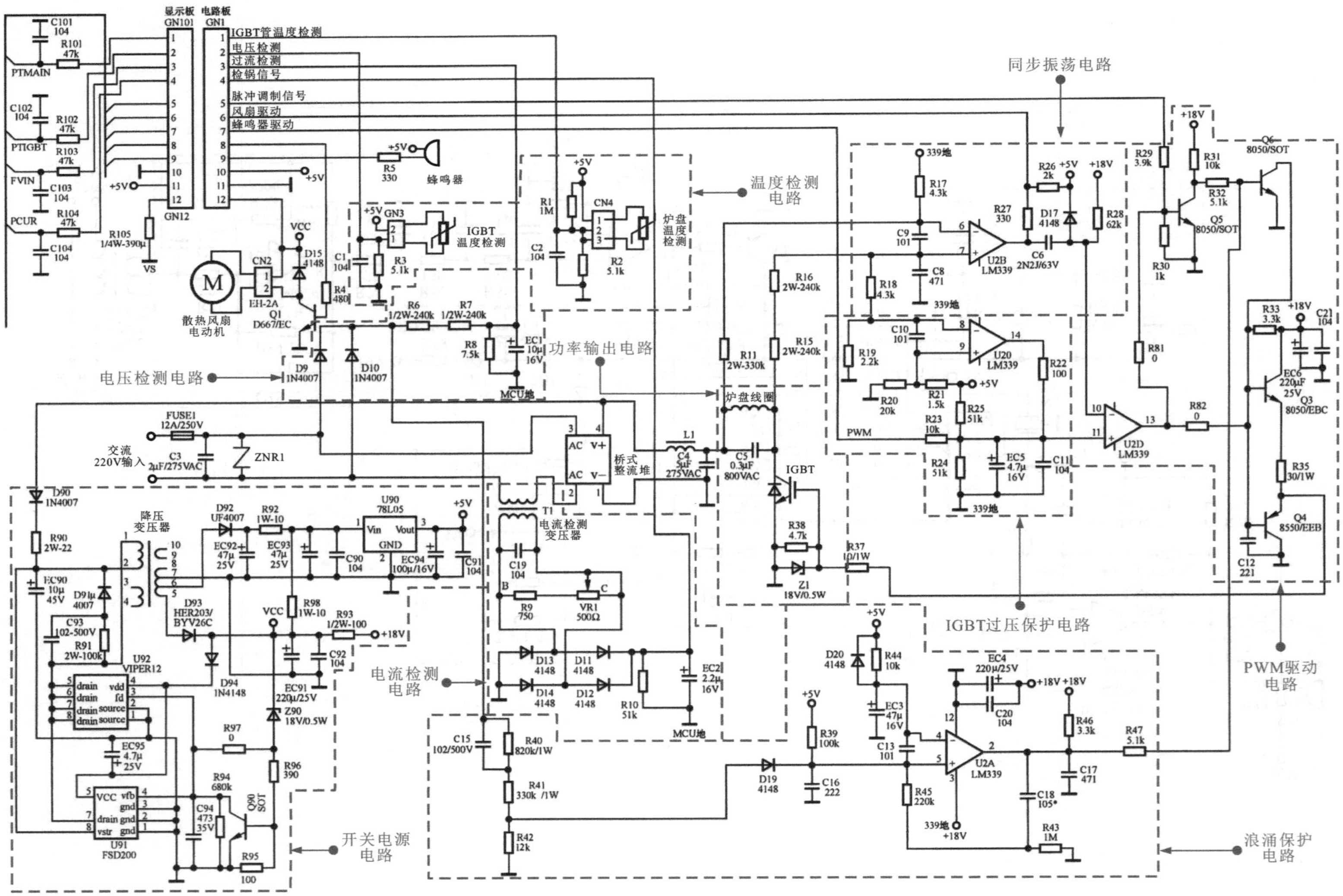